博士后文库
中国博士后科学基金资助出版

Riemann-Hilbert 方法
在可积系统中的应用：渐近分析

黄　林　著

科　学　出　版　社
北　京

内 容 简 介

可积系统方程是一类具有物理背景和几何意义的偏微分方程，本书主要讨论 Riemann-Hilbert 方法在可积系统中的应用. 首先，简要介绍了可积系统与 Riemann-Hilbert 问题相关的发展. 其次，讨论了关于可积方程初值问题解的渐近行为. 以非线性速降法为主要工具，研究了 Hirota 方程和 Sasa-Satsuma 方程带快速衰减初值问题解的长时间渐近行为. 最后，讨论了关于可积方程初边值问题解的构造与渐近行为.

本书可以作为高等院校及科研院所基础数学、应用数学、理论物理等专业研究生教材，也可以作为数学、物理、工程技术等领域工作人员的参考书.

图书在版编目(CIP)数据

Riemann-Hilbert 方法在可积系统中的应用：渐近分析/黄林著. —北京：科学出版社, 2021.6

(博士后文库)

ISBN 978-7-03-069160-6

Ⅰ. ①R… Ⅱ. ①黄… Ⅲ. ①数学物理方程-研究 Ⅳ. ①O175.24

中国版本图书馆 CIP 数据核字 (2021) 第 110880 号

责任编辑：李 欣 贾晓瑞 / 责任校对：彭珍珍
责任印制：赵 博 / 封面设计：陈 敬

科学出版社出版
北京东黄城根北街 16 号
邮政编码：100717
http://www.sciencep.com
三河市骏杰印刷有限公司印刷
科学出版社发行 各地新华书店经销
*
2021 年 6 月第 一 版 开本: B5(720×1000)
2024 年 3 月第二次印刷 印张: 15 3/4
字数: 310 000

定价: 128.00 元

(如有印装质量问题，我社负责调换)

《博士后文库》序言

1985 年，在李政道先生的倡议和邓小平同志的亲自关怀下，我国建立了博士后制度，同时设立了博士后科学基金。30 多年来，在党和国家的高度重视下，在社会各方面的关心和支持下，博士后制度为我国培养了一大批青年高层次创新人才。在这一过程中，博士后科学基金发挥了不可替代的独特作用。

博士后科学基金是中国特色博士后制度的重要组成部分，专门用于资助博士后研究人员开展创新探索。博士后科学基金的资助，对正处于独立科研生涯起步阶段的博士后研究人员来说，适逢其时，有利于培养他们独立的科研人格、在选题方面的竞争意识以及负责的精神，是他们独立从事科研工作的“第一桶金”。尽管博士后科学基金资助金额不大，但对博士后青年创新人才的培养和激励作用不可估量。四两拨千斤，博士后科学基金有效地推动了博士后研究人员迅速成长为高水平的研究人才，“小基金发挥了大作用”。

在博士后科学基金的资助下，博士后研究人员的优秀学术成果不断涌现。2013 年，为提高博士后科学基金的资助效益，中国博士后科学基金会联合科学出版社开展了博士后优秀学术专著出版资助工作，通过专家评审遴选出优秀的博士后学术著作，收入《博士后文库》，由博士后科学基金资助、科学出版社出版。我们希望，借此打造专属于博士后学术创新的旗舰图书品牌，激励博士后研究人员潜心科研，扎实治学，提升博士后优秀学术成果的社会影响力。

2015 年，国务院办公厅印发了《关于改革完善博士后制度的意见》（国办发〔2015〕87 号），将“实施自然科学、人文社会科学优秀博士后论著出版支持计划”作为“十三五”期间博士后工作的重要内容和提升博士后研究人员培养质量的重要手段，这更加凸显了出版资助工作的意义。我相信，我们提供的这个出版资助平台将对博士后研究人员激发创新智慧、凝聚创新力量发挥独特的作用，促使博士后研究人员的创新成果更好地服务于创新驱动发展战略和创新型国家的建设。

祝愿广大博士后研究人员在博士后科学基金的资助下早日成长为栋梁之才，为实现中华民族伟大复兴的中国梦做出更大的贡献。

中国博士后科学基金会理事长

序

1900 年, 在国际数学家大会上, 著名数学家 Hilbert 提出 23 个著名数学问题, 其中第 21 个问题为 Riemann-Hilbert (RH) 问题. 1908 年, Plemelj 对 RH 问题给出肯定回答; 1989 年, Bolibruch 对 RH 问题举出反例. 尽管 RH 问题在一般情况下不成立, 但解决 RH 问题所发展的概念和方法被发展成为强有力的分析工具——RH 方法, 广泛应用于可积系统、正交多项式理论、随机矩阵理论等领域, 形成了纯粹和应用数学的研究热点和前沿领域之一.

反散射理论是可积系统中的里程碑性工作, 自 1967 年 Gardner, Greene, Kruskal 和 Miura 发现求解 KdV 方程快速衰减初值问题的反散射方法之后, 反散射理论得到不断完善和发展, 同时应用范围越来越广, 其中突破性工作包括: 20 世纪 70 年代, 著名数学家 Zakharov 和 Shabat 首先将 RH 问题用于可积系统研究, RH 方法的应用范围比反散射理论更为广泛. 20 世纪 80 年代, Manakov 提出非局部 RH 方法; Ablowitz 和 Fokas 等提出非局部 Dbar 穿衣法, 这两种方法可看作反散射理论在高维可积系统中的自然推广. 由于非线性方程的复杂性, 上述方法只能在无反射情况下在离散谱上构造精确解, 而在有反射情况下和连续谱上无法精确求解, 此时, 很自然需要研究方程解的渐近性. 20 世纪 70 年代, Zakharov, Manakov 等曾经用反散射方法等研究可积系统初值问题渐近性, 但这种方法难于获得精确的渐近表达式. 1993 年, 美国科学院院士 Deift 等发展了求解振荡 RH 问题的非线性速降法, 详细分析了修正 KdV 方程初值问题解的长时间渐近性, 这一方法被认为 90 年代反散射理论的重大突破.

RH 方法主要从构造精确解和分析解的渐近性两条线路对可积系统进行研究, 其中 Deift-Zhou 非线性速降法需要较高的分析技巧和数学工具, 是渐近分析中难学的方法. 从 2009 年以来, 我们团队在国内率先利用非线性速降法研究可积系统初值问题解的长时间渐近行为, 以及利用该方法研究正交多项式和随机矩阵中的一些渐近问题, 我们在渐近分析方面的工作引起了国内外学者的关注. 令人欣慰的是, 国内可积系统界一批学者意识到可积系统渐近分析的重要性, 陆续融入这一领域, 并且取得诸多成果, 形成了国内可积系统一个重要的研究热点.

黄林师从于我, 在复旦大学攻读博士学位; 先后在复旦大学、瑞典皇家理工学院从事博士后研究工作, 与瑞典青年数学家 Lenells 博士开展了深入的合作研究. 这些年来, 黄林博士一直从事 RH 方法和可积系统初值/初边值问题长时间渐近性方面研究. 该书正是他的研究成果的提炼和系统总结, 主要包括: Hirota 方程和 Sasa-Satsuma 方程初值问题解的长时间渐近性; sine-Gordon 方程的初边值问题在孤子和非孤子情况下解的长时间渐近表达.

目前, 国内外关于经典反散射方法的专著很多, 有的专著会涉及一部分 RH 方法, 但专门阐述 RH 方法在可积系统应用的书籍很少, 特别还没有 RH 方法在可积系统渐近分析方面专著. 黄林博士在可积系统渐近分析方面的研究成果获得了中国博士后优秀学术专著资助, 得以出版, 一定程度上弥补了上述缺憾. 该书与一般讲解基础知识的专著不同之处在于: 选材具有前沿性, 贴近写论文的实战性, 能够带动研究生快速进入这一前沿领域. 此外, 该书对于进一步推动可积系统理论的发展, 可望发挥积极的作用. 特为之序.

范恩贵

2020 年 10 月于复旦大学

前言

可积系统理论的快速发展是在 20 世纪 60 年代末到 80 年代末, 一大批研究方法和优秀成果在此期间产生. 其中, 反散射方法和代数几何法是可积系统理论中两个里程碑性工作. 反散射方法标志着偏微分方程可积系统时代的开始, 而代数几何方法成功地解决了周期初值问题, 促进了微分方程与代数几何的交叉发展. 众所周知的, Hilbert 在 1900 年的国际数学家大会主旨报告中所提及著名的 23 个问题之第 21 个问题“具有给定单值群的线性微分方程解的存在性证明”就是关于 Riemann-Hilbert 问题的. 对于 Riemann-Hilbert 问题与可积系统的联系, 一般从两方面来考虑: 一方面, 精确求解; 另一方面, 对于分析可积系统方程初值问题解的长时间渐近行为. 20 世纪 70 年代末, Ablowitz 等对解的渐近形式做先验假设, 然后利用反散射方法获得了可积方程初值问题解的渐近表达式的具体形式. 而后, Zakharov 等给出了非线性 Schrödinger 方程初值问题解的长时间渐近表达式. 1981 年, 印第安纳大学-普渡大学 Its 教授发展了所谓的等单值方法, 建立了非线性 Schrödinger 方程初值问题解与一个局部 Riemann-Hilbert 问题的关系, 而局部 Riemann-Hilbert 问题可以利用单值形变理论精确求解, 从而通过分析 Riemann-Hilbert 问题给出了可积方程初值问题解的渐近表达式. 这为分析可积方程初值问题解的长时间渐近行为提供了一套切实可行途径. 但这个方法与反散射变换一样, 都需要对解的渐近形式做先验假设. 1993 年, 美国科学院院士 Deift 和美籍华人数学家 Zhou 在 Its 等工作基础上, 将等单值方法进行严格化, 提出了一种直接而有效的渐近分析法——非线性速降法, 值得一提的是: 该方法无须对解的渐近展开形式做先验假设, 并且该方法至少适应于一类可积方程.

本书主要以作者的博士学位论文和博士后出站报告为主体框架. 主要讨论 Riemann-Hilbert 方法在可积系统中的应用. 全书共 7 章. 第 1 章简要介绍了可积系统与 Riemann-Hilbert 问题相关的发展. 第 2 章和第 3 章主要讨论了关于可积方程初值问题解的渐近行为. 以非线性速降法为主要工具, 研究了 Hirota 方程、Sasa-Satsuma 方程带快速衰减初值问题解的长时间渐近行为. 第 4—7 章讨论了关于可积方程初边值问题解的构造与渐近行为. 以可积系统中的著名方程——sine-Gordon 为例, 严格地研究了该方程带初边值问题解的 Riemann-Hilbert 表示, 以及四分之一平面上解的构造和渐近行为, 在分析解的渐近行为时, 分两种情况讨论: 一种所对应的解是非孤子解的情况, 另一种则是对应解是孤子解的情况.

本书在撰写过程中得到了复旦大学范恩贵教授的大力支持和帮助, 在此表示衷心的感谢. 本书中相关研究工作也得到了瑞典皇家理工学院 Lenells 博士的指导和帮助, 在此表示感谢. 本书内容相关的研究工作获得了中国博士后科学基金面上基金 (编号: 2015M580285) 以及国家自然科学基金 (编号: 11901141; 11671095; 11271079) 的资助, 借此机会向中国博士后科学基金会和国家自然科学基金委员会所给予的资助表示衷心的感谢. 本书的出版得到了科学出版社的大力支持, 在此表示感谢. 作者还要感谢妻子李婷婷女士和儿子黄晏骐, 感谢他们在生活中给予作者的惊喜和体谅, 本书才得以面世.

限于作者的水平与学识, 书中难免有不妥和疏漏之处, 恳请各位同行与专家批评指正.

作 者

2020 年 10 月

于杭州电子科技大学

目　录

第 1 章 绪　论

可积方程的类别之所以从偏微分方程区别出来，是因为这一类方程具有比较好的性质：比如 Lax 可积[73]、无穷维 Hamilton 理论[40,41] 精确可解[54,59] 等. 更重要的是：可积方程可以实现傅里叶变换的“非线性版本”[3]，从而将时间演化减少到一组线性常微分方程. 对于在全直线上的 KdV 方程初值问题，由于非线性傅里叶变换在 KdV 方程中的实现过程中涉及量子力学中 Schrödinger 方程的散射问题，因此通常将非线性傅里叶变换称为反 (逆) 散射变换. 反散射变换方法为分析可积方程初值问题提供了强大的框架[1,51,82,85]. 例如，通过反散射方法可以直接构造出大量的精确解，例如多孤子解. 孤子解的生成技术本质上是代数的，通常只需要有限的分析基础. 另一方面，利用反散射变换研究可积方程一般初值问题的解或对解的渐近性进行分析，则依赖于详细的分析估计. 特别地，需要对相应的非线性傅里叶变换及其逆变换进行估计，这样的话，即使在相对简单的情况下，建立这些估计也是一项具有挑战性的技术工作.

随着可积系统理论的发展，涌现出越来越多的方法和手段，比如，代数几何法[8,53]、非线性化方法[21] 等，而在考虑可积方程初 (边) 值问题解的渐近分析时，所谓的非线性速降法尤为有效. 下面简单介绍该方法的一些背景和发展.

非线性速降法，是由美国科学院院士德夫特 (Percy Deift, 1945.09—) 和美籍华人数学家周欣 (Xin Zhou)[29,37] 于 20 世纪 90 年代，在苏联数学家 Manakov[80] 和 Its[67] 工作的基础上提出来的. 经典的速降法是 1909 年由德拜 (Peter Debye, 1884.03—1966.11) 首次提出[26] 的，该方法用来处理振荡积分

$$I(t) = \int_\Gamma f(t) e^{t\Psi(z)} dz$$

在 $t \to \infty$ 时的渐近行为. 这里 Γ 表示复平面上的一条路径. 非线性速降法是用来分析 Riemann-Hilbert 问题的渐近表达的. 在数学领域 (如可积系统、正交多项式、随机矩阵等) 中的很多问题也都可以归结到分析 Riemann-Hilbert 问题，这也就意味着非线性速降法有着广泛的应用. 下面先介绍什么是 Riemann-Hilbert 问题.

Riemann-Hilbert 问题，最先由黎曼 (Bernhard Riemann, 1826.09—1866.07) 于 1851 年引入；而后由希尔伯特 (David Hilbert, 1862.01—1943.02) 总结出更一般的形式作为著名的 Hilbert 23 个问题的第 21 个问题. Riemann-Hilbert 问题

(有时候也称 Birkhoff 分解问题) 的定义如下.

设 Γ 表示复平面上一条具有有限个自交点的有向曲线, 令 $\Gamma_0 = \Gamma \setminus \{自交点\}$, Γ_0 是有向曲线, 具有正负区域. 一般来说沿着箭头方向, 左边为正, 相应的右边为负. 给定一个 2×2 的矩阵函数 $V:\Gamma_0 \to \mathbb{C}^{2\times 2}$. 寻找一个 2×2 的矩阵函数 $M:\mathbb{C}\setminus\Gamma \to \mathbb{C}$, 使得这个矩阵函数满足下面的条件:

- M 在 $\mathbb{C}\setminus\Gamma$ 解析;
- M 在某些固定点处正规化, 例如 $M = I + O(1/z)$, $z\to\infty$;
- 边值在 Hölder 连续 (有时候是 L^p 边值) 意义下在 Γ 正 (负) 边存在:

$$M_\pm(z) = \lim_{\substack{z'\to z\\ z'\in\Gamma\text{的正 (负) 边}}} M(z'); \tag{1.1}$$

- $M_+(z) = M_-(z)V(z), z\in\Gamma_0$.

这就是一个关于矩阵函数 $M(x,t,z)$ 的 Riemann-Hilbert 问题.

根据拉克斯 (Peter Lax, 1926.05—) 的观点[73], 如果一个非线性偏微分方程可以作为一组线性微分方程的相容条件, 那么称这个非线性偏微分方程是 Lax 可积的, 这一组线性微分方程称为 Lax 对. 而 Lax 对中谱参数的出现将 Cauchy 路径积分等复分析工具引入, 将求解微分方程转化为求解在给定有向曲线上具有特定跳跃形式的 Riemann-Hilbert 问题的解; 而求解有向曲线上的跳跃矩阵为单位矩阵的 Riemann-Hilbert 问题则可得相应可积方程的孤子解[94]. 20 世纪 70 年代, Riemann-Hilbert 问题可以看作用推广的反散射方法对可积方程求解[41,97,98], 例如, 对于二阶谱问题, 所涉的 Gelfand-Levitan-Marcenko(GLM) 积分方程等价于 Riemann-Hilbert 问题, 而对于高阶谱问题, 则无法构造出 GLM 方程, 需要借助 Riemann-Hilbert 问题求解, 更重要的是, 通过分析对应的 Riemann-Hilbert 问题可以获得可积方程初 (边) 值问题解的长时间渐近行为.

1. *初值问题解的渐近分析*

对于可积方程初值问题解的长时间渐近行为这一课题, 在 20 世纪 70 年代, Ablowitz, Newell, Manakov, Zakharov 等数学家利用反散射等分析方法已进行了研究[4,82,96], 但这些方法需要对解的渐近形式做先验判断. 在非线性速降法成功地应用到这一课题之前, 下面这个方法的发展过程值得注意.

受 Zakharov 和 Manakov 工作启发, 苏联数学家 Its 教授发展了等单值方法[67], 建立了非线性 Schrödinger 方程初值问题解与一个局部 Riemann-Hilbert 问题的关系, 而这个局部的 Riemann-Hilbert 问题可以利用单值形变理论精确求解, 从而通过分析 Riemann-Hilbert 问题给出了可积方程初值问题解的渐近表达式. 这为分析可积方程初值问题 (甚至是初边值问题) 解的长时间渐近行为提供了一套切实可行途径.

1993 年, 美国科学院院士 Deift 和美籍华人数学家 Zhou 在 Its 等的工作基础上, 将等单值方法进行了严格化, 提出了一种直接而有效的渐近分析法——非线性速降法[37]. 这也是贯穿本书着重讨论的方法. Deift 和 Zhou 利用非线性速降法分析修正 KdV 方程初值问题

$$u_t - 6u^2u_x + u_{xxx} = 0, \quad u(x,t=0) = u_0(x), \quad -\infty < x < \infty, t \geqslant 0 \tag{1.2}$$

所对应的 Riemann-Hilbert 问题, 得到了修正 KdV 方程初值问题解的渐近表达式中首项的精确表达. 值得说明的是, 该方法无须对解的渐近展开形式做先验假设, 并且该方法至少适应于一类可积方程 (到目前为止, 在 AKNS 族 (如 NLS 方程[29]、修正 KdV 方程[37]、Hirota 方程[66] 等), WKI 型 (如 short pluse 方程[90] 等) 都已获得成功). 非线性速降法的主要思想是: 引进一系列的可逆变换, 使得路径形变, 进而逐步将给定的 Riemann-Hilbert 问题约化 (保留主要部分) 到最终可解的 Riemann-Hilbert 问题, 然后经过逆过程就获得最初 Riemann-Hilbert 问题的渐近行为, 从而获得可积方程初值问题解的渐近表达式.

非线性速降法自产生之后在数学分析领域得到了广泛应用, 对分析 Toda 方程的 " Rarefaction" 问题[30]、KdV 方程的 "Shock" 问题[36] 等都行之有效.

1997 年, Deift 和他的合作者引进了 g 函数, 推广了非线性速降法来研究小色散 KdV 方程初值问题解的长时间渐近行为[35]. 利用非线性速降法研究可积系统的长时间行为方面还有如下工作. 2002 年, Vartanian 研究了非聚焦 Schrödinger 方程带有限密度初值问题解的渐近表达式[89]. 2003 年, Deift 和 Zhou 推广非线性速降法, 使得该方法可以用来分析当初值属于加权 Sobolev 空间时的非线性 Schrödinger 方程解的渐近表达式[39]. 2003 年, Kamissis, McLaughlin, Miller 则研究了聚焦非线性 Schrödinger 方程的半经典极限问题[68]. Boutet de Monvel 等利用非线性速降法考虑了某些可积方程带周期边值解的长时间渐近行为[13]. 自 2006 年, Ablowitz, Biondini 等在带非零边界问题上成功使用反散射理论以来[83], 非线性速降法也成功地应用到可积方程带非零边界问题解的长时间行为分析中[11].

在本书的第 2 章和第 3 章中, 主要利用非线性速降法分析了可积方程带快速衰减初值问题解的长时间渐近行为. 在这里, 我们以 Kodama 和 Hasegawa 所提出的描述光纤中的光孤子的方程为例:

$$iu_t + \frac{1}{2}u_{xx} - |u|^2u + i\left(\beta_1 u_{xxx} + \beta_2|u|^2q_x + \beta_3 u(|u|^2)_x\right) = 0, \tag{1.3}$$

该方程在取定的参数和变换下, 可以退化为本书中所考虑的 Hirota 方程与 Sasa-Satusma 方程. 非线性速降法最初只适合分析 1+1 维可积系统, 这样的可积系统具有的谱问题算子是自伴的, 并且所对应的 Riemann-Hilbert 问题的跳跃矩阵是解析的. 对于聚焦的 Schrödinger 方程

$$iu_t + u_{xx} + 2|u|^2 u = 0, \tag{1.4}$$

由于它的 Lax 算子为非自伴的, 一般初始数据下解的长时间渐近行为仍然没得到解决. 但是对聚焦的 Schrödinger 方程 (1.4) 带有某些特殊初值问题解的长时间渐近分析也取得了一些进展. 如 2006 年, 在假设孤子解不存在的前提下, Tovbis 和 Zhou 研究了聚焦非线性 Schrödinger 方程初值问题的半经典极限解的首项渐近性质[87]; 法国女数学家 Boutet de Monvel 和她的合作者研究了全直线上 Camassa-Holm 方程初值问题解的长时间行为[15–17]; 2010 年, Bertola 和 Tovbis 研究了关于聚焦非线性 Schrödinger 方程带有衰减势函数的零色散极限[10]; 2011 年, Deift 和 Park 研究了聚焦非线性 Schrödinger 方程带 Robin 边界条件解的长时间行为[33]; 2013 年, Boutet de Monvel 对 Degasperis-Procesi 方程[14] 初值问题解的长时间渐近行为给出了一个粗略的分析, 这也是首次利用非线性速降法来研究具有高阶谱问题可积方程初值问题解的长时间渐近行为. 近年来, 复旦大学范恩贵教授所领衔的科研团队利用非线性速降法获得了 Fokas-Lenells 方程[93]、Hirota 方程[66]、short pluse 方程[90]、复的 short pluse 方程[91]、KE 方程[100] 等初值问题解的长时间渐近行为. 最近, 郑州大学耿献国教授等利用分块矩阵思想, 利用非线性速降法获得了 Manakov 系统[52] 和 Sasa-Satsuma 方程[78] 初值问题解的长时间渐近行为; 中科院郭柏灵院士团队也独立获得了 Sasa-Sastuma 方程的初值问题解的渐近表达式[79], 注意到这两个系统是具有高阶 (三阶) 谱问题的可积系统, 然而, 在某种意义上来说, 可以把这两个三阶谱问题分块地看成一个分块的二阶对角矩阵, 从而获得部分结果. Lenells 博士推广了的非线性速降法, 使得该方法能处理弱正则的 Riemann-Hilbert 问题[76], 在这个方法的基础上, Lenells 博士与合作者获得了关于 "好的" Boussinesq 方程初值问题解的长时间渐近表达式.

当然, 对于上面这些情况, 得到的主要结果都是关于首项的渐近表达. 1994 年, Deift 和 Zhou 推广了非线性速降法[38], 得到了非聚焦 NLS 方程、修正 KdV 方程的初值问题解的高阶渐近表达, 并且渐近表达式的系数之间的关系可以依次迭代确定; 2000 年, Vartanian 利用高阶的 Deift-Zhou 理论, 得到了修正 NLS 初值问题的解的渐近表达[88]. 2015 年, 范恩贵教授等利用 Deift-Zhou 的高阶渐近分析理论, 研究了关于 Hirota 方程的初值问题解的渐近表达, 并得到解的高阶表达式[65], 当参数取定特殊值时, 可得到文献 [38] 中的结果. 最近, Lenells 博士和

他的合作者, 利用能处理弱正则 Riemann-Hilbert 问题的非线性速降法, 获得修正 KdV 方程[22] 和 Sasa-Satsuma 方程[62] 初值问题解在所谓的 Painlevé 区域上的高阶渐近表达式. 这也是首次考虑可积方程初值问题解在 Painlevé 区域上的高阶渐近分析.

2. 初边值问题转化为 Riemann-Hilbert 问题

近年来, 反散射变换的一个重要发展是不但可以用来处理初值问题, 而且还可以用来处理初边值问题. 这个方法称为统一方法或者 Fokas 方法. 尽管统一方法可以处理更复杂的区域, 但在这里我们仅将注意力集中在四分之一平面 $\{x \geqslant 0, t \geqslant 0\}$ 上的初边值问题, 即涉及位于 $x = 0$ 处的单个边界的问题. 利用文献 [42—44, 47] 中的方法, 在这样一个区域中, 具有 2×2 矩阵 Lax 对的可积方程的解可以用 2×2 Riemann-Hilbert 问题的解表示, 这里的 Riemann-Hilbert 问题与四个谱函数 $a(k)$, $b(k)$, $A(k)$ 和 $B(k)$ 相关, 其中函数 $\{a(k), b(k)\}$ 是通过半直线 $\{x \geqslant 0, t = 0\}$ 上的初值函数由非线性傅里叶变换来定义的. 而函数 $\{A(k), B(k)\}$ 则是通过 $\{x = 0, t \geqslant 0\}$ 上的边值由非线性傅里叶变换来定义.

本书在考虑初边值问题的时候, 主要以具有重要的物理和几何背景的 sine-Gordon 方程为例来研究. 尽管 sine-Gordon 方程 (4.1) 初边值问题最先由 Fokas 和 Its 在文献 [46] 中研究, 他们的结果表明, 方程的解确实可以与 Rimann-Hilbert 问题的解建立起关系. 上面所提到的谱函数都已经出现在他们的文献中, 并且也简单地讨论了这些函数的渐近表达式, 但主要是针对渐近表达式的首项. 更多的讨论参见文献 [43,44]. 本书的主要贡献如下 (详见第 4 章):

(a) 我们建立了特征函数、谱函数及其导数的所有阶数的渐近展开式, 这里的证明受到了文献 [74] 的启发, 在文献 [74] 中, 作者分析了半直线上修正 KdV 方程相关的非线性傅里叶变换. 从而, 修正该文献的方法, 使得初边值在更广 (条件更弱) 的意义下, 获得解的存在性. 可以参见 (4.17) 和 (4.37).

(b) 我们知道, 谱参数 $k = 0$ 对于 sine-Gordon 方程来说, 是很特殊的一点, 这是因为方程对应的 Lax 对在这点是具有奇性的. 推论 4.3.23 和推论 4.4.4 给出了当 $k \to 0$ 时, 特征函数 X, Y, U 和 T 所有阶数的渐近表达式. 若把高阶项忽略, 渐近表达式就退化到了专著 [44] 中第 16.A 部分关于 X 和 U 的首项渐近表达.

(c) 假如给定的初值, 边值函数 u_0, u_1, g_0, g_1 在原点处相容的, 那么在 $k = \infty$ 和 $k = 0$ 处, 由谱函数组合而成的函数 $c(k)$ 是退化的 (详见定理 4.5.4). 若函数 u_0, u_1, g_0, g_1 在四分之一平面上能确定出性质足够好的解 (当 $x \to \infty$ 时是快速衰减的), 那么在区域 $D_1 = \{\mathrm{Im} k > 0\} \cap \{|k| > 1\}$ 上, 函数 $c(k)$ 是趋于 0

的. 这个结论实际上就是 Riemann-Hilbert 方法处理初边值问题所涉及的一个关键–全局关系. 参见文献 [44]. 定理 4.5.4 给出了如下结论: 对于任取的四个函数 u_0, u_1, g_0, g_1, 只要这些函数在原点处关于方程 (4.1) 相容, 那么全局关系的作用就以在 $k=\infty$ 时函数 $c(k)$ 以任意阶趋于 0 来体现. 因此, 在区域 D_1 上, 函数 $c(k)$ 趋于 0, 那么这就使得所取的这些初值边值函数确定四分之一平面上的解. 据我们所知, 这是在可积方程初边值问题中首次注意到这种联系 (与其他的可积方程的类似点和不同点可以参见文献 [50] 的附录 B 部分).

3. *初边值问题解的渐近分析*

对于可积方程初边值问题解的长时间渐近分析方面, 到目前为止还都只停留在处理初始数据都是快速衰减的情况. 对于其他类型的初始数据, 怎么把可积方程 (除非线性 Schrödinger 外) 带其他类型初边值问题的解写成由一个 Riemann-Hilbert 问题的解来表示, 这已经是一个公开问题. 到目前为止, 利用非线性速降法获得带快速衰减初边值问题解的长时间行为的方程有: Boutet de Monvel 教授及其合作者利用非线性速降法给出了非线性 Schrödinger 方程初边值问题解的长时间行为分析[13]. 沿用 Boutet de Monvel 教授等的办法, 中科院院士郭柏灵团队先后获得了 Hirota 方程、Kundu-Eckhaus 方程等初边值问题解的长时间渐近分析[55]. Lenells 博士推广了 Riemann-Hilbert 理论, 使该理论能在 L^p 空间上使用, 也就是提出了所谓的 L^p-Riemann-Hilbert 理论[76]. 在这个理论框架下, 他推广了非线性速降法, 使得该方法可以用来分析某些弱正则的 Riemann-Hilbert 问题. 有了这个理论基础之后, Lenells 博士团队成员先后完成了修正 KdV 方程[77]、导数 Schrödinger 方程[7]、sine-Gordon 方程[64]、Degasperis-Procesi 方程[18] 的初边值问题解的长时间渐近分析.

我们把处理方程初 (边) 值问题解的 Riemann-Hilbert 问题表示——统一方法 (Fokas 方法)[43] 以及处理 Riemann-Hilbert 问题的渐近分析的方法——非线性速降法 (也称 Deift-Zhou 方法)[37] 统称为 **Riemann-Hilbert 方法**.

4. *其他领域应用*

据我们所知, 不仅可积系统的求解可以归结为相应的 Riemann-Hilbert 问题, 正交多项式也是可以利用矩阵型 Riemann-Hilbert 问题的解来表示. 1992 年, Fokas, Its 和 Kitaev 发现正交多项式可以作为跳跃矩阵中含有对应权函数的 Riemann-Hilbert 问题的解[45]. 1999 年, Deift 和他的合作者利用改进的非线性速降法 (引进的 g 函数来处理小色散的 KdV 方程的长时间渐近表达), 首次分析了对应于指数型权函数的正交多项式的强渐近性[32]. 此后, 非线性速降法在正交多项式理论中得到了广泛的应用. 由于随机矩阵理论与正交多项式有着紧密的联系, 他们又将该方法用于解决随机矩阵理论中的普适性问题[31], 之后就开启了非线性速降法研究正交多项式的渐近性和随机矩阵的普适性问题的大门[28]. 在此我们不详细叙述, 有兴趣的读者可以参见专著 [81] 中关于随机矩阵详细的介绍; 而对于 Riemann-Hilbert 方法在正交多项式和随机矩阵中应用可以参见 Deift 的专著 [27].

第 2 章 Hirota 方程初值问题解的渐近分析

在这一章中, 主要讨论了 Hirota 方程具有快速衰减初值条件下解的长时间渐近行为. 众所周知, Hirota 方程是完全可积的非线性发展方程, 特殊情况下可以看作两个可积方程的混合形式. 在非线性光学中, Hirota 方程可以用来描述脉宽达到飞秒数量级时的光脉冲的演化. 由于所讨论的 Hirota 方程的 Lax 对是 2×2 的, 这意味着所涉及的 Riemann-Hilbert 问题也是 2×2 的. 本章首先利用统一方法得到了可积方程带初值问题解的 Riemann-Hilbert 问题表示. 而后利用非线性速降法, 通过跳跃曲线的一系列变换, 最终将问题转化为一个可解的 Riemann-Hilbert 问题, 而可解的 Riemann-Hilbert 问题可以用一个抛物柱面方程的解来表示, 进而利用一系列的逆变换反推获得 Hirota 方程初值问题解的渐近性. 这个方程跟别的可积方程的区别在于相函数的稳定点不是关于原点对称的, 没有对称性, 在处理的过程需要更加的细致.

2.1 Riemann-Hilbert 问题

20 世纪 70 年代初期, Hasgeawa 和 Tappert[56, 57] 提出光脉冲可以以亮孤波、暗孤波的形式在色散光纤中传播, 这就预示着可光孤子应用到远距离光纤通信. 我们知道, 脉宽在皮秒量级的光脉冲在光纤中的演化可以通过非线性 Schrödinger 方程来描述; 然而如果脉宽窄到飞秒量级, 一些高阶效应, 如三阶色散效应、自陡效应、自频移效应等物理效应就不可忽略, 此时非线性 Schrödinger 方程已不能完全描述脉冲在光纤中的演化, 取而代之的是高阶非线性 Schrödinger 方程, 本章我们需要考虑的就是一个高阶的非线性 Schrödinger 方程——也称作 Hirota 方程. 其形式为

$$\begin{aligned}&iu_t+\alpha(u_{xx}-2|u|^2u)+i\beta(u_{xxx}-6|u|^2u_x)=0, \qquad (2.1)\\&u(x,0)=u_0(x),\end{aligned}$$

这里 α 和 β 是实常数, 为了后面的分析需要, 假设 $\beta>0$.

下面, 利用 Fokas 所提出来的统一方法[44] 把上面的初值问题转化成为一个 Riemann-Hilbert 问题. 方程 (2.1) 具有如下形式的 Lax 对[86]

$$\psi_x=\tilde{U}\psi,\quad \psi_t=\tilde{V}\psi,$$

其中

$$\psi=\begin{pmatrix}\phi_1\\ \phi_2\end{pmatrix},\quad \tilde{U}=\begin{pmatrix}-iz & u\\ v & iz\end{pmatrix}=-iz\sigma_3+\begin{pmatrix}0 & u\\ v & 0\end{pmatrix}\equiv -iz\sigma_3+U, \tag{2.2}$$

$$\tilde{V}=V_3z^3+(V_2-2i\alpha\sigma_3)z^2+V_1z+V_0\equiv -4i\beta\sigma_3z^3-2i\alpha\sigma_3z^2+V, \tag{2.3}$$

$$V_3=\begin{pmatrix}-4i\beta & 0\\ 0 & 4i\beta\end{pmatrix},\quad V_2=\begin{pmatrix}0 & 4u\beta\\ 4\beta v & 0\end{pmatrix},\quad \sigma_3=\begin{pmatrix}1 & 0\\ 0 & -1\end{pmatrix},$$

$$V_1=\begin{pmatrix}-2iuv\beta & 2iu_x\beta+2u\alpha\\ -2iv_x\beta+2v\alpha & 2iuv\beta\end{pmatrix},$$

$$V_0=\begin{pmatrix}-iuv\alpha+\beta(-uv_x+u_xv) & iu_x\alpha-\beta(u_{xx}-2u^2v)\\ -iv_x\alpha+\beta(-v_{xx}+2uv^2) & iuv\alpha-\beta(-uv_x+u_xv)\end{pmatrix},$$

其中 $v=\bar{u}, \bar{u}$ 表示 u 的复共轭. $(\cdot)_x, (\cdot)_t$ 分别表示关于 x, t 的偏导数.

引进变换

$$\psi=\Psi e^{-izx\sigma_3-(4i\beta z^3+2i\alpha z^2)t\sigma_3},$$

那么可以得到等价的 Lax 对

$$\Psi_x+iz[\sigma_3,\Psi]=U\Psi, \tag{2.4a}$$

$$\Psi_t+(2i\alpha z^2+4i\beta z^3)[\sigma_3,\Psi]=V\Psi, \tag{2.4b}$$

这里 U, V 分别由 (2.2) 和 (2.3) 所定义, 交换子运算定义为: $[A,B\,]:=AB-BA$. 那么 (2.4) 可以写成全微分的形式

$$d(e^{i(xz+4\beta z^3t+2\alpha z^2t)\hat{\sigma}_3}\Psi(x,t,z))=e^{i(xz+4\beta z^3t+2\alpha z^2t)\hat{\sigma}_3}W(x,t,z)\Psi,$$

其中

$$\begin{aligned}W(x,t,z)&=Udx+Vdt\\ &=\begin{pmatrix}0 & u\\ v & 0\end{pmatrix}dx+(V_2z^2+V_1z+V_0)dt,\end{aligned}$$

以及指数运算定义为 $e^{\hat{\sigma}_3}A:=e^{\sigma_3}Ae^{-\sigma_3}$.

为了使得下面所构造的 Riemann-Hilbert 问题满足正规化条件 (即当 $z\to\infty$ 时, $M(x,t,z)\to I$). 定义方程 (2.4a) 和 (2.4b) 的解由下面的式子给出

$$\Psi_j(x,t,z)=I+\int_{(x_j,t_j)}^{(x,t)} e^{\,[-iz(x-x')-i(4\beta z^3+2\alpha z^2)(t-t')]\hat{\sigma}_3}$$

$$\times(Udx'+Vdt')\Psi_j(x',t',z),\quad j=1,2, \tag{2.5}$$

这里 $(x_1,t_1)=(-\infty,t),(x_2,t_2)=(+\infty,t)$, 如图 2.1 所示. 可以看出, 在这两条路径上, 有下面不等式成立:

$$\Gamma_1: x>x',\quad \text{即}\quad x-x'>0,$$
$$\Gamma_2: x<x',\quad \text{即}\quad x-x'<0.$$

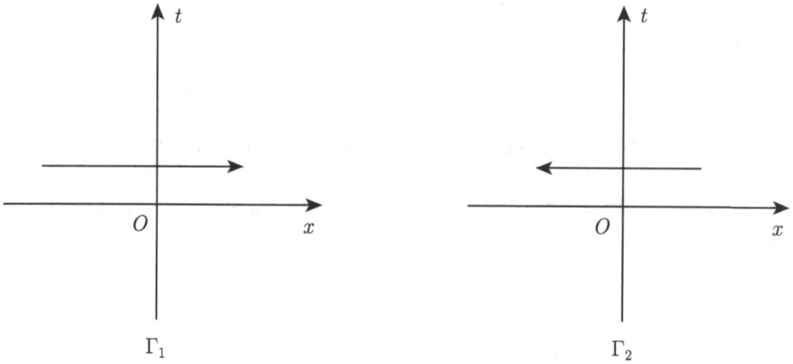

图 2.1　特征函数的积分路径: Γ_1, Γ_2

从而 Ψ_j 函数可以写成下面的式子:

$$\Psi_1=I+\int_{-\infty}^{x}e^{-iz(x-x')\sigma_3}U(x',t,z)\Psi_1(x',t,z)dx',$$
$$\Psi_2=I-\int_{x}^{\infty}e^{-iz(x-x')\sigma_3}U(x',t,z)\Psi_2(x',t,z)dx',$$

进而, 可以得到 Ψ_j 的列向量的解析有界区域. $[\Psi_1]_1,[\Psi_2]_2$ 在下半平面是解析有界的, 同样地, $[\Psi_1]_2,[\Psi_2]_1$ 在上半平面是解析有界的. 这里上下半平面以实轴为界, 如图 2.2 所示. 这里 $[\cdot]_1$ 和 $[\cdot]_2$ 分别表示为矩阵的第一列和第二列. 根据经典常微分方程理论可知, 对于一阶线性常微分方程, 它的两个解有下面的线性关系:

$$\Psi_1(x,t,z)=\Psi_2(x,t,z)e^{[-izx-(4i\beta z^3+2i\alpha z^2)t]\hat{\sigma}_3}s(z), \tag{2.6}$$

这里

$$s(z)=\begin{pmatrix} s_{11}(z) & s_{12}(z)\\ s_{21}(z) & s_{22}(z)\end{pmatrix}.$$

进一步, 可以得到 $\Psi(x,t,z)$ 具有下面的对称性质:

$$\Psi(x,t,z)=\sigma_1\overline{\Psi(x,t,\bar{z})}\sigma_1,\quad \sigma_1\equiv\begin{pmatrix}0&1\\1&0\end{pmatrix},$$

根据上述对称性可得 $s(z)$ 具有下列形式:

$$s(z)=\begin{pmatrix}a(z)&\overline{b(\bar{z})}\\b(z)&\overline{a(\bar{z})}\end{pmatrix}.$$

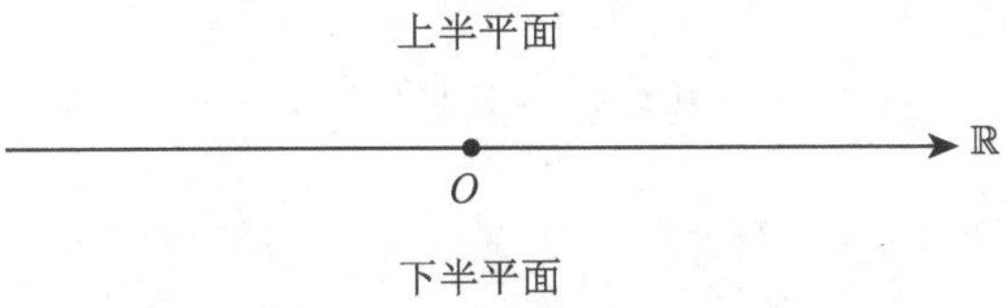

图 2.2 复平面的划分

假设

$$M(x,t,z)=\begin{cases}\left(\dfrac{[\Psi_1]_2}{a(z)},[\Psi_2]_1\right), & \mathrm{Im}z>0,\\ \left([\Psi_2]_2,\dfrac{[\Psi_1]_1}{\overline{a(\bar{z})}}\right), & \mathrm{Im}\ z<0.\end{cases}$$

从 $\Psi_1,\Psi_2,a(z)$ 的解析区域可以看出 $M(x,t,z)$ 的定义是合理的, 同时, (2.6) 可以重新改写为

$$M_+(x,t,z)=M_-(x,t,z)e^{-i(zx+4\beta z^3t+2\alpha z^2t)\hat{\sigma}_3}J(z),\tag{2.7}$$

这里

$$J(z)=\begin{pmatrix}1-|r(z)|^2&-\overline{r(z)}\\r(z)&1\end{pmatrix},\quad r(z)=\frac{b(\bar{z})}{a(z)}.$$

下面考虑函数 Ψ 的渐近形式, 假设 Ψ 具有如下形式

$$\Psi=D+\frac{\Psi_1}{z}+\frac{\Psi_2}{z^2}+\frac{\Psi_3}{z^3}+O\left(\frac{1}{z^4}\right),\quad z\to\infty.\tag{2.8}$$

把上面这个展开式代入 Lax 对 (2.4a)并比较 z 的次数, 可得

$$O(z):\ i[\sigma_3,D]=0,\tag{2.9}$$

$$O(1):\ D_x+i[\sigma_3,\Psi_1]=UD.\tag{2.10}$$

从等式 (2.9) 可知 D 是一个对角矩阵; 从等式 (2.10) 的对角部分可得

$$D_x = 0,$$

也就是说, 矩阵 D 是一个与自变量无关的对角矩阵. 在 (2.8) 式中, 先让 $z \to \infty$, 同样 $|x| \to \infty$, 那么有

$$D = I.$$

当考虑 (2.10) 的非对角元素方程的时候, 可以得到

$$q(x,t) = 2i(\Psi_1)_{12},$$

从而有下面的表达式

$$q(x,t) = 2i \lim_{z\to\infty} (zM(x,t,z))_{12}.$$

这里 $M(x,t,z)$ 是 Riemann-Hilbert 问题 (2.7) 的解. 到此为止, 就把 Hirota 方程的初值问题转换成了一个 Riemann-Hilbert 问题.

2.2 长时间渐近行为分析

2.2.1 非线性速降法

在 2.1 节中, 已经获得 Hirota 方程的初值问题解可利用一个 Riemann-Hilbert 问题的解来表示, 这一节我们将通过分析 Riemann-Hilbert 问题的渐近性质来获取方程初值问题解的渐近表达式. 正如第 1 章所介绍的那样, 分析 Riemann-Hilbert 问题的渐近行为所用的工具是由美国科学院院士 Deift 和美籍华人数学家 Zhou 所引进的非线性速降法. 所以正式开始分析之前, 先简略介绍对如下形式 Riemann-Hilbert 问题

$$\begin{cases} M_+(x,t,z) = M_-(x,t,z)J(x,t,z), \\ M \to I, \quad z \to \infty. \end{cases} \tag{2.11}$$

实施非线性速降法的大致步骤如下:

• 第一步, 对跳跃矩阵 $J(x,t,z)$ 进行分解, 使得跳跃矩阵中的振荡项分离开来, 便于下一步的形变等;

• 第二步, 对非解析的函数 $\rho(z)$ 进行相应的解析延拓, 分解出产生主要部分和误差项部分所对应的项;

• 第三步, 对跳跃曲线进行变换, 在新的跳跃曲线上得到等价的 Riemann-Hilbert 问题;

• 第四步, 将跳跃曲线进行截断, 归结到对渐近行为产生主要贡献的部分, 进而获得一个等价的 Riemann-Hilbert 问题;

• 第五步, 建立 Riemann-Hilbert 问题与可解 Riemann-Hilbert 问题之间的关系 (一般说来, 这个可解 Riemann-Hilbert 问题的解是由特殊函数表示的).

一般地, 根据 Beals-Coifman 理论[9], Riemann-Hilbert 问题 (2.11) 可通过如下方式求解: 假设跳跃矩阵 $J(z)$ 满足下面的分解

$$J(z) = b_-^{-1}(z)b_+(z),$$

其中

$$b_+(z) = w_+(z) - I, \quad b_-(z) = I - w_-(z),$$

以及

$$I = \begin{pmatrix} 1 & 0 \\ 0 & 1 \end{pmatrix}.$$

定义

$$w(z) = w_+(z) + w_-(z),$$

以及 Γ 上的 Cauchy 算子

$$(C_\pm f)(z) = \int_\Gamma \frac{f(\xi)}{\xi - z_\pm} \frac{d\xi}{2\pi i}, \quad z \in \Gamma, f \in L^2(\Gamma).$$

可以证明, 算子 $C_\pm$ 是从 $L^2(\Gamma)$ 到 $L^2(\Gamma)$ 的有界算子, 并且 $C_+ - C_- = I$, 这里 I 表示恒等算子.

对于 2×2 矩阵函数 f, 定义如下算子运算:

$$C_w f = C_+(f w_-) + C_-(f w_+). \tag{2.12}$$

令 μ 为方程

$$\mu = I + C_w \mu$$

的解, 则

$$M(z) = I + \int_\Gamma \frac{\mu(\xi) w(\xi)}{\xi - z} \frac{d\xi}{2\pi i}, \quad z \in \bar{\mathbb{C}} \backslash \Gamma$$

为 Riemann-Hilbert 问题 (2.11) 的解 (参见文献 [37] 第 322 页).

2.2.2 解的长时间分析

约定: 在本章中, 若未作特别说明, $M_1, M_2, \mathcal{M}$ 均表示一般的大于 0 的常数.

下面对 Hirota 方程初值问题所对应的 Riemann-Hilbert 问题进行分析. 首先将上面所得到的 Riemann-Hilbert 问题改写成一般的标准形式. Hirota 方程的 Riemann-Hilbert 问题 (2.7) 可以表示成如下形式:

$$\begin{cases} M_+(x,t,z) = M_-(x,t,z)J(x,t,z), & z \in \mathbb{R}, \\ M(x,t,z) \to I, & z \to \infty, \end{cases} \tag{2.13}$$

这里, 跳跃矩阵 $J(x,t,z)$ 定义如下

$$J(x,t,z) = e^{-i(zx+4\beta z^3 t+2\alpha z^2 t)\hat{\sigma}_3} \begin{pmatrix} 1-|r(z)|^2 & -\overline{r(z)} \\ r(z) & 1 \end{pmatrix}, \tag{2.14}$$

这里 $r(z) = \dfrac{\overline{b(\bar{z})}}{a(z)}$(即反射系数).

方程 (2.1) 初值问题的解可表示为

$$q(x,t) = 2i \lim_{z\to\infty} (zM(x,t,z))_{12}.$$

这里 $M(x,t,z)$ 是 Riemann-Hilbert 问题 (2.13) 的唯一解.

注 2.2.1 为了方便起见, 本章假设谱函数 $a(z)$ 在相应的区域上无零点, 换言之, Hirota 方程在该初值下的解是非孤子解的情形. 这样 Riemann-Hilbert 问题解的存在性可以由 Zhou 所提出来的消失引理来保证, 参见文献 [99] 中定理 9.3.

为了给出 Hirota 方程初值问题解的长时间行为分析, 我们需要在相应相函数的稳定点附近对跳跃矩阵进行合适的上/下三角分解.

首先分析相函数

$$\theta(z) = 4\beta z^3 + 2\alpha z^2 + (x/t)z$$

的稳定点, 利用通常的求解稳定点的方法

$$\frac{d(\theta(z))}{dz} = 0$$

可得, 相函数的两个稳定点为

$$z_0 = \frac{-\alpha - \sqrt{\alpha^2 - 3\beta x/t}}{6\beta}, \tag{2.15}$$

$$z_1 = \frac{-\alpha + \sqrt{\alpha^2 - 3\beta x/t}}{6\beta}. \tag{2.16}$$

相函数实部 $\mathrm{Re}iF = \mathrm{Re}it\theta(z)$ 的符号如图 2.3 所示.

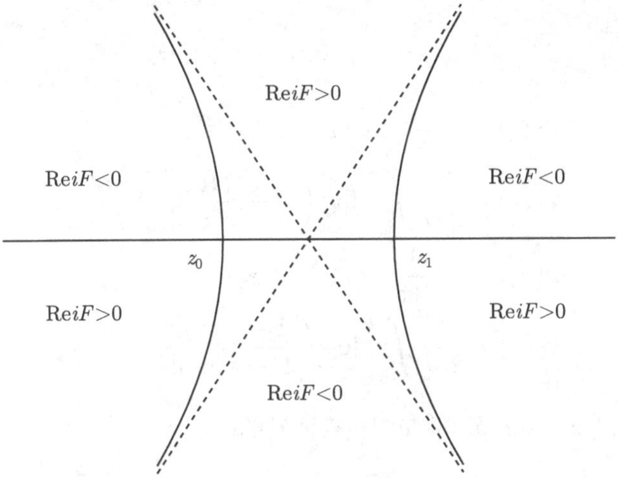

图 2.3 相函数实部 $\mathrm{Re}iF(z)$ 的符号

经计算可知, 跳跃矩阵 $J(x,t,z)$ 具有如下分解

$$J(x,t,z)=\begin{cases}\begin{pmatrix}1 & \overline{r(\bar{z})}e^{-2it\theta(z)}\\ 0 & 1\end{pmatrix}\begin{pmatrix}1 & 0\\ -r(z)e^{2it\theta(z)} & 1\end{pmatrix},\\ \begin{pmatrix}1 & 0\\ \dfrac{-r(z)}{1-r(z)\overline{r(\bar{z})}}e^{2it\theta(z)} & 1\end{pmatrix}\begin{pmatrix}1-r(z)\overline{r(\bar{z})} & 0\\ 0 & \dfrac{1}{1-r(z)\overline{r(\bar{z})}}\end{pmatrix}\\ \times\begin{pmatrix}1 & \dfrac{\overline{r(\bar{z})}}{1-r(z)\overline{r(\bar{z})}}e^{-2it\theta(z)}\\ 0 & 1\end{pmatrix}.\end{cases} \tag{2.17}$$

1. 第一次变换

引入标量函数 $\delta(z)$, 它满足如下 Riemann-Hilbert 问题:

$$\begin{cases}\delta_+(z)=\delta_-(z)(1-|r(z)|^2), & z\in(z_0,z_1),\\ \delta_+(z)=\delta_-(z), & \mathbb{R}\setminus(z_0,z_1),\\ \delta(z)\to 1, & z\to\infty.\end{cases} \tag{2.18}$$

利用熟知的 Plemelj 公式, 可得 $\delta(z)$ 函数具体形式如下

$$\delta(z)=\exp\frac{1}{2\pi i}\int_{z_0}^{z_1}\frac{\log(1-|r(\lambda)|^2)}{\lambda-z}d\lambda$$

$$\equiv \left(\frac{z-z_1}{z-z_0}\right)^{i\nu(z_1)} e^{\chi_1(z)} = \left(\frac{z-z_1}{z-z_0}\right)^{i\nu(z_0)} e^{\chi_0(z)}, \tag{2.19}$$

这里

$$\nu(z_1) = -\frac{1}{2\pi}\log(1-|r(z_1)|^2), \tag{2.20}$$

$$\chi_1(z) = \frac{1}{2\pi i}\int_{z_0}^{z_1} \log\left(\frac{1-|r(\zeta)|^2}{1-|r(z_1)|^2}\right)\frac{d\zeta}{\zeta-z}, \tag{2.21}$$

$$\nu(z_0) = -\frac{1}{2\pi}\log(1-|r(z_0)|^2), \tag{2.22}$$

$$\chi_0(z) = \frac{1}{2\pi i}\int_{z_0}^{z_1} \log\left(\frac{1-|r(\zeta)|^2}{1-|r(z_0)|^2}\right)\frac{d\zeta}{\zeta-z}. \tag{2.23}$$

进一步可知, 任给 $z \in \mathbb{C}$, $|\delta|$ 和 $|\delta^{-1}|$ 是有界的.

引进变换

$$N^{(1)}(x,t,z) = M(x,t,z)\delta^{-\sigma_3}(z), \tag{2.24}$$

则可得到关于 $N^{(1)}(x,t,z)$ 的 Riemann-Hilbert 问题

$$\begin{cases} N_+^{(1)}(x,t,z) = N_-^{(1)}(x,t,z)J_{N^{(1)}}(x,t,z), & z \in \mathbb{R}, \\ N^{(1)}(x,t,z) \to I, & z \to \infty, \end{cases} \tag{2.25}$$

这里

$$\begin{aligned} & J_{N^{(1)}}(x,t,z) \\ = & \ \delta_-^{\sigma_3}\tilde{J}(x,t,z)\delta_+^{-\sigma_3}(z) \\ = & \begin{cases} e^{-it\theta\hat{\sigma}_3}\begin{pmatrix} 1 & 0 \\ \dfrac{r(z)\delta_-^{-2}}{1-|r(z)|^2} & 1 \end{pmatrix}\begin{pmatrix} 1 & \dfrac{-\bar{r}(z)\delta_+^2}{1-|r(z)|^2} \\ 0 & 1 \end{pmatrix}, & z \in (z_0, z_1), \\ e^{-it\theta\hat{\sigma}_3}\begin{pmatrix} 1 & -\bar{r}(z)\delta^2 \\ 0 & 1 \end{pmatrix}\begin{pmatrix} 1 & 0 \\ r(z)\delta^{-2} & 1 \end{pmatrix}, & z \in (-\infty, z_0) \cup (z_1, \infty). \end{cases} \end{aligned} \tag{2.26}$$

2. 第二次变换

做这一次变换的目的是将 Riemann-Hilbert 问题 (2.25) 转化为一个等价的在曲线 Σ_1 上的 Riemann-Hilbert 问题

$$\Sigma_1 = L \cup \bar{L} \cup \mathbb{R}.$$

这里

$$
\begin{aligned}
L \doteq & \{z=z_1+z_1\varpi e^{3i\pi/4}; -\infty<\varpi\leqslant\sqrt{2}\}\\
& \cup\{z=z_0-z_0\varpi e^{i\pi/4}; -\infty<\varpi\leqslant\sqrt{2}\},
\end{aligned}
\tag{2.27}
$$

引进记号

$$
L_\varepsilon \doteq \{z=z_1+z_1\varpi e^{3i\pi/4}, \varepsilon\leqslant\varpi\leqslant\sqrt{2}\}\cup\{z=z_0-z_0\varpi e^{i\pi/4}, \varepsilon\leqslant\varpi\leqslant\sqrt{2}\}.
$$

命题 2.2.2 设

$$
f(z)=\begin{cases}
\dfrac{-\overline{r(z)}}{1-|r(z)|^2}, & z_0<z<z_1,\\
\overline{r(z)}, & z\geqslant z_1 \text{ 或} z\leqslant z_0.
\end{cases}
$$

则 f 有下面的分解

$$
f(z)=h_I(z)+h_{II}(z)+R(z), \quad z\in\mathbb{R},
$$

这里函数 $R(z)$ 是一个分段有理函数, 函数 $h_{II}(z)$ 可解析延拓到 L, 下面估计式成立

$$
\begin{aligned}
|e^{-2it\theta(z)}h_I(z)| &\leqslant \frac{c}{(1+|z|^2)t^\ell}, & z\in\mathbb{R}, 0<z_1<\mathcal{M}, 0<|z_0|<M_1,\\
&\leqslant \frac{c}{(1+|z|^2)|x|^\ell}, & z\in\mathbb{R}, z_1>\mathcal{M}^{-1}, |z_0|>M_1^{-1},\\
|e^{-2it\theta(z)}h_{II}(z)| &\leqslant \frac{c}{(1+|z|^2)t^\ell}, & z\in L, 0<z_1<\mathcal{M}, 0<|z_0|<M_1,\\
&\leqslant \frac{c}{(1+|z|^2)|x|^\ell}, & z\in L, z_1>\mathcal{M}^{-1}, |z_0|>M_1^{-1},\\
|e^{-2it\theta(z)}R(z)| &\leqslant Ce^{-16\varepsilon^2}, & z\in L_\varepsilon, 0<z_1<\mathcal{M}, 0<|z_0|<M_1,\\
&\leqslant Ce^{-4c(z_0,z_1)\varepsilon^2/3|x|}, & z\in L, z_1>\mathcal{M}^{-1}, |z_0|>M_1^{-1}.
\end{aligned}
$$

对于

$$
\overline{f(z)}=\overline{h_I(z)}+\overline{h_{II}(\bar z)}+\overline{R(\bar z)},
$$

函数 $e^{2it\theta(z)}\overline{h_I(z)}$, $e^{2it\theta(z)}\overline{h_{II}(z)}$, $e^{2it\theta(z)}\overline{R(\bar z)}$ 在 $\mathbb{R}\cup\bar L$ 上有着相同的估计式.

证明 参照文献 [37] 的方法进行解析延拓, 延拓的详细步骤如下: 我们对 z 分两种情况来讨论: 第一种情况为: $z_0<z<z_1$; 而第二种情况为: $z\leqslant z_0$ 或者 $z\geqslant z_1$.

情况 1 $z_0 < z < z_1$.

令

$$f_1(z) = \frac{-\bar{r}}{1-|r|^2}, \tag{2.28}$$

将函数 $f_1(z)$ 分解成奇偶两部分, 可得

$$\begin{aligned} f_1(z) &\triangleq \mathcal{H}\left(z-\frac{z_0+z_1}{2}\right) \\ &= H_e\left(\left(z-\frac{z_0+z_1}{2}\right)^2\right)+\left(z-\frac{z_0+z_1}{2}\right)H_o\left(\left(z-\frac{z_0+z_1}{2}\right)^2\right), \end{aligned}$$

这里 $H_e(\cdot)$ 和 $H_o(\cdot)$ 是 Schwartz 类函数.

对于固定的正整数 m, 利用带积分余项的 Taylor 展式有

$$\begin{aligned} H_e\left(\left(z-\frac{z_0+z_1}{2}\right)^2\right) &= \mu_0^e+\mu_1^e(z-z_0)(z-z_1)+\cdots+\mu_k^e((z-z_0)(z-z_1))^k \\ &\quad +\frac{1}{k!}\int_{(z_0-\frac{z_0+z_1}{2})^2}^{(z-\frac{z_0+z_1}{2})^2} H_e^{(k+1)}(\gamma)\left(\left(z-\frac{z_0+z_1}{2}\right)^2-\gamma\right)^k d\gamma \end{aligned} \tag{2.29}$$

和

$$\begin{aligned} H_o\left(\left(z-\frac{z_0+z_1}{2}\right)^2\right) &= \mu_0^o+\mu_1^o(z-z_0)(z-z_1)+\cdots+\mu_k^o((z-z_0)(z-z_1))^k \\ &\quad +\frac{1}{k!}\int_{(z_0-\frac{z_0+z_1}{2})^2}^{(z-\frac{z_0+z_1}{2})^2} H_o^{(k+1)}(\gamma)\left(\left(z-\frac{z_0+z_1}{2}\right)^2-\gamma\right)^k d\gamma, \end{aligned} \tag{2.30}$$

令

$$\begin{aligned} R(z) = R_k(z) &= \sum_{i=0}^{k}\mu_j^e[(z-z_0)(z-z_1)]^j \\ &\quad +\left(z-\frac{z_0+z_1}{2}\right)\sum_{i=0}^{k}\mu_j^o[(z-z_0)(z-z_1)]^j. \end{aligned}$$

引理 2.2.3

$$\left.\frac{d^j f_1(z)}{dz^j}\right|_{z_0} = \left.\frac{d^j R(z)}{dz^j}\right|_{z_0}, \quad \left.\frac{d^j f_1(z)}{dz^j}\right|_{z_1} = \left.\frac{d^j R(z)}{dz^j}\right|_{z_1}. \tag{2.31}$$

当 $z_1 \to +\infty$ 或者 $z_0 \to -\infty$ 时, $\mu_j^e\left(\left(\frac{z_0-z_1}{2}\right)^2\right)$ 和 $\mu_j^o\left(\left(\frac{z_0-z_1}{2}\right)^2\right)$ 是快速衰减函数.

证明 首先, 注意到 $\left(z_0-\frac{z_0+z_1}{2}\right)^2=\left(z_1-\frac{z_0+z_1}{2}\right)^2$, 当 $z_0 \to -\infty$ 或 $z_1 \to +\infty$ 时, 有如下的公式

$$\mu_j^e\left(\left(\frac{z_0-z_1}{2}\right)^2\right)=(j!)^{-1}\left.\frac{d^jH_e(\varpi)}{d\varpi^j}\right|_{(z_0-\frac{z_0+z_1}{2})^2},$$

$$\mu_j^e\left(\left(\frac{z_0-z_1}{2}\right)^2\right)=(j!)^{-1}\left.\frac{d^jH_e(\varpi)}{d\varpi^j}\right|_{(z_1-\frac{z_0+z_1}{2})^2},$$

$$\mu_j^o\left(\left(\frac{z_0-z_1}{2}\right)^2\right)=(j!)^{-1}\left.\frac{d^jH_o(\varpi)}{d\varpi^j}\right|_{(z_0-\frac{z_0+z_1}{2})^2},$$

$$\mu_j^o\left(\left(\frac{z_0-z_1}{2}\right)^2\right)=(j!)^{-1}\left.\frac{d^jH_o(\varpi)}{d\varpi^j}\right|_{(z_1-\frac{z_0+z_1}{2})^2}.$$

□

下面, 假设 $k=4q+1$, 这里 q 表示一个正整数. 记

$$f_1(z)=R(z)+h(z), \quad z\in(z_0,z_1), \tag{2.32}$$

根据引理 2.2.3, 可得

$$\left.\frac{d^jh(z)}{dz^j}\right|_{z_0}=0, \quad \left.\frac{d^jh(z)}{dz^j}\right|_{z_1}=0, \quad 0\leqslant j\leqslant k.$$

利用这个性质, 把函数 $h(z)$ 分解为如下形式:

$$h(z)=h_I(z)+h_{II}(z),$$

这里, $h_I(z)$ 是一个无穷小量, $h_{II}(z)$ 可解析延拓到直线 $z+i0$ 上. 从而

$$f_1(z)=h_I(z)+(h_{II}(z)+R(z))$$

是所需要的分解形式.

下面分两种情况来进行估计.

情况 1.1 $-M_1<z_0<0$, $0<z_1<\mathcal{M}$.

设

$$\xi(z)=[(z-z_0)(z-z_1)]^q.$$

考虑关于 θ 的傅里叶变换. 当 $z\in(z_0,z_1)$ 时, 函数 $\theta(z)$ 是一一对应的. 定义函数

$$\frac{h}{\xi}(\theta)\equiv\begin{cases}\dfrac{h(\theta(z))}{\xi(\theta(z))}, & -2z_1^2(4\beta z_1+\alpha)<\theta(z)<-2z_0^2(4\beta z_0+\alpha),\\ 0, & \theta(z)\in(-\infty,-2z_1^2(4\beta z_1+\alpha))\cup(-2z_0^2(4\beta z_0+\alpha),+\infty).\end{cases}$$

从而当

$$\theta\to-2z_0^2(4\beta z_0+\alpha)$$

或者

$$\theta\to-2z_1^2(4\beta z_1+\alpha),\quad -2z_1^2(4\beta z_1+\alpha)<\theta<-2z_0^2(4\beta z_0+\alpha)$$

时, 可以得到

$$\begin{aligned}\frac{h}{\xi}(\theta)&=O((z(\theta)-z_0)(z(\theta)-z_1)^{k+1-q}),\\ \frac{dz}{d\theta}&=\frac{1}{12\beta z^2+4\alpha z-(12\beta z_0^2+4\alpha z_0)}\\ &=\frac{1}{12\beta z^2+4\alpha z-(12\beta z_1^2+4\alpha z_1)},\end{aligned}$$

可得

$$\left(\frac{h}{\xi}\right)\in H^j(-\infty<\theta<\infty),\quad 0\leqslant j\leqslant\frac{3q+2}{2}.$$

利用傅里叶逆变换

$$\left(\frac{h}{\xi}\right)(z)=\int_{-\infty}^{\infty}e^{is\theta(z)}\widehat{(h/\xi)}(s)\bar{d}s. \tag{2.33}$$

这里

$$\widehat{(h/\xi)}(s)=-\int_{z_0}^{z_1}e^{-s\theta(z)}(h/\xi)(z)\bar{d}\theta(z),\quad s\in\mathbb{R}, \tag{2.34}$$

为了方便, 引进记号: $\bar{d}s=ds/\sqrt{2\pi}$ 及 $\bar{d}\theta(z)=d\theta(z)/\sqrt{2\pi}$.

根据表达式 (2.29), (2.30) 和 (2.32), 可得

$$\begin{aligned}(h/\xi)(z)=\frac{[(z-z_0)(z-z_1)]^{3q+2}}{k!}&\left(\int_0^1 H_e^{(k+1)}\left(\left(\frac{z_0-z_1}{2}\right)^2\right.\right.\\ &\left.\left.+u((z-z_0)(z-z_1))\right)(1-u)^k du\right.\end{aligned}$$

$$+\left(z-\frac{z_0+z_1}{2}\right)\int_0^1 H_o^{(k+1)}\left(\left(\frac{z_0-z_1}{2}\right)^2\right.$$
$$\left.\left.+u((z-z_0)(z-z_1))\right)(1-u)^k du\right).$$

进而可得

$$\begin{aligned}&\int_{z_0}^{z_1}\left|\left(\frac{d}{d\theta}\right)^j\frac{h}{\xi}(z)\right|^2|\bar{d}\theta(z)|\\ =&\int_{z_0}^{z_1}\left|\left(\frac{1}{12\beta z^2+4\alpha z-(12\beta z_0^2+4\alpha z_0)}\frac{d}{dz}\right)^j\frac{h}{\xi}(z)\right|^2\\ &\times|(12\beta z^2+4\alpha z-(12\beta z_0^2+4\alpha z_0))|\bar{d}z\\ \leqslant& C<\infty\end{aligned}$$

和

$$\begin{aligned}&\int_{z_0}^{z_1}\left|\left(\frac{d}{d\theta}\right)^j\frac{h}{\xi}(z)\right|^2|\bar{d}\theta(z)|\\ =&\int_{z_0}^{z_1}\left|\left(\frac{1}{12\beta z^2+4\alpha z-(12\beta z_1^2+4\alpha z_1)}\frac{d}{dz}\right)^j\frac{h}{\xi}(z)\right|^2\\ &\times|(12\beta z^2+4\alpha z-(12\beta z_1^2+4\alpha z_1))\bar{d}z|\\ \leqslant& C<\infty,\end{aligned}$$

对于 $-M_1<z_0<0$, $0<z_1<\mathcal{M}$, $0\leqslant j\leqslant(3q+2)/2$. 从而, 利用 Plancherel 等式, 可以得到

$$\int_{-\infty}^{+\infty}(1+s^2)^j|\widehat{(h/\xi)}(s)|^2ds\leqslant C<\infty. \tag{2.35}$$

注 2.2.4 在本书中, 常数 c, C 在不同的表达式中表示不一样的常数.

将函数 $h(z)$ 分解为下面的式子

$$\begin{aligned}h(z)&=\xi(z)\int_t^{+\infty}e^{is\theta(z)}\widehat{(h/\xi)}(s)\bar{d}s+\xi(z)\int_{-\infty}^t e^{is\theta(z)}\widehat{(h/\xi)}(s)\bar{d}s\\ &=h_I(z)+h_{II}(z),\end{aligned}$$

对于 $z\in(z_0,z_1)$, $-M_1<z_0<0$, $0<z_1<\mathcal{M}$ 及任意的 $p\leqslant(3q+2)/2$, 根据估计式 (2.35) 可得

$$|e^{-2it\theta(z)}h_I(z)|\leqslant|\xi(z)|\int_t^{+\infty}|\widehat{(h/\xi)}(s)|\bar{d}s$$

$$\leqslant |\xi(z)|\left(\int_t^{+\infty}(1+s^2)^{-p}\bar{d}s\right)^{1/2}\left(\int_t^{+\infty}(1+s^2)^p|\widehat{(h/\xi)}(z)|^2\bar{d}s\right)^{1/2}$$
$$\leqslant c\cdot t^{1/2-p}.$$

另一方面, 从图 2.3 可以看出, 在图 2.4 的阴影部分区域, 函数 $\mathrm{Re}i\theta$ 大于 0. 从而 $h_{II}(z)$ 可以延拓到如下直线

$$l_1: z(\varpi)=z_1+\varpi z_1 e^{3\pi i/4},\quad 0\leqslant\varpi\leqslant\sqrt{2}, \tag{2.36}$$

$$l_2: z(\varpi)=z_0+\varpi z_0 e^{\pi i/4},\quad 0\leqslant\varpi\leqslant\sqrt{2}. \tag{2.37}$$

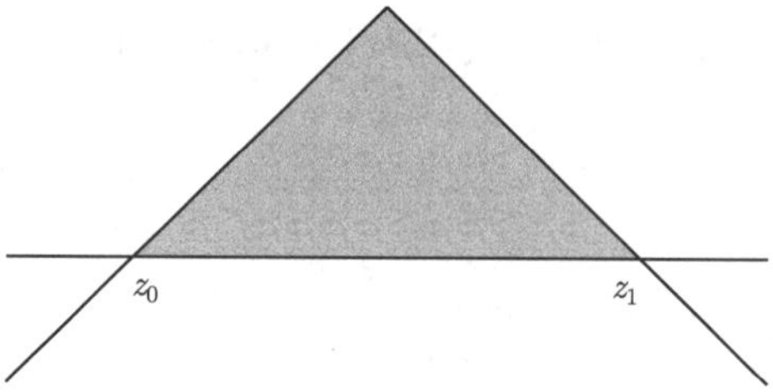

图 2.4　三角形阴影区域

在直线 (2.36)上, 再次利用估计式 (2.35). 可得

$$|e^{-2it\theta(z)}h_{II}(x)|$$
$$\leqslant |z-z_0|^q(z_1\varpi)^q e^{-t\mathrm{Re}i\theta(z)}\int_{-\infty}^t e^{(s-t)\mathrm{Re}i\theta(z)}|\widehat{(h/\xi)}(s)|\bar{d}s$$
$$\leqslant C|z_0|^q|z_1|^q\varpi^q e^{-t\mathrm{Re}i\theta(z)}\left(\int_{-\infty}^t(1+s^2)^{-1}\bar{d}s\right)^{1/2}\left(\int_{-\infty}^t(1+s^2)|\widehat{(h/\xi)}(s)|\bar{d}s\right)^{1/2}$$
$$\leqslant C|z_0|^q|z_1|^q\varpi^q e^{-t\mathrm{Re}i\theta(z)}.$$

然而

$$\theta(z)=4\beta(z-z_1)^3+(12\beta z_1+2\alpha)(z-z_1)^2-2z_1^2(4\beta z_1+\alpha) \tag{2.38}$$

$$=4\beta(z-z_0)^3+(12\beta z_0+2\alpha)(z-z_0)^2-2z_0^2(4\beta z_0+\alpha). \tag{2.39}$$

根据 (2.38), 可得, 当 $\varpi\leqslant\sqrt{2}$ 时,

$$\mathrm{Re}i\theta(z)=4\varpi^2z_1^2(3\beta z_1+6\alpha-\beta\varpi z_1/\sqrt{2})\geqslant 4\varpi^2z_1^2(2\beta z_1+6\alpha),$$

当 $z\in l_1$, $|z_0|<M_1$ 和 $|z_1|<\mathcal{M}$, 可知

$$|e^{-2it\theta(z)}h_{II}(z)|\leqslant C|z_0|^q|z_1|^q\varpi^q e^{-t4u^2z_1^2(2\beta z_1+6\alpha)}$$

$$\leqslant c|z_0|^q|z_1|^q \sup_{\varpi\in(0,\sqrt{2})}\left[\varpi^q e^{-t4\varpi^2 z_1^2(2\beta z_1+6\alpha)}\right]\leqslant \frac{c}{t^{q/2}},$$

可以验证估计式在直线 l_2 上也成立, 只需利用 $\theta(z)$ 的表达式 (2.39)来代替.

固定 ε, $0<\varepsilon<\sqrt{2}$. 如果 $z(\varpi)$ 在曲线 l_1 或者 l_2 上, $\varepsilon<\varpi<\sqrt{2}$, 对于 $0<|z_0|<M_1$ 和 $0<z_1<\mathcal{M}$, 有

$$|e^{-2it\theta(z)}R(z)|\leqslant Ce^{-16t\varpi^2 z_1^2(\beta z_1+3\alpha)}\leqslant Ce^{-16\varepsilon^2\tau},$$

这里

$$\tau\equiv\min\{tz_1^2(\beta z_1+3\alpha), tz_0^2(\beta z_0+3\alpha)\}.$$

情况 1.2 $z_0<-M_2^{-1}$ (即 $|z_0|>M_2^{-1}$) 和 $z_1>\mathcal{M}^{-1}$.

引进

$$\tilde{\xi}(z)=\frac{[(z/z_0-1)(z/z_1-1)]^q}{(z+i)^2},$$

接下来先把相函数放缩为如下:

$$\tilde{\theta}(z)=\frac{4\beta z^3+2\alpha z^2}{|12\beta z_1^2+4\alpha z_1|}-z. \tag{2.40}$$

从上式可知

$$t\theta(z)=|x|\tilde{\theta}(z).$$

类似 (2.33)和 (2.34), 有

$$\left(\frac{h}{\tilde{\xi}}\right)(z)=\int_{-\infty}^{\infty}e^{is\tilde{\theta}(z)}\widehat{(h/\tilde{\xi})}(s)\bar{d}s, \tag{2.41}$$

这里

$$\widehat{(h/\tilde{\xi})}(s)=-\int_{z_0}^{z_1}e^{-s\tilde{\theta}(z)}(h/\tilde{\xi})(z)\bar{d}\tilde{\theta}(z),\quad s\in\mathbb{R}. \tag{2.42}$$

记

$$\int_{z_0}^{z_1}\left|\left(\frac{d}{d\tilde{\theta}}\right)^j\frac{h}{\tilde{\xi}}(z)\right|^2|\bar{d}\tilde{\theta}(z)|=\int_{z_0}^{z_0/2}\left|\left(\frac{d}{d\tilde{\theta}}\right)^j\frac{h}{\tilde{\xi}}(z)\right|^2|\bar{d}\tilde{\theta}(z)|$$
$$+\int_{z_0/2}^{z_1/2}\left|\left(\frac{d}{d\tilde{\theta}}\right)^j\frac{h}{\tilde{\xi}}(z)\right|^2|\bar{d}\tilde{\theta}(z)|$$

$$+\int_{z_1/2}^{z_1}\left|\left(\frac{d}{d\tilde{\theta}}\right)^j\frac{h}{\bar{\tilde{\xi}}}(z)\right|^2|d\bar{\tilde{\theta}}(z)|. \tag{2.43}$$

对于式 (2.43) 右边的第二个积分, 利用类似于情况 1.1 中获得估计式的办法可得估计式, 同样另外两个积分也可以利用同样的方法得到相应的估计式. 在第一个积分中, $h(z)$ 函数利用 $f_1(z)-R(z)$ 来取代. 对于 $z_1>\mathcal{M}^{-1}$, 当 $|\tilde{\theta}'(z)|=\left|\dfrac{3\beta z^2+\alpha z}{|3\beta z_1^2+\alpha z_1|}-1\right|\geqslant C>0$ 在积分区域, 且当 $\left|d/dz\left(\dfrac{3\beta z^2+\alpha z}{|3\beta z_1^2+\alpha z_1|}-1\right)\right|\leqslant(C\mathcal{M}^2/(1+\mathcal{M}))|z|$ 时, 由于函数 $f_1(z)-R(z)$ 可以利用幂级数及其导数来表示, 那么可以得到被积函数是有界的. 因为 $f_1(z)$ 是 Schwartz 函数, 根据引理 2.2.3, 当 $z_1\to\infty$ 时, 函数 $R(z)$ 的系数是快速衰减的. 对于任意的 j, 有

$$\int_{z_1/2}^{z_1}\left|\left(\frac{d}{d\tilde{\theta}}\right)^j\frac{h}{\bar{\tilde{\xi}}}(z)\right|^2|d\bar{\tilde{\theta}}(z)|\leqslant C\leqslant\infty. \tag{2.44}$$

接下来, 考虑第一个积分表达式和第二个积分表达式, 设

$$(h/\tilde{\xi})(z)=z_0^q z_1^q[(z-z_0)(z-z_1)]^{3q+2}(z+i)^2 g(z,z_0,z_1),$$

这里

$$\begin{aligned}g(z,z_0,z_1)=\frac{1}{k!}\Bigg(&\int_0^1 H_e^{(k+1)}\left(\left(\frac{z_0-z_1}{2}\right)^2+u((z-z_0)(z-z_1))\right)(1-u)^k du\\&+\left(z-\frac{z_0+z_1}{2}\right)\int_0^1 H_o^{(k+1)}\\&\times\left(\left(\frac{z_0-z_1}{2}\right)^2+u((z-z_0)(z-z_1))\right)(1-u)^k du\Bigg).\end{aligned}$$

对于 $|z_0|>M_2^{-1}$, $z_1>\mathcal{M}^{-1}$, $0\leqslant j\leqslant(3q+2)/2$, 在区间 $z_1/2<z\leqslant z_1$ 上, 有

$$\int_{z_1/2}^{z_1}\left|\left(\frac{1}{\dfrac{3\beta z^2+\alpha z}{|3\beta z_1^2+\alpha z_1|}-1}\frac{d}{dz}\right)^j\frac{h}{\xi}(z)\right|^2\left|\frac{3\beta z^2+\alpha z}{|3\beta z_1^2+\alpha z_1|}-1\right|\bar{d}z\leqslant C(z_0,z_1). \tag{2.45}$$

同样, 对于 $|z_0|>M_2^{-1}$, $z_1>\mathcal{M}^{-1}$, $0\leqslant j\leqslant(3q+2)/2$, 在区间 $z_0<z\leqslant z_0/2$ 上, 有类似的估计式:

$$\int_{z_0}^{z_0/2}\left|\left(\frac{1}{\frac{3\beta z^2+\alpha z}{|3\beta z_0^2+\alpha z_0|}-1}\frac{d}{dz}\right)^j\frac{h}{\xi}(z)\right|^2\left|\frac{3\beta z^2+\alpha z}{|3\beta z_0^2+\alpha z_0|}-1\right|\bar{d}z\leqslant C(z_0,z_1). \tag{2.46}$$

从而, 对于 $|z_0|>M_2^{-1}$, $z_1>\mathcal{M}^{-1}$, $0\leqslant j\leqslant(3q+2)/2$, 根据 (2.44)— (2.46)式, 可得

$$\int_{-\infty}^{\infty}(1+s^2)^j|\widehat{(h/\tilde{\xi})}(s)|^2ds\leqslant C<\infty,$$

再一次给出函数 $h(z)$ 一个分解:

$$\begin{aligned}h(z)&=\tilde{\xi}(z)\int_{|x|}^{+\infty}e^{is\tilde{\xi}(z)}\widehat{(h/\tilde{\xi})}(s)\bar{d}s+\tilde{\xi}(z)\int_{-\infty}^{|x|}e^{is\tilde{\xi}(z)}\widehat{(h/\tilde{\xi})}(s)\bar{d}s\\&=h_I(z)+h_{II}(z).\end{aligned}$$

当 $|z_0|>M_2^{-1}$, $z_1>\mathcal{M}^{-1}$, $0\leqslant j\leqslant(3q+2)/2$, $z\in(z_0,z_1)$ 时,

$$\begin{aligned}|e^{-2it\theta(z)}h_I(z)|=|e^{-2i|x|\tilde{\xi}}(z)h_I(z)|&\leqslant|\tilde{\xi}(z)|\int_{|x|}^{+\infty}|\widehat{h/\tilde{\xi}}(s)|\bar{d}s\\&\leqslant\frac{C}{|1+z^2||x|^{p-1/2}},\end{aligned}$$

当 $z_1>\mathcal{M}^{-1}$ 和 $|z_0|>M_2^{-1}$, z 在直线 l_1 或者 l_2 上, 有如下估计式

$$\begin{aligned}|e^{-2it\theta}h_{II}(z)|=|e^{-2i|x|\tilde{\xi}(z)}h_{II}(z)|&\leqslant\frac{Cu^q}{|z+i|^2}e^{-|x|\mathrm{Re}i\tilde{\xi}(z)}\\&\leqslant\frac{C}{|z+i|^2}\sup_{u\in(0,\sqrt{2})}\left[u^q\exp\left\{-|x|\frac{4u^2z_1^2(2\beta z_1+6\alpha)}{|12\beta z_1^2+4\alpha z_1|}\right\}\right]\\&\leqslant\frac{c}{|z+i|^2|x|^{q/2}},\end{aligned}$$

即函数 $h_{II}(z)$ 可以延拓到直线上.

最后, 类似于上面的情况, 当 $z_1>\mathcal{M}^{-1}$, $|z_0|>M_2^{-1}$, $\varepsilon\in(0,\sqrt{2})$, 直线 l_1 和 l_2 在 $\varpi\in(\varepsilon,\sqrt{2})$ 的部分, 可以得到

$$\begin{aligned}|e^{-2it\theta(z)}R(z)|=|e^{-2i|x|\tilde{\xi}(z)}R(z)|&\leqslant C(z_0,z_1)\exp\left\{-|x|\frac{4u^2z_1^2(2\beta z_1+6\alpha)}{|12\beta z_1^2+4\alpha z_1|}\right\}\\&\leqslant C(z_0,z_1)e^{-4c(z_0,z_1)\varepsilon^2/3|x|},\end{aligned}$$

这里, 当 $z_1 \to +\infty$ 和 $z_0 \to -\infty$ 时, $C(z_0, z_1)$ 是快速衰减的; $c(z_0, z_1)$ 是一个正常数.

为了完成在 $z \in (z_0, z_1)$ 上的估计, 对函数 $f_1(z)$ 取复共轭, $\overline{f_1(z)} = r(z)/(1 - |r(z)|^2)$, 也有类似于 $f_1(z)$ 的分解和估计式, 相应地, $(\overline{h_I(z)} + \overline{h_{II}(z)})$ 是可以延拓到下半平面关于直线 l_1 和 l_2 共轭的直线上.

情况 2 下面考虑 $z \leqslant z_0$ 和 $z \geqslant z_1$ 的情况. 这两种情况的考虑方法是类似的, 所以下面只着重考虑 $z \geqslant z_1$ 的这个情况, $z \leqslant z_0$ 是类似的. 设

$$f_2(z) = \overline{r(z)}, \quad z \geqslant z_1, \tag{2.47}$$

再一次利用 Taylor 展式

$$\begin{aligned}(z-i)^{k+5} f_2(z) =& \mu_0 + \mu_1(z - z_1) + \cdots + \mu_k(z - z_1)^k \\ &+ \frac{1}{k!}\int_{z_1}^{z} ((\cdot - i)^{k+5} f_2(\cdot))^{(k+1)}(\gamma)(z-\gamma)^k d\gamma,\end{aligned} \tag{2.48}$$

这里

$$R(z) = \frac{\sum_{i=0}^{k} \mu_i (z - z_1)^i}{(z-i)^{k+5}},$$

$$h(z) = f_2(z) - R(z), \tag{2.49}$$

与上面类似, 直接验证得到下面的引理.

引理 2.2.5

$$\left.\frac{d^j f_2(z)}{dz^j}\right|_{z_1} = \left.\frac{d^j R(z)}{dz^j}\right|_{z_1}, \quad 0 \leqslant j \leqslant m.$$

当 $z_1 \to \infty$ 时, $\mu_i = \mu_i(z_1)$ 是快速衰减的.

同时, 可得当 $0 \leqslant j \leqslant k$ 时, $d^j h(z)/dz^j|_{z_1} = 0$.

情况 2.1 $0 < z_1 < \mathcal{M}$.

设

$$\beta(z) = \frac{(z - z_1)^q}{(z-i)^{q+2}}. \tag{2.50}$$

利用 (2.48)— (2.50)式, 有

$$\frac{h}{\beta}(z) = \frac{(z - z_1)^{k+1-q}}{(z-i)^{k+3-q}} g(z, z_1)$$

及

$$\left|\frac{d^j g(z,z_1)}{dz^j}\right| \leqslant C, \quad z \geqslant z_1, 1 \leqslant j \leqslant k. \tag{2.51}$$

可得, 对于任意的 $0 \leqslant j \leqslant \dfrac{3q+2}{3}$.

$$\begin{aligned}
&\int_{z_1}^{\infty}\left|\left(\frac{d}{d\theta}\right)^j\left(\frac{h}{\beta}(z(\theta))\right)\right|^2 \bar{d}\theta \\
=&\int_{z_1}^{\infty}\left|\left(\frac{1}{12\beta z^2+4\alpha z-(12\beta z_1^2+4\alpha z_1)}\frac{d}{dz}\right)^j\left(\frac{h}{\beta}(z)\right)\right|^2 \\
&\times(12\beta z^2+4\alpha z-(12\beta z_1^2+4\alpha z_1))\bar{d}\lambda \\
\leqslant& C\int_{z_1}^{\infty}\left|\frac{(z-z_1)^{k+1-q-3j}}{(z-i)^{k+3-q}}\right|^2(z-z_1)(12\beta(z+z_1)+4\alpha)\bar{d}z \leqslant C.
\end{aligned} \tag{2.52}$$

类似地, 利用 Plancherel 等式, 可得

$$\int_{-\infty}^{\infty}(1+s^2)^j|\widehat{(h/\beta)}(s)|^2 ds \leqslant C < \infty, \quad 0 \leqslant j \leqslant \frac{3q+2}{3}.$$

这里

$$\widehat{(h/\beta)}(s) = \int_{z_1}^{\infty} e^{-is\theta(z)}(h/\beta)(z)\bar{d}\theta(z)$$

及

$$(h/\beta)(z) = \int_{-\infty}^{\infty} e^{is\theta(z)}\widehat{(h/\beta)}(s)\bar{d}s. \quad z \geqslant z_1.$$

引进分解

$$\begin{aligned}
h(z) &= \beta(z)\int_t^{\infty} e^{is\theta(z)}\widehat{(h/\beta)}(s)\bar{d}s + \beta(z)\int_{-\infty}^{t} e^{is\theta(z)}\widehat{(h/\beta)}(s)\bar{d}s \\
&= h_I(z) + h_{II}(z).
\end{aligned} \tag{2.53}$$

对于 $z \geqslant z_1$, 以及任意的 $p \leqslant \dfrac{3q+2}{3}$,

$$|e^{-2it\theta(z)}h_I(z)| \leqslant \frac{C}{|z-i|^2 t^{p-\frac{1}{2}}},$$

另一方面, 函数 $h_{II}(z)$ 是可以解析延拓到上半平面的, 注意到 $\mathrm{Re}i\theta(\lambda) > 0$, 以及对于 z 在直线 $z_1 + z_1\varpi e^{-i\frac{\pi}{4}}, \varpi \geqslant 0$ 上, 有

$$|e^{-2it\theta(z)}h_{II}(z)| \leqslant \frac{cz_1^q\varpi^q e^{-t\mathrm{Re}i\theta(z)}}{|z-i|^{q+2}}. \tag{2.54}$$

又因为在直线 l_1 上, 有如下不等式

$$\mathrm{Re}i\theta(z)=4\varpi^2 z_1^2(3\beta z_1+6\alpha+\beta\varpi z_1/\sqrt{2})\geqslant 2\sqrt{2}\beta\varpi^3 z_1^3,$$

从而对于 $0<z_1<\mathcal{M}$, 根据上式, (2.54) 可以如下估计

$$\begin{aligned}|e^{-2it\theta(z)}h_{II}(z)|&\leqslant\frac{cz_1^q[((tz_1^3)^{\frac{1}{3}}\varpi)^q e^{-2\sqrt{2}\beta tz_1^3\varpi^3}]}{|z-i|^{q+2}(tz_1^3)^{\frac{q}{3}}}\\&\leqslant\frac{c}{|z-i|^{q+2}t^{\frac{q}{3}}}\leqslant\frac{c}{|z-i|^2 t^{\frac{q}{3}}}.\end{aligned}$$

情况 2.2　$z_1>\mathcal{M}^{-1}$.

引进函数

$$\tilde{\xi}(z)=\frac{(z/z_1-1)^q}{(z-i)^{q+2}},$$

$\tilde{\theta}$ 由 (2.40) 式给出以及

$$(h/\tilde{\xi})(z)=z_1^q\frac{(z-z_1)^{3q+2}}{(z-i)^{3q+4}}g(z,z_1),$$

那么

$$(h/\tilde{\xi})(z)=\int_{-\infty}^{\infty}e^{is\tilde{\theta}(z)}\widehat{(h/\tilde{\xi})}(s)\bar{d}s,\quad z\geqslant z_1,$$

这里

$$\widehat{(h/\tilde{\xi})}(s)=-\int_{z_0}^{z_1}e^{-s\tilde{\theta}(z)}(h/\tilde{\xi})(z)\bar{d}\tilde{\theta}(z),\quad s\in\mathbb{R}.$$

注意到, 在 (2.51) 式中, 常数 C 是关于 z_1 的表达式, 并且当 $z_1\to\infty$ 时, 常数 C 是快速衰减的. 从而类似于 (2.52) 式, 可得

$$\int_{z_1}^{\infty}\left|\left(\frac{d}{d\tilde{\theta}}\right)^j\left(\frac{h}{\beta}(z(\tilde{\theta}))\right)\right|^2\bar{d}\tilde{\theta}\leqslant C(z_1),\quad 0\leqslant j\leqslant\frac{3q+2}{3}.$$

进而可知

$$\int_{-\infty}^{\infty}(1+s^2)^j|\widehat{(h/\beta)}(s)|^2 ds\leqslant C<\infty,\quad 0\leqslant j\leqslant\frac{3q+2}{3}.$$

给出分解

$$h(z)=\beta(z)\int_t^{\infty}e^{is\theta(z)}\widehat{(h/\beta)}(s)\bar{d}s+\beta(z)\int_{-\infty}^{t}e^{is\theta(z)}\widehat{(h/\beta)}(s)\bar{d}s$$

$$= h_I(z) + h_{II}(z).$$

对于 $z_1 > \mathcal{M}^{-1}$ 和任意的 $0 \leqslant p \leqslant (3q+2)/3$, 可得

$$|e^{-2it\theta(z)}h_I(z)| \leqslant \left|\frac{(z/z_1)^q}{(z-i)^{q+2}}\right| \frac{C(z_1)}{|x|^{p-1/2}} \leqslant \frac{C(z_1)}{|z-i|^2|x|^{p-1/2}},$$

另一方面, 对于 z 在直线 l_1, 以及注意到

$$\mathrm{Re}i\tilde{\theta}(z) \geqslant \frac{u^2z_1^2(3\beta z_1 + 6\alpha + \beta u z_1/\sqrt{2})}{|3\beta z_1^2 + \alpha z_1|} \geqslant \mathcal{M}^{-1}u^2,$$

当 $z_1 > \mathcal{M}^{-1}$ 时,

$$|e^{-2i\theta(z)}h_{II}(z)| \leqslant \frac{C(z_1)u^q e^{-|x|\mathrm{Re}i\tilde{\theta}(z)}}{|z-i|^{q+2}} \leqslant \frac{C(z_1)}{|z-i|^{q+2}|x|^{q/2}}.$$

同样地, 只需要去对 $f_2(z)$ 取复共轭, 就能得到类似的估计式. 即完成了延拓. ■

根据 Riemann-Hilbert 问题 (2.25) 和跳跃矩阵 (2.26) 可知, 跳跃曲线为 $\mathbb{R}$ 方向自左到右, Riemann-Hilbert 问题给定如下

$$\begin{aligned} &N_+^{(1)} = N_-^{(1)}(b_-)_{x,t,\delta}^{-1}(b_+)_{x,t,\delta}, \\ &N^{(1)} \to I, \quad z \to \infty, \end{aligned}$$

这里

$$\begin{aligned} (b_\pm)_{x,t,\delta} &= \delta_\pm^{\hat{\sigma}_3} e^{-it\theta(z)\hat{\sigma}_3} b_\pm, \\ b_+ = I + w_+ &= \begin{pmatrix} 1 & f(z) \\ 0 & 1 \end{pmatrix}, \\ b_- = I - w_- &= \begin{pmatrix} 1 & 0 \\ \overline{f(z)} & 1 \end{pmatrix}. \end{aligned}$$

注 2.2.6 当 $z \in \{z|z > z_1\} \cup \{z|z < z_0\}$ 时, $\delta(z)$ 在 $\mathbb{R}$ 无跳跃.

记

$$\begin{aligned} b_+ = b_+^o b_+^a &= (I + w_+^o)(I + w_+^a) \\ &= \begin{pmatrix} 1 & h_I(z)\delta_+^2 e^{-2it\theta} \\ 0 & 1 \end{pmatrix} \begin{pmatrix} 1 & (h_{II}(z) + R(z))\delta_+^2 e^{-2it\theta} \\ 0 & 1 \end{pmatrix}, \\ b_- = b_-^o b_-^a &= (I - w_-^o)(I - w_-^a) \\ &= \begin{pmatrix} 1 & 0 \\ \overline{h_I(\bar{z})}\frac{1}{\delta_-^2}e^{2it\theta} & 1 \end{pmatrix} \begin{pmatrix} 1 & 0 \\ \overline{(h_{II}(\bar{z}) + R(\bar{z}))}\frac{1}{\delta_-^2}e^{2it\theta} & 1 \end{pmatrix}, \end{aligned}$$

根据 $\mathrm{Re}i\theta$ 的符号 (图 2.3) 将 $N^{(1)}(z)$ 的 Riemann-Hilbert 问题的跳跃曲线形变到如图 2.5 所示的曲线.

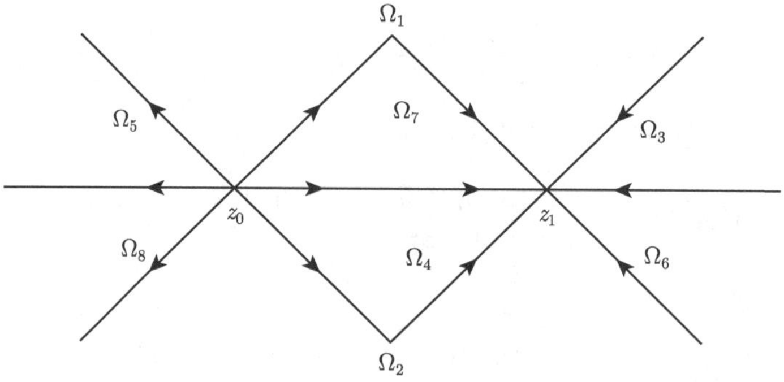

图 2.5　跳跃曲线 Σ_1 的方向及 Ω 区域

引入

$$b_+ = b_+^o b_+^a = (I+w_+^o)(I+w_+^a) = \begin{pmatrix} 1 & h_I \\ 0 & 1 \end{pmatrix}\begin{pmatrix} 1 & h_{II}+R \\ 0 & 1 \end{pmatrix}, \tag{2.55a}$$

$$b_- = b_-^o b_-^a = (I-w_-^o)(I-w_-^a) = \begin{pmatrix} 1 & 0 \\ \bar{h}_I & 1 \end{pmatrix}\begin{pmatrix} 1 & 0 \\ \bar{h}_{II}+\bar{R} & 1 \end{pmatrix}. \tag{2.55b}$$

记

$$\begin{cases} N^{(1')}(z) = N^{(1)}(z), & z\in\Omega_1\cup\Omega_2, \\ \qquad\quad\ \ = N^{(1)}(z)(b_-^a)_{x,t,\delta}^{-1}, & z\in\Omega_3\cup\Omega_4\cup\Omega_5, \\ \qquad\quad\ \ = N^{(1)}(z)(b_+^a)_{x,t,\delta}^{-1}, & z\in\Omega_6\cup\Omega_7\cup\Omega_8. \end{cases}$$

这里区域 $\{\Omega_j\}_1^8$ 如图 2.5 所示. 定义关于 $N^{(1')}(x,t,z)$ 的 Riemann-Hilbert 问题

$$\begin{cases} N_+^{(1')}(z) = N_-^{(1')}(z)(J_{N^{(1')}}(z))_{x,t,\delta}, & z\in\Sigma_1, \\ N^{(1')}(z)\to I, & z\to\infty. \end{cases} \tag{2.56}$$

这里

$$\begin{cases} (J_{N^{(1')}}(z))_{x,t,\delta} = (b_-^o)_{x,t,\delta}^{-1}(b_+^o)_{x,t,\delta}, & z\in\mathbb{R}, \\ \qquad\qquad\qquad\ \ = (b_+^a)_{x,t,\delta}, & z\in L, \\ \qquad\qquad\qquad\ \ = (b_-^a)_{x,t,\delta}^{-1}, & z\in\bar{L}. \end{cases} \tag{2.57}$$

事实上, 注意到, 当 $z\to\infty$ 时, 在区域 $\Omega_6\cup\Omega_8$ 上, $(b_+^a)_{x,t,\delta}^{-1}\to I$. 对于固定的 x,t, 根据 (2.53) 及函数 $\delta(z)$ 的有界性, 可得

$$
\begin{aligned}
|\delta^2 e^{-2it\theta(z)} h_2(z)| &\leqslant c|\beta(z)|e^{-t\mathrm{Re}i\theta(z)}\left|\int_{-\infty}^{t} e^{i(s-t)\theta(z)}\widehat{(h/\beta)}(s)\bar{d}s\right| \\
&\leqslant c\frac{|z-z_1|^q}{|z-i|^{q+2}}\int_{-\infty}^{t}|\widehat{(h/\beta)}(s)|\bar{d}s \leqslant \frac{C}{|z-i|^2}
\end{aligned}
$$

及

$$
|\delta^2 e^{-2it\theta(z)} R(z)| \leqslant \frac{C\left|\sum_{i=0}^{k}\mu_i(z-z_1)^i\right|}{|z-i|^{k+5}} \leqslant \frac{C}{|z-i|^5},
$$

即当 $z\to\infty$ 时, 在区域 Ω_6 上, 上面估计式都趋于 0. 引进记号

$$
(w_{\pm}^{1'})_{x,t,\delta} = \pm((b_{\pm}^{1'})_{x,t,\delta} - I),
$$

$$
(w^{1'})_{x,t,\delta} = (w_{+}^{1'})_{x,t,\delta} + (w_{-}^{1'})_{x,t,\delta},
$$

对于固定的 x,t, 注意到命题 2.2.2, 可知

$$
(w_{\pm}^{1'})_{x,t,\delta}, (w^{1'})_{x,t,\delta} \in L^1(\Sigma_1)\cap L^{\infty}(\Sigma_1).
$$

3. 第三次变换

在本节中, 主要说明跳跃曲线为 Σ_1(图 2.5) 的 Riemann-Hilbert 问题 (2.56) 转换为一个带截断的跳跃曲线 (图 2.6) 的 Riemann-Hilbert 问题和误差项.

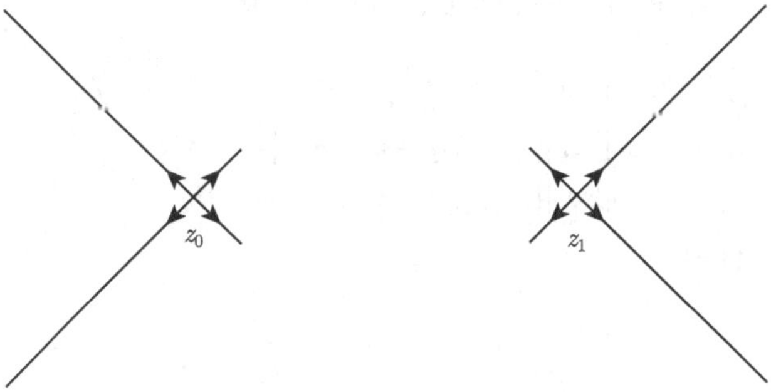

图 2.6 跳跃曲线 Σ_2 及其方向

根据本章前面部分的所考虑的内容, 可以得到如下式子

$$
q(x,t) = 2i\lim_{z\to\infty}(zM(x,t,z))_{12} = i\lim_{z\to\infty} z([\sigma_3, N^{(1)}(x,t,z)])_{12}.
$$

特别地, 由于在区域 Ω_5 上, $N^{(1)}(x,t,z)=N^{(1')}(x,t,z)$, 从而

$$q(x,t)=i\lim_{z\to\infty} z([\sigma_3,N^{(1')}(x,t,z)])_{12}.$$

根据标准的 Riemann-Hilbert 问题的求解过程, 可得

$$q(x,t)=-\left(\int_{\Sigma_1}[\sigma_3,((I-C_{w^{1'}_{x,t,\delta}})^{-1})(\zeta)w^{1'}_{x,t,\delta}(\zeta)]\frac{d\zeta}{2\pi i}\right)_{12}. \tag{2.58}$$

这里算子 $C_{w^{1'}_{x,t,\delta}}$ 定义如下:

$$C_{w^{1'}_{x,t,\delta}}f=C_+(f(w^{1'}_-)_{x,t,\delta})+C_-(f(w^{1'}_+)_{x,t,\delta}), \tag{2.59}$$

令 w^e 定义如下

$$w^e=w^a+w^b+w^c,$$

这里

$w^a=w$ 支撑集包含于 $\mathbb{R}$ 且由 $h_I(z)$ 和 $\overline{h_I(z)}$ 组成;
$w^b=w$ 支撑集包含于 $L\cup\bar{L}$ 且由 $h_{II}(z)$ 和 $\overline{h_{II}(\bar{z})}$ 组成;
$w^c=w$ 支撑集包含于 $L_\varepsilon\cup\bar{L}_\varepsilon$ 且由 $R(z)$ 和 $\overline{R(\bar{z})}$ 组成.

令 $w'=w-w^e$, 则在 $\Sigma_1\backslash\Sigma_2$ 上, $w'=0$. 即 w' 支撑集包含于 Σ_2 (图 2.6), 并且对 w 的贡献来自有理部分 R 和 $\bar{R}$.

命题 2.2.7　当 $0<z_1<M$, $0<|z_0|<M_1$ 时, 下列估计式成立

$$||w^a||_{L^\infty(\mathbb{R})\cap L^2(\mathbb{R})\cap L^1(\mathbb{R})}\leqslant Ct^{-l},$$

$$||w^b||_{L^\infty(L\cup\bar{L})\cap L^2(L\cup\bar{L})\cap L^1(L\cup\bar{L})}\leqslant Ct^{-l},$$

$$\begin{aligned}&||w^c||_{L^\infty(L_\varepsilon\cup\bar{L}_\varepsilon)}\leqslant Ce^{-\gamma_\varepsilon\tau},\\&||w^c||_{L^2(L_\varepsilon\cup\bar{L}_\varepsilon)}\leqslant C|z_1|^{\frac{1}{2}}e^{-\gamma_\varepsilon\tau},\\&||w^c||_{L^1(L_\varepsilon\cup\bar{L}_\varepsilon)}\leqslant C|z_1|e^{-\gamma_\varepsilon\tau},\end{aligned}$$

同时, 对于 $z_1>M^{-1}$,

$$||w^a||_{L^\infty(\mathbb{R})\cap L^2(\mathbb{R})\cap L^1(\mathbb{R})}\leqslant C|x|^{-\ell},$$

$$||w^b||_{L^\infty(L\cup\bar{L})\cap L^2(L\cup\bar{L})\cap L^1(L\cup\bar{L})}\leqslant C|x|^{-\ell},$$

$$||w^b||_{L^\infty(L_\varepsilon\cup\bar{L}_\varepsilon)\cap L^2(L_\varepsilon\cup\bar{L}_\varepsilon)\cap L^1(L_\varepsilon\cup\bar{L}_\varepsilon)}\leqslant Ce^{\gamma_\varepsilon|x|},$$

这里, $\gamma_\varepsilon=\min\left(4\varepsilon^2,\dfrac{2\varepsilon^2}{3M}\right)$.

注 2.2.8 这些结论可以根据命题 2.2.2 按照类似于文献 [37] 中引理 2.13 的计算所得的相应结果.

命题 2.2.9 若 $t\to\infty$ 及 $z_0<M$, 则

$$||(1-C_{w'})^{-1}||_{L^2(\Sigma_1)}\leqslant C \quad\Longleftrightarrow\quad ||(1-C_{w^{1'}_{x,t,\delta}})^{-1}||_{L^2(\Sigma_1)}\leqslant C.$$

证明 利用不等式

$$||C_{w'}-C_{w^{1'}_{x,t,\delta}}||_{L^2(\Sigma_1)}\leqslant c||w^e||_{L^2(\Sigma_1)},$$

$$||w^e||_{L^2(\Sigma_1)}\leqslant \frac{c}{t^l},$$

以及第二预解公式, 就可以得到命题中的结论. ■

命题 2.2.10 如果 $||(1-C_{w'})^{-1}||_{L^2(\Sigma^{(2)})}\leqslant C$, 则对于任意的正整数 l, 当 $t\to\infty$, $z_0<M$ 时,

$$q(x,t)=-\frac{1}{2}\left(\left[\sigma_3,\int_{\Sigma^{(2)}}((I-C_{w'})^{-1}I)(\xi)w^{'}(x,t,\xi)\right]\frac{d\xi}{2\pi i}\right)_{12}+O\left(\frac{c}{t^l}\right). \quad (2.60)$$

证明 由第二预解公式, 可以得到如下表达式 (见文献 [37] 的方程 (2.27)),

$$\begin{aligned}\int_{\Sigma_1}((1-C_{w^{1'}_{x,t,\delta}})^{-1}I)w^{1'}_{x,t,\delta}=&\int_{\Sigma_1}((1-C_{w'})^{-1}I)w'+\int_{\Sigma_1}w^e\\&+\int_{\Sigma_1}((1-C_{w'})^{-1}(C_{w'}I))w^{1'}_{x,t,\delta}\\&+\int_{\Sigma_1}((1-C_{w'})^{-1}(C_{w'}I))w^e\\&+\int_{\Sigma_1}((1-C_{w'})^{-1}C_{w^e}(1-C_{w^{1'}_{x,t,\delta}})^{-1})\\&\times(C_{w^{1'}_{x,t,\delta}}I)w^{1'}_{x,t,\delta}\\\doteq&\int_{\Sigma_1}((1-C_{w'})^{-1}I)w'+\mathrm{I}+\mathrm{II}+\mathrm{III}+\mathrm{IV}.\end{aligned}$$

对于 $z_0<M$, 由命题 2.2.7 可知

$$\begin{aligned}|\mathrm{I}|&\leqslant\|w^a\|_{L^1(\mathbb{R})}+\|w^b\|_{L^1(L\cup\bar{L})}+\|w^c\|_{L^1(L_\varepsilon\cup\bar{L}_\varepsilon)}\\&\leqslant Ct^{-l}+Ct^{-l}+Cz_0\tau^{-l}\\&\leqslant Cz_0\tau^{-l},\\|\mathrm{II}|&\leqslant\|(1-C_{w'})^{-1}\|_{L^2(\Sigma_1)}\|C_{w^e}I\|_{L^2(\Sigma_1)}\|w^{1'}_{x,t,\delta}\|_{L^2(\Sigma_1)}\end{aligned}$$

$$\leqslant C\|w^e\|_{L^2(\Sigma_1)}\|w^{1'}_{x,t,\delta}\|_{L^2(\Sigma_1)},$$

类似于上面

$$\|w^e\|_{L^2(\Sigma_1)} \leqslant ct^{-l} + ct^{-l} + c\sqrt{z_0}\tau^{-l} \leqslant c\sqrt{z_0}\tau^{-l}$$

和

$$\begin{aligned}\|w^{1'}_{x,t,\delta}\|_{L^2(\Sigma_1)} &\leqslant \|w^e\|_{L^2(\Sigma_1)} + \|w^{'}\|_{L^2(\Sigma_1)} \leqslant c\sqrt{z_0}\tau^{-l} + c(tz_0)^{-\frac{1}{4}} \\ &\leqslant c(tz_0)^{-\frac{1}{4}}(1+\tau^{\frac{1}{4}-l}).\end{aligned}$$

因此

$$|\mathrm{II}| \leqslant cz_0\tau^{-(l+\frac{1}{4})}(1+\tau^{\frac{1}{4}-l}).$$

$$\begin{aligned}|\mathrm{III}| &\leqslant \|(1-C_{w'}^{-1})\|_{L^2(\Sigma_1)}\|C_{w'}I\|_{L^2(\Sigma_1)}\|w^e\|_{L^2(\Sigma_1)} \\ &\leqslant c\|w'\|_{L^2(\Sigma_1)}\|w^e\|_{L^2(\Sigma_1)} \leqslant c\lambda_0\tau^{-(l+\frac{1}{4})}\end{aligned}$$

及

$$\begin{aligned}|\mathrm{IV}| &\leqslant \|(1-C_{w'}^{-1})\|_{L^2(\Sigma_1)}\|(1-C^{-1}_{w^{1'}_{x,t,\delta}})\|_{L^2(\Sigma_1)} \\ &\quad\times \|C_{w^e}\|_{L^2(\Sigma_1)}\|C_{w^{1'}_{x,t,\delta}}I\|_{L^2(\Sigma_1)}\|w^{1'}_{x,t,\delta}\|_{L^2(\Sigma_1)} \\ &\leqslant c\|w^e\|_{L^\infty(\Sigma_1)}\|w^{1'}_{x,t,\delta}\|_{L^2(\Sigma_1)}.\end{aligned}$$

根据命题 2.2.7, 以及 $\|w^e\|_{L^\infty(\Sigma_1)} \leqslant c\tau^{-l}$ 及如下估计式

$$\begin{aligned}\|w^{1'}_{x,t,\delta}\|^2_{L^2(\Sigma_1)} &\leqslant 4(\|w^a\|^2_{L^2(\Sigma_1)} + \|w^b\|^2_{L^2(\Sigma_1)} + \|w^c\|^2_{L^2(\Sigma_1)} + \|w^{'}\|^2_{L^2(\Sigma_1)}) \\ &\leqslant c(t^{-2l} + t^{-2l} + z_0\tau^{-\frac{1}{2}} + (tz_0)^{-\frac{1}{2}}) \leqslant c(tz_0)^{-\frac{1}{2}},\end{aligned}$$

可得

$$|\mathrm{IV}| \leqslant c\tau^{-l}(tz_0)^{-\frac{1}{2}}$$

从而, 当 $t\to\infty$ 时,

$$|\mathrm{I}+\mathrm{II}+\mathrm{III}+\mathrm{IV}| \leqslant cz_0\tau^{-l}.$$

将这些估计式应用到方程 (2.58), 可得到 (2.60). ■

接下来说明在合适的算子范数的意义下, 当去掉或者添加部分跳跃曲线 (在这部分曲线上的跳跃矩阵是 I) 时, 在算子的意义下是不改变 Riemann-Hilbert 问题的. 换言之, 是不改变 Riemann-Hilbert 问题解在渐近分析中的主要部分.

假设 $\Sigma^{(1)}$ 和 $\Sigma^{(2)}$ 是 $\mathbb{C}$ 内的两个有向的曲线, 并且

$$\operatorname{card}(\Sigma^{(1)}\cap\Sigma^{(2)})<\infty.$$

令 $\varpi=\varpi(\lambda)=\varpi_+(\lambda)+\varpi_-(\lambda)$ 是定义在

$$\Sigma^{(12)}=\Sigma^{(1)}\cup\Sigma^{(2)}$$

上的 2×2 的矩阵函数. 其中 ϖ 中的元素是属于 $L^2(\Sigma_{12})\cap L^\infty(\Sigma_{12})$ 的, 且设

$$\varpi=0,\quad 在\ \Sigma^{(2)}\ 上.$$

令

$$\begin{gathered}
R_{\Sigma^{(1)}}\ 表示投影映射 L^2(\Sigma^{(12)})\to L^2(\Sigma^{(1)}),\\
I_{\Sigma^{(1)}\to\Sigma^{(12)}}\ 表示嵌入映射 L^2(\Sigma^{(1)})\to L^2(\Sigma^{(12)}),\\
C_\varpi^{12}:L^2(\Sigma^{(12)})\to L^2(\Sigma^{(12)})\ 表示\ (2.12)\ 内的算子, 将 u\leftrightarrow w_{x,t,\delta}^{1'},\\
C_\varpi^{1}:L^2(\Sigma^{(1)})\to L^2(\Sigma^{(1)})\ 表示\ (2.12)\ 内的算子, 将 u\uparrow\Sigma^{(1)}\leftrightarrow w_{x,t,\delta}^{1'},\\
C_\varpi^{E}:L^2(\Sigma^{(1)})\to L^2(\Sigma^{(12)})\ 表示将\ C_u^{12}\ 限制在 L^2(\Sigma^{(1)}).
\end{gathered}$$

引进记号, $I_{\Sigma^{(1)}}$ 和$I_{\Sigma^{(12)}}$ 分别表示在 $L^2(\Sigma^{(1)})$ 和$L^2(\Sigma^{(12)})$ 上的恒等算子. 那么可得如下引理.

引理 2.2.11

$$C_\varpi^{12}C_\varpi^{E}=C_u^{E}C_\varpi^{12},$$

$$(I_{\Sigma^{(1)}}-C_\varpi^{1})^{-1}=R_{\Sigma^{(1)}}(I_{\Sigma^{(12)}}-C_\varpi^{12})^{-1}I_{\Sigma^{(1)}\to\Sigma^{(12)}},\tag{2.61}$$

$$(I_{\Sigma^{(12)}}-C_\varpi^{12})^{-1}=I_{\Sigma^{(12)}}+C_\varpi^{E}(I_{\Sigma^{(1)}}-C_\varpi^{1})^{-1}R_{\Sigma^{(1)}},\tag{2.62}$$

假设 (2.61) 或者 (2.62) 的右边存在, 则 (2.61) 或者 (2.62) 的左边存在并与之相等.

证明 见文献 [37] 的引理 2.56 的证明. ■

将上述引理应用于 $\varpi=w'$, $\Sigma^{(12)}=\Sigma_1$ 和 $\Sigma^{(1)}=\Sigma_1'$ 的情形, 由等式 (2.61), 可以得到如下的命题.

命题 2.2.12

$$u(x,t)=\left(\int_{\Sigma_1'}[\sigma_3,((1'-C'_{w'})^{-1}I)(\zeta)w'(\zeta)]\frac{d\zeta}{2\pi i}\right)_{12}+E(x,t),$$

这里, $E(x,t)=O\left(\dfrac{c(z_1,z_0)}{(8t(\sqrt{\alpha+6\beta z_1}))^{\ell/2}};|x|^{-\ell}\right)$.

令

$$L' = L \backslash L_\varepsilon,$$

则 $\Sigma_1' = L' \cup \bar{L}'$. 在 Σ_1' 上, 设 $\mu' = (1^{\Sigma_1'} - C'_{w'})^{-1} I$, 则

$$N'^{(1')}(\lambda) = I + \int_{\Sigma_1'} \frac{\mu'(\zeta) w'(\zeta)}{\zeta - \lambda} \frac{d\zeta}{2\pi i}$$

是 Riemann-Hilbert 问题

$$\begin{cases} N_+'^{(1')}(z) = N_-'^{(1')}(z) (J'_{N^{(1')}})_{x,t,\delta}(z), & z \in \Sigma_1', \\ N'^{(1')}(z) \to I, & z \to \infty \end{cases}$$

的解, 这里

$$w' = w'_+ + w'_-, \quad b'_\pm = I + w'_\pm,$$

$$(b'_\pm)_{x,t,\delta} = \delta^{\hat{\sigma}_3} e^{-it\theta\hat{\sigma}_3} b'_\pm, \quad (J'_{N^{(1')}})_{x,t,\delta} = (b'_-)^{-1}_{x,t,\delta} (b'_+)_{x,t,\delta}.$$

利用 (2.55) 和 (2.57), 可得

$$\begin{cases} b'_+ = \begin{pmatrix} 1 & R \\ 0 & 1 \end{pmatrix}, \quad b'_- = \begin{pmatrix} 1 & 0 \\ 0 & 1 \end{pmatrix}, \quad z \in L', \\ b'_+ = \begin{pmatrix} 1 & 0 \\ 0 & 1 \end{pmatrix}, \quad b'_- = \begin{pmatrix} 1 & 0 \\ \overline{R} & 1 \end{pmatrix}, \quad z \in \bar{L}'. \end{cases} \tag{2.63}$$

4. 尺度化算子

下面进一步简化截断曲线 Σ_1' 上的 Riemann-Hilbert 问题, 将其归化到在两个不相交的“十字”曲线 $\Sigma_{A'}, \Sigma_{B'}$ 上, 证明对于方程初值问题的解的渐近展开的首项主要来自两个稳定点附近, 并且还将说明首项就是这两点附近的主要部分的和. 稳定点附近的主要部分也是通过分析稳定点附近的两个新的 Riemann-Hilbert 问题来获得, 新 Riemann-Hilbert 问题的跳跃曲线为“十字”曲线, 而对于新 Riemann-Hilbert 问题的解可以用一个可精确求解的标准 Riemann-Hilbert 问题的解来逼近它, 也就是说, 在去掉误差项后, 新的 Riemann-Hilbert 问题与一个标准 Riemann-Hilbert 问题等价.

为了下面表述的简洁, 引进一些记号: 记 $\Sigma^{(3)}$ 为四个不相交的“十字”曲线 $\Sigma_{A'}, \Sigma_{B'}$ 的并. 将这两条曲线按照如下方式延拓并保持原来方向不变:

$$\hat{\Sigma}_{A'} = \{z = z_1 + \varpi z_1 e^{\pm \frac{3i\pi}{4}}, \varpi \in \mathbb{R}\},$$

$$\hat{\Sigma}_{B'} = \{z = z_0 + \varpi z_0 e^{\pm \frac{i\pi}{4}}, \varpi \in \mathbb{R}\},$$

分别由 $\Sigma_{A'}, \Sigma_{B'}$ 定义.

引入尺度化算子

$$
\begin{aligned}
&N_{z_1}: L^2(\Sigma_1) \to L^2(\Sigma_1 \backslash z_1),\\
&f(z) \mapsto Nf(z) = f\left(\frac{z}{\sqrt{8t(\alpha+6\beta z_1)}} + z_1\right);\\
&N_{z_0}: L^2(\Sigma_1) \to L^2(\Sigma_1 \backslash z_0),\\
&f(z) \mapsto Nf(z) = f\left(\frac{z}{\sqrt{8t(\alpha+6\beta|z_0|)}} + z_0\right).
\end{aligned}
$$

考虑算子 $N_j, j \in \{z_0, z_1\}$ 作用于 $\delta(z)e^{-it\theta(z)}$ 上, 可知

$$
(N_{z_1}\delta e^{-it\theta})(z) = \delta_{z_1}^0(z)\delta_{z_1}^1(z),
$$

其中

$$
\begin{aligned}
\delta_{z_1}^0(z) &= (32z_1^2 t(\alpha+6\beta z_1))^{-i\nu(z_1)/2} e^{it(2z_1^2(4\beta z_1+\alpha))} e^{\chi_1(z_1)}, \qquad (2.64)\\
\delta_{z_1}^1(z) &= z^{i\nu(z_1)}\left(\frac{2z_1}{z/(8t(\alpha+6\beta z_1))^{1/2} + (z_1 - z_0)}\right)^{i\nu(z_1)}\\
&\quad \times \exp\left\{-\frac{iz^2}{4}\left(1 + z\left(\frac{\beta}{\sqrt{2}t^{1/2}(\alpha+6\beta z_1)^{3/2}}\right)\right)\right\}\\
&\quad \times e^{\chi_1(z/(8t(\alpha+6\beta z_1))^{1/2}+z_1) - \chi_1(z_1)},
\end{aligned}
$$

这里

$$
\chi_1(z) = \frac{1}{2\pi i}\int_{z_0}^{z_1} \log\left(\frac{1-|r(\zeta)|^2}{1-|r(z_1)|^2}\right)\frac{d\zeta}{\zeta - z},
$$

同时

$$
(N_{z_0}\delta e^{-it\theta})(z) = \delta_{z_0}^0(z)\delta_{z_0}^1(z),
$$

其中

$$
\begin{aligned}
\delta_{z_0}^0(z) &= (32z_0^2 t(\alpha+6\beta|z_0|))^{-i\nu(z_0)/2} e^{it(2z_0^2(4\beta z_0+\alpha))} e^{\chi_0(z_0)},\\
\delta_{z_0}^1(z) &= (-z)^{i\nu(z_0)}\left(\frac{-2z_0}{z/(8t(\alpha+6\beta|z_0|))^{1/2} + (z_1 - z_0)}\right)^{i\nu(z_0)}\\
&\quad \times \exp\left\{\frac{iz^2}{4}\left(1 - z\left(\frac{\beta}{\sqrt{2}t^{1/2}(\alpha+6\beta|z_0|)^{3/2}}\right)\right)\right\}
\end{aligned}
$$

$$\times e^{\chi_0(z/(8t(\alpha+6\beta|z_0|))^{1/2}+z_0)-\chi_0(z_0)},$$

这里

$$\chi_0(z) = \frac{1}{2\pi i}\int_{z_0}^{z_1} \log\left(\frac{1-|r(\zeta)|^2}{1-|r(z_0)|^2}\right)\frac{d\zeta}{\zeta - z}.$$

设

$$\Delta_{z_1}^0 = (\delta_{z_1}^0)^{\sigma_3},$$

以及用 $\tilde{\Delta}_{z_1}^0$ 表示 $\delta_{z_1}^0$ 所定义的右乘算子, 即

$$\tilde{\Delta}_{z_1}^0\Phi = \Phi\delta_{z_1}^0.$$

可直接验证

$$|\delta_{z_1}^0| = 1.$$

进而可以说明算子 $\tilde{\Delta}_{z_1}^0$ 是一个酉算子.

假设曲线 Σ' 可以分解为两个互不相交的曲线 $\Sigma' = \Sigma'_{z_0} \cup \Sigma'_{z_1}$, 如图 2.7 所示.

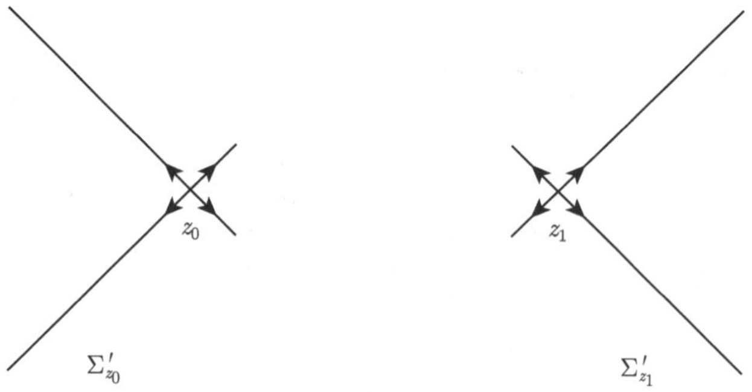

图 2.7 跳跃曲线 Σ' 及其方向

记

$$w' = w^{A'} + w^{B'},$$

这里

$$w^{A'}(z) = 0 \quad 对于 z \in \Sigma'_{z_1}, \quad w^{B'}(z) = 0 \quad 对于 z \in \Sigma'_{z_0}$$

定义在 $L^2(\Sigma')$ 上的算子 A' 和 B',

$$A' \equiv C'_{w^{A'}}, \quad B' \equiv C'_{w^{B'}},$$

这里, 算子 $C'_{w^{A'}}$ 由 (2.59)式给出. 记

$$C'_{w'} = A' + B'.$$

命题 2.2.13

$$
\begin{aligned}
&||B'A'||_{L^2(\Sigma'_{z_1})}=||A'B'||_{L^2(\Sigma'_{z_1})}\leqslant C(z_0,z_1)(tz_1^2(\alpha/6+\beta z_1))^{-1/2},\\
&||A'B'||_{L^\infty(\Sigma'_{z_1})\to L^2(\Sigma'_{z_1})}\leqslant c(z_0,z_1)(tz_1^2(\alpha/6+\beta z_1))^{-1/2}(z_1t)^{-1/4},\\
&||B'A'||_{L^\infty(\Sigma'_{z_1})\to L^2(\Sigma'_{z_1})}\leqslant c(z_0,z_1)(tz_1^2(\alpha/6+\beta z_1))^{-1/2}(z_1t)^{-1/4},\\
&||B'A'||_{L^2(\Sigma'_{z_0})}=||A'B'||_{L^2(\Sigma'_{z_0})}\leqslant C(z_0,z_1)(tz_0^2(\alpha/6+\beta|z_0|))^{-1/2}\\
&||A'B'||_{L^\infty(\Sigma'_{z_0})\to L^2(\Sigma'_{z_0})}\leqslant c(z_0,z_1)(tz_0^2(\alpha/6+\beta|z_0|))^{-1/2}(|z_0|t)^{-1/4},\\
&||B'A'||_{L^\infty(\Sigma'_{z_0})\to L^2(\Sigma'_{z_0})}\leqslant c(z_0,z_1)(tz_0^2(\alpha/6+\beta|z_0|))^{-1/2}(|z_0|t)^{-1/4}.
\end{aligned}
$$

证明 这个命题的证明类似于文献 [37] 中的引理 3.5 的证明. ■

引进变量变换

$$\hat{B}'=N_{z_1}(\tilde{\Delta}_{z_1})^{-1}B\tilde{\Delta}^0_{z_1}N_{z_1},$$

这里

$$
\begin{aligned}
B&=C_{(\Delta^0_{z_1})^{-1}(N_{z_1}\hat{w}^{B'})\Delta^0_{z_1}}\\
&=C_+(\cdot(\Delta^0_{z_1})^{-1}(N_{z_1}\hat{w}^{B'}_-)\Delta^0_{z_1})+C_-(\cdot(\Delta^0_{z_1})^{-1}(N_{z_1}\hat{w}^{B'}_+)\Delta^0_{z_1}),
\end{aligned}
$$

注意到, 在 Σ_{z_1} 的部分曲线

$$\bar{L}_{z_1}=\{z=uz_1\sqrt{8t(\alpha+6\beta z_1)}e^{i\pi/4}:-\varepsilon<u<\infty\}$$

上, 根据 (2.63), 可得

$$((\Delta^0_{z_1})^{-1}(N_{z_1}\hat{w}^{B'}_-)\Delta^0_{z_1})(z)=\begin{pmatrix}0&0\\-\overline{R}(z/\sqrt{8t(\alpha+6\beta z_1)}+z_1)(\delta^1_{z_1}(z))^{-2}&0\end{pmatrix}.$$

并且在 $\Sigma_{z_1}\setminus\bar{L}_{z_1}$ 上, 有 $((\Delta^0_{z_1})^{-1}(N_{z_1}\hat{w}^{B'}_-)\Delta^0_{z_1})(z)=0$. 类似地, 在曲线

$$\bar{L}'_{z_1}=\{z=uz_1\sqrt{8t(\alpha+6\beta z_1)}e^{-i\pi/4}:-\varepsilon<u<\infty\}$$

上有

$$((\Delta^0_{z_1})^{-1}(N_{z_1}\hat{w}^{B'}_+)\Delta^0_{z_1})(z)=\begin{pmatrix}0&-\overline{R}(z/\sqrt{8t(\alpha+6\beta z_1)}+z_1)(\delta^1_{z_1}(z))^2\\0&0\end{pmatrix},$$

以及在 $\Sigma_{z_1}\setminus\bar{L}'_{z_1}$ 上有 $((\Delta^0_{z_1})^{-1}(N_{z_1}\hat{w}^{B'}_+)\Delta^0_{z_1})(z)=0$.

根据上面引进的记号 (2.28) 和 (2.47), 以及命题 2.2.3 和命题 2.2.5, 可知

$$R(z_1+)\equiv\lim_{\mathrm{Re}z>z_1}R(z)=\bar{r}(z_1);$$

$$R(z_1-) \equiv \lim_{\mathrm{Re}z<z_1} R(z) = -\bar{r}(z_1)(1-|r(z_1)|^2).$$

当 $t\to\infty$ 时, 有如下估计式

$$\overline{R}(z/\sqrt{8t(\alpha+6\beta z_1)}+z_1)(\delta^1_{z_1}(z))^{-2} - \overline{R}(z_1\pm)z^{-2\nu i}e^{iz^2/2} \to 0,$$

对于收敛速度的估计, 有下面的引理.

引理 2.2.14 假设 γ 是很小的正数, 且 $0<\gamma<1/2$. 那么, 对于 $z\in\overline{L}_{z_1}$,

$$\begin{aligned}&\left|\overline{R}(z/\sqrt{8t(\alpha+6\beta z_1)}+z_1)(\delta^1_{z_1}(z))^{-2} - \overline{R}(z_1\pm)z^{-2\nu i}e^{iz^2/2}\right|\\ \leqslant{}& C(z_1)|e^{i\gamma/2z^2}|\left(\frac{1}{(tz_1^2(\alpha/6+\beta z_1))^{1/2}}+\frac{\log(tz_1)}{(tz_1)^{1/2}}\right).\end{aligned} \tag{2.65}$$

证明 类似于文献 [37] 中引理 3.35 的证明过程. ■

注 2.2.15 类似地, 在曲线 L_{z_1} 上, 可以得到下面的估计式

$$\begin{aligned}&\left|\overline{R}(z/\sqrt{8t(\alpha+6\beta z_1)}+z_1)(\delta^1_{z_1}(z))^{2} - \overline{R}(z_1\pm)z^{2\nu i}e^{-iz^2/2}\right|\\ \leqslant{}& C(z_1)|e^{-i\gamma/2z^2}|\left(\frac{1}{(tz_1^2(\alpha/6+\beta z_1))^{1/2}}+\frac{\log(tz_1)}{(tz_1)^{1/2}}\right).\end{aligned} \tag{2.66}$$

对于 Σ_{z_0} 的情况, 有如下类似于 Σ_{z_1} 的表达式

$$(N_{z_0}\delta e^{-it\theta})(z) = \delta^0_{z_0}(z)\delta^1_{z_0}(z),$$

这里

$$\begin{aligned}\delta^0_{z_0}(z) ={}& (32z_0^2t(\alpha+6\beta|z_0|))^{-i\nu(z_0)/2}e^{it(2z_0^2(4\beta z_0+\alpha))}e^{\chi_0(z_0)}, \\ \delta^1_{z_0}(z) ={}& (-z)^{i\nu(z_0)}\left(\frac{-2z_0}{z/(8t(\alpha+6\beta|z_0|))^{1/2}+(z_1-z_0)}\right)^{i\nu(z_0)}\\ &\times\exp\left\{\frac{iz^2}{4}\left(1-z\left(\frac{\beta}{\sqrt{2}t^{1/2}(\alpha+6\beta|z_0|)^{3/2}}\right)\right)\right\}\\ &\times e^{\chi_0(z/(8t(\alpha+6\beta|z_0|))^{1/2}+z_0)-\chi_0(z_0)}.\end{aligned} \tag{2.67}$$

类似地, 经过变量变换可知

$$\hat{A}' = N_{z_0}^{-1}(\tilde{\Delta}^0_{z_0})^{-1}A\tilde{\Delta}^0_{z_0}N_{z_0},$$

这里

$$A = C_{(\Delta^0_{z_0})^{-1}(N_{z_0}\hat{w}^{A'})\Delta^0_{z_0}}$$

$$= C_+(\cdot(\Delta_{z_0}^0)^{-1}(N_{z_0}\hat{w}_-^{A'})\Delta_{z_0}^0) + C_-(\cdot(\Delta_{z_0}^0)^{-1}(N_{z_0}\hat{w}_+^{A'})\Delta_{z_0}^0),$$

注意到, 在 Σ_{z_0} 的部分曲线

$$\bar{L}_{z_0} = \{z = u|z_0|\sqrt{8t(\alpha+6\beta|z_0|)}e^{3i\pi/4} : -\varepsilon < u < \infty\}$$

上, 有

$$((\Delta_{z_0}^0)^{-1}(N_{z_0}\hat{w}_-^{A'})\Delta_{z_0}^0)(z) = \begin{pmatrix} 0 & 0 \\ -\overline{R}(z/\sqrt{8t(\alpha+6\beta|z_0|)}+z_0)(\delta_{z_0}^1(z))^{-2} & 0 \end{pmatrix}.$$

并且在 $\Sigma_{z_0} \setminus \bar{L}_{z_0}$ 上有 $((\Delta_{z_0}^0)^{-1}(N_{z_0}\hat{w}_-^{A'})\Delta_{z_0}^0)(z) = 0$. 类似地, 在

$$\bar{L}'_{z_0} = \{z = u|z_0|\sqrt{8t(\alpha+6\beta|z_0|)}e^{-3i\pi/4} : -\varepsilon < u < \infty\}$$

上有

$$((\Delta_{z_0}^0)^{-1}(N_{z_0}\hat{w}_+^{A'})\Delta_{z_0}^0)(z) = \begin{pmatrix} 0 & -\overline{R}(z/\sqrt{8t(\alpha+6\beta|z_0|)}+z_0)(\delta_{z_0}^1(z))^2 \\ 0 & 0 \end{pmatrix},$$

以及在 $\Sigma_{z_1} \setminus \bar{L}'_{z_0}$ 上有 $((\Delta_{z_1}^0)^{-1}(N_{z_1}\hat{w}_+^{B'})\Delta_{z_1}^0)(z) = 0$. 同样有类似的式子

$$R(z_0+) \equiv \lim_{\mathrm{Re}z>z_0} R(z) = -\bar{r}(z_0)(1-|r(z_0)|^2);$$
$$R(z_0-) \equiv \lim_{\mathrm{Re}z<z_0} R(z) = \bar{r}(z_0).$$

可以得到类似于 (2.65) 和 (2.66) 的估计式

$$\begin{aligned}&\left|\overline{R}(z/\sqrt{8t(\alpha+6|\beta z_0|)}+z_0)(\delta_{z_0}^1(z))^{-2} - \overline{R}(z_0\pm)(-z)^{2\nu i}e^{-iz^2/2}\right| \\ \leqslant{}& C(z_0)|e^{-i\gamma/2z^2}|\left(\frac{1}{(tz_0^2(\alpha/6+\beta|z_0|))^{1/2}} + \frac{\log(t|z_0|)}{(t|z_0|)^{1/2}}\right),\end{aligned}$$

在曲线 L_{z_1} 上成立,

$$\begin{aligned}&\left|\overline{R}(z/\sqrt{8t(\alpha+6\beta|z_0|)}+z_0)(\delta_{z_0}^1(z))^{2} - \overline{R}(z_0\pm)(-z)^{-2\nu i}e^{iz^2/2}\right| \\ \leqslant{}& C(z_0)|e^{i\gamma/2z^2}|\left(\frac{1}{(tz_0^2(\alpha/6+\beta|z_0|))^{1/2}} + \frac{\log(t|z_0|)}{(t|z_0|)^{1/2}}\right),\end{aligned}$$

在曲线 L_{z_0} 上成立.

命题 2.2.16 对于一般的算子 $C_{w^{l'}}^{\Sigma'}, l\in\{1,2,\cdots,N\}$, 假如 $(1'-C_{w^{l'}}^{\Sigma'})^{-1}$ 存在, 则

$$\left(1'-\sum_{1\leqslant X\leqslant N}C_{w^{X'}}^{\Sigma'}\right)\left(1'+\sum_{1\leqslant Y\leqslant N}C_{w^{Y'}}^{\Sigma'}(1'-C_{w^{X'}}^{\Sigma'})^{-1}\right)$$
$$=1'-\sum_{1\leqslant Y\leqslant N}\sum_{1\leqslant X\leqslant N}(1-\delta_{XY})C_{w^{Y'}}^{\Sigma'}C_{w^{X'}}^{\Sigma'}(1'-C_{w^{X'}}^{\Sigma'})^{-1}$$

及

$$\left(1'+\sum_{1\leqslant Y\leqslant N}C_{w^{Y'}}^{\Sigma'}(1'-C_{w^{X'}}^{\Sigma'})^{-1}\right)\left(1'-\sum_{1\leqslant X\leqslant N}C_{w^{X'}}^{\Sigma'}\right)$$
$$=1'-\sum_{1\leqslant Y\leqslant N}\sum_{1\leqslant X\leqslant N}(1-\delta_{XY})(1'-C_{w^{Y'}}^{\Sigma'})^{-1}C_{w^{Y'}}^{\Sigma'}C_{w^{X'}}^{\Sigma'}$$

其中 δ_{XY} 是 Kronecker 记号.

证明 假设算子 $(1'-C_{w^{l'}}^{\Sigma'})^{-1}, l\in\{1,2,\cdots,N\}$ 存在, 命题的结论是利用第二预解公式及归纳法的结果. ■

特别地, 当 $N=2$ 时, 可以得到

$$\begin{aligned}&(1'-A'-B')(1'+A'(1'-A')^{-1}+B'(1'-B')^{-1})\\=&1'-B'A'(1'-A')^{-1}-A'B'(1'-B')^{-1},\\&(1'+A'(1'-A')^{-1}+B'(1'-B')^{-1})(1'-A'-B')\\=&1'-(1'-A')^{-1}A'B'-(1'-B')B'A'.\end{aligned}$$

引理 2.2.17 若 $(1'-A')^{-1}$, $(1'-B')^{-1}$ 有界, 当 $t\to\infty$ 时,

$$\begin{aligned}u(x,t)=&\left(\int_{\Sigma'_{z_0}}[\sigma_3,((1_{A'}-C_{w^{A'}}^{A'})^{-1}I)w^{A'}]\frac{d\zeta}{2\pi i}\right)_{12}\\&+\left(\int_{\Sigma'_{z_1}}[\sigma_3,((1_{B'}-C_{w^{B'}}^{B'})^{-1}I)w^{B'}]\frac{d\zeta}{2\pi i}\right)_{12}+O\left(\frac{\log t}{t}\right).\end{aligned}\tag{2.68}$$

证明 类似于文献 [71] 引理 6.2 的证明. 在此省略, 有兴趣的读者可以自行补全. ■

最后, 将给出标准的 Riemann-Hilbert 问题, 并将在下一小节中给出这个标准问题的解. 这里, 只考虑 z_1 的情况, 对于 z_0 的情况可以通过类似的方法得到. 下面用一个关于算子范数的有界性引理来结束本节.

引理 2.2.18 算子 $(1'-A')^{-1}$ 和 $(1'-B')^{-1}$ 存在并且一致有界, 即

$$||(1'-A')^{-1}||_{L^2(\Sigma')},\quad ||(1'-B')^{-1}||_{L^2(\Sigma')}\leqslant C.$$

由引理 2.2.11, $(1_{\Sigma_{B'}}-C_{w^{B'}}^{\Sigma_{B'}})^{-1}$ 的有界性可由 $(1_{\hat{\Sigma}_{B'}}-C_{w^{B'}}^{\hat{\Sigma}_{B'}})^{-1}$ 的有界性得到. 注意到

$$(1_{\hat{\Sigma}_{B'}}-C_{w^{B'}}^{\hat{\Sigma}_{B'}})^{-1}=(N_B)^{-1}(\tilde{\Delta_B^0})^{-1}(1_{\Sigma_{B'}}-C_{w^{B'}}^{\Sigma_{B'}})^{-1}(\tilde{\Delta_B^0})N_B,$$

于是 $(1_{\hat{\Sigma}_{B'}}-C_{w^{B'}}^{\hat{\Sigma}_{B'}})^{-1}$ 的有界性源自 $(1_{\Sigma_{B'}}-C_{w^{B'}}^{\Sigma_{B'}})^{-1}$ 的有界性.

令

$$w^B=(\Delta_B^0)^{-1}(N_B\hat{w}^{B'})\Delta_B^0,$$

从而

$$C_{w^B}^{\Sigma_{z_1}}=C_+(\cdot w_-^B)+C_-(\cdot w_+^B).$$

在 Σ_{z_1} 上, 如图 2.8 所示. 令 $J^{B^0}=(b_-^{B^0})^{-1}b_+^{B^0}=(I-w_-^{B^0})^{-1}(I+w_+^{B^0})$. 定义 $w^{B^0}=w_+^{B^0}+w_-^{B^0}$, 利用引理 2.2.14, 可得

$$||w^B-w^{B^0}||_{L^\infty(\Sigma_B)\cap L^1(\Sigma_B)\cap L^2(\Sigma_B)}\leqslant C(z_1)t^{-\frac{1}{2}}.$$

那么, 当 $t\to\infty$ 时,

$$||C_{w^B}^{\Sigma_B}-C_{w^{B^0}}^{\Sigma_B}||_{L^2(\Sigma_B)}\leqslant C(z_0)t^{-\frac{1}{2}},$$

从而, 可以看到当 $t\to\infty$ 时, $(1_{\Sigma_B}-C_{w^B}^{\Sigma_B})^{-1}$ 的有界性源自 $(1_{\Sigma_B}-C_{w^{B^0}}^{\Sigma_B})^{-1}$ 的有界性.

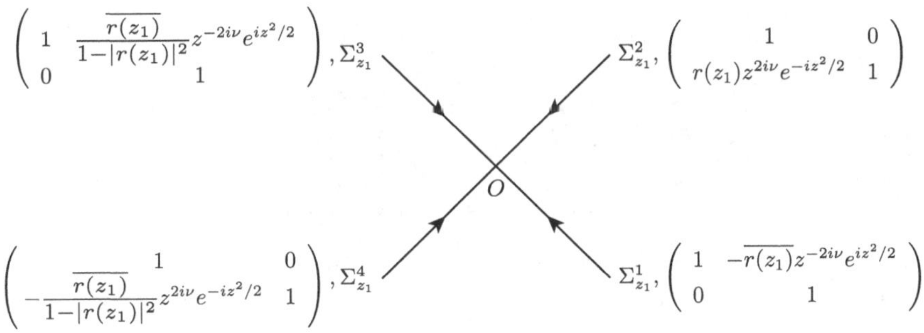

图 2.8 跳跃曲线 $\Sigma_B\equiv\Sigma_{z_1}$

重新定义 Σ_{z_1} 的方向, 变成 $\Sigma_{z_1,r}$, 如图 2.9 所示. 经过简单计算可得, 在曲线 $\Sigma_{z_1,r}$ 上的跳跃矩阵 $J^{B,r}=(b_-^{B,r})^{-1}(b_+^{B,r})=(I-w_-^{B,r})^{-1}(I+w_+^{B,r})$ 有如下定义:

$$w_\pm^{B,r}(z)=-w_\mp^{B^0}(z),\quad 对于\quad \mathrm{Re}z>0,$$

及

$$w_{\pm}^{B,r}(z)=w_{\pm}^{B^0}(z),\quad 对于\quad \mathrm{Re}z<0.$$

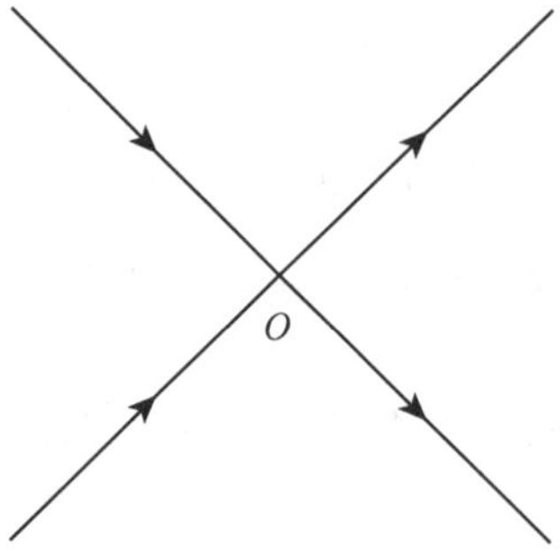

图 2.9 跳跃曲线 $\Sigma_{z_1,r}$ 及其方向

接下来延拓 $\Sigma_{z_1,r}\to\Sigma_e=\Sigma_{z_1,r}\cup\mathbb{R}$, 在 $\Sigma_{z_1,r}$ 上保持如图 2.9 所示的方向, 而 $\mathbb{R}$ 的方向是从左到右 (图 2.10). 跳跃矩阵 $J^e=(b_-^e)^{-1}b_=^e=(I-w_-^e)^{-1}(I+w_+^e)$, 这里

$$w^e(z)=w^{B,r}(z),\quad z\in\Sigma_{z_1,r},$$

$$w^e(z)=0,\quad z\in\mathbb{R}.$$

在 Σ_e 上, 定义 C_{w^e}. 再次利用引理 2.2.11, 可得在 $L^2(\Sigma_e)$ 上, $(1_{\Sigma_e}-C_{w^e})^{-1}$ 的有界性.

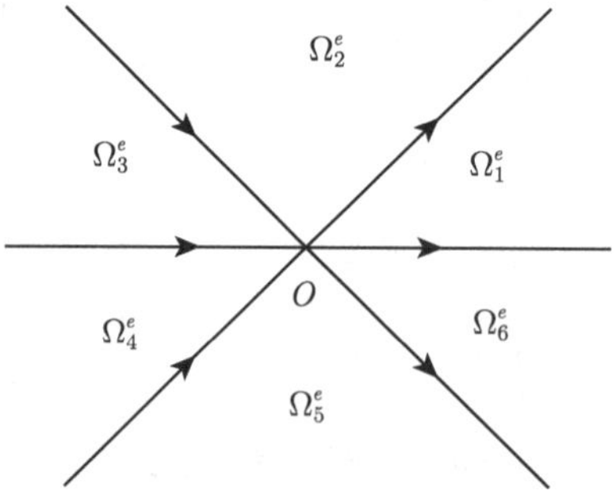

图 2.10 跳跃曲线 Σ_e 及其方向

定义一个分区域解析矩阵函数 ϕ 如下

$$\tilde{M}^{(z_1)}=M^{(z_1)}\phi,$$

这里

$$\phi=\begin{cases} z^{i\nu\sigma_3}, & z\in\Omega_2^e\cup\Omega_5^e,\\ z^{i\nu\sigma_3}\begin{pmatrix} 1 & 0\\ -r(z_1)e^{-i\frac{z^2}{2}} & 1\end{pmatrix}, & z\in\Omega_1^e,\\ z^{i\nu\sigma_3}\begin{pmatrix} 1 & -\overline{r(z_1)}e^{i\frac{z^2}{2}}\\ 0 & 1\end{pmatrix}, & z\in\Omega_6^e,\\ z^{i\nu\sigma_3}\begin{pmatrix} 1 & \dfrac{\overline{r(z_1)}}{1-|r(z_1)|^2}e^{i\frac{z^2}{2}}\\ 0 & 1\end{pmatrix}, & z\in\Omega_3^e,\\ z^{i\nu\sigma_3}\begin{pmatrix} 1 & 0\\ -\dfrac{\overline{r(z_1)}}{1-|r(z_1)|^2}e^{-i\frac{z^2}{2}} & 1\end{pmatrix}, & z\in\Omega_4^e. \end{cases}$$

于是, 得到 $\tilde{M}^{(z_1)}$ 的 Riemann-Hilbert 问题

$$\begin{cases} \tilde{M}_+^{(z_1)}(x,t,z)=\tilde{M}_-^{(z_1)}(x,t,z)J^{e,\phi},\\ \tilde{M}^{(z_1)}(x,t,z)=\left(I+\dfrac{M_1^{B^0}}{z}+O(\dfrac{1}{z^2})\right)z^{i\nu\sigma_3}, \quad z\to\infty. \end{cases} \tag{2.69}$$

其中

$$J^{e,\phi}=\begin{cases} \begin{pmatrix} 1-|r(z_1)|^2 & \overline{r(z_1)}e^{-i\frac{z^2}{2}}\\ -r(z_1)e^{i\frac{z^2}{2}} & 1\end{pmatrix}, & z\in\mathbb{R},\\ I, & z\in\Sigma_{z_1,r}. \end{cases}$$

在 $\mathbb{R}$ 上有

$$\begin{aligned} J^{e,\phi}&=(b_-^{e,\phi})^{-1}b_+^{e,\phi}=(I-w_-^{e,\phi})^{-1}(I+w_+^{e,\phi})\\ &=\begin{pmatrix} 1 & e^{-\frac{iz^2}{2}}\bar{r}(z_1)\\ 0 & 1\end{pmatrix}\begin{pmatrix} 1 & 0\\ -e^{\frac{iz^2}{2}}r(z_1) & 1\end{pmatrix}. \end{aligned}$$

令 $C_{e,\phi}=C_{w^{e,\phi}}=C_+(\cdot w_-^{e,\phi})+C_-(\cdot w_+^{e,\phi})$ 是作用在 Σ_e 上的算子, 其中 $w^{e,\phi}=w_+^{e,\phi}+w_-^{e,\phi}$. 由引理 2.2.11, $C_{e,\phi}$ 的有界性源自算子 $C_{w^{e,\phi}|_{\mathbb{R}}}:L^2(\mathbb{R})\to L^2(\mathbb{R})$ 的有界性, 其中 $C_{w^{e,\phi}|_{\mathbb{R}}}:L^2(\mathbb{R})\to L^2(\mathbb{R})$ 表示将 $w^{e,\phi}$ 限制到 $\mathbb{R}$ 上. 但是, $||C_{w^{e,\phi}|_{\mathbb{R}}}||_{L^2(\mathbb{R})}\leqslant\sup_{k\in\mathbb{R}}|e^{-\frac{iz}{2}}\bar{r}(z_1)|\leqslant||r||_{L^\infty(\mathbb{R})}<1$, 于是对于所有的 z_1, 有 $||(1_{\mathbb{R}}-C_{w^{e,\phi}|_{\mathbb{R}}})^{-1}||_{L^2(\mathbb{R})}\leqslant(1-||r||_{L^\infty(\mathbb{R})})^{-1}<\infty$, 这就意味着 $(1_{\Sigma_e}-C_{e,\phi})^{-1}$ 有界.

5. 标准 Riemann-Hilbert 问题

在这一节, 将引理 2.2.17 中的积分划归到两个在 $\mathbb{R}$ 上能精确求解的 Riemann-Hilbert 问题. 标准的 Riemann-Hilbert 问题的解是由抛物柱面方程[5] 的解来表示的.

对于 $l \in \{z_0, z_1\}$, 定义

$$M^l(z) = I + \int_{\Sigma_l} \frac{((1_{\Sigma_l} - C_{w^{l^0}}^{\Sigma_l})^{-1} I)(\xi) w^{l^0}(\xi)}{\xi - z} \frac{d\xi}{2\pi i}, \quad z \in \mathbb{C} \backslash \Sigma_l.$$

则 $M^l(z)$ 是 Riemann-Hilbert 问题

$$\begin{cases} M_+^l(z) = M_-^l(z) J^l(z) = M_-^l(z)(I - w_-^{l^0})^{-1}(I + w_+^{l^0}), & z \in \Sigma_l, \\ M^l(z) \to I, & z \to \infty \end{cases}$$

的解. 若

$$M^l(z) = I + \frac{M_1^l}{z} + O(z^{-2}), \quad z \to \infty,$$

那么

$$M_1^l = -\int_{\Sigma_l} ((1_{\Sigma_l} - C_{w^{l^0}}^{\Sigma_l})^{-1} I)(\xi) w^{l^0}(\xi) \frac{d\xi}{2\pi i}.$$

将其代入 (2.68), 可知

$$\begin{aligned} m(x,t) = & \frac{1}{\sqrt{8t(\alpha + 6\beta z_1)}} ((\delta_A^0)^2 (M_1^{A^0})_{12}) + \frac{1}{\sqrt{8t(\alpha + 6\beta |z_0|)}} (\delta_B^0)^2 (M_1^{B^0})_{12} \\ & + O\left(\frac{\log t}{t}\right). \end{aligned} \tag{2.70}$$

下面, 仅考虑 z_1 情形的过程. 记

$$\Psi = \tilde{M}^{(z_1)} e^{-i\frac{z^2}{4}\sigma_3} = \hat{\Psi} z^{i\nu\sigma_3} e^{-i\frac{z^2}{4}\sigma_3}.$$

由公式 (2.69),

$$\Psi_+(z) = \Psi_-(z) \tilde{J}^{(z_1)}, \quad z \in \mathbb{R}.$$

其中

$$J^{(z_1)} = \begin{pmatrix} 1 - |r(z_1)|^2 & \overline{r(z_1)} \\ -r(z_1) & 1 \end{pmatrix}.$$

对 z 进行微分, 以及根据 Liouville 定理, 有

$$\frac{d\Psi}{dz}+\frac{1}{2}iz\sigma_3\Psi=\beta\Psi,$$

其中

$$\beta^{B^0}=\frac{i}{2}[\sigma_3,M_1^{A^0}]=\begin{pmatrix}0 & \beta_{12}^{B^0}\\ \beta_{21}^{B^0} & 0\end{pmatrix}.$$

根据文献 [37] 中的第 350 页至第 352 页, 可知

$$\beta_{12}^{B^0}=-\frac{e^{-\frac{\pi}{2}\nu(z_1)}}{r(z_1)}\frac{\sqrt{2\pi}e^{i\frac{\pi}{4}}}{\Gamma(-i\nu(z_1))}.$$

于是

$$(M_1^{B^0})_{12}=-i\beta_{12}^{B^0}=i\frac{e^{-\frac{\pi}{2}\nu(z_1)}}{r(z_1)}\frac{\sqrt{2\pi}e^{i\frac{\pi}{4}}}{\Gamma(-i\nu(z_1))}. \tag{2.71}$$

利用类似的办法可以得到

$$(M_1^{A^0})_{12}=-i\beta_{12}^{A^0}=i\frac{e^{-\frac{\pi}{2}\nu(z_0)}}{r(z_0)}\frac{\sqrt{2\pi}e^{i\frac{\pi}{4}}}{\Gamma(-i\nu(z_0))}. \tag{2.72}$$

因此, 有下面的定理.

定理 2.2.19 当 $\beta>0$ 时,

$$0<\max\left\{\left|\frac{-\alpha-\sqrt{\alpha^2-3\beta x/t}}{6\beta}\right|,\left|\frac{-\alpha+\sqrt{\alpha^2-3\beta x/t}}{6\beta}\right|\right\}<C,$$

则当 $t\to\infty$ 时,

$$\begin{aligned}u(x,t)=&\frac{1}{\sqrt{8t(\alpha+6\beta z_1)}}(((32z_1^2t(\alpha+6\beta z_1))^{-i\nu(z_1)/2}e^{it(2z_1^2(4\beta z_1+\alpha))}\\&\times e^{\chi_1(z_1)})^2(M_1^{A^0})_{12})\\&+\frac{1}{\sqrt{8t(\alpha+6\beta|z_0|)}}((32z_0^2t(\alpha+6\beta|z_0|))^{-i\nu(z_0)/2}\\&\times e^{it(2z_0^2(4\beta z_0+\alpha))}e^{\chi_0(z_0)})^2(M_1^{B^0})_{12}\\&+O\left(\frac{\log t}{t}\right).\end{aligned} \tag{2.73}$$

其中, C 是一个正常数, z_0, z_1, $(M_1^{A^0})_{12}$, $(M_1^{B^0})_{12}$, $\nu(z_1)$, $\nu(z_0)$, $\chi_1(z)$, $\chi_0(z)$ 分别由 (2.15) 式, (2.16) 式, (2.72) 式, (2.71) 式, (2.20) 式, (2.22) 式, (2.21) 式, (2.23) 式所给出.

证明 把 (2.72) 式, (2.71) 式, (2.67) 式, (2.64) 式代入 (2.70) 式, 那么就可以得到 (2.73), 即完成了本章主要定理的证明. ■

第 3 章 Sasa-Satsuma 方程初值问题解的渐近分析

本章主要考虑 Sasa-Satsuma 方程的带快速衰减初值问题, 利用 Riemann-Hilbert 表示和非线性速降法, 给出了方程初值问题解在区域 $|x| \leqslant Ct^{1/3}$ 上的渐近表达式, 这里 C 是一个常数. 在本章的讨论中可以看出, 解的渐近表达式中的系数可以利用修正 Painlevé II 方程的解表示[48]. 我们知道, 标准的 Painlevé II 方程的解是与一个 2×2 的矩阵 Riemann-Hilbert 问题相关联的, 而在这里, 所提出的修正 Painlevé II 方程的解却是与一个 3×3 的矩阵 Riemann-Hilbert 问题相关的.

3.1 简　　介

本章所要考虑的是 Sasa-Satsuma 方程[84]

$$u_t - u_{xxx} - 6|u|^2 u_x - 3u(|u|^2)_x = 0 \tag{3.1}$$

带初始值 $u(x, 0) = u_0(x) \in \mathcal{S}(\mathbb{R})$ 的解的长时间渐近分析. 本章的主要结果显示, 方程的解 $u(x, t)$ 在区域 $|x| < Ct^{1/3}$ 上具有一个如下形式的渐近表达式 (注意, 该表达式可以延伸到关于 $t^{-1/3}$ 的任意阶)

$$u(x, t) \sim \sum_{j=1}^{\infty} \frac{u_j(y)}{t^{j/3}}, \quad t \to \infty, \tag{3.2}$$

这里 $\{u_j(y)\}_1^\infty$ 是关于自变量 $y \doteq x/(3t)^{1/3}$ 光滑的函数列. 并且首项系数 $u_1(y)$ 由下式给出:

$$u_1(y) = i\frac{u_P(y)}{3^{1/3}\sqrt{2}},$$

这里 $u_P(y)$ 满足如下的修正 Painlevé II 方程:

$$u_P''(y) + yu_P(y) + 2u_P(y)|u_P(y)|^2 = 0. \tag{3.3}$$

方程 (3.3) 与标准 Painlevé II 方程

$$u_P''(y) - yu_P(y) - 2u_P(y)^3 = 0 \tag{3.4}$$

是一致的, 除了符号和最后一项的模之外. 在后面的讨论中将得到: 方程 (3.3) 的解与一个 3×3 的矩阵 Riemann-Hilbert 问题有密切的关系. 这个关系的建立与标准 Painlevé II 方程和一个 2×2 的矩阵 Riemann-Hilbert 问题的关系类似, 参见专著 [48]. 当解是实数的时候, 方程 (3.1) 就约化成了修正 KdV 方程, 而 (3.3) 则就约化成了 (3.4)(取决于一个符号) , 在定理 3.2.2 中获得的渐近表达式 (3.7) 也约化成了相应的修正 KdV 方程的渐近表达式, 可以参见文献 [37], 对于高阶的渐近表达可以参见最近的文献 [22].

可以证明 (3.2) 中的首项系数 $u_1(y)$ 是具有常数相函数的, 即 $u_1(y) = |u_1(y)|e^{i\alpha}$, 这里 α 是一个与 y 无关的实数. 值得注意的是选取任何的复值初始值 $u_0(x) = u(x,0)$, 都能得到这个结论; 然而, 可以回顾一下 Sasa-Satsuma 方程也有一类相函数固定的单孤子解 (参见文献 [84] 或者文献 [6]):

$$u_{1\text{-sol}}(x,t) = \frac{\sqrt{2}ae^{a(x+a^2t-x_0)}e^{i\phi}}{1+e^{2a(x+a^2t-x_0)}}, \quad a, \phi, x_0 \text{ 为实常数}.$$

本章讨论的渐近分析的出发点是通过反散射变换获得方程 (3.1) 解的 Riemann-Hilbert 表示, 通过对这个 Riemann-Hilbert 问题做非线性速降法分析可以获得渐近表达式 (3.2). 与标准的修正 KdV 方程类似, 只是这里所考虑的 Sasa-Satsuma 方程的 Lax 对是 3×3 而不是 2×2 的. 这也是本章最大的亮点之一, 这是因为非线性速降法直接用来分析 Lax 对为 3×3 的可积方程初值问题解的渐近分析是很困难的. 这种突破也是近几年才出现的, 本章还一个亮点是首次考虑了关于 Lax 对为 3×3 的可积方程初值问题解在 Painlevé 区域上的渐近性质.

Sasa-Satsuma 方程 (3.1) 的反散射变换已经被 Sasa 和 Satsuma 在文献 [84] 中研究过; 而对于它在半直线上的初边值问题已被范恩贵教授等研究[92]. 关于初值问题解在区域 $0 < c_1 < x < c_2$ 上的渐近表达式也已经在文献 [78, 79] 中获得.

本章主要的结论参见 3.2 节. 结论是以三个定理 (定理 3.2.1, 定理 3.2.2 和定理 3.2.4) 形式体现的. 在 3.4—3.6 节分别给出了这三个定理的证明. 在 3.3 节, 回忆了 Sasa-Satsuma 方程 (3.1) 的 Lax 对. 与修正 Painlevé II 方程相关的 Riemann-Hilbert 问题将在 3.5.3 节讨论, 同时还讨论了在高阶渐近表达式 (3.2) 分析中所涉及的标准 Riemann-Hilbert 问题.

3.2 主要结论

第一个定理主要给出了怎么从合适的谱函数 $\rho_1(k)$ 出发, 构造出 Sasa-Satsuam 方程的解. 令 $\mathcal{S}(\mathbb{R})$ 表示 Schwartz 类.

定理 3.2.1 (解的构造)　假设 $\rho_1 \in \mathcal{S}(\mathbb{R})$. 定义一个 3×3 的跳跃矩阵 $v(x,t,k)$,

$$v(x,t,k)=\begin{pmatrix}\mathbf{I}_{2\times 2} & \rho^{\dagger}(\bar{k})e^{-2ikx+8ik^3t}\\ \rho(k)e^{2ikx-8ik^3t} & 1+\rho(k)\rho^{\dagger}(\bar{k})\end{pmatrix},\tag{3.5}$$

这里

$$\rho(k)\doteq\begin{pmatrix}\rho_1(k) & \rho_2(k)\end{pmatrix},\quad \rho^{\dagger}(\bar{k})\doteq\begin{pmatrix}\overline{\rho_1(\bar{k})}\\ \overline{\rho_2(\bar{k})}\end{pmatrix},\quad \rho_2(k)\doteq\overline{\rho_1(-\bar{k})}.$$

那么对于一个 3×3 的矩阵 Riemann-Hilbert 问题:

- $m(x,t,k)$ 在 $k\in\mathbb{C}\setminus\mathbb{R}$ 解析, 并且分别从上、下半平面都连续到 $\mathbb{R}$;
- 边界值 $m_{\pm}(x,t,k)=m(x,t,k\pm i0)$ 满足如下跳跃关系

$$m_+(x,t,k)=m_-(x,t,k)v(x,t,k)\quad 对于 k\in\mathbb{R};$$

- 当 $k\to\infty$ 时, $m(x,t,k)=I+O(k^{-1})$.

对于 $(x,t)\in\mathbb{R}^2$, 满足上述条件的 Riemann-Hilbert 问题具有唯一解, 极限 $\lim_{k\to\infty}(km(x,t,k))_{13}$ 也存在. 此外, 定义函数 $u(x,t)$,

$$u(x,t)=2i\lim_{k\to\infty}\big(km(x,t,k)\big)_{13},\tag{3.6}$$

这个函数在 $(x,t)\in\mathbb{R}^2$ 是光滑函数且在 $|x|\to\infty$ 时, 是快速衰减的, 最主要的是: 对于 $(x,t)\in\mathbb{R}^2$, 函数 $u(x,t)$ 满足 Sasa-Satsuma 方程 (3.1).

证明　参见 3.4 节. ■

第二个定理给出了定理 3.2.1 中所构造出来的 Sasa-Satsuma 方程的解在区域 $|x|\leqslant Ct^{1/3}$ 上的渐近表达式.

定理 3.2.2 (解的渐近表达式)　在定理 3.2.1的假设下, 当 $t\to\infty$ 时, 由 (3.6) 所定义的 Sasa-Satsuma 方程的解 $u(x,t)$ 的渐近表达式为

$$u(x,t)=\sum_{j=1}^{N}\frac{u_j(y)}{t^{j/3}}+O\big(t^{-\frac{N+1}{3}}\big),\quad |x|\leqslant Ct^{1/3},\tag{3.7}$$

这里

- 对于任意固定的 $C>0$ 及 $N\geqslant 1$, 上面渐近表达式关于定义域上的任意 x 都是一致成立的.
- 自变量 y 定义如下

$$y=\frac{x}{(3t)^{1/3}}.$$

- $\{u_j(y)\}_1^\infty$ 是关于 $y \in \mathbb{R}$ 的光滑函数.
- 函数 $u_1(y)$ 由下式给出:

$$u_1(y) = i\frac{u_P(y;s)}{3^{1/3}\sqrt{2}}, \tag{3.8}$$

这里 $s \doteq \rho_1(0)$, $u_P(y;s)$ 表示修正 Painlevé II 方程 (3.3) 的光滑解, 根据引理 3.5.2 可知, 该修正 Painlevé II 方程与 s 相关. 特别地, $u_1(y)$ 的相函数为常数, 即 $\arg u_1$ 与自变量 y 无关.

证明 参见 3.5 节. ■

注 3.2.3 (微分方程族) 把展开式 (3.7) 代入 Sasa-Satsuma 方程 (3.1) 中, 比较 $t^{-j/3}$ 各项的系数, 可得, 表达式 (3.7) 中的系数 $\{u_j(y)\}_1^\infty$ 满足一族线性常微分方程. 这一族方程的前两个有如下形式

$$u_1''' + yu_1' + u_1 = -3^{5/3}(3|u_1|^2u_1' + u_1^2\bar{u}_1'), \tag{3.9a}$$

$$u_2''' + yu_2' + 2u_2 = -3^{5/3}\big(3|u_1|^2u_2' + u_1^2\bar{u}_2' + 3\bar{u}_1u_1'u_2 + 2u_1\bar{u}_1'u_2 + 3u_1u_1'\bar{u}_2\big). \tag{3.9b}$$

和预计的一样, 由 (3.8) 所定义的函数 $u_1(y)$ 满足上面第一个方程. 事实上, 如果 $u_1(y)$ 由 (3.8) 给出, 这里 $u_P(y) \equiv u_P(y;s)$ 满足 (3.3), 那么 (3.9a) 就退化到了 $|u_P(y)|^3(\arg u_P)'(y) = 0$, 这就得到了方程解 u_P 具有相函数为常数的性质.

根据标准的反散射变换过程可知, 对于某些给定的初值函数 $u_0(x)$, 可以构造出所谓的"反射系数" $\rho_1(k)$. 从而再利用上面提到的两个定理, 可以获得本章最后一个定理, 即建立了 Sasa-Satsuma 方程 (3.1) 带初值问题的解在区域 $|x| \leqslant Ct^{1/3}$ 上的渐近表达式. 在叙述定理之前, 引进一些记号. 设 $u_0 \in \mathcal{S}(\mathbb{R})$, 定义矩阵 $\mathsf{U}_0(x)$ 和 Λ 如下:

$$\mathsf{U}_0(x) = \begin{pmatrix} 0 & 0 & u_0(x) \\ 0 & 0 & \overline{u_0(x)} \\ -\overline{u_0(x)} & -u_0(x) & 0 \end{pmatrix}, \quad \Lambda = \begin{pmatrix} 1 & 0 & 0 \\ 0 & 1 & 0 \\ 0 & 0 & -1 \end{pmatrix}.$$

定义 3×3 矩阵函数 $X(x,k)$ 是如下 Volterra 积分方程的唯一解:

$$X(x,k) = I - \int_x^\infty e^{ik(x'-x)\hat{\Lambda}}(\mathsf{U}_0X)(x',k)dx', \quad x \in \mathbb{R},\ k \in \mathbb{R},$$

这里算子 $\hat{\Lambda}$ 作用在矩阵 A 的定义为: $\hat{\Lambda}A = [\Lambda, A]$, 即 $e^{\hat{\Lambda}}A = e^{\Lambda}Ae^{-\Lambda}$. 定义散射矩阵 $s(k)$,

$$s(k) = I - \int_{\mathbb{R}} e^{ikx\hat{\Lambda}}(\mathsf{U}_0X)(x,k)dx, \quad k \in \mathbb{R}. \tag{3.10}$$

那么“反射系数”

$$\rho_1(k)=\frac{\overline{s_{13}(k)}}{s_{33}(k)},\quad k\in\mathbb{R}. \tag{3.11}$$

将在 3.6 节可以看到, 矩阵 $s(k)$ 的第 (33) 个元素 $s_{33}(k)$ 可以解析延拓到上半平面. 值得注意的是, $s_{33}(k)$ 可能出现的零点会使得 Riemann-Hilbert 问题出现奇性, 参见 (3.68). 为了简单起见, 假设函数 $s_{33}(k)$ 在相应的区域上无零点, 根据反散射的观点, 也就是说, 本章只考虑解是非孤子解的情况.

定理 3.2.4 (给定初值, 方程解的渐近表达式) 假设 $u_0\in\mathcal{S}(\mathbb{R})$, 矩阵 $s(k)$ 和函数 $\rho_1(k)$ 分别由 (3.10) 和 (3.11) 给出. 假设矩阵 $s(k)$ 的第 (33) 个元素 $s_{33}(k)$ 在区域 $\mathrm{Im}k\geqslant 0$ 上无零点.

那么 $\rho_1\in\mathcal{S}(\mathbb{R})$, 并且 Sasa-Satsuma 方程 (3.1) 的解 $u(x,t)$ 可以由与反射系数 $\rho_1(k)$ 相关的 (3.6) 表示, 并且该解是 Sasa-Satsuma 方程 (3.1) 带快速衰减初值 $u(x,0)=u_0(x)$ 所确定的唯一解. 此外当 $t\to\infty$ 时, $u(x,t)$ 具有渐近表达式 (3.7).

证明 参见 3.6 节. ■

注 3.2.5 (散射变换) 令 S 表示 $\mathcal{S}(\mathbb{R})$ 的一个子集, 且 S 中的元素 $u_0(x)$ 是使得由 (3.10) 所定义的散射矩阵 $s(k)$, 在区域 $\mathrm{Im}k\geqslant 0$ 上 $s_{33}(k)\neq 0$. 那么根据定理 3.2.4可知, 从初始值 $u_0(x)$ 到反射系数 $\rho_1(k)$ 的这个映射 (即所谓的散射变换) 是一个从 S 到它的像的集合 (显然, 像也是 $\mathcal{S}(\mathbb{R})$) 的双射. 这个映射的逆 (即所谓的反散射变换) 可以通过考虑 $t=0$ 时的定理 3.2.1 获得.

3.3 Lax 对

作为定理 3.2.1, 定理 3.2.2, 定理 3.2.4 证明的出发点, Sasa-Satsuma 方程 (3.1) 具有如下的 Lax 对, 也就是说, Sasa-Satsuma 方程可以看作如下相容性条件[84]

$$\begin{cases}\psi_x(x,t,k)=L(x,t,k)\psi(x,t,k),\\ \psi_t(x,t,k)=Z(x,t,k)\psi(x,t,k),\end{cases} \tag{3.12}$$

这里 $k\in\mathbb{C}$ 是谱参数, $\psi(x,t,k)$ 是 3×3 矩阵值特征函数, 而 3×3 矩阵函数 L 和 Z 定义如下

$$L(x,t,k)=\mathcal{L}(k)+\mathsf{U}(x,t),\quad Z(x,t,k)=\mathcal{Z}(k)+\mathsf{V}(x,t,k), \tag{3.13}$$

这里 $\mathcal{L}(k)=-ik\Lambda$, $\mathcal{Z}(k)=4ik^3\Lambda$,

$$\Lambda=\begin{pmatrix}1&0&0\\0&1&0\\0&0&-1\end{pmatrix},\quad \mathsf{U}=\begin{pmatrix}0&0&u\\0&0&\bar{u}\\-\bar{u}&-u&0\end{pmatrix}, \tag{3.14}$$

$$\mathsf{V}=k^2\mathsf{V}^{(2)}+k\mathsf{V}^{(1)}+\mathsf{V}^{(0)},$$

$$\mathsf{V}^{(2)}=-4\mathsf{U},\quad \mathsf{V}^{(1)}=-2i\begin{pmatrix}|u|^2 & u^2 & u_x\\ \bar{u}^2 & |u|^2 & \bar{u}_x\\ \bar{u}_x & u_x & -2|u|^2\end{pmatrix},$$

$$\mathsf{V}^{(0)}=4|u|^2\mathsf{U}+\mathsf{U}_{xx}-(u\bar{u}_x-u_x\bar{u})\begin{pmatrix}1&0&0\\0&-1&0\\0&0&0\end{pmatrix}.\tag{3.15}$$

注意到, 如果 $|x|\to\infty$, u 是一个快速衰减的函数, 那么矩阵函数 U 和 V 的元素也都是快速衰减的. L, Z 具有如下的对称性

$$L(x,t,k)=-L^{\dagger}(x,t,\bar{k}),\quad Z(x,t,k)=-Z^{\dagger}(x,t,\bar{k}),\tag{3.16a}$$

$$L(x,t,k)=\mathcal{A}\overline{L(x,t,-\bar{k})}\mathcal{A},\quad Z(x,t,k)=\mathcal{A}\overline{Z(x,t,-\bar{k})}\mathcal{A},\tag{3.16b}$$

这里 $A^{\dagger}$ 是表示矩阵函数 A 的复共轭转置, 矩阵 $\mathcal{A}$ 定义如下:

$$\mathcal{A}=\begin{pmatrix}0&1&0\\1&0&0\\0&0&1\end{pmatrix}.$$

3.4 定理 3.2.1 的证明

假设 $\rho_1\in\mathcal{S}(\mathbb{R})$. 相应的跳跃矩阵 $v(x,t,k)$ 由 (3.5) 定义, 且满足如下对称关系

$$v(x,t,k)=v^{\dagger}(x,t,\bar{k})=\mathcal{A}\overline{v(x,t,-\bar{k})}\mathcal{A},\quad k\in\mathbb{R}.\tag{3.17}$$

特别地, v 是 Hermitian 的, 对于 $k\in\mathbb{R}$, v 是正定的. 从而根据 Zhou 在文献 [99] 中的结论可知, 关于 $m(x,t,k)$ 的 Riemann-Hilbert 问题存在一个所谓的消失引理, 即相应的齐次 Riemann-Hilbert 问题只有 0 解.

定义幂零矩阵 $w^{\pm}(x,t,k)$

$$w^-=\begin{pmatrix}\mathbf{0}_{2\times2} & \mathbf{0}_{2\times1}\\ \rho(k)e^{2ikx-8ik^3t} & 0\end{pmatrix},\quad w^+=\begin{pmatrix}\mathbf{0}_{2\times2} & \rho^{\dagger}(\bar{k})e^{-2ikx+8ik^3t}\\ \mathbf{0}_{1\times2} & 0\end{pmatrix},$$

那么跳跃矩阵 $v(x,t,k)$ 可以写成分解形式 $v(x,t,k)=(v^-)^{-1}v^+$, 这里 $v^{\pm}\doteq I\pm w^{\pm}$. 对于 $h\in L^2(\mathbb{R})$, 定义如下 Cauchy 算子 $\mathcal{C}h$,

$$(\mathcal{C}h)(z)=\frac{1}{2\pi i}\int_{\mathbb{R}}\frac{h(s)}{s-z}ds,\quad z\in\mathbb{C}\setminus\mathbb{R},\tag{3.18}$$

引进记号: $\mathcal{C}_+ f$ 表示 $\mathcal{C}f$ 在 $\mathbb{R}$ 的左边取的非切线边值, $\mathcal{C}_- f$ 则表示 $\mathcal{C}f$ 在 $\mathbb{R}$ 的右边取的非切线边值. 那么算子 $\mathcal{C}_+ f$ 和 $\mathcal{C}_- f$ 是 $L^2(\mathbb{R})$ 上的有界算子且满足 $\mathcal{C}_+ - \mathcal{C}_- = I$. 给两个函数 $w^{\pm} \in L^2(\mathbb{R}) \cap L^{\infty}(\mathbb{R})$, 定义算子 $\mathcal{C}_w : L^2(\mathbb{R}) + L^{\infty}(\mathbb{R}) \to L^2(\mathbb{R})$ 如下

$$\mathcal{C}_w(f) = \mathcal{C}_+(fw^-) + \mathcal{C}_-(fw^+). \tag{3.19}$$

任给 $(x,t) \in \mathbb{R} \times [0,\infty)$, 有 $v^{\pm} \in C(\mathbb{R})$, $v^{\pm}, (v^{\pm})^{-1} \in I + L^2(\mathbb{R}) \cap L^{\infty}(\mathbb{R})$. 根据消失引理 (参见文献 [76] 中的定理 5.10) 可知, $I - \mathcal{C}_w$ 是一个作用在 $L^2(\mathbb{R})$ 的可逆有界线性算子, 对于每一个 $(x,t) \in \mathbb{R}^2$, 关于 m 的 3×3 矩阵 L^2-Riemann-Hilbert 问题有唯一解 $m(x,t,k)$, 其表达式如下

$$m = I + \mathcal{C}(\mu(w^+ + w^-)),$$

这里

$$\mu = I + (I - \mathcal{C}_w)^{-1}\mathcal{C}_w I \in I + L^2(\mathbb{R}).$$

根据 $w^{\pm}$ 的光滑性和衰减性以及其对自变量 (x,t) 的光滑性的依赖可知, m 是 Riemann-Hilbert 问题的经典解, 以及 m 具有如下的展开式

$$m(x,t,k) = I + \frac{m_1(x,t)}{k} + \frac{m_2(x,t)}{k^2} + O(k^{-3}), \qquad k \to \infty, \tag{3.20}$$

这里系数 $m_j(x,t)$ 是关于 $(x,t) \in \mathbb{R}^2$ 的光滑函数 (参见文献 [64] 中的第 4 部分, 也可参见本书第 5 章). 由于 $\rho_1 \in \mathcal{S}(\mathbb{R})$, 利用 Deift-Zhou 的非线性速降法[37] 可知, 对于每一个 t, 当 $|x| \to \infty$ 时, Riemann-Hilbert 问题的解 m 和系数 m_j 都是快速衰减的. 特别地, 对于 $(x,t) \in \mathbb{R}^2$, (3.6) 中的极限存在, 且有 $u(x,t) = 2i(m_1(x,t))_{13}$ 关于 $(x,t) \in \mathbb{R}^2$ 的光滑函数, 当 $|x| \to \infty$ 时, $u(x,t)$ 是快速衰减的.

引理 3.4.1 通过 (3.6) 定义函数 $u(x,t)$. 那么

$$\begin{cases} m_x + ik[\Lambda, m] = \mathsf{U}m, \\ m_t - 4ik^3[\Lambda, m] = \mathsf{V}m, \end{cases} \quad (x,t) \in \mathbb{R}^2,\ k \in \mathbb{C} \setminus \mathbb{R}, \tag{3.21}$$

这里矩阵函数 U 和 V 分别由 (3.14)和 (3.15)定义.

证明 根据跳跃矩阵 v 的对称性及 Riemann-Hilbert 问题解的唯一性可知, m 具有如下对称性:

$$m(x,t,k) = m^{\dagger}(x,t,\bar{k})^{-1} = \mathcal{A}\overline{m(x,t,-\bar{k})}\mathcal{A}. \tag{3.22}$$

特别地, (3.20) 中的系数 m_1 满足

$$m_1(x,t) = -m_1^{\dagger}(x,t) = -\mathcal{A}\overline{m_1(x,t)}\mathcal{A}.$$

从而可以将函数 $u(x,t)$ 的定义式 (3.6) 写成如下形式

$$\mathsf{U}(x,t)=i[\Lambda,m_1(x,t)]. \tag{3.23}$$

定义算子 $\mathbb{L}$ 如下

$$\mathbb{L}m\doteq m_x+ik[\Lambda,m]-\mathsf{U}m. \tag{3.24}$$

把展开式 (3.20) 代入 (3.24), 可得

$$\mathbb{L}m=i[\Lambda,m_1]-\mathsf{U}+O(k^{-1}),\quad k\to\infty.$$

根据 (3.23), 可知 $\mathbb{L}m$ 满足如下齐次 Riemann-Hilbert 问题:

- $\mathbb{L}m$ 在 $\mathbb{C}\setminus\mathbb{R}$ 上解析, 并连续到 $\mathbb{R}$;
- 对于 $k\in\mathbb{R}$, $(\mathbb{L}m)_+=(\mathbb{L}m)_-v$;
- 当 $k\to\infty$ 时, $\mathbb{L}m=O(k^{-1})$.

那么根据消失引理可知, $\mathbb{L}m=0$. 从而就证明了 (3.21)中第一个式子.

为了证明 (3.21)中的第二个式子, 类似地, 定义算子 $\mathbb{Z}$

$$\mathbb{Z}m\doteq m_t-4ik^3[\Lambda,m]-k^2A(x,t)m-kB(x,t)m-C(x,t)m, \tag{3.25}$$

这里矩阵函数 $A(x,t),B(x,t)$ 和 $C(x,t)$ 都是待定的. 把展开式 (3.20) 代入 (3.25), 可得

$$\begin{aligned}\mathbb{Z}m=&\big(-4i[\Lambda,m_1]-A\big)k^2+\big(-4i[\Lambda,m_2]-Am_1-B\big)k\\&+\big(-4i[\Lambda,m_3]-Am_2-Bm_1-C\big)+O(k^{-1}),\quad k\to\infty.\end{aligned}$$

从而可以得到矩阵函数 A,B,C 的表达式:

$$A=-4i[\Lambda,m_1], \tag{3.26a}$$

$$B=-4i[\Lambda,m_2]-Am_1, \tag{3.26b}$$

$$C=-4i[\Lambda,m_3]-Am_2-Bm_1. \tag{3.26c}$$

如果我们能证明 $A=\mathsf{V}^{(2)}$, $B=\mathsf{V}^{(1)}$, 以及 $C=\mathsf{V}^{(0)}$, 那么根据消失引理, $\mathbb{Z}m=0$, 这就证明了 (3.21)成立.

比较 (3.23) 和 (3.26a), 可知 $A=-4\mathsf{U}=\mathsf{V}^{(2)}$, 那么 (3.26b) 就变为

$$B=4\mathsf{U}m_1-4i[\Lambda,m_2]. \tag{3.27}$$

在上面, 已经证明了 $\mathbb{L}m=0$, 那么比较 $O(k^{-1})$ 项可得

$$m_{1,x}+i[\Lambda,m_2]=\mathsf{U}m_1. \tag{3.28}$$

比较 (3.28)和 (3.27), 可得 $B=4m_{1,x}$. 给一个 3×3 矩阵

$$A=\begin{pmatrix} a_{11} & a_{12} & a_{13}\\ a_{21} & a_{22} & a_{23}\\ a_{31} & a_{32} & a_{33}\end{pmatrix},$$

把矩阵写成对角部分与非对角部分的形式: $A=A^{(o)}+A^{(d)}$, 这里

$$A^{(o)}=\begin{pmatrix} 0 & 0 & a_{13}\\ 0 & 0 & a_{23}\\ a_{31} & a_{32} & 0\end{pmatrix},\quad A^{(d)}=\begin{pmatrix} a_{11} & a_{12} & 0\\ a_{21} & a_{22} & 0\\ 0 & 0 & a_{33}\end{pmatrix}.$$

那么等式 (3.23) 可以写成 $m_1^{(o)}=-\dfrac{i}{2}\Lambda\mathsf{U}$, 因此

$$m_{1,x}^{(o)}=-\frac{i}{2}\Lambda\mathsf{U}_x. \tag{3.29}$$

根据 (3.28), 有

$$m_{1,x}^{(d)}=\mathsf{U}m_1^{(o)}=-\frac{i}{2}\mathsf{U}\Lambda\mathsf{U}. \tag{3.30}$$

根据 (3.29) 和 (3.30) 可得

$$B=4m_{1,x}=-2i(\Lambda\mathsf{U}_x+\mathsf{U}\Lambda\mathsf{U})=\mathsf{V}^{(1)}.$$

下面就只剩下证明 $C=\mathsf{V}^{(0)}$. 同样, 比较 $\mathbb{L}m=0$ 中 $O(k^{-2})$ 项可得

$$m_{2,x}+i[\Lambda,m_3]=\mathsf{U}m_2. \tag{3.31}$$

所以 $C=4m_{2,x}-Bm_1$. 另一方面, 根据 (3.28) 和 (3.31) 可得

$$m_2^{(o)}=-\frac{i}{2}\Lambda\big(\mathsf{U}m_1^{(d)}-m_{1,x}^{(o)}\big),\quad m_{2,x}^{(d)}=\mathsf{U}m_2^{(o)}.$$

从而可以得出结论

$$C=4m_{2,x}-Bm_1=-Bm_1^{(o)}-\frac{i}{2}\Lambda\mathsf{U}B+2i\Lambda m_{1,xx}^{(o)}=\mathsf{V}^{(0)},$$

这就完成了该引理的证明. ■

直接计算, 根据上面引理中 (3.21) 的相容性条件可得, $u(x,t)$ 满足 Sasa-Satsuma 方程 (3.1). 这就完成了定理 3.2.1 的证明.

3.5 定理 3.2.2 的证明

令 $\rho_1 \in \mathcal{S}(\mathbb{R})$ 及记由 (3.6) 所定义的函数 $u(x,t)$ 是 Sasa-Satsuma 方程 (3.1) 的解. 本节主要的目的是考虑函数 $u(x,t)$ 在区域 $\mathcal{P}$ 上的渐近表达式, 这里区域 $u(x,t)$ 定义如下:

$$\mathcal{P} = \{(x,t) \in \mathbb{R}^2 \mid |x| \leqslant Ct^{1/3}, t \geqslant 1\}, \tag{3.32}$$

这里 $C > 0$ 是一个常数. 令

$$\mathcal{P}_{\geqslant} \doteq \mathcal{P} \cap \{x \geqslant 0\} \quad \text{及} \quad \mathcal{P}_{\leqslant} \doteq \mathcal{P} \cap \{x \leqslant 0\}$$

表示 $\mathcal{P}$ 的右半部分和左半部分. 为了简洁起见, 我们将给出 $(x,t) \in \mathcal{P}_{\geqslant}$ 上 $u(x,t)$ 的渐近表达式为 (3.7) 的证明. 而在 $(x,t) \in \mathcal{P}_{\leqslant}$ 上, 可以利用类似的方法证明, 但需要做一些小的改变, 详细可以参见文献 [22] 中关于修正 KdV 方程的情况, 而对于本章所考虑的 Sasa-Satsuma 方程可以类似地做一些改变来证明.

跳跃矩阵 $v(x,t,k)$ 由关于指数函数 $e^{\pm t\Phi(\zeta,k)}$ 的 (3.5) 所定义, 这里 $\Phi(\zeta,k)$ 定义如下:

$$\Phi(\zeta,k) \doteq 2ik\zeta - 8ik^3, \quad \text{记} \quad \zeta \doteq x/t. \tag{3.33}$$

假设 $(x,t) \in \mathcal{P}_{\geqslant}$. 那么根据 $\partial\Phi/\partial k = 0$ 可知, 该相函数有两个实的稳定点 $\pm k_0$, 参见图 3.1, 这里

$$k_0 = \sqrt{\frac{x}{12t}} \geqslant 0.$$

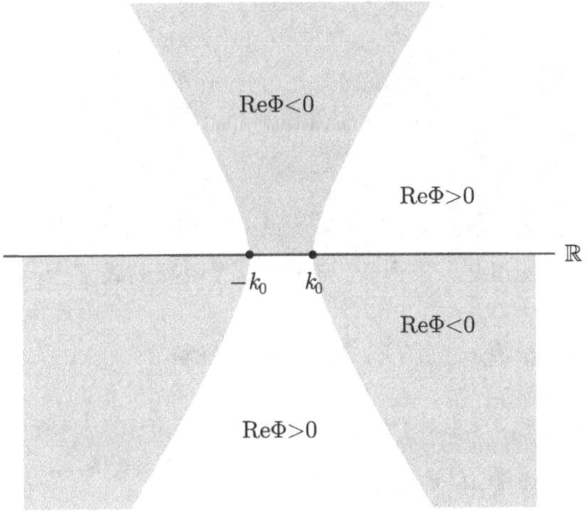

图 3.1 复平面上的两个稳定点 $\pm k_0$ 和相函数实部的符号图 ($\mathrm{Re}\Phi > 0$ (空白) 及 $\mathrm{Re}\Phi < 0$ (阴影))

当 $t \to \infty$ 时, 这两个稳定点 $\pm k_0$ 趋于 0 的速度至少是 $t^{-1/3}$, 也就是说 $0 \leqslant k_0 \leqslant Ct^{-1/3}$.

3.5.1 解析逼近

首先来分解函数 $\rho = (\rho_1, \rho_2)$, 把它分解成为解析部分 ρ_a 和小余项部分 ρ_r. 假设 $N \geqslant 1$ 是整数. 记 $\Gamma^{(1)} \subset \mathbb{C}$ 表示跳跃曲线

$$\Gamma^{(1)} = \mathbb{R} \cup \Gamma_1^{(1)} \cup \Gamma_2^{(1)},$$

这里

$$\begin{aligned}\Gamma_1^{(1)} &= \{k_0 + re^{\frac{\pi i}{6}} \mid r \geqslant 0\} \cup \{-k_0 + re^{\frac{5\pi i}{6}} \mid r \geqslant 0\},\\ \Gamma_2^{(1)} &= \{k_0 + re^{-\frac{\pi i}{6}} \mid r \geqslant 0\} \cup \{-k_0 + re^{-\frac{5\pi i}{6}} \mid r \geqslant 0\}.\end{aligned}$$

以及 $\Gamma^{(1)}$ 的方向都是指向右边, 记 V 表示 $\Gamma_1^{(1)}$ 与实轴之间的开子集, 而 V^* 则表示 $\Gamma_2^{(1)}$ 与实轴之间的开子集, 详情参见图 3.2.

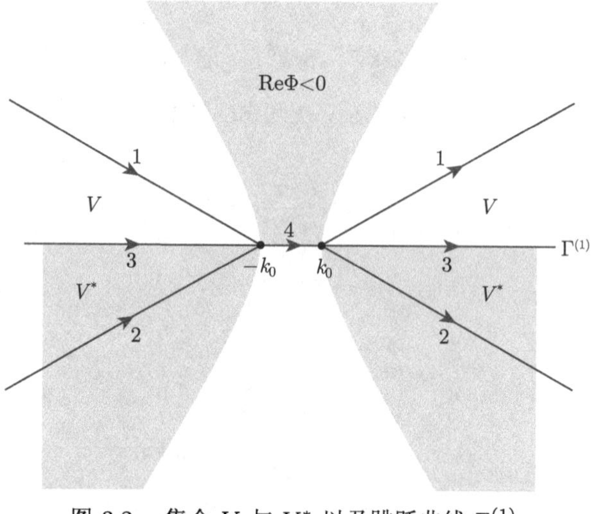

图 3.2 集合 V 与 V^* 以及跳跃曲线 $\Gamma^{(1)}$

引理 3.5.1 (解析逼近) $\rho_1(k)$ 存在如下分解

$$\rho_1(k) = \rho_{1,a}(x,t,k) + \rho_{1,r}(x,t,k), \quad k \in (-\infty, -k_0) \cup (k_0, \infty),$$

这里函数 $\rho_{1,a}$ 与 $\rho_{1,r}$ 具有如下性质:

(a) 对于每一个 $(x,t) \in \mathcal{P}_{\geqslant}$, $\rho_{1,a}(x,t,k)$ 在 $k \in V$ 上解析, 并且连续到边界.

(b) 函数 $\rho_{1,a}$ 具有如下的估计式, 且对于任意 $(x,t) \in \mathcal{P}_{\geqslant}$ 估计式一致成立:

$$|\rho_{1,a}(x,t,k)| \leqslant \frac{C}{1+|k|} e^{\frac{t}{4}|\mathrm{Re}\Phi(\zeta,k)|}, \quad k \in \bar{V}$$

及

$$\left|\rho_{1,a}(x,t,k) - \sum_{j=0}^{N} \frac{\rho_1^{(j)}(k_0)}{j!}(k-k_0)^j\right| \leqslant C|k-k_0|^{N+1} e^{\frac{t}{4}|\mathrm{Re}\Phi(\zeta,k)|}, \quad k \in \bar{V}.$$

(c) 当 $t \to \infty$ 时, 函数 $\rho_{1,r}(x,t,\cdot)$ 在区间 $(-\infty,-k_0)\cup(k_0,\infty)$ 上的 L^1 范数和 L^∞ 范数与 t^{-N} 同阶, 并且在 $(x,t)\in\mathcal{P}_{\geqslant}$ 上一致成立.

证明 参见文献 [22] 中的引理 5.1. ■

记 $\rho_{2,a}(k) \doteq \overline{\rho_{1,a}(-\bar{k})}$ 及 $\rho_{2,r}(k) \doteq \overline{\rho_{1,r}(-\bar{k})}$, 那么可以得到一个关于 ρ 的分解 $\rho=\rho_a+\rho_r$, 这里

$$\rho_a(k) \doteq \begin{pmatrix} \rho_{1,a}(k) & \rho_{2,a}(k) \end{pmatrix}, \quad \rho_r(k) \doteq \begin{pmatrix} \rho_{1,r}(k) & \rho_{2,r}(k) \end{pmatrix}.$$

3.5.2 形变路径

跳跃矩阵 v 具有如下的分解

$$v(x,t,k) = \begin{pmatrix} \mathbf{I}_{2\times 2} & \mathbf{0}_{2\times 1} \\ \rho e^{t\Phi} & 1 \end{pmatrix} \begin{pmatrix} \mathbf{I}_{2\times 2} & \rho^\dagger e^{-t\Phi} \\ \mathbf{0}_{1\times 2} & 1 \end{pmatrix}. \tag{3.34}$$

可得 m 满足定理 3.2.1中的 Riemann-Hilbert 问题当且仅当如下所定义的 $m^{(1)}$:

$$m^{(1)}(x,t,k) = \begin{cases} m(x,t,k) \begin{pmatrix} \mathbf{I}_{2\times 2} & -\rho_a^\dagger(x,t,\bar{k})e^{-t\Phi} \\ \mathbf{0}_{1\times 2} & 1 \end{pmatrix}, & k \in V, \\ m(x,t,k) \begin{pmatrix} \mathbf{I}_{2\times 2} & \mathbf{0}_{2\times 1} \\ \rho_a(x,t,k)e^{t\Phi} & 1 \end{pmatrix}, & k \in V^*, \\ m(x,t,k), & \text{其他}, \end{cases} \tag{3.35}$$

满足 Riemann-Hilbert 问题

- $m^{(1)}(x,t,\cdot)$ 在区域 $\mathbb{C}\setminus\Gamma^{(1)}$ 上解析, 并且连续到 $\Gamma^{(1)}\setminus\{\pm k_0\}$;
- 对于 $k\in\Gamma^{(1)}\setminus\{\pm k_0\}$, $m_+^{(1)}=m_-^{(1)}v^{(1)}$;
- 当 $k\to\infty$ 时, $m^{(1)}=I+O(k^{-1})$;
- 当 $k\to\pm k_0$ 时, $m^{(1)}=O(1)$.

这里跳跃矩阵 $v^{(1)}(x,t,k)$ 定义如下:

$$v^{(1)}=\begin{cases} v_1^{(1)}=\begin{pmatrix}\mathbf{I}_{2\times 2} & \rho_a^{\dagger}(x,t,\bar{k})e^{-t\Phi}\\ \mathbf{0}_{1\times 2} & 1\end{pmatrix}, & k\in\Gamma_1^{(1)},\\ v_2^{(1)}=\begin{pmatrix}\mathbf{I}_{2\times 2} & \mathbf{0}_{2\times 1}\\ \rho_a(x,t,k)e^{t\Phi} & 1\end{pmatrix}, & k\in\Gamma_2^{(1)},\\ v_3^{(1)}=\begin{pmatrix}\mathbf{I}_{2\times 2} & \mathbf{0}_{2\times 1}\\ \rho e^{t\Phi} & 1\end{pmatrix}\begin{pmatrix}\mathbf{I}_{2\times 2} & \rho^{\dagger}e^{-t\Phi}\\ \mathbf{0}_{1\times 2} & 1\end{pmatrix}, & k\in(-k_0,k_0),\\ v_4^{(1)}=\begin{pmatrix}\mathbf{I}_{2\times 2} & \mathbf{0}_{2\times 1}\\ \rho_r e^{t\Phi} & 1\end{pmatrix}\begin{pmatrix}\mathbf{I}_{2\times 2} & \rho_r^{\dagger}e^{-t\Phi}\\ \mathbf{0}_{1\times 2} & 1\end{pmatrix}, & k\in\mathbb{R}\setminus(-k_0,k_0).\end{cases} \tag{3.36}$$

注意到: $v^{(1)}$ 和 $m^{(1)}$ 具有 v 与 m 所具有的对称性 (3.17) 和 (3.22).

3.5.3 局部模型

在讨论局部模型之前, 先考虑修正 Painlevé II 方程的 Riemann-Hilbert 问题.

1. 修正 Painlevé II 方程的 Riemann-Hilbert 问题

记

$$P_1=\{re^{\frac{\pi i}{6}}\,|\,r\geqslant 0\}\cup\{re^{\frac{5\pi i}{6}}\,|\,r\geqslant 0\},\quad P_2=\{re^{-\frac{\pi i}{6}}\,|\,r\geqslant 0\}\cup\{re^{-\frac{5\pi i}{6}}\,|\,r\geqslant 0\},$$

令 P 表示跳跃曲线 $P=P_1\cup P_2$, 方向如图 3.3 所示.

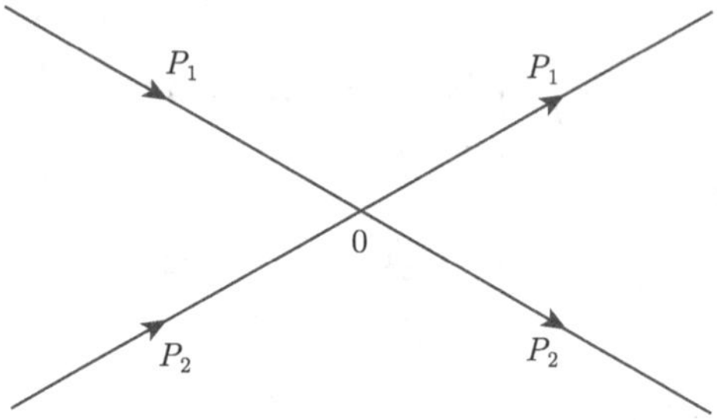

图 3.3 跳跃曲线 $P=P_1\cup P_2$

引理 3.5.2 (修正 Painlevé II 的 Riemann-Hilbert 问题) 记 $s\in\mathbb{C}$ 是一个复数, 定义矩阵 S_1 和 S_2 如下

$$S_1=\begin{pmatrix}1&0&\bar{s}\\0&1&s\\0&0&1\end{pmatrix},\quad S_2=\begin{pmatrix}1&0&0\\0&1&0\\s&\bar{s}&1\end{pmatrix}.$$

Riemann-Hilbert 问题

- $m^P(y,\cdot)$ 在 $\mathbb{C}\setminus P$ 上解析, 并且连续到 $P\setminus\{0\}$;
- 对于 $z\in P\setminus\{0\}$, $m_+^P=m_-^P v^P$;
- 当 $z\to\infty$ 时, $m^P=I+O(z^{-1})$;
- 当 $z\to 0$ 时, $m^P=O(1)$,

这里

$$v^P(y,z)=e^{-i(yz-\frac{4z^3}{3})\hat{\Lambda}}S_n,\quad z\in P_n,\ n=1,2,$$

那么对于任意 $y\in\mathbb{R}$, 上面的 Riemann-Hilbert 问题具有唯一解 $m^P(y,z)$. 此外, 对于 $y\in\mathbb{R}$, 存在光滑函数 $\{m_j^P(y)\}_1^\infty$, 对于每一个的整数 $N\geqslant 0$, 当 $y\to-\infty$ 时, 这些光滑函数快速衰减.

$$m^P(y,z)=I+\sum_{j=1}^{N}\frac{m_j^P(y)}{z^j}+O(z^{-N-1}),\quad z\to\infty, \tag{3.37}$$

对于任意的 $\arg z\in[0,2\pi]$ 及 $\mathbb{R}$ 上的紧子集 y, (3.37) 一致成立. (3.37) 的首项系数 m_1^P 的第 (13) 个元素由下式给出:

$$(m_1^P(y))_{13}=\frac{u_P(y)}{2\sqrt{2}},$$

这里 $u_P(y)\equiv u_P(y;s)$ 满足修正 Painlevé II 方程 (3.3), 并且 u_P 具有常数相函数, 即 $\arg u_P$ 与 y 无关.

证明 跳跃矩阵 v^P 具有如下对称性

$$v^P(y,z)=(v^P)^\dagger(y,\bar{z})=\mathcal{A}\overline{v^P(y,-\bar{z})}\mathcal{A}. \tag{3.38}$$

从而根据跳跃矩阵的对称性可知, 关于 m^P 的 Riemann-Hilbert 问题满足消失引理[99]. 正如 3.4 节所提到的那样, 可知关于 m^P 的 Riemann-Hilbert 问题具有唯一解 m^P, 并且该解还具有一个形如 (3.37) 的展开式. 根据非线性速降法分析可知, 当 $y\to-\infty$ 时, 展开式中的系数 m_j^P (及其关于 y 的导数) 依指数形式衰减.

令 $\phi(y,z)=m^P(y,z)e^{-i(yz-\frac{4z^3}{3})\Lambda}$. 那么函数 $\mathcal{U}(y,z)$:

$$\mathcal{U}\doteq\phi_y\phi^{-1}=\left(m_y^P-izm^P\Lambda\right)(m^P)^{-1} \tag{3.39}$$

是一个关于 z 的整函数, 从而 $\mathcal{U}(y,z)=\mathcal{U}_0(y)+\mathcal{U}_1(y)z$. 那么等式 (3.39) 就可以写成如下形式

$$m_y^P-izm^P\Lambda=(\mathcal{U}_0+\mathcal{U}_1 z)m^P. \tag{3.40}$$

把展开式 (3.37) 代入 (3.40), 可得

$$\mathcal{U}_1=-i\Lambda,\quad \mathcal{U}_0=i[\Lambda,m_1^P].$$

类似地,

$$\mathcal{V}\doteq\phi_z\phi^{-1}=\left(m_z^P-i(y-4z^2)m^P\Lambda\right)(m^P)^{-1} \tag{3.41}$$

也是关于 z 的整函数, 从而 $\mathcal{V}=\mathcal{V}_0+\mathcal{V}_1z+\mathcal{V}_2z^2$. 把 (3.37) 代入 (3.41), 可知

$$\mathcal{V}_2=4i\Lambda,\quad \mathcal{V}_1=-4i[\Lambda,m_1^P],\quad \mathcal{V}_0=-\mathcal{V}_1m_1^P-4i[\Lambda,m_2^P]-iy\Lambda,$$

把 (3.37) 代入 (3.40), 可得

$$m_{1y}^P+i[\Lambda,m_2^P]=\mathcal{U}_0m_1^P,$$

从而就有

$$\mathcal{V}_0=-\mathcal{V}_1m_1^P-4(\mathcal{U}_0m_1^P-m_{1y}^P)-iy\Lambda.$$

也就是说, 我们已经获得了一个关于 ϕ 所满足的 Lax 方程

$$\begin{cases}\phi_y=\mathcal{U}\phi,\\ \phi_z=\mathcal{V}\phi,\end{cases}\quad y\in\mathbb{R}^2,\ z\in\mathbb{C}\setminus P, \tag{3.42}$$

这里 $\mathcal{U}$ 和 $\mathcal{V}$ 都可以由 $m_1^P(y)$ 来表示.

根据 (3.38), 可知 m^P 具有如下对称性

$$m^P(y,z)=(m^P)^\dagger(y,\bar{z})^{-1}=\mathcal{A}\overline{m^P(y,-\bar{z})}\mathcal{A}. \tag{3.43}$$

特别地, 首项系数 m_1^P 具有如下对称性

$$m_1^P(y)=-m_1^P(y)^\dagger=-\mathcal{A}\overline{m_1^P(y)}\mathcal{A}.$$

从而可知 $m_1^P(y)$ 具有如下形式

$$m_1^P(y)=\begin{pmatrix}\psi_1(y)&\psi_2(y)&\psi_3(y)\\ -\overline{\psi_2(y)}&\psi_1(y)&-\overline{\psi_3(y)}\\ -\overline{\psi_3(y)}&\psi_3(y)&\psi_4(y)\end{pmatrix},$$

这里 $\{\psi_j(y)\}_1^4$ 是复值函数, 并且 $\psi_1(y),\psi_4(y)\in i\mathbb{R}$. 根据 Lax 方程 (3.42) 的相容性条件

$$\mathcal{U}_z-\mathcal{V}_y+\mathcal{U}\mathcal{V}-\mathcal{V}\mathcal{U}=0,$$

经过计算可知, 该相容性条件等价于下面四个方程:

$$\psi_1'' + 2i(\psi_3\bar{\psi}_3)' = 0, \tag{3.44a}$$

$$\psi_2'' - 4i\psi_3\psi_3' = 0, \tag{3.44b}$$

$$\psi_3'' - 2i\bar{\psi}_3\psi_2' + \psi_3(y + 2i\psi_1' - 2i\psi_4') = 0, \tag{3.44c}$$

$$\psi_4'' - 4i(\psi_3\bar{\psi}_3)' = 0. \tag{3.44d}$$

由于当 $y \to -\infty$ 时, $m_1^P(y)$ 及其导函数快速衰减, 那么根据 (3.44a)—(3.44d) 可得

$$\psi_1' = -2i|\psi_3|^2, \quad \psi_2' = 2i\psi_3^2, \quad \psi_4' = 4i|\psi_3|^2. \tag{3.45}$$

把 (3.45) 代入 (3.44c), 可知

$$\psi_3'' + y\psi_3 + 16\psi_3|\psi_3|^2 = 0. \tag{3.46}$$

记 $\psi_3(y) = r(y)e^{i\alpha(y)}$ 及 $r(y), \alpha(y) \in \mathbb{R}$, 那么 (3.46) 退化为一对方程

$$r'' + 16r^3 + yr - (\alpha')^2 r = 0, \tag{3.47a}$$

$$2r'\alpha' + r\alpha'' = 0. \tag{3.47b}$$

根据等式 (3.47b) 可知 $r^2\alpha' = c_0$, 这里 $c_0 \in \mathbb{R}$ 是一个常数. 从而可以根据这个关系得到 α' 的表达式, 然后再代入 (3.47a), 可得

$$r'' + 16r^3 + yr - c_0^2 r^{-3} = 0.$$

由于当 $y \to -\infty$ 时, ψ_3 及其导函数是衰减的, 也就是说 $c_0 = 0$. 从而 $\alpha(y) = \arg\psi_3(y)$ 是一个与自变量 y 无关的数. 令 $u_P(y) \doteq 2\sqrt{2}\psi_3(y)$, 就获得了引理中的内容. 引理就证明完了. ■

2. 区域 $\mathcal{P}_\geqslant$ 上的标准问题

给定 $z_0 \geqslant 0$, 记

$$\begin{aligned}
&Z_1 = \left\{z_0 + re^{\frac{i\pi}{6}} \,\middle|\, 0 \leqslant r < \infty\right\}, \quad Z_2 = \left\{-z_0 + re^{\frac{5i\pi}{6}} \,\middle|\, 0 \leqslant r < \infty\right\}, \\
&Z_3 = \left\{-z_0 + re^{-\frac{5i\pi}{6}} \,\middle|\, 0 \leqslant r < \infty\right\}, \quad Z_4 = \left\{z_0 + re^{-\frac{i\pi}{6}} \,\middle|\, 0 \leqslant r < \infty\right\}, \\
&Z_5 = \left\{r \,\middle|\, -z_0 \leqslant r \leqslant z_0\right\},
\end{aligned} \tag{3.48}$$

令 $Z \equiv Z(z_0)$ 表示跳跃曲线 $Z = \bigcup_{j=1}^5 Z_j$, 方向如图 3.4 所示. 假设

$$p_1(t, z) = s + \sum_{j=1}^{n} \frac{p_{1,j} z^j}{t^{j/3}} \tag{3.49a}$$

是一个关于 $zt^{-1/3}$ 的多项式, 系数 $s \in \mathbb{C}$, 对于一些整数 $n \geqslant 0$, $\{p_{1,j}\}_1^n \subset \mathbb{C}$. 定义向量值函数 $p(t,z)$,

$$p(t,z) = \begin{pmatrix} p_1(t,z) & p_2(t,z) \end{pmatrix}, \quad p_2(t,z) \doteq \overline{p_1(t,-\bar{z})}. \tag{3.49b}$$

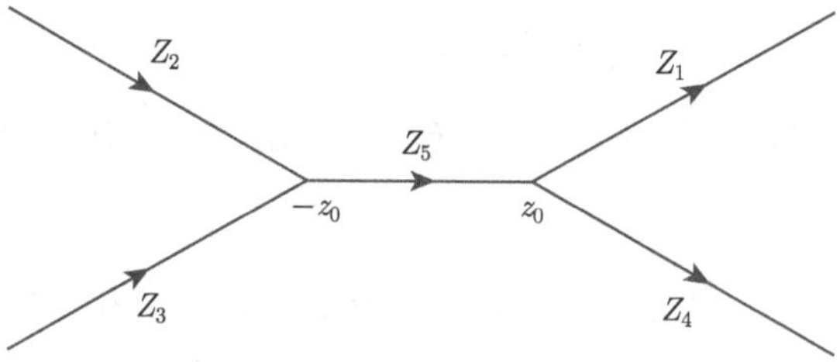

图 3.4　跳跃曲线 Z 及其方向

区域 $\mathcal{P}_{\geqslant}$ 中的长时间渐近表达式与一个关于 $y \geqslant 0$, $t \geqslant 0$ 及 $z_0 \geqslant 0$ 的 Riemann-Hilbert 问题的解 m^Z 相关:

- $m^Z(y,t,z_0,\cdot)$ 在区域 $\mathbb{C} \setminus Z$ 上解析, 并连续到边界 $Z \setminus \{\pm z_0\}$;
- 对于 $z \in Z \setminus \{\pm z_0\}$, $m_+^Z = m_-^Z v^Z$;
- 当 $z \to \infty$ 时, $m^Z = I + O(z^{-1})$;
- 当 $z \to \pm z_0$ 时, $m^Z = O(1)$,

这里跳跃矩阵 $v^Z(y,t,z_0,z)$ 定义如下:

$$v^Z(y,t,z_0,z) = \begin{cases} \begin{pmatrix} \mathbf{I}_{2\times 2} & p^\dagger(t,\bar{z})e^{-2i(yz-\frac{4z^3}{3})} \\ \mathbf{0}_{1\times 2} & 1 \end{pmatrix}, & z \in Z_1 \cup Z_2, \\ \begin{pmatrix} \mathbf{I}_{2\times 2} & \mathbf{0}_{2\times 1} \\ p(t,z)e^{2i(yz-\frac{4z^3}{3})} & 1 \end{pmatrix}, & z \in Z_3 \cup Z_4, \\ \begin{pmatrix} \mathbf{I}_{2\times 2} & p^\dagger(t,\bar{z})e^{-2i(yz-\frac{4z^3}{3})} \\ p(t,z)e^{2i(yz-\frac{4z^3}{3})} & 1+p(t,z)p^\dagger(t,\bar{z}) \end{pmatrix}, & z \in Z_5, \end{cases} \tag{3.50}$$

这里 $p(t,z)$ 由 (3.49) 所给出. 定义一个参数子集 $\mathbb{P} \subset \mathbb{R}^3$,

$$\mathbb{P} = \{(y,t,z_0) \in \mathbb{R}^3 \mid 0 \leqslant y \leqslant C_1,\ t \geqslant 1,\ \sqrt{y}/2 \leqslant z_0 \leqslant C_2\}, \tag{3.51}$$

这里 $C_1, C_2 > 0$ 是常数.

引理 3.5.3 (区域 $\mathcal{P}_{\geqslant}$ 上的标准问题)　对于某些 $s \in \mathbb{C}$ 及 $\{p_{1,j}\}_1^n \subset \mathbb{C}$, 令 $p(t,z)$ 具有 (3.49) 中的形式.

(a) 对于具有由 (3.50) 所定义的跳跃矩阵 v^Z 的 Riemann-Hilbert 问题 m^Z 具有唯一解 $m^Z(y,t,z_0,z)$, 这里 $(y,t,z_0)\in\mathbb{P}$.

(b) 对于每一个整数 $N\geqslant 1$, 存在光滑函数 $\{m_{jl}^Z(y)\}$ 使得如下式子成立:

$$m^Z(y,t,z_0,z)=I+\sum_{j=1}^{N}\sum_{l=0}^{N}\frac{m_{jl}^Z(y)}{z^j t^{l/3}}+O\left(\frac{t^{-(N+1)/3}}{|z|}+\frac{t^{-1/3}}{|z|^{N+1}}\right),\quad z\to\infty,\tag{3.52}$$

对于 $\arg z\in[0,2\pi]$ 及 $(y,t,z_0)\in\mathbb{P}$, (3.52) 一致成立.

(c) 对于 $z\in\mathbb{C}\setminus Z$ 及 $(y,t,z_0)\in\mathbb{P}$, $m^Z(y,t,z_0,z)$ 是一致有界的.

(d) m^Z 具有如下对称性

$$m^Z(y,t,z_0,z)=(m^Z)^{\dagger}(y,t,z_0,\bar z)^{-1},\quad m^Z(y,t,z_0,z)=\mathcal{A}\overline{m^Z(y,t,z_0,-\bar z)}\mathcal{A}.\tag{3.53}$$

(e) 首项系数 m_{10}^Z 的第 (13) 元素由下式给出

$$(m_{10}^Z(y))_{13}=\frac{u_P(y;s)}{2\sqrt{2}},$$

这里 $u_P(y;s)$ 是修正 Painlevé II 方程 (3.3) 的光滑解, 这里的修正 Painlevé II 方程与引理 3.5.2 中 s 相关.

证明 我们由

$$\mathrm{Re}\left(-2i\left(yz-\frac{4z^3}{3}\right)\right)=-\frac{8r^3}{3}-4\sqrt{3}r^2z_0+r\left(y-4z_0^2\right)\leqslant-\frac{8r^3}{3}-4\sqrt{3}r^2z_0,$$

对于 $z=z_0+re^{\frac{\pi i}{6}}\in Z_1$, 这里 $r\geqslant 0$, $z_0\geqslant 0$ 以及 $0\leqslant y\leqslant 4z_0^2$. 从而对于 $(y,t,z_0)\in\mathbb{P}$, 下式一致成立:

$$|e^{2i(yz+\frac{4z^3}{3})}|\leqslant Ce^{-|z-z_0|^2(z_0+|z-z_0|)},\quad z\in Z_1.$$

类似的估计可以在跳跃曲线 $z\in Z_j$, $j=2,3,4$ 上获得, 以及在 $z\in Z_5$ 上, 指数函数 $|e^{\pm 2i(yz-4z^3/3)}|=1$, 可得, 当 z 趋于无穷时, v^Z-I 一致趋于 0.

跳跃矩阵 v^Z 具有类似于 v^P 的对称性 (3.38). 特别地, v^Z 在 $Z\cap\mathbb{R}$ 上是 Hermitian 型的正定矩阵, 并且还满足在 $Z\backslash\mathbb{R}$ 上, $v^Z(y,t,z_0,z)=(v^Z)^{\dagger}(y,t,z_0,\bar z)$, 从而根据文献 [99] 中的结论可知, 消失引理成立, 即 m^Z 是存在且唯一的. 对称性 (3.53) 则可以直接从 v^Z 的对称性直接获得.

记 $m^P(y,z)\equiv m^P(y,z;s)$ 是关于 m^Z 的 Riemann-Hilbert 问题的解, 这里需要把跳跃矩阵 (3.50) 中所涉及的多项式 $p(t,z)$ 用该多项式的首项 s 代替. 那么 (可能需要做一个微小的曲线形变) m^P 是关于 s 的引理 3.5.2 的解. 定理的余下部分与修正 KdV 方程的类似, 这里面我们就省去, 有兴趣的读者可以参见文献 [22]. ■

下面来讨论局部模型. 引进新的自变量 y 和 z,

$$y \doteq \frac{x}{(3t)^{1/3}}, \quad z \doteq (3t)^{1/3}k, \tag{3.54}$$

从而

$$t\Phi(\zeta,k) = 2i\left(yz - \frac{4z^3}{3}\right). \tag{3.55}$$

固定 $\varepsilon > 0$ 及记 $D_\varepsilon(0) = \{k \in \mathbb{C} \,|\, |k| < \varepsilon\}$. 假设 $\mathcal{Z}^\varepsilon = (\Gamma^{(1)} \cap D_\varepsilon(0)) \setminus ((-\infty,-k_0) \cup (k_0,\infty))$, 参见图 3.5. 令 Z 表示 (3.48) 所定义的跳跃曲线, 这里, $z_0 \doteq (3t)^{1/3}k_0 = \sqrt{y}/2 \geqslant 0$. 映射 $k \mapsto z$ 是表示从区域 $\mathcal{Z}^\varepsilon$ 映到区域 $Z \cap \{|z| < (3t)^{1/3}\varepsilon\}$, 且有 $\mathcal{Z}^\varepsilon = \bigcup_{j=1}^5 \mathcal{Z}_j^\varepsilon$, 这里 $\mathcal{Z}_j^\varepsilon$ 表示 $Z_j \cap \{|z| < (3t)^{1/3}\varepsilon\}$ 在这个映射下的逆像.

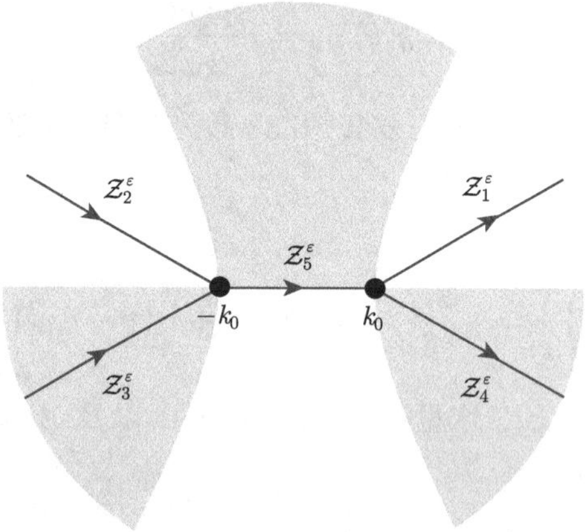

图 3.5　跳跃曲线 $\mathcal{Z}^\varepsilon = \bigcup_{j=1}^5 \mathcal{Z}_j^\varepsilon$ 及其方向

令 p 表示函数 ρ 在 $k=0$ 处的 N 阶 Taylor 级数,

$$p(t,z) \doteq \sum_{j=0}^{N} \frac{\rho^{(j)}(0)}{j!}k^j = \sum_{j=0}^{N} \frac{\rho^{(j)}(0)}{j!3^{j/3}} \frac{z^j}{t^{j/3}}. \tag{3.56}$$

对于足够大的 t 及固定的 z, 跳跃矩阵 $\{v_j^{(1)}\}_1^4$ 有如下的逼近形式:

$$v_1^{(1)} \approx \begin{pmatrix} \mathbf{I}_{2\times 2} & p^\dagger(t,\bar{z})e^{-2i(yz-\frac{4z^3}{3})} \\ \mathbf{0}_{1\times 2} & 1 \end{pmatrix},$$

$$v_2^{(1)} \approx \begin{pmatrix} \mathbf{I}_{2\times 2} & \mathbf{0}_{2\times 1} \\ p(t,z)e^{2i(yz-\frac{4z^3}{3})} & 1 \end{pmatrix},$$

$$v_3^{(1)} \approx \begin{pmatrix} \mathbf{I}_{2\times 2} & p^{\dagger}(t,\bar{z})e^{-2i(yz-\frac{4z^3}{3})} \\ p(t,z)e^{2i(yz-\frac{4z^3}{3})} & 1+p(t,z)p^{\dagger}(t,\bar{z}) \end{pmatrix},$$

$$v_4^{(1)} \approx I. \tag{3.57}$$

那么根据本节前面部分所讨论的, 我们期望 $m^{(1)}$ 是趋于 $m_0(x,t,k)$ 的, 这里

$$m_0(x,t,k) \doteq m^Z(y,t,z_0,z) \tag{3.58}$$

对于足够大的 t, 这里 $m^Z(y,t,z_0,z)$ 是引理 3.5.3 中标准 Riemann-Hilbert 问题的解, 这里 $z_0 = \sqrt{y}/2$ 及 $p(t,z)$ 由 (3.56) 所给出. 如果 $(x,t) \in \mathcal{P}_{\geqslant}$, 那么 $(y,t,z_0) \in \mathbb{P}$, 这里 $\mathbb{P}$ 是由 (3.51) 所表示的参数子集. 那么根据引理 3.5.3可知, 由 (3.58) 所定义的 m_0 是有意义的. 根据 (3.53) 可知, m_0 具有与 m 一样的对称性 (3.22).

3.5.4 函数 $\hat{m}$

固定 $\varepsilon > 0$. 记 $\hat{\Gamma} \doteq \Gamma^{(1)} \cup \partial D_\varepsilon(0)$, 假设 $D_\varepsilon(0)$ 的边界按逆时针方向, 参见图 3.6. 定义 $\hat{m}(x,t,k)$,

$$\hat{m} = \begin{cases} m^{(1)}m_0^{-1}, & k \in D_\varepsilon(0), \\ m^{(1)}, & k \in \mathbb{C} \setminus D_\varepsilon(0). \end{cases}$$

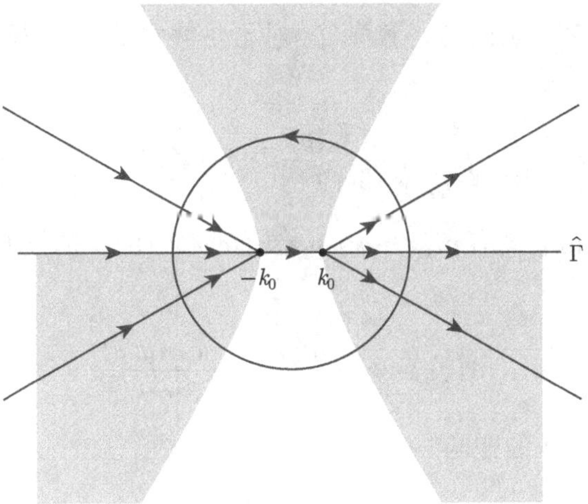

图 3.6 跳跃曲线 $\hat{\Gamma}$ 及其方向

那么 $\hat{m}$ 满足一个小范数 Riemann-Hilbert 问题, 这个 Riemann-Hilbert 问题的跳跃条件为 $\hat{m}_+ = \hat{m}_-\hat{v}$, 跳跃曲线为 $\hat{\Gamma}$, 这里跳矩阵 $\hat{v}$ 由下式给出

$$\hat{v} = \begin{cases} m_{0-}v^{(1)}m_{0+}^{-1}, & k \in \hat{\Gamma} \cap D_\varepsilon(0), \\ m_0^{-1}, & k \in \partial D_\varepsilon(0), \\ v^{(1)}, & k \in \hat{\Gamma} \setminus \overline{D_\varepsilon(0)}. \end{cases} \tag{3.59}$$

根据引理 3.5.3, 剩下的证明过程与修正 KdV 方程的情形类似, 在这里我们只简单介绍, 详细过程可以参见文献 [22]. 令 $\hat{\mathcal{C}}$ 表示与路径 $\hat{\Gamma}$ 相关的 Cauchy 算子, 假设 $\hat{\mathcal{C}}_{\hat{w}} f \doteq \hat{\mathcal{C}}_-(f\hat{w})$. 那么

$$\hat{m}(x,t,k) = I + \frac{1}{2\pi i}\int_{\hat{\Gamma}} (\hat{\mu}\hat{w})(x,t,s)\frac{ds}{s-k}, \tag{3.60}$$

这里 $\hat{w} = \hat{v} - I$ 及 $\hat{\mu}(x,t,k) \in I + L^2(\hat{\Gamma})$ 由下式定义

$$\hat{\mu} = I + (I - \hat{\mathcal{C}}_{\hat{w}})^{-1}\hat{\mathcal{C}}_{\hat{w}} I.$$

那么 m^Z 的展开式 (3.52) 就可以改写成为 $\hat{w}$ 及 $\hat{\mu}$ 关于 $t^{-1/3}$ 的展开式, 改写后的展开式的系数都是关于自变量 y 的函数. 进而可以获得存在光滑函数 $h_j(y)$ 使得

$$\begin{aligned} \lim_{k\to\infty} k(m(x,t,k) - I) &= \lim_{k\to\infty} k(\hat{m}(x,t,k) - I) = -\frac{1}{2\pi i}\int_{\hat{\Gamma}} \hat{\mu}(x,t,k)\hat{w}(x,t,k)dk \\ &= -\sum_{j=1}^{N} \frac{h_j(y)}{t^{j/3}} + O\big(t^{-\frac{N+1}{3}}\big), \quad t \to \infty, \end{aligned}$$

并且对于 $(x,t) \in \mathcal{P}_{\geqslant}$, 上式是一致成立, 对于足够大的 t, 这里函数 $h_1(y)$ 是下面展开式中 $t^{-1/3}$ 的系数

$$\frac{1}{2\pi i}\int_{\partial D_\varepsilon(0)} \hat{w}dk = -\frac{1}{2\pi i}\int_{\partial D_\varepsilon(0)} \frac{m_{10}^Z(y)}{(3t)^{1/3}k}dk + O(t^{-2/3}) = -\frac{m_{10}^Z(y)}{(3t)^{1/3}} + O(t^{-2/3}).$$

从而, $u(x,t) = 2i\lim_{k\to\infty}(km(x,t,k))_{13}$ 具有形如 (3.7) 的展开式, 并且首项系数由下式给出:

$$u_1(y) = 2i\frac{m_{10}^Z(y)}{3^{1/3}} = i\frac{u_P(y;s)}{3^{1/3}\sqrt{2}}.$$

这就完成了定理 3.2.2 的证明.

3.6　定理 3.2.4 的证明

令 $u_0 \in \mathcal{S}(\mathbb{R})$, 假设 $u(x,t)$ 是 Sasa-Satsuma 方程 (3.1) 带初值 $u(x,0) = u_0(x)$ 的光滑解, 这里当 $|x| \to \infty$ 时, 给定初值 $u_0(x)$ 是快速衰减的. 如果 ψ 满足 Lax

对 (3.12), 那么由 $\psi=\Psi e^{-i(kx-4k^3t)\Lambda}$ 所给出的特征函数 Ψ 满足

$$\begin{cases}\Psi_x+ik[\Lambda,\Psi]=\mathsf{U}\Psi,\\ \Psi_t-4ik^3[\Lambda,\Psi]=\mathsf{V}\Psi.\end{cases}\tag{3.61}$$

定义 (3.61) 的两个解 $\{\Psi_j\}_1^2$ 分别作为如下积分方程的唯一解:

$$\Psi_1(x,t,k)=I+\int_{-\infty}^{x}e^{ik(x'-x)\hat{\Lambda}}(\mathsf{U}\Psi_1)(x',t',k)dx',\tag{3.62a}$$

$$\Psi_2(x,t,k)=I-\int_{x}^{\infty}e^{ik(x'-x)\hat{\Lambda}}(\mathsf{U}\Psi_2)(x',t',k)dx'.\tag{3.62b}$$

令 $\mathbb{C}_\pm\doteq\{\mathrm{Im}k\gtrless 0\}$. 那么积分方程 (3.62) 的第三列所涉及的指数函数为 $e^{2ik(x'-x)}$, 可知, Ψ_1 和 Ψ_2 是第三列分别在区域 $k\in\mathbb{C}_-$ 和 $k\in\mathbb{C}_+$ 上解析有界, 并且还可以解析延拓到 $\mathbb{R}$. 用类似的办法可以讨论第一列和第二列. 因而

$$\begin{aligned}&\text{对于 } k\in(\mathbb{C}_+,\mathbb{C}_+,\mathbb{C}_-),\quad \Psi_1(x,t,k)\text{ 解析有界},\\ &\text{对于 } k\in(\mathbb{C}_-,\mathbb{C}_-,\mathbb{C}_+),\quad \Psi_2(x,t,k)\text{ 解析有界},\end{aligned}$$

这里 $k\in(\mathbb{C}_+,\mathbb{C}_+,\mathbb{C}_-)$ 表示方程第一、二、三列分别在 k 属于 $\mathbb{C}_+,\mathbb{C}_+$ 和 $\mathbb{C}_-$ 时结论成立. 此外, 对于每一个 t 及每一个 $j\geqslant 0$, 存在 $x\in\mathbb{R}$ 上的有界函数 $f_\pm(x)$, 并且当 $x\to\pm\infty$ 时, 函数 $f_\pm(x)$ 快速衰减, 使得如下成立:

$$\left|\frac{\partial^j}{\partial k^j}\big(\Psi_1(x,t,k)-I\big)\right|\leqslant f_-(x),\quad k\in(\bar{\mathbb{C}}_+,\bar{\mathbb{C}}_+,\bar{\mathbb{C}}_-),\ x\in\mathbb{R},\tag{3.63a}$$

$$\left|\frac{\partial^j}{\partial k^j}\big(\Psi_2(x,t,k)-I\big)\right|\leqslant f_+(x),\quad k\in(\bar{\mathbb{C}}_-,\bar{\mathbb{C}}_-,\bar{\mathbb{C}}_+),\ x\in\mathbb{R}.\tag{3.63b}$$

当 $k\to\infty$ 时, Ψ_1 和 Ψ_2 具有如下渐近表达形式:

$$\Psi_j(x,t,k)\sim I+\sum_{n=1}^{\infty}\frac{\Psi_j^{(n)}(x,t)}{k^n},\quad j=1,2,\tag{3.64}$$

对于每一个 t, 这里系数 $\Psi_j^{(n)}(x,t)$ 是关于自变量 x 的光滑有界函数, 并且 (3.64) 在 $j=1$ 时, 在区域 $k\in(\bar{\mathbb{C}}_+,\bar{\mathbb{C}}_+,\bar{\mathbb{C}}_-)$ 上一致成立, 在 $j=2$ 时, 在区域 $k\in(\bar{\mathbb{C}}_-,\bar{\mathbb{C}}_-,\bar{\mathbb{C}}_+)$ 上一致成立. 上面的形式都是通过分析 Volterra 积分方程 (3.62) 得到的, 参见文献 [34] 或者文献 [63] 中的定理 3.1 的证明. 后面过程我们在此省略, 有兴趣的读者可自行补全.

根据 (3.16) 中的对称性可知 (参见 (3.22))

$$\Psi_j(x,t,k)=\Psi_j^\dagger(x,t,\bar{k})^{-1}=\mathcal{A}\overline{\Psi_j(x,t,-\bar{k})}\mathcal{A},\quad j=1,2.\tag{3.65}$$

此外, 根据矩阵 U 和 V 的迹为 0 可知, 对于 $j=1,2$, $\det\Psi_j\equiv 1$. 事实上, (3.12) 的解 ψ_j 可以通过 $\psi_j=\Psi_j e^{-i(kx-4k^3t)\Lambda}$ 所给出, 并满足

$$\begin{cases}(\det\psi_j)_x=\operatorname{tr}(\psi_{jx}\psi_j^{-1})\det\psi_j=-ik\det\psi_j,\\(\det\psi_j)_t=\operatorname{tr}(\psi_{jt}\psi_j^{-1})\det\psi_j=4ik^3\det\psi_j.\end{cases}$$

从而对于某些常数 $c_j\in\mathbb{C}$, $\det\psi_j=c_je^{-i(kx-4k^3t)}$. 从而, 对于每一个 j, $\det\Psi_j(x,t,k)$ 与自变量 (x,t) 无关, 那么在 $x=\pm\infty$ 时可知, $\det\Psi_j(x,t,k)\equiv 1$.

定义一个 3×3 矩阵值谱函数 $s(k)$,

$$\Psi_2(x,t,k)=\Psi_1(x,t,k)e^{-i(kx-4k^3t)\hat{\Lambda}}s(k),\quad x\in\mathbb{R},\ k\in\mathbb{R}. \tag{3.66}$$

记 $X(x,k)\doteq\Psi_2(x,0,k)$, 可知 $s(k)$ 可以表示成为表达式 (3.10). 由于 $\det\Psi_j\equiv 1$, 根据 (3.66) 可得 $\det s\equiv 1$. 根据 (3.65), 可知

$$s(k)=s^{\dagger}(\bar{k})^{-1}=\mathcal{A}\overline{s(-\bar{k})}\mathcal{A}. \tag{3.67}$$

根据矩阵 $s(k)$, 利用 (3.11) 定义函数 $\rho_1(k)$. 根据假设, $s_{33}(k)$ 在区域 $\mathrm{Im}k\geqslant 0$ 上无零点.

引理 3.6.1 反射系数 $\rho_1(k)$ 是 Schwartz 类 $\mathcal{S}(\mathbb{R})$ 中的元素.

证明 $s(k)$ 的表达式 (3.10) 中第 (ij) 个元素所涉及的指数因子为 $e^{ikx(\lambda_i-\lambda_j)}$, 这里 $\lambda_1=\lambda_2=-\lambda_3=1$. 根据 Ψ_2 和 U 的性质可知, $s(k)$ 是 $k\in\mathbb{R}$ 上的光滑函数, 并且第 (33) 个元素 s_{33} 解析到上半平面. 类似地可得到: 当 $|k|\to\infty$ 时, $s_{13},s_{23},s_{31},s_{32}$ 是快速衰减的. 根据 (3.10) 可知, 对角元 $s_{33}(k)$ 是不含指数因子的, 从而可以得到

$$s_{33}(k)\sim 1+\sum_{n=1}^{\infty}\frac{s_{33}^{(n)}}{k^n},\quad k\to\infty,$$

对于某些系数 $\{s_{33}^{(n)}\}\subset\mathbb{C}$, 上式是一致成立. 从而引理就证明完了. ■

令 $s_{ij}^*(k)=\overline{s_{ij}(\bar{k})}$ 表示 $s_{ij}(k)$ 的 Schwartz 共轭, 这里 $i,j=1,2,3$. 记 $[A]_j$ 表示矩阵的第 j 列.

引理 3.6.2 函数 $m(x,t,k)$ 定义如下:

$$m=\begin{cases}\left([\Psi_1]_1,[\Psi_1]_2,\dfrac{[\Psi_2]_3}{s_{33}}\right), & \mathrm{Im}k>0,\\ \left(\dfrac{s_{22}[\Psi_2]_1-s_{21}[\Psi_2]_2}{s_{33}^*},\dfrac{-s_{12}[\Psi_2]_1+s_{11}[\Psi_2]_2}{s_{33}^*},[\Psi_1]_3\right), & \mathrm{Im}k<0.\end{cases} \tag{3.68}$$

满足定理 3.2.4 中的 Riemann-Hilbert 问题, 这里 $\rho_1(k)$ 是由 (3.11) 给出的.

证明 在引理 3.6.1 的证明过程中可知, s_{33} 可解析延拓到上半平面. 类似地可得, s_{11},s_{12}, s_{21}, s_{22} 可以解析延拓到下半平面. 因而 m 可由 (3.68) 给出, 根据 Ψ_1, Ψ_2 的性质以及在 $\mathrm{Im}k \geqslant 0$ 上, $s_{33}(k) \neq 0$, 可知, $m(x,t,k)$ 在 $k \in \mathbb{C} \setminus \mathbb{R}$ 上解析, 并且从上半平面或者下半平面都可连续到实轴 $\mathbb{R}$. 利用 (3.66), s 的对称性 (3.67) 以及 s 的行列式 $\det s = 1$, 经过繁杂而标准的计算可得, 穿过实轴的跳跃条件为: $m_+ = m_- v$. 最后, 根据函数 Ψ_1, Ψ_2 以及 s 在 k 足够大的时候的渐近表达式, 可得正规化条件: $m(x,t,k) = I + O(k^{-1})$. ■

根据定理 3.2.2, 只要能证明下面引理成立, 那么定理 3.2.4 的证明就完成.

引理 3.6.3 Sasa-Satsuma 方程的解 $u(x,t)$ 由 (3.6) 给出.

证明 把渐近展开式 (3.64) 代入 (3.61) 中, 可得

$$u(x,t) = 2i \lim_{k\to\infty} \left(k\Psi_j(x,t,k)\right)_{13}, \quad (x,t) \in \mathbb{R}^2,\ j = 1,2. \tag{3.69}$$

从而根据 m 的定义式 (3.68) 和注意到当 $k \to \infty$ 时, $s_{33}(k) = 1 + O(k^{-1})$. ■

我们以一个注释结束本章.

注 3.6.4 (关于 (3.68) 的想法) 怎么给出函数 m 的表达式 (3.68), 我们的思路如下. 记 $D_1 = \mathbb{C}_+$ 及 $D_2 = \mathbb{C}_-$. 在区域 $k \in D_n$ 上, 利用 (3.61), 根据 Fredholm 积分方程定义一个 3×3 的矩阵函数 $M_n(x,t,k)$, 这里 $n = 1,2$,

$$(M_n)_{ij}(x,t,k) = \delta_{ij} + \int_{\gamma_{ij}^n} \left(e^{(x-x')\widehat{\mathcal{L}(k)}}(\mathsf{U}M_n)(x',t,k)\right)_{ij} dx', \quad i,j = 1,2,3, \tag{3.70}$$

这里跳跃曲线 γ_{ij}^n, $n = 1,2$, $i,j = 1,2,3$, 定义如下

$$\gamma_{ij}^n = \begin{cases} (-\infty, x), & \mathrm{Re}l_i(k) \leqslant \mathrm{Re}l_j(k), \\ (\infty, x), & \mathrm{Re}l_i(k) > \mathrm{Re}l_j(k), \end{cases} \quad \text{对于} \quad k \in D_n,$$

这里 $\mathcal{L} = -ik\Lambda = \mathrm{diag}\,(l_1, l_2, l_3)$, 即

$$\gamma^1 = \begin{pmatrix} \gamma_1 & \gamma_1 & \gamma_2 \\ \gamma_1 & \gamma_1 & \gamma_2 \\ \gamma_1 & \gamma_1 & \gamma_1 \end{pmatrix}, \quad \gamma^2 = \begin{pmatrix} \gamma_1 & \gamma_1 & \gamma_1 \\ \gamma_1 & \gamma_1 & \gamma_1 \\ \gamma_2 & \gamma_2 & \gamma_1 \end{pmatrix}.$$

求解如下的矩阵分解问题

$$s(k) = S_n(k) T_n^{-1}(k), \quad k \in \bar{D}_n, \tag{3.71}$$

以及如下关系

$$(S_n(k))_{ij} = \delta_{ij}, \quad \gamma_{ij}^n = (-\infty, x),$$

$$(T_n(k))_{ij} = \delta_{ij}, \quad \gamma_{ij}^n = (\infty, x),$$

可得

$$\begin{aligned} M_n(x,t,k) &= \Psi_1(x,t,k) e^{-i(kx-4k^3t)\hat{\Lambda}} S_n(k) \\ &= \Psi_2(x,t,k) e^{-i(kx-4k^3t)\hat{\Lambda}} T_n(k), \quad k \in \bar{D}_n, \ n = 1,2, \end{aligned}$$

这里谱函数 $S_n(k)$ 和 $T_n(k)$ 可以用矩阵 $s(k)$ 的元素来表示:

$$S_1(k) = \begin{pmatrix} 1 & 0 & \dfrac{s_{13}}{s_{33}} \\ 0 & 1 & \dfrac{s_{23}}{s_{33}} \\ 0 & 0 & 1 \end{pmatrix}, \qquad S_2(k) = \begin{pmatrix} 1 & 0 & 0 \\ 0 & 1 & 0 \\ -\dfrac{s_{13}^*}{s_{33}^*} & -\dfrac{s_{23}^*}{s_{33}^*} & 1 \end{pmatrix}$$

及

$$T_1(k) = \begin{pmatrix} s_{11}^* & s_{21}^* & 0 \\ s_{12}^* & s_{22}^* & 0 \\ s_{13}^* & s_{23}^* & \dfrac{1}{s_{33}} \end{pmatrix}, \qquad T_2(k) = \begin{pmatrix} \dfrac{s_{22}}{s_{33}^*} & -\dfrac{s_{12}}{s_{33}^*} & s_{31}^* \\ -\dfrac{s_{21}}{s_{33}^*} & \dfrac{s_{11}}{s_{33}^*} & s_{32}^* \\ 0 & 0 & s_{33}^* \end{pmatrix}.$$

对于 $k \in D_1$, 取 $m = M_1$, 而对于 $m = M_2$, 取 $m = M_2$, 则我们就能获得 m 的表达式 (3.68).

第 4 章 sine-Gordon 方程在四分之一平面上的非线性傅里叶变换

4.1 简 介

解线性偏微分方程初值问题的标准方法是对空间进行傅里叶变换. 由于傅里叶变换可以把微分算子对角化, 因此傅里叶空间中的时间演化特别简单, 并且把线性偏微分方程简化为求解每个频率分量的线性常微分方程. 在非线性偏微分方程的情况下, 傅里叶变换不能提供相同类型的时间演化简化. 因此, 通常无法以这种简单方式分析非线性偏微分方程. 但是, 存在一类非线性偏微分方程 (称为可积的偏微分方程, 又简称为可积方程) 可以用上面类似的过程去求解. 可以用上面类似过程去解的可积偏微分方程有 Korteweg-de Vries(KdV) 方程、非线性 Schrödinger 方程和 sine-Gordon 方程等.

可积方程的类别之所以被区别出来, 是因为可积方程可以实现傅里叶变换的“非线性版本”, 从而将时间演化减少到一组线性常微分方程. 非线性傅里叶变换必须针对每个特定方程式量身定制, 并且通常每个方程式采用不同的形式. 对于在全直线上的初值问题, 由于非线性傅里叶变换在 KdV 方程中的实现过程中涉及量子力学中 Schrödinger 方程的散射问题, 因此通常将非线性傅里叶变换称为反 (逆) 散射变换.

反散射变换方法为分析可积方程的初值问题提供了强大的框架[1,51]. 例如, 通过反散射方法可以直接构造出大量的精确解, 例如多孤子解. 孤子解的生成技术本质上是代数的, 通常只需要有限的分析基础. 另一方面, 利用反散射变换研究一般情况下的初值问题或对解的渐近性进行分析, 都依赖于详细的分析估计. 特别地, 需要对相关的非线性傅里叶变换及其逆变换进行估计, 这样的话, 即使在相对简单的情况下, 建立这些估计也是一项具有挑战性的技术工作.

近年来, 反散射变换的一个重要发展不但可以用来处理初值问题, 而且还可以用来处理初边值问题. 这个方法称为统一方法或者 Fokas 方法. 尽管统一方法可以处理更复杂的区域, 但在这里我们仅将注意力集中在四分之一平面上 $\{x \geqslant 0, t \geqslant 0\}$ 的初边值问题, 即涉及位于 $x=0$ 处的单个边界的问题. 利用文献 [43,44] 中的方法, 在这样一个区域中具有 2×2 矩阵 Lax 对的可积方程的解可以用 2×2 Riemann-Hilbert 问题的解表示, 这里的 Riemann-Hilbert 问题涉及四个谱函数

$a(k)$, $b(k)$, $A(k)$ 和 $B(k)$. 函数 $\{a(k), b(k)\}$ 是通过半直线 $\{x \geqslant 0, t=0\}$ 上的初值函数由非线性傅里叶变换来定义的. 而函数 $\{A(k), B(k)\}$ 是通过 $\{x=0, t \geqslant 0\}$ 上的边值由非线性傅里叶变换来定义的.

本章的主要目的是研究在实验坐标下 sine-Gordon 方程在四分之一平面所需的非线性傅里叶变换. sine-Gordon 方程如下

$$u_{tt} - u_{xx} + \sin u = 0. \tag{4.1}$$

众所周知, sine-Gordon 方程有许多的应用. 该方程是嵌入在三维欧氏空间中的常负曲率曲面的 Gauss-Codazzi 方程; 该方程也是第一个发现 Bäcklund 变换的方程; 在物理学中, 该方程描述了凝聚态中 Frenkel-Kontorova 模型的连续极限, 它模拟了约瑟夫森结中的磁通量传播, 它也可用于描述非线性光学中的自感应透明性等现象. 更多的应用介绍可以参见专著 [25] 及其参考文献. 对于这些应用, 除了初值影响外, 方程的边值也产生了很大的影响, 这也是我们研究 sine-Gordon 方程初边值问题的动力之一.

为了研究方程 (4.1) 的四分之一平面上的初边值问题, 我们分别让 u_0, u_1 表示初始数据, 让 g_0 和 g_1 分别表示 Dirichlet 边界值和 Neumann 边界值:

$$\begin{cases} u_0(x) = u(x,0), \\ u_1(x) = u_t(x,0), \end{cases} \quad x \geqslant 0; \quad \begin{cases} g_0(t) = u(0,t), \\ g_1(t) = u_x(0,t), \end{cases} \quad t \geqslant 0. \tag{4.2}$$

Riemann-Hilbert 问题所涉及的谱函数 $a(k), b(k), A(k), B(k)$ 定义如下:

$$X(0,k) = \begin{pmatrix} \overline{a(\bar{k})} & b(k) \\ -\overline{b(\bar{k})} & a(k) \end{pmatrix}, \quad T(0,k) = \begin{pmatrix} \overline{A(\bar{k})} & B(k) \\ -\overline{B(\bar{k})} & A(k) \end{pmatrix},$$

这里特征函数 $X(x,k)$ 和 $T(t,k)$ 是相关 Lax 对的空间部分和时间部分的解, 当 $x \to \infty$ 和 $t \to \infty$ 时特征函数 $X(x,k)$ 和 $T(t,k)$ 则分别趋于单位矩阵 I [43]. 定义重要函数 $c(k), d(k)$:

$$c(k) := b(k)A(k) - a(k)B(k), \quad d(k) := a(k)\overline{A(k)} + b(k)\overline{B(k)}, \tag{4.3}$$

可以看出, 函数 $c(k), d(k)$ 分别是谱函数 $a(k)$, $b(k)$, $A(k)$ 和 $B(k)$ 的组合. 并且在后面的分析过程可以看到, 函数 $c(k), d(k)$ 还是矩阵 $T(0,k)^{-1}X(0,k)$ 的元素. Riemann-Hilbert 问题同样也涉及另外的两个特征函数 $Y(x,k)$ 和 $U(t,k)$, 这两个函数与 $X(x,k)$ 和 $T(t,k)$ 类似, 只是函数 $Y(x,k)$ 和 $U(t,k)$ 在原点处趋于单位矩阵.

想要建立起 Riemann-Hilbert 问题与可积方程初边值问题的联系, 最关键的问题是需要很好地理解上面所提到的特征函数与谱函数. 在本章中, 在对初值、边值据具有某些弱正则性和衰减的假设下, 对特征函数和谱函数的性质作广泛而深入的研究. 主要内容可以概括如下:

• 定理 4.3.1 建立了特征函数 $X(x,k)$ 和 $Y(x,k)$ 及它们导函数的解析性和估计式;

• 定理 4.3.3 和推论 4.3.23 分别给出了特征函数 $X(x,k)$ 和 $Y(x,k)$ 当谱参数 $k\to\infty$ 和 $k\to 0$ 的渐近表达式;

• 定理 4.4.1、定理 4.4.2 和推论 4.4.4 则对特征函数 $T(x,k)$ 和 $U(x,k)$ 给出了解析性质、估计式以及谱参数 $k\to\infty$ 和 $k\to 0$ 的渐近表达式;

• 定理 4.5.1, 定理 4.5.2 和定理 4.5.4 则建立了谱函数 $\{a(k),b(k)\}$, $\{A(k),B(k)\}$ 的解析性以及当谱参数 $k\to\infty$ 和 $k\to 0$ 时, $\{a(k),b(k)\}$, $\{A(k),B(k)\}$ 和函数 $\{c(k),d(k)\}$ 的渐近表达式.

sine-Gordon 方程 (4.1) 初边值问题首次是由 Fokas 和 Its 在文献 [46] 中研究的, 他们的结果表明, 方程的解确实可以与 Rimann-Hilbert 问题的解建立起关系来. 上面所提到的特征函数、谱函数都已经出现在他们的文献中, 并且也简单地讨论了这些函数的渐近表达式, 主要是针对渐近表达式的首项. 更多的讨论可以参见文献 [43,44]. 本章的主要贡献如下:

(a) 我们建立了特征函数、谱函数及其导数的所有阶数的渐近展开式, 这里的证明受到了文献 [74] 启发, 在文献 [74] 中, 作者分析了半直线上修正 KdV 方程相关的非线性傅里叶变换. 从而, 通过修正文献 [74] 的方法, 我们能获得一个允许更弱的解的 L^1 理论, 可以参见 (4.17) 和 (4.37).

(b) 我们知道, 谱参数 $k=0$ 对于 sine-Gordon 方程来说, 是很特殊的一点, 这是因为方程对应的 Lax 对在这点处是具有奇性的. 推论 4.3.23 和推论 4.4.4 给出了当 $k\to 0$ 时, 特征函数 X,Y,U 和 T 所有阶数的渐近表达式. 若把高阶项忽略, 渐近表达式就退化到了专著 [44] 中第 16.A 部分关于 X 和 U 的首项渐近表达.

(c) 假如给定的初值, 边值函数 u_0,u_1,g_0,g_1 在原点处相容, 那么在 $k=\infty$ 和 $k=0$ 处, 由谱函数组合而成的函数 $c(k)$ 是退化的 (详见定理 4.5.4). 若函数 u_0,u_1,g_0,g_1 在四分之一平面上能确定出性质足够好的解 (当 $x\to\infty$ 时是快速衰减的), 那么在区域 $D_1=\{\mathrm{Im}k>0\}\cap\{|k|>1\}$ 上, 函数 $c(k)$ 是趋于 0, 这个结论实际上就是 Riemann-Hilbert 方法处理初边值问题所涉及的一个关键——全局关系. 参见文献 [44]. 定理 4.5.4 给出了如下结论: 对于任取四个函数 u_0,u_1,g_0,g_1, 只要这些函数在原点处关于方程 (4.1) 相容, 那么全局关系的作用就以在 $k=\infty$ 时函数 $c(k)$ 以任意阶趋于 0 来体现. 因此, 在区域 D_1 上, 函数 $c(k)$ 趋于 0, 那么

这就使得所取的这些初值边值函数确定四分之一平面上的解. 据我们所知, 这是在可积方程初边值问题中首次注意到这种联系 (与其他的可积方程的类似点和不同点可以参见文献 [50] 的附录 B 部分).

sine-Gordon 方程还有一个显著的性质是: 它的解具有非零环绕数 (winding number), 有时也称为拓扑电荷数. 这与方程 (4.1) 在变换 $u \to u + 2\pi j,\ j \in \mathbb{Z}$ 下保持不变相关. 很自然地, 方程的解 $u(x,t)$ 可以看作从 $[0,\infty) \times [0,\infty)$ 到 S^1 上的一个映射, 这里 $S^1 = \mathbb{R}/2\pi\mathbb{Z}$ 表示一个单位圆. 对于全直线问题 (初值问题), 我们通常施加一个边值条件 $\lim_{|x|\to\infty} u(x,t) = 0 \pmod{2\pi}$. 也就是说, 当 $x \to \pm\infty$ 时, 方程 (4.1) 的解 $u(x,t)$ 趋于 2π 的整数倍. 整数

$$\frac{1}{2\pi}\left(\lim_{x\to\infty} u(x,t) - \lim_{x\to-\infty} u(x,t)\right)$$

称为方程解的环绕数. 类似地, 对于初边值问题, 我们也加强考虑如下条件:

$$\lim_{x\to\infty} u_0(x) = 2\pi N_x, \quad \lim_{t\to\infty} g_0(t) = 2\pi N_t, \quad N_x, N_t \in \mathbb{Z}, \tag{4.4}$$

并且称整数 $N_x - N_t \in \mathbb{Z}$ 为方程解的环绕数.

最后, 我们研究上述内容主要是为考虑方程 (4.1) 初边值问题解的长时间渐近表达.

假设, 当 $x \to \infty$ 时, $u_0(x)$ 趋于 $2\pi\mathbb{N}$, 同样, 当 $t \to \infty$ 时, $g_0(t)$ 也趋于 $2\pi\mathbb{N}$, Fokas 和 Its 在这种假设下首次考虑了 sine-Gordon 方程的四分之一平面的初边值问题[46].

这里, 在 $x = 0$ 处的边界的意思是反散射方法不能以标准的形式在此处使用. 然而, 在文章 [46] 中显示, 解 $u(x,t)$ 可以与一个 Riemann-Hilbert 问题的解建立起关系来, 而这个 Riemann-Hilbert 问题与方程 Lax 对的空间部分和时间部分都有关系. Fokas 等对该方法进行了完善, 并将其发展为处理可积偏微分方程的初边值问题的方法——统一方法, 有时候也称为 Fokas 方法. 在统一方法的框架中, Lax 对的时间部分和空间部分可以完美地结合成为一个简单的全微分形式, 进而可以把这个方法看作反散射方法在初边值问题中的一沿用. 文献 [43] 中显示, 与 sine-Gordon 方程相关的 Riemann-Hilbert 问题是由四个谱函数 $a(k), b(k), A(k), B(k)$ 构成的, 其中谱函数 $a(k)$ 和 $b(k)$ 是由初始值 $\{u_j(x)\}_0^1$ 定义的, 而谱函数 $A(k)$ 和 $B(k)$ 则是由边界值 $\{g_j(t)\}_0^1$ 决定的.

众所周知, sine-Gordon 方程 (4.1) 是一个对于时间部分和空间部分都是二阶的偏微分方程. 这就意味着, 初始函数 $u_0(x)$, $u_1(x)$ 和边界值 $g_0(t)$, $g_1(t)$ 中的某一个函数可以独立地描述一个适定性问题; 第二边界条件是在 $x = +\infty$. 因而, 为了匹配这个适定性问题, 四个初值函数和边值函数 u_0, u_1, g_0, g_1 需要满足一个限

制条件. 当我们在谱函数意义上来叙述这个约束条件时, 这个条件就是 Fokas 方法里关键的全局关系.

本章的主要目的是严格解释和阐述文献 [46] 中方法, 并且给出构造 Riemann-Hilbert 问题时所涉及的谱函数 $a(k), b(k), A(k), B(k)$ 的解析性、在无穷远点和原点附近的渐近性等性质, 为第 6 章分析解的渐近行为作准备.

记号

在本章中, 我们用 $\mathbb{C}_{\pm} = \{k \in \mathbb{C} \,|\, \mathrm{Im}k \gtrless 0\}$ 来表示复平面的上半平面和下半平面. 闭的半平面用 $\bar{\mathbb{C}}_{+} = \{k \in \mathbb{C} \,|\, \mathrm{Im}k \geqslant 0\}$ 和 $\bar{\mathbb{C}}_{-} = \{k \in \mathbb{C} \,|\, \mathrm{Im}k \leqslant 0\}$ 来表示. 用记号 $\{D_j\}_1^4$ 来表示复平面上的四个开区域, 具体参见图 4.1.

$$
\begin{aligned}
D_1 &= \{\mathrm{Im}k > 0\} \cap \{|k| > 1\}, \qquad & D_2 &= \{\mathrm{Im}k > 0\} \cap \{|k| < 1\}, \\
D_3 &= \{\mathrm{Im}k < 0\} \cap \{|k| < 1\}, \qquad & D_4 &= \{\mathrm{Im}k < 0\} \cap \{|k| > 1\},
\end{aligned}
$$

有向曲线 $\Gamma = \mathbb{R} \cup \{|k| = 1\}$ 则表示区域 D_j 的分界线, 方向参见图 4.1. 我们还将使用常数 $C > 0$ 来表示一般的常数, 也就是说 C 在不同的表达式中代表的可能是不一样的正常数.

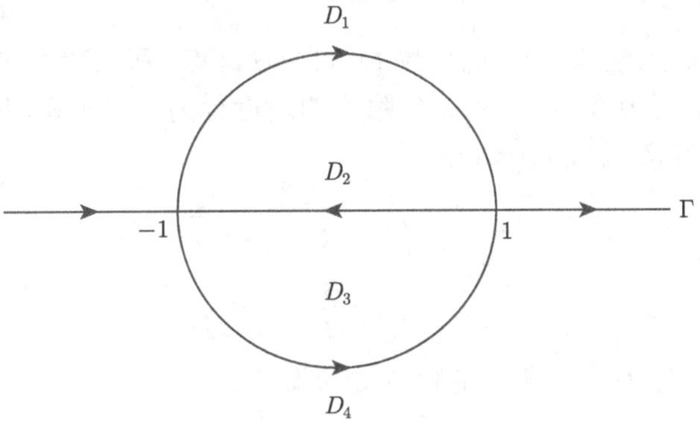

图 4.1　复平面上的有向曲线 Γ 和区域 $\{D_j\}_1^4$

我们用 $\{\sigma_j\}_1^3$ 来表示三个 Pauli 矩阵, 定义如下

$$
\sigma_1 = \begin{pmatrix} 0 & 1 \\ 1 & 0 \end{pmatrix}, \quad \sigma_2 = \begin{pmatrix} 0 & -i \\ i & 0 \end{pmatrix}, \quad \sigma_3 = \begin{pmatrix} 1 & 0 \\ 0 & -1 \end{pmatrix}.
$$

运算符号 $\hat{\sigma}_3$ 作用在一个 2×2 的矩阵 A 的定义如下: $\hat{\sigma}_3 A = [\sigma_3, A]$, 即 $e^{\hat{\sigma}_3} A = e^{\sigma_3} A e^{-\sigma_3}$.

4.2　预 备 知 识

4.2.1　Lax 对

众所周知, sine-Gordon 方程的初值问题可以利用反散射方法来求解[2], 该方程具有如下 Lax 对:

$$\begin{cases} \mu_x + \dfrac{i}{4}\left(k - \dfrac{1}{k}\right)[\sigma_3, \mu] = Q(x,t,k)\mu, \\ \mu_t + \dfrac{i}{4}\left(k + \dfrac{1}{k}\right)[\sigma_3, \mu] = Q(x,t,-k)\mu, \end{cases} \tag{4.5}$$

这里 $k \in \mathbb{C}$ 是一个谱参数, 函数 $\mu(x,t,k)$ 是一个 2×2 的矩阵值特征函数, 矩阵函数 Q 的定义如下:

$$Q(x,t,k) = Q_0(x,t) + \frac{Q_1(x,t)}{k}, \tag{4.6}$$

并且

$$Q_0(x,t) = -\frac{i(u_x + u_t)}{4}\sigma_2, \quad Q_1(x,t) = \frac{i\sin u}{4}\sigma_1 + \frac{i(\cos u - 1)}{4}\sigma_3.$$

从 Q 的定义看出, $k = 0$ 是函数 Q 的一阶奇点, 那么我们可以看出, Lax 对 (4.5) 不能处理特征函数 μ 在 $k = 0$ 附近的渐近行为. 因而我们需要引进一个新的 Lax 对. 引进矩阵函数 $G(x,t)$:

$$G(x,t) = \begin{pmatrix} \cos\dfrac{u}{2} & -\sin\dfrac{u}{2} \\ \sin\dfrac{u}{2} & \cos\dfrac{u}{2} \end{pmatrix}. \tag{4.7}$$

假如 μ 满足 Lax 对 (4.5), 那么函数 $\hat{\mu}$ 定义如下

$$\mu(x,t,k) = G(x,t)\hat{\mu}(x,t,k),$$

则满足

$$\begin{cases} \hat{\mu}_x + \dfrac{i}{4}\left(k - \dfrac{1}{k}\right)[\sigma_3, \hat{\mu}] = (\hat{Q}_0 + k\hat{Q}_1)\hat{\mu}, \\ \hat{\mu}_t + \dfrac{i}{4}\left(k + \dfrac{1}{k}\right)[\sigma_3, \hat{\mu}] = (-\hat{Q}_0 + k\hat{Q}_1)\hat{\mu}, \end{cases}$$

这里

$$\hat{Q}_0(x,t) = \frac{i(u_x - u_t)}{4}\sigma_2, \quad \hat{Q}_1(x,t) = \frac{i\sin u}{4}\sigma_1 - \frac{i(\cos u - 1)}{4}\sigma_3.$$

4.2.2 谱函数

根据初值函数 $\{u_0(x), u_1(x)\}$ 定义两个谱函数 $\{a(k), b(k)\}$, 而另外两个谱函数 $\{A(k), B(k)\}$ 则由给定的边界值 $\{g_0(t), g_1(t)\}$ 定义. 详细过程如下: 首先引进两个记号 $\theta_1(k)$ 和 $\theta_2(k)$, 定义如下:

$$\theta_1(k) = \frac{1}{4}\left(k - \frac{1}{k}\right), \quad \theta_2(k) = \frac{1}{4}\left(k + \frac{1}{k}\right). \tag{4.8}$$

假设 $\mathsf{U}(x,k)$ 和 $\mathsf{V}(t,k)$ 由如下表达式给出 (来自 $Q(x,t,k)$ 的定义 (4.6) 式):

$$\mathsf{U}(x,k) = -\frac{i(u_{0x} + u_1)}{4}\sigma_2 + \frac{i\sin u_0}{4k}\sigma_1 + \frac{i(\cos u_0 - 1)}{4k}\sigma_3, \tag{4.9}$$

$$\mathsf{V}(t,k) = -\frac{i(g_1 + g_{0t})}{4}\sigma_2 - \frac{i\sin g_0}{4k}\sigma_1 - \frac{i(\cos g_0 - 1)}{4k}\sigma_3, \tag{4.10}$$

同时, 定义两个 2×2 的矩阵函数 $X(x,k)$ 和 $T(t,k)$ 作为如下线性 Volterra 积分方程的解, 具体形式如下:

$$X(x,k) = I + \int_{\infty}^{x} e^{i\theta_1(x'-x)\hat{\sigma}_3}(\mathsf{U}X)(x',k)dx', \tag{4.11}$$

$$T(t,k) = I + \int_{\infty}^{t} e^{i\theta_2(t'-t)\hat{\sigma}_3}(\mathsf{V}T)(t',k)dt', \tag{4.12}$$

这里运算符 $\hat{\sigma}_3$ 作用在一个 2×2 矩阵 A 的定义为: $\hat{\sigma}_3 A = [\sigma_3, A]$, 即 $e^{\hat{\sigma}_3} A = e^{\sigma_3} A e^{-\sigma_3}$. 根据 $Q(x,t,k)$ 所具有的对称性, 可以获得如下对称性:

$$X(x,k) = \sigma_2 \overline{X(x,\bar{k})}\sigma_2, \quad T(t,k) = \sigma_2 \overline{T(t,\bar{k})}\sigma_2,$$

那么特征函数 $a(k), b(k), A(k), B(k)$ 定义如下:

$$s(k) = \begin{pmatrix} \overline{a(\bar{k})} & b(k) \\ -\overline{b(\bar{k})} & a(k) \end{pmatrix}, \quad S(k) = \begin{pmatrix} \overline{A(\bar{k})} & B(k) \\ -\overline{B(\bar{k})} & A(k) \end{pmatrix}, \tag{4.13}$$

这里散射矩阵 $s(k), S(k)$ 分别定义为 $s(k) := X(0,k)$ 和 $S(k) := T(0,k)$. 映射 $\{u_0(x), u_1(x)\} \mapsto \{a(k), b(k)\}$ 和映射 $\{g_0(x), g_1(x)\} \mapsto \{A(k), B(k)\}$ 就称为半直线上的非线性傅里叶变换.

上面提到的特征函数的重要性在于, 方程 (4.1) 在四分之一平面上的解可以用一个 2×2 Riemann-Hilbert 问题的解来表示, 而这个 Riemann-Hilbert 问题的构造主要涉及上面提到的四个特征函数 a, b, A, B, 详细内容参见专著 [43]. 特别地, Riemann-Hilbert 问题的构造直接涉及的是特征函数的组合 $c(k)$ 和 $d(k)$, 定义如下:

$$c(k) = b(k)A(k) - a(k)B(k), \quad k \in \bar{D}_1 \cup \mathbb{R}, \tag{4.14a}$$

$$d(k) = a(k)\overline{A(\bar{k})} + b(k)\overline{B(\bar{k})}, \quad k \in \bar{D}_2 \cup \mathbb{R}. \tag{4.14b}$$

4.3 空间部分的谱分析

这一节, 我们考虑 Lax 对 (4.5) 在 $t=0$ 的空间部分,

$$X_x + i\theta_1[\sigma_3, X] = \mathsf{U}X, \tag{4.15}$$

这里 $\theta_1 := \theta_1(k) = \frac{1}{4}\left(k - \frac{1}{k}\right)$, $\mathsf{U}(x,k)$ 则由 (4.9) 给出, 即

$$\mathsf{U}(x,k) = \mathsf{U}_0(x) + \frac{1}{k}\mathsf{U}_1(x),$$

以及

$$\mathsf{U}_0(x) = -\frac{i(u_{0x}(x) + u_1(x))}{4}\sigma_2, \quad \mathsf{U}_1(x) = \frac{i\sin u_0(x)}{4}\sigma_1 + \frac{i(\cos u_0(x) - 1)}{4}\sigma_3.$$

我们给出式 (4.15) 的两个 2×2 矩阵函数解为 $X(x,k)$ 和 $Y(x,k)$, 这两个解也满足如下的线性 Volterra 积分方程:

$$X(x,k) = I + \int_{\infty}^{x} e^{i\theta_1(x'-x)\hat{\sigma}_3}(\mathsf{U}X)(x',k)dx', \tag{4.16a}$$

$$Y(x,k) = I + \int_{0}^{x} e^{i\theta_1(x'-x)\hat{\sigma}_3}(\mathsf{U}Y)(x',k)dx'. \tag{4.16b}$$

如果 A 是一个 $n\times m$ 的矩阵, 我们定义 $|A|\geqslant 0$, $|A|^2 = \sum_{i,j}|A_{ij}|^2$. 那么还具有如下性质: $|A+B|\leqslant |A|+|B|$ 和 $|AB|\leqslant |A||B|$. 记号 $k\in(D_i, D_j)$ 表示矩阵第一列和第二列分别在 $k\in D_i$ 和 $k\in D_j$ 中成立.

定理 4.3.1 (特征函数 X 和 Y 的基本性质) 假设 $n\geqslant 1$ 以及 $N_x\in\mathbb{Z}$ 是一个整数. 假设初始条件 $u_0, u_1 : [0,\infty)\to\mathbb{R}$ 满足如下条件:

$$(1+x)^n(|u_0 - 2\pi N_x| + |u_{0x}| + |u_1|) \in L^1([0,\infty)). \tag{4.17}$$

那么方程 (4.16) 唯一地定义了方程 (4.15) 的两个 2×2 的矩阵形式的解 X 和 Y, 并且函数 X 和 Y 具有如下性质:

(a) 函数 $X(x,k)$ 定义在 $x\geqslant 0$ 及 $k\in(\bar{\mathbb{C}}_-, \bar{\mathbb{C}}_+)\setminus\{0\}$ 上的. 对于每一个 $k\in(\bar{\mathbb{C}}_-, \bar{\mathbb{C}}_+)\setminus\{0\}$, 函数 $X(\cdot,k)$ 是弱可微的, 且满足方程 (4.15).

(b) 函数 $Y(x,k)$ 是定义在 $x\geqslant 0$ 及 $k\in\mathbb{C}\setminus\{0\}$ 上的. 对于每一个 $k\in\mathbb{C}\setminus\{0\}$ 上的, 函数 $Y(\cdot,k)$ 是弱可微的且满足方程 (4.15).

(c) 对于每一个 $x\geqslant 0$, 函数 $X(x,\cdot)$ 是连续到 $k\in(\bar{\mathbb{C}}_-, \bar{\mathbb{C}}_+)\setminus\{0\}$ 的, 并且在区域内部是解析的.

(d) 对于每一个 $x \geqslant 0$, 函数 $Y(x,\cdot)$ 在 $k \in \mathbb{C}\setminus\{0\}$ 时解析.

(e) 对于每一个 $x \geqslant 0$ 和每一个 $j=1,\cdots,n$, 偏导数 $\dfrac{\partial^j X}{\partial k^j}(x,\cdot)$ 可以连续到区域 $(\bar{\mathbb{C}}_-,\bar{\mathbb{C}}_+)\setminus\{0\}$ 的边界.

(f) 对于 $x \geqslant 0$ 和 $j=0,1,\cdots,n$, 函数 X 和 Y 有如下估计式:

$$\left|\frac{\partial^j}{\partial k^j}(X(x,k)-I)\right| \leqslant \frac{C}{(1+x)^{n-j}}, \quad k \in (\bar{D}_4,\bar{D}_1), \tag{4.18a}$$

$$\left|\frac{\partial^j}{\partial k^j}\Big(Y(x,k)-I\Big)\right| \leqslant C(1+x)^j, \quad k \in (\bar{D}_1,\bar{D}_4), \tag{4.18b}$$

$$\left|\frac{\partial^j}{\partial k^j}\Big((Y(x,k)-I)e^{-2i\theta_1 x\sigma_3}\Big)\right| \leqslant C(1+x)^j, \quad k \in (\bar{D}_4,\bar{D}_1), \tag{4.18c}$$

(g) 对于 $x \geqslant 0, k \in \mathbb{R}\setminus\{0\}$, 那么有函数 X 的行列式为 1, 即 $\det X(x,k)=1$, 而对于 $x \geqslant 0, k \in \mathbb{C}\setminus\{0\}$, 则有函数 Y 的行列式 $\det Y(x,k)=1$.

(h) 对于每一个 $x \geqslant 0$, 函数 X 和 Y 都具有如下对称:

$$X(x,k)=\sigma_2 X(x,-k)\sigma_2=\sigma_2\overline{X(x,\bar{k})}\sigma_2, \quad k \in (\bar{\mathbb{C}}_-,\bar{\mathbb{C}}_+)\setminus\{0\},$$
$$Y(x,k)=\sigma_2 Y(x,-k)\sigma_2=\sigma_2\overline{Y(x,\bar{k})}\sigma_2, \quad k \in \mathbb{C}\setminus\{0\}.$$

证明 如果能证明性质 (a)—(f) 成立, 那么行列式为 1 的性质 (g) 就很容易从 (4.15) 获得. 事实上, 因为 $\operatorname{tr}\mathsf{U}=0$, 那么 $(\det X)_x=0$, $(\det Y)_x=0$, 分别在 $x=\infty$ 和 $x=0$ 处计算, 那么我们就能获得性质 (g). 性质 (h) 中的对称性可以利用 U 也具有类似的对称性获得.

给定一个 2×2 的矩阵 A, 记 $[A]_1$ 和 $[A]_2$ 分别为矩阵 A 的第一列和第二列. 下面来证明特征函数 X 和 Y 的第二列 $[X]_2$ 和 $[Y]_2$ 具有性质 (a)—(f). 剩下的第一列也可以按照类似的证明过程进行说明.

$[X]_2$ 的结构 首先利用 (4.16a) 来构造 $[X]_2$. 假设 (4.17) 就意味着: 对于每一个 $k\neq 0$, $(1+x)^n\mathsf{U}(x,k)\in L^1([0,\infty))$. 记 $\Psi:=[X]_2$, (4.16a) 的第二列可以写成如下:

$$\Psi(x,k)=\begin{pmatrix}0\\1\end{pmatrix}-\int_x^\infty E(x,x',k)\mathsf{U}(x',k)\Psi(x',k)dx', \quad x \geqslant 0, \tag{4.19}$$

其中

$$E(x,x',k)=\begin{pmatrix}e^{\frac{i}{2}(k-\frac{1}{k})(x'-x)} & 0\\ 0 & 1\end{pmatrix}.$$

假设 $K>0$ 是一个小参数, 引进记号 $\bar{\mathbb{C}}_\pm^K := \bar{\mathbb{C}}_\pm \cap \{|k| \geqslant K\}$. 下面将说明这样一个结论: 当 $k \in \bar{\mathbb{C}}_+^K$ 时, Volterra 积分方程 (4.19) 具有唯一解 $\Psi(x,k)$. 记

$\Psi_0 = \begin{pmatrix} 0 \\ 1 \end{pmatrix}$, 当 $l \geqslant 1$ 时, Ψ_l 有如下表达式:

$$\Psi_{l+1}(x,k) = -\int_x^\infty E(x,x',k)\mathsf{U}(x',k)\Psi_l(x',k)dx', \quad x \geqslant 0,\ k \in \bar{\mathbb{C}}_+^K.$$

那么

$$\Psi_l(x,k) = (-1)^l \int_{x=x_{l+1}\leqslant x_l \leqslant \cdots \leqslant x_1 < \infty} \prod_{i=1}^l E(x_{i+1},x_i,k)\mathsf{U}(x_i,k)\Psi_0 dx_1 \cdots dx_l. \tag{4.20}$$

根据函数 $E(x,x',k)$ 以及 U 的定义, 可以获得如下估计式

$$\begin{cases} |\partial_k^j E(x,x',k)| < C(1+|x'-x|)^j, & 0 \leqslant x \leqslant x' < \infty, \\ \|\partial_k^j \mathsf{U}(\cdot,k)\|_{L^1([x,\infty))} < \dfrac{C}{(1+x)^n}, & 0 \leqslant x < \infty, \end{cases} \quad k \in \bar{\mathbb{C}}_+^K,\ j = 0,1,\cdots,n, \tag{4.21}$$

取上述估计式在 $j=0$ 的情况, 可以得到

$$\begin{aligned} |\Psi_l(x,k)| &\leqslant C^l \int_{x\leqslant x_l \leqslant \cdots \leqslant x_1 < \infty} \prod_{i=1}^l |\mathsf{U}(x_i,k)||\Psi_0| dx_1 \cdots dx_l \\ &\leqslant \frac{C^l}{l!} \|\mathsf{U}(\cdot,k)\|_{L^1([x,\infty))}^l \\ &\leqslant \frac{C^l}{l!}\left(\frac{C}{(1+x)^n}\right)^l, \quad x \geqslant 0,\ k \in \bar{\mathbb{C}}_+^K,\ l = 1,2,\cdots. \end{aligned} \tag{4.22}$$

从而级数

$$\Psi(x,k) = \sum_{l=0}^\infty \Psi_l(x,k)$$

在 $x \geqslant 0$ 和 $k \in \bar{\mathbb{C}}_+^K$ 上是绝对收敛的, 并且收敛到 (4.19) 的有界解 $\Psi(x,k)$. 当 $k \in \bar{\mathbb{C}}_+^K$ 时, 我们可以看出 $\Psi(\cdot,k) \in W_{\text{loc}}^{1,1}([0,\infty))$, 进而可知 $\Psi(\cdot,k)$ 是方程 (4.15) 一个弱可微的解. 在 (4.20) 中应用估计式 (4.21) 可知, 对于每一个 l, 函数 $\Psi_l(x,\cdot)$ 在区域 $\bar{\mathbb{C}}_+^K$ 内部解析; 根据一致收敛的性质, 就可以得到 Ψ 在区域 $\bar{\mathbb{C}}_+^K$ 内部解析. 根据 $K>0$ 的任意性, 我们就证明了性质 (a) 和 (c). 另一方面, 利用 (4.22),

$$|\Psi(x,k) - \Psi_0| \leqslant \sum_{l=1}^\infty |\Psi_l(x,k)| \leqslant \frac{C}{(1+x)^n}, \quad x \geqslant 0,\ k \in \bar{\mathbb{C}}_+^K, \tag{4.23}$$

也就证明了 $j=0,k\in\bar{\mathbb{C}}_+^K$ 时, (4.18a) 式的第二列成立.

下面说明当 $j=1,\cdots,n$ 及 $k\in\bar{\mathbb{C}}_+^K$ 时, $[X]_2=\Psi$ 具有性质 (e) 和 (f). 假设

$$\Lambda_0(x,k)=-\int_x^{\infty}\partial_k[E(x,x',k)\mathsf{U}(x',k)]\Psi(x',k)dx'. \tag{4.24}$$

在 $\bar{\mathbb{C}}_+^K$ 的内部, 对 (4.19) 两边关于 k 取导数, 可知 $\Lambda:=\partial_k\Psi$ 满足如下式子

$$\Lambda(x,k)=\Lambda_0(x,k)-\int_x^{\infty}E(x,x',k)\mathsf{U}(x',k)\Lambda(x',k)dx', \tag{4.25}$$

利用估计式 (4.21) 和 $\partial_k\Psi$ 的 Cauchy 估计式, 可得到导函数形式在定义域上的收敛性. 我们有 $\Lambda=\sum_{l=0}^{\infty}\Lambda_l$, 这里函数 Λ_l 是在 (4.20) 中用 $\{\Lambda_l\}$ 代替 $\{\Psi_l\}$. 事实上, 类似于 (4.22), 可知

$$|\Lambda_l(x,k)|\leqslant\frac{C^l}{l!}\|\Lambda_0(\cdot,k)\|_{L^\infty([x,\infty))}\left(\frac{C}{(1+x)^n}\right)^l,\quad x\geqslant0,\ k\in\bar{\mathbb{C}}_+^K,\ l=1,2,\cdots. \tag{4.26}$$

在 (4.24) 中, 利用 (4.21) 和 (4.23), 可以获得

$$|\Lambda_0(x,k)|\leqslant\frac{C}{(1+x)^{n-1}},\quad x\geqslant0,\ k\in\bar{\mathbb{C}}_+^K. \tag{4.27}$$

特别地, 当 $x\geqslant0$ 及 $k\in\bar{\mathbb{C}}_+^K$ 时, $\|\Lambda_0(\cdot,k)\|_{L^\infty([x,\infty))}$ 是有界的. 因而, $\sum_{l=0}^{\infty}\Lambda_l$ 在区域 $[0,\infty)\times\bar{\mathbb{C}}_+^K$ 上一致收敛到 (4.25) 的有界解. 通过解的唯一性, 当 k 属于区域 $\bar{\mathbb{C}}_+^K$ 内部时, $\Lambda=\partial_k\Psi$. 从而 Λ 有类似于 (4.23) 的估计.

$$|\Lambda(x,k)-\Lambda_0(x,k)|\leqslant\frac{C}{(1+x)^n},\quad x\geqslant0,\ k\in\bar{\mathbb{C}}_+^K. \tag{4.28}$$

从而根据已获得的 (4.27) 和 (4.28), 我们可以获得当 $j=1$ 时, $[X]_2=\Psi$ 满足性质 (e) 和 (f).

类似于上面的过程, 可以得到 $\Lambda^{(j)}:=\partial_k^j\Psi$ 满足如下形式的积分方程:

$$\Lambda^{(j)}(x,k)=\Lambda_{0,j}(x,k)-\int_x^{\infty}E(x,x',k)\mathsf{U}(x',k)\Lambda^{(j)}(x',k)dx',$$

这里

$$|\Lambda_{0,j}(x,k)|\leqslant\frac{C}{(1+x)^{n-j}},\quad x\geqslant0,\ k\in\bar{\mathbb{C}}_+^K.$$

若 $1\leqslant j\leqslant n$, 则当 $x\geqslant0$ 及 $k\in\bar{\mathbb{C}}_+^K$ 时, $\|\Lambda_{0,j}(\cdot,k)\|_{L^\infty([x,\infty))}$ 有界. 从而相应级数 $\Lambda^{(j)}=\sum_{l=0}^{\infty}\Lambda_l^{(j)}$ 在区域 $[0,\infty)\times\bar{\mathbb{C}}_+^K$ 上一致收敛于一个在 $k\in\bar{\mathbb{C}}_+^K$ 上有界的

解, 且这个解还满足性质 (e) 和 (f). 由于 $K>0$ 的任意性, 所以就完成了定理中特征函数 X 第二列的证明. 下面来考虑特征函数 Y 第二列.

$[Y]_2$ **的构造** 利用类似于 $[X]_2$ 的构造过程, 用 (4.16b) 来构造 $[Y]_2$. 在这种情况下, 定义 $\{\Psi_l\}_0^\infty$, $\Psi_0=\begin{pmatrix}0\\1\end{pmatrix}$ 及

$$\Psi_l(x,k)=\int_{0\leqslant x_1\leqslant\cdots\leqslant x_l\leqslant x_{l+1}=x<\infty}\prod_{i=1}^{l}E(x_{i+1},x_i,k)\mathsf{U}(x_i,k)\Psi_0dx_1\cdots dx_l,\quad x\geqslant 0.$$

正如 (4.22) 所示的那样, 当 $x\geqslant 0$, $K^{-1}<|k|<K$ 及 $l=1,2,\cdots$ 时,

$$|\Psi_l(x,k)|\leqslant\frac{(Ce^{Cx})^l}{l!}\|\mathsf{U}(\cdot,k)\|^l_{L^1([0,x])}\leqslant\frac{(Ce^{Cx})^l}{l!}$$

在 (x,k) 属于 $[0,\infty)\times(\mathbb{C}\setminus\{0\})$ 上的一个紧子集, 有如下表达式成立:

$$|\Psi(x,k)-\Psi_0|\leqslant\sum_{l=1}^{\infty}|\Psi_l(x,k)|\leqslant C. \tag{4.29}$$

这个就能得到性质 (b) 和 (d). 当 $0\leqslant x'\leqslant x<\infty$ 及 $k\in\bar{\mathbb{C}}_-^K$ 时, $|E(x,x',k)|<C$, 从而 (4.29) 在 $(x,k)\in[0,\infty)\times\bar{\mathbb{C}}_-^K$ 一致成立, 即 (4.18b) 在 $j=0$ 时成立. 假设

$$\Lambda_0(x,k)=\int_0^x\partial_k\big[E(x,x',k)\mathsf{U}(x',k)\big]\Psi(x',k)dx',$$

进而获得 $\Lambda:=\partial_k\Psi$ 满足下面等式

$$\Lambda(x,k)=\Lambda_0(x,k)+\int_0^x E(x,x',k)\mathsf{U}(x',k)\Lambda(x',k)dx'.$$

当 $j=1$ 时, (4.18b) 的证明过程与 (4.26)—(4.28) 类似,

$$\begin{aligned}
&|\Lambda_l(x,k)|\leqslant\frac{C^l}{l!}\|\Lambda_0(\cdot,k)\|_{L^\infty([0,x])},\\
&|\Lambda_0(x,k)|\leqslant C\int_0^x(1+|x-x'|)|u_0(x')+u_{0x}(x')+u_1(x')|dx'\\
&\qquad\leqslant C(1+x)\int_0^x|u_0(x')+u_{0x}(x')+u_1(x')|dx'\leqslant C(1+x),\\
&|\Lambda(x,k)-\Lambda_0(x,k)|\leqslant C(1+x),
\end{aligned}$$

上面的这些估计式在 $x\geqslant 0$ 和 $k\in\bar{\mathbb{C}}_-^K$ 上成立; 当 $j\geqslant 2$ 时 (4.18b) 成立, (4.18b) 的证明过程也是类似的.

最后, 令 $y(x,k) := Y(x,k)e^{-2i\theta_1 x\sigma_3}$, 对下面的积分方程

$$y(x,k) = e^{-2i\theta_1 x\sigma_3} + \int_0^x e^{i\theta_1(x'-x)\sigma_3}(\mathsf{U}y)(x',k)e^{i\theta_1(x'-x)\sigma_3}dx'$$

实施类似的过程, 就能获得估计式 (4.18c). ■

注 4.3.2 函数 f 在区间 $I \subset \mathbb{R}$ 上绝对连续, 当且仅当 $f \in W^{1,1}_{\text{loc}}(I)$, 在这种情况下, 当 $x \in I$ 时, f 的经典导数几乎处处存在且等于弱导数. 因而, 特征函数 X 和 Y 是方程 (4.15) 在分布意义上的弱解, 同时, 对于几乎所有的 $x \geqslant 0$, X 和 Y 也是方程 (4.15) 在经典意义下的解.

4.3.1 特征函数在 $k \to \infty$ 时的渐近表达

这一小节中, 我们考虑特征函数 X 和 Y 在 $k \to \infty$ 时的渐近表达式. 我们的主要目的是证明定理 4.3.3, 本质上就是证明函数 X 和 Y 当 $k \to \infty$ 时的渐近表达式可以通过考虑方程 (4.15) 的标准级数形式的解来获得. 首先我们来寻找这些标准级数解.

方程 (4.15) 具有如下的标准级数形式的解 $X_{\mathcal{F}}$ 和 $Y_{\mathcal{F}}$, 并且 $X_{\mathcal{F}}$ 在 $x = \infty$ 趋于单位阵, 而 $Y_{\mathcal{F}}$ 在 $x = 0$ 处趋于单位阵. 并且使得

$$\begin{aligned} X_{\mathcal{F}}(x,k) &= I + \frac{X_1(x)}{k} + \frac{X_2(x)}{k^2} + \cdots, \\ Y_{\mathcal{F}}(x,k) &= I + \frac{Z_1(x)}{k} + \frac{Z_2(x)}{k^2} + \cdots + \left(\frac{W_1(x)}{k} + \frac{W_2(x)}{k^2} + \cdots\right)e^{2i\theta_1 x\sigma_3}, \end{aligned} \tag{4.30}$$

这里, 系数 $\{X_j(x), Z_j(x), W_j(x)\}_1^\infty$ 满足如下式子:

$$\lim_{x\to\infty} X_j(x) = 0, \quad Z_j(0) + W_j(0) = 0, \quad j \geqslant 1. \tag{4.31}$$

事实上, 我们把展开式

$$X = I + \frac{X_1(x)}{k} + \frac{X_2(x)}{k^2} + \cdots$$

代入方程 (4.15) 中, 比较 $O(k^{-j})$ 项的反对角部分以及 $O(k^{-j-1})$ 项的对角部分, 可知

$$\begin{cases} X_{j+1}^{(o)} = -2i\sigma_3\Big(-\partial_x X_j^{(o)} + \dfrac{i}{2}\sigma_3 X_{j-1}^{(o)} + \mathsf{U}_0 X_j^{(d)} + \mathsf{U}_1^{(o)} X_{j-1}^{(d)} + \mathsf{U}_1^{(d)} X_{j-1}^{(o)} \Big), \\ \partial_x X_{j+1}^{(d)} = \mathsf{U}_0 X_{j+1}^{(o)} + \mathsf{U}_1^{(o)} X_j^{(o)} + \mathsf{U}_1^{(d)} X_j^{(d)}, \end{cases} \tag{4.32}$$

这里, $A^{(d)}$ 和 $A^{(o)}$ 分别表示 2×2 矩阵 A 的对角部分和反对角部分.

系数 $\{Z_j\}$ 则满足方程 (4.32), 这里的方程 (4.32)里的 $\{X_j\}$ 全部用 $\{Z_j\}$ 来代替. 类似地, 把展开式

$$X=\left(\frac{W_1(x)}{k}+\frac{W_2(x)}{k^2}+\cdots\right)e^{2i\theta_1 x\sigma_3}$$

代入方程 (4.15) 中, 比较 $O(k^{-j})$ 项的对角部分以及 $O(k^{-j-1})$ 项的反对角部分, 可得

$$\begin{cases}W_{j+1}^{(d)}=-2i\sigma_3\left(-\partial_x W_j^{(d)}+\dfrac{i}{2}\sigma_3 W_{j-1}^{(d)}+\mathsf{U}_0 W_j^{(o)}+\mathsf{U}_1^{(o)}W_{j-1}^{(o)}+\mathsf{U}_1^{(d)}W_{j-1}^{(d)}\right),\\ \partial_x W_{j+1}^{(o)}=\mathsf{U}_0 W_{j+1}^{(d)}+\mathsf{U}_1^{(o)}W_j^{(d)}+\mathsf{U}_1^{(d)}W_j^{(o)}.\end{cases}\tag{4.33}$$

这里系数 $\{X_j(x), Z_j(x), W_j(x)\}$ 则由递推关系式 (4.31)—(4.33) 决定, 这些等式是由 (4.32) 中 $\{Z_j\}$ 取代 $\{X_j\}$ 所得到的, 并且初始部分为

$$X_{-1}=0,\quad X_0=I,\quad Z_{-1}=0,\quad Z_0=I,\quad W_{-1}=W_0=0.$$

最开始的部分系数如下所示:

$$X_1(x)=\frac{i(u_{0x}+u_1)}{2}\sigma_1+\sigma_3\frac{i}{4}\int_\infty^x\left[-\frac{(u_{0x}+u_1)^2}{2}+\cos u_0-1\right]dx',\tag{4.34}$$

$$\begin{aligned}X_2(x)=&\,i\left[-u_{0xx}-u_{1x}+\frac{i}{2}(u_{0x}+u_1)(X_1)_{22}+\frac{1}{2}\sin u_0\right]\sigma_2\\&+I\int_\infty^x\left\{-\frac{i}{4}\left[-\frac{(u_{0x}+u_1)^2}{2}+\cos u_0-1\right](X_1)_{22}\right.\\&\left.-\frac{1}{4}(u_{0x}+u_1)(u_{0xx}+u_{1x})\right\}dx',\end{aligned}$$

$$Z_1(x)=\frac{i(u_{0x}+u_1)}{2}\sigma_1+\sigma_3\frac{i}{4}\int_0^x\left[-\frac{(u_{0x}+u_1)^2}{2}+\cos u_0-1\right]dx',\tag{4.35}$$

$$\begin{aligned}Z_2(x)=&\,i\left[-u_{0xx}-u_{1x}+\frac{i}{2}(u_{0x}+u_1)(Z_1)_{22}+\frac{1}{2}\sin u_0\right]\sigma_2\\&+I\left\{\int_0^x\left[-\frac{i}{4}\left[-\frac{(u_{0x}+u_1)^2}{2}+\cos u_0-1\right](Z_1)_{22}\right.\right.\\&\left.\left.-\frac{1}{4}(u_{0x}+u_1)(u_{0xx}+u_{1x})\right]dx'-\frac{1}{4}(u_{0x}(0)+u_1(0))^2\right\}\end{aligned}$$

及

$$W_1(x)=-\frac{i(u_{0x}(0)+u_1(0))}{2}\sigma_1,\tag{4.36}$$

$$W_2(x)=\frac{i}{2}(u_{0x}+u_1)(W_1)_{12}I+\sigma_2\bigg\{\int_0^x\frac{1}{4}\bigg[\frac{(u_{0x}+u_1)^2}{2}-\cos u_0+1\bigg](W_1)_{12}dx'$$
$$-i\Big[-(u_{0xx}(0)+u_{1x}(0))+\frac{1}{2}\sin u_0(0)\Big]\bigg\}.$$

下面我们就可以来描述当 $k\to\infty$ 时, 特征函数 X 和 Y 的渐近表达式了.

定理 4.3.3 (当 $k\to\infty$ 时, 特征函数 X 和 Y 的渐近表达式) 令 $m\geqslant 1$, $n\geqslant 1$ 及 $N_x\in\mathbb{Z}$ 为一个整数. 假设 $u_0(x)$ 和 $u_1(x)$ 满足如下的解析性和衰减性

$$\begin{cases}(1+x)^n(u_0(x)-2\pi N_x)\in L^1([0,\infty)),\\ (1+x)^n\partial^i u_0(x)\in L^1([0,\infty)), \quad i=1,\cdots,m+2,\\ (1+x)^n\partial^i u_1(x)\in L^1([0,\infty)), \quad i=0,1,\cdots,m+1,\end{cases}\tag{4.37}$$

当 $k\to\infty$ 时, 特征函数 X 和 Y 分别符合 m 阶的标准级数形式的解 $X_{\mathcal{F}}$ 和 $Y_{\mathcal{F}}$, 也就是说

$$X_p(x,k):=I+\frac{X_1(x)}{k}+\cdots+\frac{X_{m+1}(x)}{k^{m+1}},$$
$$Y_p(x,k):=I+\frac{Z_1(x)}{k}+\cdots+\frac{Z_{m+1}(x)}{k^{m+1}}+\left(\frac{W_1(x)}{k}+\cdots+\frac{W_{m+1}(x)}{k^{m+1}}\right)e^{2i\theta_1x\sigma_3},$$

对于每一个 $j=0,1,\cdots,n$, $X_p(x,k)$ 和 $Y_p(x,k)$ 是有意义的, 并且如下式子在相应的区域上成立:

$$\left|\frac{\partial^j}{\partial k^j}(X-X_p)\right|\leqslant\frac{C}{|k|^{m+1}(1+x)^{n-j}}, \quad x\geqslant 0,\ k\in(\bar{D}_4,\bar{D}_1),\tag{4.38a}$$

$$\left|\frac{\partial^j}{\partial k^j}(Y-Y_p)\right|\leqslant\frac{C(1+x)^{j+2}e^{\frac{Cx}{|k|^{m+1}}}}{|k|^{m+1}}, \quad x\geqslant 0,\ k\in(\bar{D}_1,\bar{D}_4),\tag{4.38b}$$

$$\left|\frac{\partial^j}{\partial k^j}((Y-Y_p)e^{-2i\theta_1x\sigma_3})\right|\leqslant\frac{C(1+x)^{j+2}e^{\frac{Cx}{|k|^{m+1}}}}{|k|^{m+1}}, \quad x\geqslant 0,\ k\in(\bar{D}_4,\bar{D}_1).\tag{4.38c}$$

证明 方程 (4.38) 的证明过程主要是考虑当 $k\to\infty$ 时, 积分方程 (4.16) 的一些性质. 完整的证明过程我们通过一系列的引理来展现.

引理 4.3.4 当 $x\geqslant 0$ 时, $\{X_j(x)\}_1^{m+1}$ 是弱可微函数, 并且满足

$$\begin{cases}(1+x)^nX_j(x)\in L^1([0,\infty))\cap L^\infty([0,\infty)),\\ (1+x)^nX_j'(x)\in L^1([0,\infty)),\end{cases}\quad j=1,\cdots,m+1.\tag{4.39}$$

证明 根据前面的假设 (4.37), 可知

$$\begin{cases}|u_0^{(i)}(x)| \leqslant \dfrac{C}{(1+x)^n}, & i=0,1,\cdots,m+1,\\ |u_1^{(i)}(x)| \leqslant \dfrac{C}{(1+x)^n}, & i=0,1,\cdots,m,\end{cases} \quad x \geqslant 0. \tag{4.40}$$

事实上, 如果 $i=0,1,\cdots,m+1$ 及 $x \geqslant 0$, 那么

$$\begin{aligned}\left|(1+x)^n u_0^{(i)}(x)\right| \leqslant &\, |u_0^{(i)}(0)| \\ &+ \int_0^x \left|n(1+x')^{n-1}u_0^{(i)}(x') + (1+x')^n u_0^{(i+1)}(x')\right| dx' < C,\end{aligned} \tag{4.41}$$

$u_1^{(i)}$ 的证明则是类似的.

我们用 S_j 表示如下命题:

$$\begin{cases}(1+x)^n \partial^i X_j^{(o)} \in L^1([0,\infty)), & \text{对于 } i=0,1,\cdots,m+2-j,\\ (1+x)^n \partial^i X_j^{(d)} \in L^1([0,\infty)), & \text{对于 } i=0,1,\cdots,m+3-j.\end{cases}$$

利用 (4.37) 式和 (4.40) 式,

$$\lim_{x\to\infty}(1+x)^{n+1}\int_x^\infty [(u_{0x}(x') + u_1(x'))^2 + |\cos u_0(x') - 1|]dx' = 0,$$

从而, 通过分部积分可以得到

$$\|(1+x)^n X_1^{(d)}\|_{L^1([0,\infty))} < \infty. \tag{4.42}$$

函数 X_1 的表达式 (4.34) 和 (4.42) 的有界性就能推得 S_1 成立. 假设 $1 \leqslant j \leqslant m$, 关系式 (4.32) 和类似的估计式就可以证明 S_j 也是成立的. 这也就意味着系数 $\{X_j\}_1^{m+1}$ 是弱可微函数, 对于 $i=0,1$ 和 $j=1,\cdots,m+1$, 系数 $X_j(x)$ 满足 $(1+x)^n\partial^i X_j(x) \in L^1([0,\infty))$. 而 $(1+x)^n X_j(x)$ 的有界性可以由类似于估计式 (4.41) 获得. □

引理 4.3.5 *存在一个常数 $K>1$ 使得 $X_p(x,k)^{-1}$ 在 $|k| \geqslant K$ 这个区域上存在. 而且, 设 $A := -i\theta_1\sigma_3 + \mathsf{U}$ 及*

$$A_p(x,k) := \big(\partial_x X_p(x,k) - i\theta_1 X_p(x,k)\sigma_3\big)X_p(x,k)^{-1}, \quad x \geqslant 0,\ |k| \geqslant K, \tag{4.43}$$

那么差 $\Delta(x,k) := A(x,k) - A_p(x,k)$ 满足如下表达式

$$\left|\partial_k^j \Delta(x,k)\right| \leqslant \frac{Cf(x)}{|k|^{m+1}(1+x)^n}, \quad x \geqslant 0,\ |k| \geqslant K,\ j=0,1,\cdots,n, \tag{4.44}$$

这里函数 f 是 $L^1([0,\infty))$ 的. 特别地,

$$\|\partial_k^j \Delta(\cdot,k)\|_{L^1([x,\infty))} \leqslant \frac{C}{|k|^{m+1}(1+x)^n}, \quad x \geqslant 0,\ |k| \geqslant K,\ j=0,1,\cdots,n. \tag{4.45}$$

证明 通过引理 4.3.4, 存在一个有界函数 $g \in L^1([0,\infty))$, 使得

$$|X_j(x)| \leqslant \frac{g(x)}{(m+1)(1+x)^n}, \quad x \geqslant 0,\ j=1,\cdots,m+1. \tag{4.46}$$

特别地,

$$\left|\sum_{j=1}^{m+1} \frac{X_j(x)}{k^j}\right| \leqslant \frac{g(x)}{|k|(1+x)^n}, \quad x \geqslant 0,\ |k| \geqslant 1.$$

取 $K > \max(1, \|g\|_{L^\infty([0,\infty))})$. 那么当 $|k| \geqslant K$ 时, $X_p(x,k)^{-1}$ 存在且可以表示为一个绝对且一致收敛的 Neumann 级数,

$$X_p(x,k)^{-1} = \sum_{l=0}^{\infty}\left(-\sum_{j=1}^{m+1}\frac{X_j(x)}{k^j}\right)^l, \quad x \geqslant 0,\ |k| \geqslant K.$$

此外, 对于 $x \geqslant 0$ 及 $|k| \geqslant K$, 下面估计式成立

$$\left|\sum_{l=m+2}^{\infty}\left(-\sum_{j=1}^{m+1}\frac{X_j(x)}{k^j}\right)^l\right| \leqslant \sum_{l=m+2}^{\infty}\left(\frac{g(x)}{|k|(1+x)^n}\right)^l \leqslant \frac{Cg(x)}{|k|^{m+2}(1+x)^n}, \tag{4.47}$$

下面, 设 $\Phi_0(x) + \dfrac{\Phi_1(x)}{k} + \dfrac{\Phi_2(x)}{k^2} + \cdots$ 是函数 $X_p(x,k)^{-1}$ 在 $k \to \infty$ 时的标准级数展开式, 即

$$\begin{aligned}
&\Phi_0(x) = I, \quad \Phi_1(x) = -X_1(x), \quad \Phi_2(x) = X_1(x)^2 - X_2(x),\\
&\Phi_3(x) = X_1(x)X_2(x) + X_2(x)X_1(x) - X_1(x)^3 - X_3(x), \cdots.
\end{aligned}$$

根据方程 (4.46) 和不等式 (4.47), 可知函数

$$\mathcal{E}(x,k) = X_p(x,k)^{-1} - \sum_{j=0}^{m+1}\frac{\Phi_j(x)}{k^j}$$

满足如下估计式

$$|\mathcal{E}(x,k)| \leqslant \frac{Cg(x)}{|k|^{m+2}(1+x)^n}, \quad x \geqslant 0,\ |k| \geqslant K. \tag{4.48}$$

根据引理已知, $A_p(x,k)$ 由 (4.43) 给出. 因为 $X_{\mathcal{F}}$ 是方程 (4.15) 的一个标准解, 当 $k\to\infty$ 时, $\Delta=A-A_p$ 的标准展开式中, 当 $j\leqslant m$ 时, k^{-j} 的系数是趋于 0 的, 根据引理 4.3.4 和 (4.48),

$$\begin{aligned}|\Delta|&=\left|A-(\partial_x X_p-i\theta_1 X_p\sigma_3)\left(\sum_{j=0}^{m+1}\frac{\Phi_j}{k^j}+\mathcal{E}\right)\right|\\&\leqslant\frac{Cf(x)}{|k|^{m+1}(1+x)^n}+\left|(\partial_x X_p-i\theta_1 X_p\sigma_3)\mathcal{E}\right|\\&\leqslant\frac{Cf(x)}{|k|^{m+1}(1+x)^n},\quad x\geqslant 0,\ |k|\geqslant K,\end{aligned}$$

这里函数 f 是 $L^1([0,\infty))$ 的. 这就证明了 (4.44) 式在 $j=0$ 时的情况. 对 Δ 取 k 的导数, 利用上面类似的估计过程, 可以证明对于 $j=1,\cdots,n$, (4.44) 都成立. □

下面, 假设 $K>1$ 是一个来自引理 4.3.5 中的常数, 同时注意到当 $|k|\geqslant K$ 时, 估计式 (4.38) 也是成立的.

引理 4.3.6　*当 $j=0$ 时, $[X]_2$ 满足估计式 (4.38a).*

证明　首先, 函数 $X(x,k)$ 是方程 (4.15) 的解, 我们有如下计算

$$\begin{aligned}(X_p^{-1}X)_x&=-X_p^{-1}(\partial_x X_p)X_p^{-1}X+X_p^{-1}\partial_x X\\&=-X_p^{-1}(A_pX_p+i\theta_1X_p\sigma_3)X_p^{-1}X+X_p^{-1}(AX+i\theta_1X\sigma_3)\\&=X_p^{-1}\Delta X-i\theta_1[\sigma_3,X_p^{-1}X],\end{aligned}$$

从而

$$\left(e^{i\theta_1x\hat{\sigma}_3}(X_p^{-1}X)\right)_x=e^{i\theta_1x\hat{\sigma}_3}(X_p^{-1}\Delta X).$$

两边同时对 x 积分以及注意到当 $x\to\infty$ 时, $X\to I$, 可知, X 满足如下 Volterra 积分方程:

$$X(x,k)=X_p(x,k)-\int_x^{\infty}X_p(x,k)e^{i\theta_1(x'-x)\hat{\sigma}_3}(X_p^{-1}\Delta X)(x',k)dx'.\tag{4.49}$$

令 $\Psi=[X]_2$ 及 $\Psi_0(x,k)=[X_p(x,k)]_2$, 我们可以把 (4.49) 的第二列写成如下形式:

$$\Psi(x,k)=\Psi_0(x,k)-\int_x^{\infty}E(x,x',k)\Delta(x',k)\Psi(x',k)dx',\quad x\geqslant 0,\ k\in\bar{\mathbb{C}}_+^K,\tag{4.50}$$

这里

$$E(x,x',k)=X_p(x,k)\begin{pmatrix}e^{2i\theta_1(x'-x)}&0\\0&1\end{pmatrix}X_p(x',k)^{-1}.\tag{4.51}$$

当 $l \geqslant 1$ 时, 利用迭代关系定义函数 Ψ_l,

$$\Psi_{l+1}(x,k) = -\int_x^{\infty} E(x,x',k)\Delta(x',k)\Psi_l(x',k)dx', \quad x \geqslant 0,\ k \in \bar{\mathbb{C}}_+^K.$$

那么

$$\Psi_l(x,k) = (-1)^l \int_{x=x_{l+1}\leqslant x_l \leqslant \cdots \leqslant x_1 < \infty} \prod_{i=1}^{l} E(x_{i+1},x_i,k)\Delta(x_i,k)\Psi_0(x_1,k)dx_1\cdots dx_l. \tag{4.52}$$

根据估计式

$$|\partial_k^j E(x,x',k)| < C(1+|x'-x|)^j, \quad 0 \leqslant x \leqslant x' < \infty,\ k \in \bar{\mathbb{C}}_+^K, \tag{4.53}$$

及当 $j=0$ 时的 (4.45), 当 $x \geqslant 0$, $k \in \bar{\mathbb{C}}_+^K$, 以及当 $l = 1,2,\cdots$ 时, 函数 $\Psi_l(x,k)$ 有如下估计式:

$$\begin{aligned}
|\Psi_l(x,k)| &\leqslant C^l \int_{x\leqslant x_l \leqslant \cdots \leqslant x_1 < \infty} \prod_{i=1}^{l} |\Delta(x_i,k)||\Psi_0(x_1,k)|dx_1\cdots dx_l \\
&\leqslant \frac{C^l}{l!}\|\Psi_0(\cdot,k)\|_{L^\infty([x,\infty))}\|\Delta(\cdot,k)\|_{L^1([x,\infty))}^l \\
&\leqslant \frac{C^l}{l!}\|\Psi_0(\cdot,k)\|_{L^\infty([x,\infty))}\left(\frac{C}{|k|^{m+1}(1+x)^n}\right)^l.
\end{aligned} \tag{4.54}$$

即

$$|\Psi_l(x,k)| \leqslant \frac{C^l}{l!}\left(\frac{C}{|k|^{m+1}(1+x)^n}\right)^l, \quad x \geqslant 0,\ k \in \bar{\mathbb{C}}_+^K,\ l = 1,2,\cdots,$$

利用引理 4.3.4,

$$|\Psi_0(x,k)| < C, \quad x \geqslant 0,\ k \in \bar{\mathbb{C}}_+^K.$$

从而级数 $\sum_{l=0}^{\infty}\Psi_l(x,k)$ 在 $x \geqslant 0$ 及 $k \in \bar{\mathbb{C}}_+^K$ 时绝对且一致收敛于方程 (4.50) 的解 $\Psi(x,k)$. 由于

$$|\Psi(x,k) - \Psi_0(x,k)| \leqslant \sum_{l=1}^{\infty}|\Psi_l(x,k)| \leqslant \frac{C}{|k|^{m+1}(1+x)^n}, \quad x \geqslant 0,\ k \in \bar{\mathbb{C}}_+^K, \tag{4.55}$$

这就完成了该引理的证明. □

下面说明一般情况.

引理 4.3.7 对于每一个 $j = 1,\cdots,n$, $[X]_2$ 满足方程 (4.38a).

证明 令

$$\Lambda_0(x,k)=[\partial_k X_p(x,k)]_2-\int_x^{\infty}\frac{\partial}{\partial k}\big[E(x,x',k)\Delta(x',k)\big]\Psi(x',k)dx'. \tag{4.56}$$

对积分方程 (4.50) 两边同时关于 k 取导数, 可知, 当 k 在区域 $\bar{\mathbb{C}}_+^K$ 内部时, $\Lambda:=\partial_k\Psi$ 满足如下积分方程

$$\Lambda(x,k)=\Lambda_0(x,k)-\int_x^{\infty}E(x,x',k)\Delta(x',k)\Lambda(x',k)dx', \tag{4.57}$$

那么利用 (4.44), (4.53) 以及 $\partial_k\Psi$ 的 Cauchy 估计式可知, Λ 在定义域上是收敛的. 下面, 我们寻找方程 (4.57) 的形如 $\Lambda=\sum_{l=0}^{\infty}\Lambda_l$ 的解, 这里 Λ_l 是在 (4.52) 中, 把 $\{\Psi_l\}$ 替换为 $\{\Lambda_l\}$, 从而有

$$|\Lambda_l(x,k)|\leqslant\frac{C^l}{l!}\|\Lambda_0(\cdot,k)\|_{L^{\infty}([x,\infty))}\left(\frac{C}{|k|^{m+1}(1+x)^n}\right)^l,\quad x\geqslant 0,\ k\in\bar{\mathbb{C}}_+^K.$$

把 (4.44), (4.53) 和 (4.55) 代入 (4.56), 可得

$$|\Lambda_0(x,k)-[\partial_k X_p(x,k)]_2|\leqslant\frac{C}{|k|^{m+1}(1+x)^{n-1}},\quad x\geqslant 0,\ k\in\bar{\mathbb{C}}_+^K. \tag{4.58}$$

特别地, 在 $k\in\bar{\mathbb{C}}_+^K$ 及 $x\geqslant 0$ 时, $\|\Lambda_0(\cdot,k)\|_{L^{\infty}([x,\infty))}$ 是有界的. 从而, 在 $[0,\infty)\times\bar{\mathbb{C}}_+^K$ 上, 级数 $\sum_{l=0}^{\infty}\Lambda_l$ 一致收敛于方程 (4.57) 的解 Λ, 并且满足类似于 (4.55) 的估计式:

$$|\Lambda(x,k)-\Lambda_0(x,k)|\leqslant\frac{C}{|k|^{m+1}(1+x)^n},\quad x\geqslant 0,\ k\in\bar{\mathbb{C}}_+^K. \tag{4.59}$$

方程 (4.58) 和 (4.59) 就证明了 $j=1$ 时, $[X]_2=\Psi$ 满足方程 (4.38a).

利用归纳法可知, $\Lambda^{(j)}:=\partial_k^j\Psi$ 满足如下形式的积分方程

$$\Lambda^{(j)}(x,k)=\Lambda_{0,j}(x,k)-\int_x^{\infty}E(x,x',k)\Delta(x',k)\Lambda^{(j)}(x',k)dx',\quad j=1,\cdots,n,$$

这里

$$\left|\Lambda_{0,j}(x,k)-[\partial_k^j X_p(x,k)]_2\right|\leqslant\frac{C}{|k|^{m+1}(1+x)^{n-j}},\quad x\geqslant 0,\ k\in\bar{\mathbb{C}}_+^K.$$

若 $1\leqslant j\leqslant n$ 及 $x\geqslant 0$, 则 $\|\Lambda_{0,j}(\cdot,k)\|_{L^{\infty}([x,\infty))}$ 在 $k\in\bar{\mathbb{C}}_+^K$ 上是有界的; 并且相关的级数 $\Lambda^{(j)}=\sum_{l=0}^{\infty}\Lambda_l^{(j)}$ 在区域 $[0,\infty)\times\bar{\mathbb{C}}_+^K$ 上一致收敛到具有所需特殊性质的有界解. □

上面过程显示我们对特征函数 X 已经完成了定理的证明. 下面来考虑 $[Y]_2$.

引理 4.3.8 当 $x \geqslant 0$ 时, 弱可微函数 $\{Z_j(x), W_j(x)\}_1^{m+1}$ 具有如下性质

$$\begin{cases} Z_j, W_j \in L^\infty([0,\infty)), \\ Z_j', W_j' \in L^1([0,\infty)), \end{cases} \quad j = 1, \cdots, m+1. \tag{4.60}$$

证明 记 S_j 为命题

$$\begin{cases} \partial^i Z_j^{(o)} \in L^1([0,\infty)), & i = 1, \cdots, m+2-j, \\ \partial^i Z_j^{(d)} \in L^1([0,\infty)), & i = 1, \cdots, m+3-j \end{cases}$$

及 $\mathcal{S}_j$ 为命题

$$\begin{cases} \partial^i W_j^{(d)} \in L^1([0,\infty)), & i = 1, \cdots, m+2-j, \\ \partial^i W_j^{(o)} \in L^1([0,\infty)), & i = 1, \cdots, m+3-j, \end{cases}$$

对于 Z_1 和 W_1 分别利用表达式 (4.35) 和 (4.36), 可知, S_1 和 $\mathcal{S}_1$ 成立. 而关系式 (4.32) 和 (4.33) 说明 $\{S_j, \mathcal{S}_j\}_{j=1}^{m+1}$ 成立. 从而可以说明 $\{Z_j, W_j\}_1^{m+1}$ 是弱可微函数, 并且对于 $j = 1, \cdots, m+1$, Z_j', W_j' 都是 $L^1([0,\infty))$ 的. 从而通过积分手段, 当 $j = 1, \cdots, m+1$ 时, 我们就可以得到 Z_j, W_j 是 $L^\infty([0,\infty))$ 的. □

令

$$Y_p(x,k) = Z_p(x,k) + W_p(x,k) e^{2i\theta_1 x \sigma_3},$$

这里 Z_p 和 W_p 的定义如下:

$$Z_p(x,k) = I + \frac{Z_1(x)}{k} + \cdots + \frac{Z_{m+1}(x)}{k^{m+1}}, \quad W_p(x,k) = \frac{W_1(k)}{k} + \cdots + \frac{W_{m+1}(x)}{k^{m+1}}.$$

引理 4.3.9 存在一个常数 $K > 1$ 使得 $Z_p(x,k)^{-1}$ 和 $W_p(x,k)^{-1}$ 在区域 $k \in \mathbb{C}$ 且 $|k| \geqslant K$ 的区域上存在. 并且, 假设 $A := -i\theta_1\sigma_3 + \mathsf{U}$ 及

$$\begin{cases} A_{p,1}(x,k) := \big(\partial_x Z_p(x,k) - i\theta_1 Z_p(x,k)\sigma_3\big) Z_p(x,k)^{-1}, \\ A_{p,2}(x,k) := \big(\partial_x W_p(x,k) + i\theta_1 W_p(x,k)\sigma_3\big) W_p(x,k)^{-1}, \end{cases} \quad x \geqslant 0, \ |k| \geqslant K,$$

函数 $A(x,k)$ 与 $A_{p,l}(x,k)$ 之间的差

$$\Delta_l(x,k) := A(x,k) - A_{p,l}(x,k), \quad l = 1, 2$$

满足如下估计式

$$|\partial_k^j \Delta_l(x,k)| \leqslant \frac{C + f(x)}{|k|^{m+1}}, \quad x \geqslant 0, \ |k| \geqslant K, \ j = 0, 1, \cdots, n, \ l = 1, 2, \tag{4.61}$$

这里函数 f 是 $L^1([0,\infty))$ 的. 特别地,

$$\|\partial_k^j \Delta_l(\cdot,k)\|_{L^1([0,x])} \leqslant \frac{Cx}{|k|^{m+1}}, \quad x \geqslant 0,\ |k| \geqslant K,\ j=0,1,\cdots,n,\ l=1,2. \tag{4.62}$$

证明 这个引理的证明, 用到了引理 4.3.8 的结果, 且证明过程与引理 4.3.5 的证明类似, 在此略去. □

在下面的证明中, 我们使用常数 K, 都是使得引理 4.3.9 成立的 k.

引理 4.3.10 当 $x \geqslant 0$ 及 $|k| \geqslant K$ 时, 对于 $j=0,1,\cdots,n$, 我们有如下结论:

$$\left|\frac{\partial^j}{\partial k^j}\Big[Z_p(x,k)e^{-i\theta_1 x\hat{\sigma}_3}Z_p^{-1}(0,k) - Y_p(x,k)\Big]_2\right| \leqslant C(1+x)^j \frac{1+|e^{-2i\theta_1 x}|}{|k|^{m+2}}, \tag{4.63a}$$

$$\left|\frac{\partial^j}{\partial k^j}\Big[W_p(x,k)e^{i\theta_1 x\hat{\sigma}_3}W_p^{-1}(0,k) - Y_p(x,k)e^{-2i\theta_1 x\sigma_3}\Big]_2\right| \leqslant C(1+x)^j \frac{1+|e^{2i\theta_1 x}|}{|k|^{m+2}}. \tag{4.63b}$$

证明 首先, 引进记号

$$Y_{\mathcal{F}}(x,k) = Z_{\mathcal{F}}(x,k) + W_{\mathcal{F}}(x,k)e^{2i\theta_1 x\sigma_3},$$

这里

$$Z_{\mathcal{F}}(x,k) = I + \frac{Z_1(x)}{k} + \frac{Z_2(x)}{k^2} + \cdots, \quad W_{\mathcal{F}}(x,k) = \frac{W_1(x)}{k} + \frac{W_2(x)}{k^2} + \cdots.$$

那么, 当 $k \to \infty$ 时,

$$Z_{\mathcal{F}}(x,k)e^{-i\theta_1 x\hat{\sigma}_3}Z_{\mathcal{F}}^{-1}(0,k) = Y_{\mathcal{F}}(x,k) \tag{4.64}$$

可以标准地展开到 k 的任意阶. 事实上, (4.64) 两边都是方程 (4.15) 的标准级数解. 我们在 k^{-m-1} 项处截断 (4.64), 再利用引理 4.3.8, 以及估计式 $Z_p^{-1}(0,k)$ (这个估计式可以参照引理 4.3.5), 从而

$$Z_p(x,k)e^{-i\theta_1 x\hat{\sigma}_3}Z_p^{-1}(0,k) = Y_p(x,k) + O(k^{-m-2}) + O(k^{-m-2})e^{2i\theta_1 x\sigma_3}.$$

这就给出了 (4.63a) 在 $j=0$ 时的情况. 当 $|k| \geqslant K$ 时, 利用估计式 $|\partial_k e^{\pm 2i\theta_1 x}| \leqslant C|xe^{\pm 2i\theta_1 x}|$, 对于 $j \geqslant 1$, (4.63a) 都成立.

类似地, 可知

$$W_{\mathcal{F}}(x,k)e^{i\theta_1 x\hat{\sigma}_3}W_{\mathcal{F}}^{-1}(0,k) = Y_{\mathcal{F}}(x,k)e^{-2i\theta_1 x\sigma_3}$$

也是可以展开到 k 的任意阶并且也可以截断, 从而直接得到 (4.63b). □

引理 4.3.11 $[Y]_2$ 满足 (4.38b).

证明 我们知道, 特征函数 $Y(x,k)$ 是方程 (4.15) 的解, 那么经计算可得

$$\begin{aligned}(Z_p^{-1}Y)_x &= -Z_p^{-1}(\partial_x Z_p)Z_p^{-1}Y + Z_p^{-1}\partial_x Y\\ &= -Z_p^{-1}(A_{p,1}Z_p + i\theta_1 Z_p\sigma_3)Z_p^{-1}Y + Z_p^{-1}(AY + i\theta_1 Y\sigma_3)\\ &= Z_p^{-1}\Delta_1 Y - i\theta_1[\sigma_3, Z_p^{-1}Y].\end{aligned}$$

从而

$$\left(e^{i\theta_1 x\hat{\sigma}_3}(Z_p^{-1}Y)\right)_x = e^{i\theta_1 x\hat{\sigma}_3}(Z_p^{-1}\Delta_1 Y).$$

通过积分及注意到特征函数 $Y(x,k)$ 的初始条件 $Y(0,k) = I$, 可知, 特征函数 Y 满足如下 Volterra 积分方程:

$$\begin{aligned}Y(x,k) &= Z_p(x,k)e^{-i\theta_1 x\hat{\sigma}_3}Z_p^{-1}(0,k)\\ &\quad + \int_0^x Z_p(x,k)e^{-i\theta_1(x-x')\hat{\sigma}_3}(Z_p^{-1}\Delta_1 Y)(x',k)dx'.\end{aligned} \tag{4.65}$$

令 $\Psi = [Y]_2$ 及 $\Psi_0(x,k) = [Z_p(x,k)e^{-i\theta_1 x\hat{\sigma}_3}Z_p^{-1}(0,k)]_2$, 则我们可以把上式的第二列写为如下形式:

$$\Psi(x,k) = \Psi_0(x,k) + \int_0^x E(x,x',k)(\Delta_1\Psi)(x',k)dx', \tag{4.66}$$

这里

$$E(x,x',k) = Z_p(x,k)\begin{pmatrix} e^{-2i\theta_1(x-x')} & 0\\ 0 & 1\end{pmatrix}Z_p^{-1}(x',k).$$

我们找到一个解 $\Psi(x,k) = \sum_{l=0}^{\infty}\Psi_l(x,k)$, 其中

$$\Psi_l(x,k) = \int_{0\leqslant x_1\leqslant\cdots\leqslant x_l\leqslant x_{l+1}=x<\infty}\prod_{i=1}^{l}E(x_{i+1},x_i,k)\Delta_1(x_i,k)\Psi_0(x_1,k)dx_1\cdots dx_l.$$

根据估计式

$$|\partial_k^j E(x,x',k)| < C(1+|x'-x|)^j, \quad 0\leqslant x'\leqslant x<\infty,\ k\in\bar{\mathbb{C}}_-^K,\ j=0,1,\cdots,n \tag{4.67}$$

和

$$|\Psi_0(x,k)| \leqslant C, \quad x\geqslant 0,\ k\in\bar{\mathbb{C}}_-^K,$$

以及 (4.62), 可知

$$|\Psi_l(x,k)| \leqslant C^l\int_{0\leqslant x_1\leqslant\cdots\leqslant x_l\leqslant x<\infty}\prod_{i=1}^{l}|\Delta_1(x_i,k)||\Psi_0(x_1,k)|dx_1\cdots dx_l$$

$$\leqslant \frac{C^l}{l!}\|\Psi_0(\cdot,k)\|_{L^\infty([0,x])}\|\Delta_1(\cdot,k)\|^l_{L^1([0,x])}$$
$$\leqslant \frac{C^l}{l!}\left(\frac{Cx}{|k|^{m+1}}\right)^l, \quad x \geqslant 0,\ k \in \bar{\mathbb{C}}^K_-.$$

从而

$$|\Psi(x,k)-\Psi_0(x,k)| \leqslant \sum_{l=1}^{\infty}|\Psi_l(x,k)| \leqslant \frac{Cxe^{\frac{Cx}{|k|^{m+1}}}}{|k|^{m+1}}, \quad x \geqslant 0,\ k \in \bar{\mathbb{C}}^K_-. \tag{4.68}$$

方程 (4.63a) 和 (4.68) 就证明了当 $j=0$ 时, (4.38b) 第二列成立.

对方程 (4.66) 两边关于 k 取导数, 可知, 当 k 属于 $\bar{\mathbb{C}}^K_-$ 内部时, 函数 $\Lambda := \partial_k\Psi$ 满足如下关系式

$$\Lambda(x,k) = \Lambda_0(x,k) + \int_0^x E(x,x',k)\Delta_1(x',k)\Lambda(x',k)dx', \tag{4.69}$$

这里

$$\Lambda_0(x,k) = [\partial_k\Psi_0(x,k)]_2 + \int_0^x \frac{\partial}{\partial k}\big[E(x,x',k)\Delta_1(x',k)\big]\Psi(x',k)dx'. \tag{4.70}$$

我们寻找方程 (4.69) 具有形如 $\Lambda = \sum_{l=0}^{\infty}\Lambda_l$ 的解. 再经过上面的过程, 可知

$$|\Lambda_l(x,k)| \leqslant \frac{C^l}{l!}\|\Lambda_0(\cdot,k)\|_{L^\infty([0,x])}\left(\frac{Cx}{|k|^{m+1}}\right)^l, \quad x \geqslant 0,\ k \in \bar{\mathbb{C}}^K_-.$$

对于 (4.70), 利用 (4.18b), (4.61) 及 (4.67), 可得

$$\Big|\Lambda_0(x,k) - [\partial_k\Psi_0(x,k)]_2\Big| \leqslant \frac{C(1+x)^2}{|k|^{m+1}}, \quad x \geqslant 0,\ k \in \bar{\mathbb{C}}^K_-. \tag{4.71}$$

因而在 $[0,\infty)\times\bar{\mathbb{C}}^K_-$ 的紧子集上, 级数 $\sum_{l=0}^{\infty}\Lambda_l$ 是一致收敛到方程 (4.69) 的解 Λ 的, 并且 Λ 满足如下关系式

$$|\Lambda(x,k)-\Lambda_0(x,k)| \leqslant \frac{C(1+x)^2xe^{\frac{Cx}{|k|^{m+1}}}}{|k|^{m+1}}, \quad x \geqslant 0,\ k \in \bar{\mathbb{C}}^K_-. \tag{4.72}$$

方程 (4.63a), (4.71) 和 (4.72) 表明, 当 $j=1$ 时, $[Y]_2 = \Psi$ 满足方程 (4.38b). 根据归纳法, 我们可以获得当 $j=2,\cdots,n$ 时, $[Y]_2=\Psi$ 满足方程 (4.38b). □

引理 4.3.12 $[Y]_2$ 满足方程 (4.38c).

证明 令 $y(x,k) = Y(x,k)e^{-2i\theta_1 x\sigma_3}$. 那么 y 满足 $y_x = Ay - i\theta_1 y\sigma_3$. 从而

$$(W_p^{-1}y)_x = -W_p^{-1}(\partial_x W_p)W_p^{-1}y + W_p^{-1}\partial_x y$$

$$= -W_p^{-1}(A_{p,2}W_p - i\theta_1 W_p\sigma_3)W_p^{-1}y + W_p^{-1}(Ay - i\theta_1 y\sigma_3)$$
$$= W_p^{-1}\Delta_2 y + i\theta_1[\sigma_3, W_p^{-1}y]. \tag{4.73}$$

因此

$$\left(e^{-i\theta_1 x\hat{\sigma}_3}(W_p^{-1}y)\right)_x = e^{-i\theta_1 x\hat{\sigma}_3}(W_p^{-1}\Delta_2 y).$$

通过积分和注意到 $y(x,k)$ 的初始条件 $y(0,k)=I$, 可知, y 满足如下 Volterra 积分方程:

$$y(x,k)=W_p(x,k)e^{i\theta_1 x\hat{\sigma}_3}W_p^{-1}(0,k)+\int_0^x W_p(x,k)e^{-i\theta_1(x'-x)\hat{\sigma}_3}(W_p^{-1}\Delta_2 y)(x',k)dx'. \tag{4.74}$$

令 $\Psi=[y]_2$ 及 $\Psi_0(x,k)=[W_p(x,k)e^{i\theta_1 x\hat{\sigma}_3}W_p^{-1}(0,k)]_2$, 那么 (4.74) 的第二列可以写成如下形式:

$$\Psi(x,k)=\Psi_0(x,k)+\int_0^x E(x,x',k)(\Delta_2\Psi)(x',k)dx',$$

这里

$$E(x,x',k)=W_p(x,k)\begin{pmatrix} e^{-2i\theta_1(x'-x)} & 0 \\ 0 & 1 \end{pmatrix}W_p^{-1}(x',k).$$

类似于引理 4.3.11的证明过程, 根据估计式

$$|\partial_k^j E(x,x',k)| < C(1+|x'-x|)^j, \quad 0\leqslant x'\leqslant x<\infty,\ k\in\bar{\mathbb{C}}_+^K,\ j=0,1,\cdots,n$$

和

$$|\Psi_0(x,k)|\leqslant C, \quad x\geqslant 0,\ k\in\bar{\mathbb{C}}_+^K,$$

以及 (4.62), 可知

$$|\Psi(x,k)-\Psi_0(x,k)|\leqslant \frac{Cxe^{\frac{Cx}{|k|^{m+1}}}}{|k|^{m+1}}, \quad x\geqslant 0,\ k\in\bar{\mathbb{C}}_+^K. \tag{4.75}$$

方程 (4.63b) 和 (4.75) 可以证明当 $j=0$ 时, $[Y]_2$ 满足 (4.38c). 类似于引理 4.3.11的证明过程, 可以证明任给 $j=0,1,2,\cdots,n$, $[Y]_2$ 满足方程 (4.38c). □

从而就完成了定理 4.3.3 的证明. ■

4.3.2 特征函数在 $k\to 0$ 时的渐近表达

在 4.3.1 小节, 我们已经完成了特征函数 X 和 Y 在 $k\to\infty$ 时的渐近表达, 这一小节, 我们将讨论特征函数 X 和 Y 在 $k\to 0$ 时的渐近表达. 我们知道, $k=0$ 是矩阵函数 U 的一阶奇点. 从而积分方程 (4.16) 无法确定特征函数 X 和 Y 在

$k=0$ 附近的渐近表达. 从而我们需要引进新的特征函数 $\hat{X}$ 和 $\hat{Y}$, 形式如下, 通过 (4.7) 式, 定义辅助矩阵 $G_0(x)$:

$$G_0(x)=(-1)^{N_x}\begin{pmatrix}\cos\dfrac{u_0(x)}{2} & -\sin\dfrac{u_0(x)}{2}\\ \sin\dfrac{u_0(x)}{2} & \cos\dfrac{u_0(x)}{2}\end{pmatrix}, \tag{4.76}$$

这里, 因子 $(-1)^{N_x}$ 的引入主要是为了确保当 $x\to\infty$ 时, $G_0(x)\to I$. 假如 X 满足方程 (4.15), 那么 $\hat{X}=G_0^{-1}X$ 就满足

$$\hat{X}_x+i\theta_1[\sigma_3,\hat{X}]=\hat{\mathsf{U}}\hat{X}, \tag{4.77}$$

这里矩阵函数 $\hat{\mathsf{U}}$ 在 $k=0$ 处无奇性:

$$\hat{\mathsf{U}}(x,k)=G_0^{-1}(\mathsf{U}G_0-G_{0x})+i\theta_1(\sigma_3-G_0^{-1}\sigma_3G_0)=\hat{\mathsf{U}}_0(x)+k\hat{\mathsf{U}}_1(x)$$

及

$$\hat{\mathsf{U}}_0(x)=\frac{i(u_{0x}-u_1)}{4}\sigma_2,\quad \hat{\mathsf{U}}_1(x)=\frac{i\sin u_0}{4}\sigma_1-\frac{i(\cos u_0-1)}{4}\sigma_3.$$

这样, 就可以获得特征函数 X 和 Y 的另一种表达形式:

$$X(x,k)=G_0(x)\hat{X}(x,k),\quad Y(x,k)=G_0(x)\hat{Y}(x,k)e^{-i\theta_1x\hat{\sigma}_3}G_0^{-1}(0), \tag{4.78}$$

这里函数 $\hat{X}$ 和 $\hat{Y}$ 满足如下 Volterra 积分方程:

$$\hat{X}(x,k)=I+\int_{\infty}^{x}e^{i\theta_1(x'-x)\hat{\sigma}_3}(\hat{\mathsf{U}}\hat{X})(x',k)dx', \tag{4.79a}$$

$$\hat{Y}(x,k)=I+\int_{0}^{x}e^{i\theta_1(x'-x)\hat{\sigma}_3}(\hat{\mathsf{U}}\hat{Y})(x',k)dx'. \tag{4.79b}$$

如果对积分方程 (4.79) 应用获得估计式 (4.18) 的类似过程, 可知, 当 $x\geqslant 0$ 时, 对于 $j=0,1,\cdots,n$, 函数 $\hat{X}$ 与 $\hat{Y}$ 具有如下估计式:

$$\left|\frac{\partial^j}{\partial k^j}\big(\hat{X}(x,k)-I\big)\right|\leqslant\frac{C|k|^{-2j}}{(1+x)^{n-j}},\quad k\in(\bar{D}_3,\bar{D}_2)\setminus\{0\}, \tag{4.80a}$$

$$\left|\frac{\partial^j}{\partial k^j}\Big(\hat{Y}(x,k)-I\Big)\right|\leqslant C(1+x)^j|k|^{-2j},\quad k\in(\bar{D}_2,\bar{D}_3)\setminus\{0\}, \tag{4.80b}$$

$$\left|\frac{\partial^j}{\partial k^j}\Big((\hat{Y}(x,k)-I)e^{-2i\theta_1x\sigma_3}\Big)\right|\leqslant C(1+x)^j|k|^{-2j},\quad k\in(\bar{D}_3,\bar{D}_2)\setminus\{0\}. \tag{4.80c}$$

在 $k=0$ 附近, $\hat{X}$ 和 $\hat{Y}$ 可以得到更加精确的估计式. 事实上, 我们的下一个定理 (即定理 4.3.13) 将指出, 当 $k\to 0$ 时, 函数 $\hat{X}$ 和 $\hat{Y}$ 的渐近表达式可以从通

过考虑方程 (4.77) 的标准级数解来获得. 由于函数 X, Y 与函数 $\hat{X}, \hat{Y}$ 存在关系式 (4.78), 从而也就给出了特征函数 X, Y 当 $k \to 0$ 时的渐近表达式 (参见推论 4.3.23). 首先, 我们来寻找标准级数解.

方程 (4.77) 具有级数形式解 $\hat{X}_{\mathcal{F}}$ 和 $\hat{Y}_{\mathcal{F}}$, 这两个解在 $x=\infty$ 和 $x=0$ 时是趋于单位阵的, 并且

$$\begin{aligned}
&\hat{X}_{\mathcal{F}}(x,k) = I + \hat{X}_1(x)k + \hat{X}_2(x)k^2 + \cdots, \\
&\hat{Y}_{\mathcal{F}}(x,k) = I + \hat{Z}_1(x)k + \hat{Z}_2(x)k^2 + \cdots + \left(\hat{W}_1(x)k + \hat{W}_2(x)k^2 + \cdots\right)e^{2i\theta_1 x\sigma_3},
\end{aligned} \tag{4.81}$$

这里, 系数 $\{\hat{X}_j(x), \hat{Z}_j(x), \hat{W}_j(x)\}_1^\infty$ 满足

$$\lim_{x\to\infty} \hat{X}_j(x) = 0, \quad \hat{Z}_j(0) + \hat{W}_j(0) = 0, \quad j \geqslant 1. \tag{4.82}$$

事实上, 把展开式

$$\hat{X} = I + \hat{X}_1(x)k + \hat{X}_2(x)k^2 + \cdots$$

代入方程 (4.77) 中, 比较 $O(k^j)$ 项的反对角部分及 $O(k^{j+1})$ 项的对角部分, 可知

$$\begin{cases}
\hat{X}_{j+1}^{(o)} = 2i\sigma_3\left(-\partial_x \hat{X}_j^{(o)} - \dfrac{i}{2}\sigma_3 \hat{X}_{j-1}^{(o)} + \hat{\mathsf{U}}_0 \hat{X}_j^{(d)} + \hat{\mathsf{U}}_1^{(o)}\hat{X}_{j-1}^{(d)} + \hat{\mathsf{U}}_1^{(d)}\hat{X}_{j-1}^{(o)}\right), \\
\partial_x \hat{X}_{j+1}^{(d)} = \hat{\mathsf{U}}_0 \hat{X}_{j+1}^{(o)} + \hat{\mathsf{U}}_1^{(o)}\hat{X}_j^{(o)} + \hat{\mathsf{U}}_1^{(d)}\hat{X}_j^{(d)}.
\end{cases} \tag{4.83}$$

系数 $\{\hat{Z}_j\}$ 满足方程 (4.83), 这里方程 (4.83)里的 $\{\hat{X}_j\}$ 全部用 $\{\hat{Z}_j\}$ 来替换. 类似地, 把展开式

$$\hat{X} = \left(\hat{W}_1(x)k + \hat{W}_2(x)k^2 + \cdots\right)e^{2i\theta_1 x\sigma_3}$$

代入方程 (4.77), 比较 $O(k^j)$ 项的对角部分以及 $O(k^{j+1})$ 项的反对角部分, 可知

$$\begin{cases}
\hat{W}_{j+1}^{(d)} = 2i\sigma_3\left(-\partial_x \hat{W}_j^{(d)} - \dfrac{i}{2}\sigma_3 \hat{W}_{j-1}^{(d)} + \hat{\mathsf{U}}_0 \hat{W}_j^{(o)} + \hat{\mathsf{U}}_1^{(o)}\hat{W}_{j-1}^{(o)} + \hat{\mathsf{U}}_1^{(d)}\hat{W}_{j-1}^{(d)}\right), \\
\partial_x \hat{W}_{j+1}^{(o)} = \hat{\mathsf{U}}_0 \hat{W}_{j+1}^{(d)} + \hat{\mathsf{U}}_1^{(o)}\hat{W}_j^{(d)} + \hat{\mathsf{U}}_1^{(d)}\hat{W}_j^{(o)}.
\end{cases} \tag{4.84}$$

这里系数 $\{\hat{X}_j(x), \hat{Z}_j(x), \hat{W}_j(x)\}$ 可以用递推关系式 (4.82)—(4.84), 以及在 (4.83) 式中, 用 $\{\hat{Z}_j\}$ 来替换 $\{\hat{X}_j\}$ 所成的新方程, 以及初始条件

$$\hat{X}_{-1} = 0, \quad \hat{X}_0 = I, \quad \hat{Z}_{-1} = 0, \quad \hat{Z}_0 = I, \quad \hat{W}_{-1} = \hat{W}_0 = 0$$

来确定. 这些系数的前面几项可以具体表达如下:

$$\hat{X}_1(x) = \frac{i(u_{0x} - u_1)}{2}\sigma_1 + \sigma_3 \frac{i}{4}\int_\infty^x \left[\frac{(u_{0x} - u_1)^2}{2} + 1 - \cos u_0\right]dx',$$

$$\hat{X}_2(x)=i\left[u_{0xx}-u_{1x}+i\frac{u_{0x}-u_1}{2}(\hat{X}_1)_{22}-\frac{1}{2}\sin u_0\right]\sigma_2 \tag{4.85}$$
$$+I\int_{\infty}^{x}\left[\frac{i}{8}(2\cos u_0-2-(u_{0x}-u_1)^2)(\hat{X}_1)_{22}+\frac{u_{0x}-u_1}{4}(u_{1x}-u_{0xx})\right]dx',$$
$$\hat{Z}_1(x)=\frac{i(u_{0x}-u_1)}{2}\sigma_1+\sigma_3\frac{i}{4}\int_0^x\left[\frac{(u_{0x}-u_1)^2}{2}+1-\cos u_0\right]dx',$$
$$\hat{Z}_2(x)=i\left[u_{0xx}-u_{1x}+i\frac{u_{0x}-u_1}{2}(\hat{Z}_1)_{22}-\frac{\sin u_0}{2}\right]\sigma_2$$
$$+I\left\{\int_0^x\left[\frac{i}{8}(2\cos u_0-2-(u_{0x}-u_1)^2)(\hat{Z}_1)_{22}+\frac{u_{0x}-u_1}{4}(u_{1x}-u_{0xx})\right]dx'\right.$$
$$\left.-\frac{1}{4}(u_{0x}(0)-u_1(0))^2\right\} \tag{4.86}$$

和

$$\hat{W}_1(x)=-\frac{i(u_{0x}(0)-u_1(0))}{2}\sigma_1,$$
$$\hat{W}_2(x)=\frac{i}{2}(u_{0x}-u_1)(W_1)_{12}I$$
$$+\sigma_2\left\{\int_0^x\left[-\frac{1}{8}(u_{0x}-u_1)^2+\frac{1}{4}(\cos u_0-1)\right](W_1)_{12}dx'\right.$$
$$\left.-i\left[u_{0xx}(0)-u_{1x}(0)-\frac{\sin u_0(0)}{2}\right]\right\}.$$

下面我们就来描述当 $k\to 0$ 时, 函数 $\hat{X}$ 和 $\hat{Y}$ 的渐近表达式.

定理 4.3.13 (当 $k\to 0$ 时, 函数 $\hat{X}$ 和 $\hat{Y}$ 的渐近表达) 对于 $m\geqslant 1$, $n\geqslant 1$, 以及 $N_x\in\mathbb{Z}$ 为整数, 假设函数 $u_0(x)$ 和 $u_1(x)$ 满足 (4.37). 当 $k\to 0$ 时, 函数 $\hat{X}$ 和 $\hat{Y}$ 分别符合 m 阶的标准级数形式的解 $\hat{X}_{\mathcal{F}}$, $\hat{Y}_{\mathcal{F}}$, 也就是说

$$\hat{X}_p(x,k)=I+\hat{X}_1(x)k+\cdots+\hat{X}_{m+1}(x)k^{m+1},$$
$$\hat{Y}_p(x,k)=I+\hat{Z}_1(x)k+\cdots+\hat{Z}_{m+1}(x)k^{m+1}$$
$$+\left(\hat{W}_1(x)k+\cdots+\hat{W}_{m+1}(x)k^{m+1}\right)e^{2i\theta_1x\sigma_3},$$

对于每一个 $j=0,1,\cdots,n$, 函数 $\hat{X}_p(x,k)$ 和 $\hat{Y}_p(x,k)$ 是有意义的. 并且如下估计式在相应的区域上成立:

$$\left|\frac{\partial^j}{\partial k^j}(\hat{X}-\hat{X}_p)\right|\leqslant\frac{C|k|^{m+1-2j}}{(1+x)^{n-j}},\quad x\geqslant 0,\ k\in(\bar{D}_3,\bar{D}_2), \tag{4.87a}$$
$$\left|\frac{\partial^j}{\partial k^j}(\hat{Y}-\hat{Y}_p)\right|\leqslant C(1+x)^{j+2}|k|^{m+1-2j}e^{Cx|k|^{m+1}},\quad x\geqslant 0,\ k\in(\bar{D}_2,\bar{D}_3), \tag{4.87b}$$

$$\left|\frac{\partial^j}{\partial k^j}\big((\hat{Y}-\hat{Y}_p)e^{-2i\theta_1 x\sigma_3}\big)\right| \leqslant C(1+x)^{j+2}|k|^{m+1-2j}e^{Cx|k|^{m+1}}, \quad x\geqslant 0,\ k\in(\bar{D}_3,\bar{D}_2). \tag{4.87c}$$

证明 这个定理的证明是基于函数 $\hat{X}$ 和 $\hat{Y}$ 所满足的方程 (4.79), 证明的过程与定理 4.3.3 的证明过程类似. 但是, 由于指数 $e^{i\theta_1 x}$ 对 k 的导数 $\partial_k\theta_1 = \frac{1}{4}(1+k^{-2})$ 在 $k=0$ 处有奇性 (但可以看出在 $k=\infty$ 处是正规的), 从而在原点附近的分析比无穷远处的分析复杂. 下面我们也利用一系列的引理来证明该定理. 我们先考虑函数 $\hat{X}$ 的第二列 $[\hat{X}]_2$.

引理 4.3.14 当 $x\geqslant 0$ 时, $\{\hat{X}_j(x)\}_1^{m+1}$ 是弱可微函数, 并且满足

$$\begin{cases}(1+x)^n\hat{X}_j(x)\in L^1([0,\infty))\cap L^\infty([0,\infty)),\\ (1+x)^n\hat{X}_j'(x)\in L^1([0,\infty)),\end{cases} \quad j=1,\cdots,m+1. \tag{4.88}$$

证明 这个引理的证明与引理 4.3.4 的证明完全类似, 在此略去. □

引理 4.3.15 存在一个常数 $K<1$ 使得 $\hat{X}_p(x,k)^{-1}$ 在区域 $|k|\leqslant K$ 上存在. 并且, 令 $\hat{A} := -i\theta_1\sigma_3+\hat{\mathrm{U}}$ 及

$$\hat{A}_p(x,k) := \big(\partial_x\hat{X}_p(x,k)-i\theta_1\hat{X}_p(x,k)\sigma_3\big)\hat{X}_p(x,k)^{-1}, \quad x\geqslant 0,\ |k|\leqslant K, \tag{4.89}$$

那么函数 $\hat{A}(x,k)$ 与 $\hat{A}_p(x,k)$ 的差 $\hat{\Delta}(x,k) := \hat{A}(x,k)-\hat{A}_p(x,k)$ 满足如下表达式

$$|\partial_k^j\hat{\Delta}(x,k)| \leqslant \frac{f(x)|k|^{m+1-j}}{(1+x)^n}, \quad x\geqslant 0,\ |k|\leqslant K,\ j=0,1,\cdots,n, \tag{4.90}$$

这里函数 f 是 $L^1([0,\infty))$ 的. 特别地,

$$\|\partial_k^j\hat{\Delta}(\cdot,k)\|_{L^1([x,\infty))} \leqslant \frac{C|k|^{m+1-j}}{(1+x)^n}, \quad x\geqslant 0,\ |k|\leqslant K,\ j=0,1,\cdots,n. \tag{4.91}$$

证明 通过引理 4.3.14, 存在一个有界函数 $g\in L^1([0,\infty))$ 使得

$$|\hat{X}_j(x)| \leqslant \frac{g(x)}{(m+1)(1+x)^n}, \quad x\geqslant 0,\ j=1,\cdots,m+1. \tag{4.92}$$

特别地,

$$\left|\sum_{j=1}^{m+1}\hat{X}_j(x)k^j\right| \leqslant \frac{g(x)|k|}{(1+x)^n}, \quad x\geqslant 0,\ |k|\leqslant 1.$$

取 $K<\min(1,\|g\|^{-1}_{L^\infty([0,\infty))})$. 那么当 $|k|\leqslant K$ 时, $\hat{X}_p(x,k)^{-1}$ 存在且可以表示为一个绝对且一致收敛的 Neumann 级数:

$$\hat{X}_p(x,k)^{-1} = \sum_{l=0}^{\infty}\left(-\sum_{j=1}^{m+1}\hat{X}_j(x)k^j\right)^l, \quad x\geqslant 0,\ |k|\leqslant K.$$

此外, 对于 $x \geqslant 0$ 及 $|k| \leqslant K$ 时, 下面估计式成立

$$\left|\sum_{l=m+2}^{\infty}\left(-\sum_{j=1}^{m+1}\hat{X}_j(x)k^j\right)^l\right| \leqslant \sum_{l=m+2}^{\infty}\left(\frac{g(x)|k|}{(1+x)^n}\right)^l \leqslant \frac{Cg(x)|k|^{m+2}}{(1+x)^n}, \tag{4.93}$$

下面, 设 $\Phi_0(x)+\dfrac{\Phi_1(x)}{k}+\dfrac{\Phi_2(x)}{k^2}+\cdots$ 是函数 $\hat{X}_p(x,k)^{-1}$ 在 $k\to 0$ 时的标准级数展开式, 即

$$\begin{aligned}&\Phi_0(x)=I,\quad \Phi_1(x)=-\hat{X}_1(x),\quad \Phi_2(x)=\hat{X}_1(x)^2-\hat{X}_2(x),\\&\Phi_3(x)=\hat{X}_1(x)\hat{X}_2(x)+\hat{X}_2(x)\hat{X}_1(x)-\hat{X}_1(x)^3-\hat{X}_3(x),\cdots.\end{aligned}$$

根据不等式 (4.92) 和 (4.93), 可知函数

$$\mathcal{E}(x,k)=\hat{X}_p(x,k)^{-1}-\sum_{j=0}^{m+1}\Phi_j(x)k^j \tag{4.94}$$

满足如下关系式:

$$|\mathcal{E}(x,k)| \leqslant \frac{Cg(x)|k|^{m+2}}{(1+x)^n},\quad x\geqslant 0,\ |k|\leqslant K. \tag{4.95}$$

根据引理已知, $\hat{A}_p(x,k)$ 由 (4.89) 式给出. 由于 $\hat{X}_{\mathcal{F}}$ 是方程 (4.77) 的一个标准级数解, 当 $k\to 0$ 时, 在 $\hat{\Delta}=\hat{A}-\hat{A}_p$ 的标准展开式中, 当 $j\leqslant m$ 时, k^j 的系数时趋于 0 的, 从而, 根据引理 4.3.14 和 (4.95),

$$\begin{aligned}|\hat{\Delta}| &= \left|\hat{A}-(\partial_x\hat{X}_p-i\theta_1\hat{X}_p\sigma_3)\left(\sum_{j=0}^{m+1}\frac{\Phi_j}{k^j}+\mathcal{E}\right)\right|\\&\leqslant \frac{Cf(x)|k|^{m+1}}{(1+x)^n}+\left|(\partial_x\hat{X}_p-i\theta_1\hat{X}_p\sigma_3)\mathcal{E}\right|\\&\leqslant \frac{Cf(x)|k|^{m+1}}{(1+x)^n},\quad x\geqslant 0,\ |k|\leqslant K,\end{aligned} \tag{4.96}$$

这里函数 f 是 $L^1([0,\infty))$ 的. 这就证明了 (4.90) 在 $j=0$ 时的情况.

对 (4.94) 式两边关于 k 取微分, 可知

$$\partial_k\mathcal{E}=-\left(\sum_{j=0}^{m+1}\Phi_jk^j+\mathcal{E}\right)(\partial_k\hat{X}_p)\left(\sum_{j=0}^{m+1}\Phi_jk^j+\mathcal{E}\right)-\frac{\partial}{\partial k}\sum_{j=0}^{m+1}\Phi_j(x)k^j.$$

利用 (4.92) 和 (4.95), 可知

$$|\partial_k\mathcal{E}(x,k)| \leqslant \frac{Cg(x)|k|^{m+1}}{(1+x)^n},\quad x\geqslant 0,\ |k|\leqslant K. \tag{4.97}$$

当 $k \to 0$ 及 $j \leqslant m-1$ 时, $\partial_k \hat{\Delta}$ 的标准展开式中 k^j 的系数趋于 0. 因而, 利用 (4.95) 和 (4.97), (4.96) 可以得到如下估计式:

$$|\partial_k \hat{\Delta}| \leqslant \frac{Cf(x)|k|^m}{(1+x)^n}, \quad x \geqslant 0, \ |k| \leqslant K.$$

这就完成了 (4.90) 在 $j=1$ 时的情况. 以上过程很容易推广到 $j=2,\cdots,n$ 的情形. □

下面, 假设 $K<1$ 是一个使得引理 4.3.15 成立的常数, 同时注意到当 $|k| \leqslant K$ 时, 估计式 (4.87) 成立. 我们引进记号, $\bar{D}_j^K := (\bar{D}_j \setminus \{0\}) \cap \{|k| \leqslant K\}$, $j=2,3$.

引理 4.3.16 当 $j=0$ 时, $[\hat{X}]_2$ 满足估计式 (4.87a).

证明 类似于 (4.49), 可知, 函数 $\hat{X}$ 满足下面的 Volterra 积分方程

$$\hat{X}(x,k) = \hat{X}_p(x,k) - \int_x^{\infty} \hat{X}_p(x,k) e^{i\theta_1(x'-x)\hat{\sigma}_3} (\hat{X}_p^{-1} \hat{\Delta} \hat{X})(x',k) dx'. \tag{4.98}$$

令 $\hat{\Psi} = [\hat{X}]_2$ 及 $\hat{\Psi}_0(x,k) = [\hat{X}_p(x,k)]_2$, 我们可以把 (4.98) 的第二列写成如下形式:

$$\hat{\Psi}(x,k) = \hat{\Psi}_0(x,k) - \int_x^{\infty} \hat{E}(x,x',k) \hat{\Delta}(x',k) \hat{\Psi}(x',k) dx', \quad x \geqslant 0, \ k \in \bar{D}_2^K, \tag{4.99}$$

这里

$$\hat{E}(x,x',k) = \hat{X}_p(x,k) \begin{pmatrix} e^{2i\theta_1(x'-x)} & 0 \\ 0 & 1 \end{pmatrix} \hat{X}_p(x',k)^{-1}. \tag{4.100}$$

当 $l \geqslant 1$ 时, 我们利用迭代关系式来定义函数 $\hat{\Psi}_l$,

$$\hat{\Psi}_{l+1}(x,k) = -\int_x^{\infty} \hat{E}(x,x',k) \hat{\Delta}(x',k) \hat{\Psi}_l(x',k) dx', \quad x \geqslant 0, \ k \in \bar{D}_2^K.$$

那么

$$\hat{\Psi}_l(x,k) = (-1)^l \int_{x=x_{l+1} \leqslant x_l \leqslant \cdots \leqslant x_1 < \infty} \prod_{i=1}^{l} \hat{E}(x_{i+1},x_i,k) \hat{\Delta}(x_i,k) \hat{\Psi}_0(x_1,k) dx_1 \cdots dx_l. \tag{4.101}$$

根据估计式

$$|\partial_k^j \hat{E}(x,x',k)| < C(1+|x'-x|)^j |k|^{-2j}, \quad 0 \leqslant x \leqslant x' < \infty, \ k \in \bar{D}_2^K, \tag{4.102}$$

及当 $j=0$ 时的 (4.91) 式, 当 $x \geqslant 0$, $k \in \bar{D}_2^K$, 以及 $l=1,2,\cdots$ 时, 函数 $\hat{\Psi}_l(x,k)$ 具有如下估计式:

$$|\hat{\Psi}_l(x,k)| \leqslant C^l \int_{x \leqslant x_l \leqslant \cdots \leqslant x_1 < \infty} \prod_{i=1}^{l} |\hat{\Delta}(x_i,k)| |\hat{\Psi}_0(x_1,k)| dx_1 \cdots dx_l$$

$$\leqslant \frac{C^l}{l!}\|\hat{\Psi}_0(\cdot,k)\|_{L^\infty([x,\infty))}\|\hat{\Delta}(\cdot,k)\|^l_{L^1([x,\infty))}$$
$$\leqslant \frac{C^l}{l!}\|\hat{\Psi}_0(\cdot,k)\|_{L^\infty([x,\infty))}\left(\frac{C|k|^{m+1}}{(1+x)^n}\right)^l. \tag{4.103}$$

即

$$|\hat{\Psi}_l(x,k)| \leqslant \frac{C^l}{l!}\left(\frac{C|k|^{m+1}}{(1+x)^n}\right)^l, \quad x\geqslant 0,\ k\in \bar{D}_2^K,\ l=1,2,\cdots,$$

利用引理 4.3.14,

$$|\hat{\Psi}_0(x,k)| < C, \quad x\geqslant 0,\ k\in\bar{D}_2. \tag{4.104}$$

从而级数 $\sum_{l=0}^{\infty}\hat{\Psi}_l(x,k)$ 在 $x\geqslant 0$ 及 $k\in\bar{D}_2^K$ 时绝对且一致收敛于方程 (4.99) 的解 $\hat{\Psi}=[\hat{X}]_2$. 因为

$$|\hat{\Psi}(x,k)-\hat{\Psi}_0(x,k)| \leqslant \sum_{l=1}^{\infty}|\hat{\Psi}_l(x,k)| \leqslant \frac{C|k|^{m+1}}{(1+x)^n}, \quad x\geqslant 0,\ k\in\bar{D}_2^K, \tag{4.105}$$

这就完成了该引理的证明. □

引理 4.3.17 对于一般情况, 即 $j=1,\cdots,n$ 时, $\hat{X}$ 的第二列也是满足 (4.87a).

证明 利用 (4.104) 和 (4.105), 可知当 $x\geqslant 0$ 及 $k\in\bar{D}_2^K$ 时, 我们有 $|\hat{\Psi}(x,k)|<C$. 令

$$\hat{\Lambda}_0(x,k) = [\partial_k\hat{X}_p(x,k)]_2 - \int_x^\infty \frac{\partial}{\partial k}\left[\hat{E}(x,x',k)\hat{\Delta}(x',k)\right]\hat{\Psi}(x',k)dx'. \tag{4.106}$$

对积分方程 (4.99) 两边关于 k 取导数, 可知, 当 k 在区域 $\bar{D}_2^K$ 的内部时, $\hat{\Lambda}:=\partial_k\hat{\Psi}$ 满足如下积分方程

$$\hat{\Lambda}(x,k) = \hat{\Lambda}_0(x,k) - \int_x^\infty \hat{E}(x,x',k)\hat{\Delta}(x',k)\hat{\Lambda}(x',k)dx'. \tag{4.107}$$

那么利用 (4.90), (4.102), 以及 $\partial_k\hat{\Psi}$ 的 Cauchy 估计式可知, $\hat{\Lambda}(x,k)$ 在定义域上的是收敛的. 下面, 我们来寻找方程 (4.107) 的形如 $\hat{\Lambda}=\sum_{l=0}^{\infty}\hat{\Lambda}_l$ 的解, 这里的 $\hat{\Lambda}_l$ 是在方程 (4.101) 中, 把 $\{\hat{\Psi}_l\}$ 替换为 $\{\hat{\Lambda}_l\}$, 从而有

$$|\hat{\Lambda}_l(x,k)| \leqslant \frac{C^l}{l!}\|\hat{\Lambda}_0(\cdot,k)\|_{L^\infty([x,\infty))}\left(\frac{C|k|^{m+1}}{(1+x)^n}\right)^l, \quad x\geqslant 0,\ k\in\bar{D}_2^K,\ l=1,2,\cdots.$$

把 (4.90) 和 (4.102) 代入 (4.106), 可得

$$|\hat{\Lambda}_0(x,k)-[\partial_k\hat{X}_p(x,k)]_2| \leqslant \frac{C|k|^{m-1}}{(1+x)^{n-1}}, \quad x\geqslant 0,\ k\in\bar{D}_2^K. \tag{4.108}$$

特别地, 当 $k\in\bar{D}_2^K$ 时, $\|\hat{\Lambda}_0(\cdot,k)\|_{L^\infty([0,\infty))}<C(1+|k|^{m-1})$. 从而在区域 $[0,\infty)\times\bar{D}_2^K$ 上, 级数 $\sum_{l=0}^{\infty}\hat{\Lambda}_l$ 绝对且一致收敛于方程 (4.107) 的解 $\hat{\Lambda}$, 并且这个解满足于类似于 (4.105) 式的估计式:

$$|\hat{\Lambda}(x,k)-\hat{\Lambda}_0(x,k)|\leqslant\frac{C|k|^{m+1}}{(1+x)^n},\quad x\geqslant0,\ k\in\bar{D}_2^K. \tag{4.109}$$

从而, 方程 (4.108) 和 (4.109) 就表明 $j=1$ 时, $[\hat{X}]_2=\hat{\Psi}$ 满足 (4.87a).

利用归纳法可知, $\hat{\Lambda}^{(j)}:=\partial_k^j\hat{\Psi}$ 满足如下形式的积分方程:

$$\hat{\Lambda}^{(j)}(x,k)=\hat{\Lambda}_{0,j}(x,k)-\int_x^\infty\hat{E}(x,x',k)\hat{\Delta}(x',k)\hat{\Lambda}^{(j)}(x',k)dx',\quad j=1,\cdots,n,$$

这里

$$\left|\hat{\Lambda}_{0,j}(x,k)-[\partial_k^j\hat{X}_p(x,k)]_2\right|\leqslant\frac{C|k|^{m+1-2j}}{(1+x)^{n-j}},\quad x\geqslant0,\ k\in\bar{D}_2^K. \tag{4.110}$$

特别地, 对于 $1\leqslant j\leqslant n$ 及 $k\in\bar{D}_2^K$, 则 $\|\hat{\Lambda}_{0,j}(\cdot,k)\|_{L^\infty([0,\infty))}<C(1+|k|^{m+1-2j})$. 从而相关的级数 $\hat{\Lambda}^{(j)}=\sum_{l=0}^{\infty}\hat{\Lambda}_l^{(j)}$ 在 $[0,\infty)\times\bar{D}_2^K$ 上一致收敛于一个具有如下性质的解:

$$\begin{aligned}|\hat{\Lambda}^{(j)}(x,k)-\hat{\Lambda}_{0,j}(x,k)|&\leqslant\sum_{l=1}^{\infty}|\hat{\Lambda}_l^{(j)}(x,k)|\leqslant\|\hat{\Lambda}_{0,j}(\cdot,k)\|_{L^\infty([x,\infty))}\frac{C|k|^{m+1}}{(1+x)^n}\\&\leqslant\frac{C|k|^{m+1-2j}}{(1+x)^n},\quad x\geqslant0,\ k\in\bar{D}_2^K,\ j=1,\cdots,n.\end{aligned} \tag{4.111}$$

从而方程 (4.110) 和 (4.111) 就显示, 当 $j=1,\cdots,n$ 时, $[\hat{X}]_2$ 都满足 (4.87a). □

即函数 $\hat{X}$ 满足定理 4.3.13 中所述的性质. 下面来考虑 $[\hat{Y}]_2$.

引理 4.3.18 当 $x\geqslant0$ 时, 系数 $\{\hat{Z}_j(x),\hat{W}_j(x)\}_1^{m+1}$ 是弱可微函数, 并且具有如下性质.

$$\begin{cases}\hat{Z}_j,\hat{W}_j\in L^\infty([0,\infty)),\\ \hat{Z}_j',\hat{W}_j'\in L^1([0,\infty)),\end{cases}\quad j=1,\cdots,m+1. \tag{4.112}$$

证明 这个引理的证明与引理 4.3.8 的证明类似, 在此省略. □

记

$$\hat{Y}_p(x,k)=\hat{Z}_p(x,k)+\hat{W}_p(x,k)e^{2i\theta_1x\sigma_3},$$

$\hat{Z}_p$ 和 $\hat{W}_p$ 的定义如下:

$$\begin{aligned}\hat{Z}_p(x,k)&=I+\hat{Z}_1(x)k+\cdots+\hat{Z}_{m+1}(x)k^{m+1},\\ \hat{W}_p(x,k)&=\hat{W}_1(k)k+\cdots+\hat{W}_{m+1}(x)k^{m+1}.\end{aligned}$$

引理 4.3.19 存在一个常数 $K>0$ 使得 $\hat{Z}_p(x,k)^{-1}$ 和 $\hat{W}_p(x,k)^{-1}$ 在区域 $|k|\leqslant K$ 上存在. 并且, 假设 $\hat{A}:=-i\theta_1\sigma_3+\hat{\mathrm{U}}$ 及

$$\begin{cases}\hat{A}_{p,1}(x,k):=\left(\partial_x\hat{Z}_p(x,k)-i\theta_1\hat{Z}_p(x,k)\sigma_3\right)\hat{Z}_p(x,k)^{-1},\\ \hat{A}_{p,2}(x,k):=\left(\partial_x\hat{W}_p(x,k)+i\theta_1\hat{W}_p(x,k)\sigma_3\right)\hat{W}_p(x,k)^{-1},\end{cases}\quad x\geqslant 0,\ |k|\leqslant K,$$

函数 $\hat{A}(x,k)$ 与 $\hat{A}_{p,l}(x,k)$ 的差

$$\hat{\Delta}_l(x,k):=\hat{A}(x,k)-\hat{A}_{p,l}(x,k),\quad l=1,2$$

满足如下估计式

$$|\partial_k^j\hat{\Delta}_l(x,k)|\leqslant(C+f(x))|k|^{m+1-j},\quad x\geqslant 0,\ |k|\leqslant K,\ j=0,1,\cdots,n,\ l=1,2,\tag{4.113}$$

这里函数 f 是 $L^1([0,\infty))$ 的. 特别地,

$$\|\partial_k^j\hat{\Delta}_l(\cdot,k)\|_{L^1([0,x])}\leqslant Cx|k|^{m+1-j},\qquad x\geqslant 0,\ |k|\leqslant K,\ j=0,1,\cdots,n,\ l=1,2.\tag{4.114}$$

证明 这个引理的证明主要用到了引理 4.3.18 的结论, 且证明过程与引理 4.3.15 的类似, 在此略去. □

在下面的证明中, 我们使用的 $K<1$ 都是使得引理 4.3.19 成立的常数.

引理 4.3.20 当 $x\geqslant 0$ 及 $|k|\leqslant K$ 时, 对于 $j=0,1,\cdots,n$, 我们有如下结论:

$$\begin{aligned}&\left|\frac{\partial^j}{\partial k^j}\left[\hat{Z}_p(x,k)e^{-i\theta_1x\hat{\sigma}_3}\hat{Z}_p^{-1}(0,k)-\hat{Y}_p(x,k)\right]_2\right|\\&\leqslant C(1+x)^j|k|^{m+2-2j}(1+|e^{-2i\theta_1x}|),\end{aligned}\tag{4.115a}$$

$$\begin{aligned}&\left|\frac{\partial^j}{\partial k^j}\left[\hat{W}_p(x,k)e^{i\theta_1x\hat{\sigma}_3}\hat{W}_p^{-1}(0,k)-\hat{Y}_p(x,k)e^{-2i\theta_1x\sigma_3}\right]_2\right|\\&\leqslant C(1+x)^j|k|^{m+2-2j}(1+|e^{2i\theta_1x}|).\end{aligned}\tag{4.115b}$$

证明 首先, 引进记号

$$\hat{Y}_{\mathcal{F}}(x,k)=\hat{Z}_{\mathcal{F}}(x,k)+\hat{W}_{\mathcal{F}}(x,k)e^{2i\theta_1x\sigma_3},$$

这里

$$\hat{Z}_{\mathcal{F}}(x,k)=I+\hat{Z}_1(x)k+\hat{Z}_2(x)k^2+\cdots,\quad\hat{W}_{\mathcal{F}}(x,k)=\hat{W}_1(x)k+\hat{W}_2(x)k^2+\cdots.$$

那么当 $k\to\infty$ 时,

$$\hat{Z}_{\mathcal{F}}(x,k)e^{-i\theta_1 x\hat{\sigma}_3}\hat{Z}_{\mathcal{F}}^{-1}(0,k)=\hat{Y}_{\mathcal{F}}(x,k) \tag{4.116}$$

可以标准地展开到 k 的任意阶. 事实上, 等式 (4.116) 两边都是方程 (4.77) 的标准级数解. 在 k^{m+1} 项处截断 (4.116) 式, 再利用引理 4.3.18, 以及函数 $\hat{Z}_p(0,k)$ 的逆 $\hat{Z}_p^{-1}(0,k)$ 的估计式 (这个估计式可以参照引理 4.3.15 的证明获得), 从而

$$\hat{Z}_p(x,k)e^{-i\theta_1 x\hat{\sigma}_3}\hat{Z}_p^{-1}(0,k)=\hat{Y}_p(x,k)+O(k^{m+2})+O(k^{m+2})e^{2i\theta_1 x\sigma_3}.$$

这就给出了 (4.115a) 在 $j=0$ 时的情况. 当 $|k|\leqslant K$ 时, 利用估计式 $|\partial_k e^{\pm 2i\theta_1 x}|\leqslant Cx|k|^{-2}|e^{\pm 2i\theta_1 x}|$ 可知, 对于 $j\geqslant 1$, (4.115a) 都成立.

类似地, 可知

$$\hat{W}_{\mathcal{F}}(x,k)e^{i\theta_1 x\hat{\sigma}_3}\hat{W}_{\mathcal{F}}^{-1}(0,k)=\hat{Y}_{\mathcal{F}}(x,k)e^{-2i\theta_1 x\sigma_3}$$

也可以展开到 k 的任意阶且可截断, 从而可以直接得到 (4.115b). □

引理 4.3.21 $[\hat{Y}]_2$ 满足 (4.87b).

证明 类似于获得 (4.65) 的过程, 可知, 函数 $\hat{Y}$ 满足如下 Volterra 积分方程:

$$\hat{Y}(x,k)=\hat{Z}_p(x,k)e^{-i\theta_1 x\hat{\sigma}_3}\hat{Z}_p^{-1}(0,k)+\int_0^x \hat{Z}_p(x,k)e^{-i\theta_1(x-x')\hat{\sigma}_3}(\hat{Z}_p^{-1}\hat{\Delta}_1\hat{Y})(x',k)dx'. \tag{4.117}$$

令 $\hat{\Psi}=[\hat{Y}]_2$ 及 $\hat{\Psi}_0(x,k)=[\hat{Z}_p(x,k)e^{-i\theta_1 x\hat{\sigma}_3}\hat{Z}_p^{-1}(0,k)]_2$, (4.117) 的第二列可以写成如下形式:

$$\hat{\Psi}(x,k)=\hat{\Psi}_0(x,k)+\int_0^x \hat{E}(x,x',k)(\hat{\Delta}_1\hat{\Psi})(x',k)dx',\quad x\geqslant 0,\ k\in\bar{D}_3^K, \tag{4.118}$$

这里

$$\hat{E}(x,x',k)=\hat{Z}_p(x,k)\begin{pmatrix} e^{-2i\theta_1(x-x')} & 0\\ 0 & 1\end{pmatrix}\hat{Z}_p^{-1}(x',k).$$

我们找到一个形式如下的解 $\hat{\Psi}(x,k)=\sum_{l=0}^{\infty}\hat{\Psi}_l(x,k)$, 这里

$$\hat{\Psi}_l(x,k)=\int_{0\leqslant x_1\leqslant\cdots\leqslant x_l\leqslant x_{l+1}=x<\infty}\prod_{i=1}^{l}\hat{E}(x_{i+1},x_i,k)\hat{\Delta}_1(x_i,k)\hat{\Psi}_0(x_1,k)dx_1\cdots dx_l.$$

根据估计式

$$|\partial_k^j\hat{E}(x,x',k)|<\frac{C(1+|x'-x|)^j}{|k|^{2j}},\quad 0\leqslant x'\leqslant x<\infty,\ k\in\bar{D}_3^K,\ j=0,1,\cdots,n \tag{4.119}$$

和

$$|\hat{\Psi}_0(x,k)| \leqslant C, \quad x \geqslant 0,\ k \in \bar{D}_3^K,$$

以及 (4.114), 可知

$$\begin{aligned}|\hat{\Psi}_l(x,k)| &\leqslant C^l \int_{0\leqslant x_1\leqslant\cdots\leqslant x_l\leqslant x<\infty} \prod_{i=1}^{l} |\hat{\Delta}_1(x_i,k)||\hat{\Psi}_0(x_1,k)|dx_1\cdots dx_l \\ &\leqslant \frac{C^l}{l!}\|\hat{\Psi}_0(\cdot,k)\|_{L^\infty([0,x])}\|\hat{\Delta}_1(\cdot,k)\|_{L^1([0,x])}^l \\ &\leqslant \frac{C^l}{l!}\big(Cx|k|^{m+1}\big)^l, \quad x\geqslant 0,\ k\in\bar{D}_3^K,\ l=1,2,\cdots.\end{aligned}$$

从而

$$|\hat{\Psi}(x,k)-\hat{\Psi}_0(x,k)| \leqslant \sum_{l=1}^{\infty}|\hat{\Psi}_l(x,k)| \leqslant Cx|k|^{m+1}e^{Cx|k|^{m+1}}, \quad x\geqslant 0,\ k\in\bar{D}_3^K. \tag{4.120}$$

(4.115a) 和 (4.120) 就证明了 (4.87b) 在 $j=0$ 时成立.

对等式 (4.118) 两边取 k 的导数, 可知, 当 k 在区域 $\bar{D}_3^K$ 的内部时, $\hat{\Lambda} := \partial_k\hat{\Psi}$ 满足

$$\hat{\Lambda}(x,k) = \hat{\Lambda}_0(x,k) + \int_0^x \hat{E}(x,x',k)\hat{\Delta}_1(x',k)\hat{\Lambda}(x',k)dx', \tag{4.121}$$

这里

$$\hat{\Lambda}_0(x,k) = \partial_k\hat{\Psi}_0(x,k) + \int_0^x \frac{\partial}{\partial k}\big[\hat{E}(x,x',k)\hat{\Delta}_1(x',k)\big]\hat{\Psi}(x',k)dx'. \tag{4.122}$$

寻找方程 (4.121) 的形如 $\hat{\Lambda}=\sum_{l=0}^{\infty}\hat{\Lambda}_l$ 的解, 重复上面的过程, 可得

$$|\hat{\Lambda}_l(x,k)| \leqslant \frac{C^l}{l!}\|\hat{\Lambda}_0(\cdot,k)\|_{L^\infty([0,x])}\big(Cx|k|^{m+1}\big)^l, \quad x\geqslant 0,\ k\in\bar{D}_3^K,\ l=1,2,\cdots.$$

把 (4.80b), (4.113) 和 (4.119) 代入 (4.122), 可得

$$\big|\hat{\Lambda}_0(x,k)-\partial_k\hat{\Psi}_0(x,k)\big| \leqslant C(1+x)^2|k|^{m-1}, \quad x\geqslant 0,\ k\in\bar{D}_3^K. \tag{4.123}$$

另一方面, 根据引理 4.3.18, 可知

$$\big|\partial_k^j[\hat{Y}_p(x,k)]_2\big| \leqslant C(1+x)^j|k|^{1-2j}, \quad x\geqslant 0,\ k\in\bar{D}_3,\ j=0,1,\cdots,n,$$

从而, 利用 (4.115a),

$$\big|\partial_k^j\hat{\Psi}_0(x,k)\big| \leqslant \big|\partial_k^j[\hat{Y}_p(x,k)]_2\big| + C(1+x)^j|k|^{m+2-2j}(1+|e^{-2i\theta_1 x}|)$$

$$\leqslant C(1+x)^j|k|^{1-2j}, \quad x\geqslant 0,\ k\in \bar{D}_3,\ j=0,1,\cdots,n.$$

那么 (4.123) 就给出了如下不等式:

$$\|\hat{\Lambda}_0(\cdot,k)\|_{L^\infty([0,x])}\leqslant C(1+x)|k|^{-1}+C(1+x)^2|k|^{m-1}, \quad x\geqslant 0,\ k\in \bar{D}_3^K.$$

这也就说明了 $\sum_{l=0}^{\infty}\hat{\Lambda}_l$ 在区域 $[0,\infty)\times \bar{D}_3^K$ 上的紧子集是绝对且一致收敛于 (4.121) 方程的解 $\hat{\Lambda}$, 并且解满足如下关系式:

$$\begin{aligned}|\hat{\Lambda}(x,k)-\hat{\Lambda}_0(x,k)|&\leqslant C\|\hat{\Lambda}_0(\cdot,k)\|_{L^\infty([0,x])}x|k|^{m+1}e^{Cx|k|^{m+1}}\\&\leqslant C(1+x)^2x|k|^m e^{Cx|k|^{m+1}}, \quad x\geqslant 0,\ k\in \bar{D}_3^K.\end{aligned} \tag{4.124}$$

方程 (4.115a), (4.123) 和 (4.124) 说明在 $j=1$ 时, $[\hat{Y}]_2=\hat{\Psi}$ 满足 (4.87b). 重复上面的过程, 可知, 当 $j=2,\cdots,n$ 时, (4.87b) 成立. 从而我们就证完了该引理.

□

引理 4.3.22 $[\hat{Y}]_2$ 满足 (4.87c).

证明 令 $\hat{y}(x,k)=\hat{Y}(x,k)e^{-2i\theta_1 x\sigma_3}$. 类似于 (4.73) 的计算, 可知, $\hat{y}$ 满足如下 Volterra 积分方程

$$\hat{y}(x,k)=\hat{W}_p(x,k)e^{i\theta_1 x\hat{\sigma}_3}\hat{W}_p^{-1}(0,k)+\int_0^x \hat{W}_p(x,k)e^{i\theta_1(x-x')\hat{\sigma}_3}(\hat{W}_p^{-1}\hat{\Delta}_2\hat{y})(x',k)dx'. \tag{4.125}$$

记 $\hat{\Psi}=[\hat{y}]_2$ 及 $\hat{\Psi}_0(x,k)=[\hat{W}_p(x,k)e^{i\theta_1 x\hat{\sigma}_3}\hat{W}_p^{-1}(0,k)]_2$, (4.125) 的第二列可以写成如下形式

$$\hat{\Psi}(x,k)=\hat{\Psi}_0(x,k)+\int_0^x \hat{E}(x,x',k)(\hat{\Delta}_2\hat{\Psi})(x',k)dx',$$

这里

$$\hat{E}(x,x',k)=\hat{W}_p(x,k)\begin{pmatrix}e^{2i\theta_1(x-x')} & 0\\ 0 & 1\end{pmatrix}\hat{W}_p^{-1}(x',k).$$

类似于引理 4.3.21, 根据估计式

$$|\partial_k^j\hat{E}(x,x',k)|<C(1+|x'-x|)^j|k|^{-2j}, \quad 0\leqslant x'\leqslant x<\infty,\ k\in \bar{D}_2^K,\ j=0,1,\cdots,n$$

和

$$|\hat{\Psi}_0(x,k)|\leqslant C, \quad x\geqslant 0,\ k\in \bar{D}_2^K,$$

以及 (4.114) 可得

$$|\hat{\Psi}(x,k)-\hat{\Psi}_0(x,k)|\leqslant Cx|k|^{m+1}e^{Cx|k|^{m+1}}, \quad x\geqslant 0,\ k\in \bar{D}_2^K. \tag{4.126}$$

方程 (4.115b) 和 (4.126) 就证明了 $[\hat{Y}]_2$ 满足 $j=0$ 时的方程 (4.87c). 重复类似于引理 4.3.21 的证明过程, 我们就可以得到, 当 $j=1,\cdots,n$, $[\hat{Y}]_2$ 满足 (4.87c).

从而就完成该定理的证明. ■

推论 4.3.23 (当 $k\to 0$ 时, 特征函数 X 和 Y 的渐近表达式) 对于给定的整数 $m\geqslant 1$, $n\geqslant 1$ 及 $N_x\in\mathbb{Z}$, 令 $u_0(x)$ 和 $u_1(x)$ 满足 (4.37).

那么当 $k\to 0$ 时, 特征函数 X 和 Y 分别符合 m 阶的级数形式解 $G_0\hat{X}_{\mathcal{F}}$ 和 $G_0\hat{Y}_{\mathcal{F}}e^{-i\theta_1 x\hat{\sigma}_3}G_0^{-1}(0)$, 即对于每一个 $j=0,1,\cdots,n$,

$$\left|\frac{\partial^j}{\partial k^j}(X-G_0\hat{X}_p)\right|\leqslant\frac{C|k|^{m+1-2j}}{(1+x)^{n-j}},\quad x\geqslant 0,\ k\in(\bar{D}_3,\bar{D}_2),\tag{4.127a}$$

$$\left|\frac{\partial^j}{\partial k^j}(Y-G_0\hat{Y}_pe^{-i\theta_1 x\hat{\sigma}_3}G_0^{-1}(0))\right|\leqslant C(1+x)^{j+2}|k|^{m+1-2j}e^{Cx|k|^{m+1}},$$
$$x\geqslant 0,\ k\in(\bar{D}_2,\bar{D}_3),\tag{4.127b}$$

$$\left|\frac{\partial^j}{\partial k^j}\Big((Y-G_0\hat{Y}_pe^{-i\theta_1 x\hat{\sigma}_3}G_0^{-1}(0))e^{-2i\theta_1 x\sigma_3}\Big)\right|\leqslant C(1+x)^{j+2}|k|^{m+1-2j}e^{Cx|k|^{m+1}},$$
$$x\geqslant 0,\ k\in(\bar{D}_3,\bar{D}_2),\tag{4.127c}$$

这里 $G_0(x)$ 的定义由 (4.76) 给出. 特别地, 对于 $x\geqslant 0$, 当 $k\in(\bar{\mathbb{C}}_-,\bar{\mathbb{C}}_+)$, 特征函数 $X(x,\cdot)$ 有界; $Y(x,\cdot)$ 则在 $k\in(\bar{\mathbb{C}}_+,\bar{\mathbb{C}}_-)$ 时有界.

证明 当 $j=0,1,\cdots,n$ 时, 根据估计式 (4.87a) 可知

$$\left|\frac{\partial^j}{\partial k^j}(X-G_0\hat{X}_p)\right|=\left|G_0\frac{\partial^j}{\partial k^j}(\hat{X}-\hat{X}_p)\right|\leqslant\frac{C|k|^{m+1-2j}}{(1+x)^{n-j}},\quad x\geqslant 0,\ k\in(\bar{D}_3,\bar{D}_2),$$

这就得到了 (4.127a). 另一方面, 利用 $Y=G_0(x)\hat{Y}e^{-i\theta_1 x\hat{\sigma}_3}G_0^{-1}(0)$, 可得

$$\begin{aligned}&[Y-G_0\hat{Y}_pe^{-i\theta_1 x\hat{\sigma}_3}G_0^{-1}(0)]_2=G_0[(\hat{Y}-\hat{Y}_p)e^{-i\theta_1 x\hat{\sigma}_3}G_0^{-1}(0)]_2\\&=(-1)^{N_x}G_0[\hat{Y}-\hat{Y}_p]_1e^{-2i\theta_1 x}\sin\frac{u_0(0)}{2}+(-1)^{N_x}G_0[\hat{Y}-\hat{Y}_p]_2\cos\frac{u_0(0)}{2}.\end{aligned}$$

利用 (4.87c) 及 (4.87b) 可以获得右边的第一项与第二项的估计式, 从而, 对于 $j=0,1,\cdots,n$,

$$\left|\frac{\partial^j}{\partial k^j}[Y-G_0\hat{Y}_pe^{-i\theta_1 x\hat{\sigma}_3}G_0^{-1}(0)]_2\right|\leqslant C(1+x)^{j+2}|k|^{m+1-2j}e^{Cx|k|^{m+1}},\quad x\geqslant 0,\ k\in\bar{D}_3,$$

从而就说明 (4.127b) 的第二列成立. 而 (4.127b) 剩下的一列和 (4.127c) 的两列都可以按照类似的方法获得.

对于 $k\in\bar{D}_2$, 有 $[G_0(x)\hat{X}_p]_2\leqslant C[\hat{X}_p]_2\leqslant C$ 成立, 从而 (4.127a) 说明 $[X]_2$ 在 $k\in\bar{D}_2$ 上有界 (这个结论来自 (4.80a)). 根据 (4.18a), 对于 $k\in\bar{\mathbb{C}}_+$, $[X]_2$ 有界. 另一方面, 由于 $\hat{Y}_p=\hat{Z}_p+\hat{W}_pe^{2i\theta_1x\sigma_3}$, 可知

$$
\begin{aligned}
(-1)^{N_x}[G_0\hat{Y}_pe^{-i\theta_1x\hat{\sigma}_3}G_0^{-1}(0)]_2&=G_0[\hat{Y}_p]_1e^{-2i\theta_1x}\sin\frac{u_0(0)}{2}+G_0[\hat{Y}_p]_2\cos\frac{u_0(0)}{2}\\
&=G_0\left([\hat{Z}_p]_1\sin\frac{u_0(0)}{2}+[\hat{W}_p]_2\cos\frac{u_0(0)}{2}\right)e^{-2i\theta_1x}\\
&\quad+G_0\left([\hat{W}_p]_1\sin\frac{u_0(0)}{2}+[\hat{Z}_p]_2\cos\frac{u_0(0)}{2}\right).
\end{aligned}
\tag{4.128}
$$

对于 $x\geqslant 0$ 及 $k\in\bar{D}_3$, 函数 $e^{-2i\theta_1x}$, $\hat{Z}_p$ 及 $\hat{W}_p$ 是有界的 (参见引理 4.3.18). 从而等式 (4.127b) 及 (4.128) 就说明, 当 $x\geqslant 0$ 及 $k\in\bar{D}_3$ 时, 特征函数 $Y(x,k)$ 的第二列 $[Y]_2$ 有界; 利用 (4.18b), 从而 $[Y]_2$ 在 $k\in\bar{\mathbb{C}}_-$ 上有界. 特征函数 $Y(x,k)$ 的第一列 $[Y]_1$ 和函数 $Ye^{-2i\theta_1x\sigma_3}$ 的两列可以通过类似的过程证明. ■

4.4 时间部分的谱分析

当 $x=0$ 时, 考虑 sine-Gordon 方程 Lax 对的时间部分:

$$
T_t+i\theta_2[\sigma_3,T]=\mathsf{V}T,\tag{4.129}
$$

这里 $\theta_2:=\theta_2(k)=\dfrac{1}{4}\left(k+\dfrac{1}{k}\right)$ 及 $\mathsf{V}(t,k)$ 由 (4.10) 给出,

$$
\mathsf{V}(t,k)=\mathsf{V}_0(t)+\frac{1}{k}\mathsf{V}_1(t),
$$

以及

$$
\mathsf{V}_0(t)=-\frac{i(g_1(t)+g_{0t}(t))}{4}\sigma_2,\quad \mathsf{V}_1(t)=-\frac{i\sin g_0(t)}{4}\sigma_1-\frac{i(\cos g_0(t)-1)}{4}\sigma_3.
$$

我们定义方程 (4.129) 的两个 2×2 的矩阵值解 $T(t,k)$ 和 $U(t,k)$, 这两个解也满足如下线性 Volterra 积分方程:

$$
T(t,k)=I+\int_\infty^t e^{i\theta_2(t'-t)\hat{\sigma}_3}(\mathsf{V}T)(t',k)dt',\tag{4.130a}
$$

$$
U(t,k)=I+\int_0^t e^{i\theta_2(t'-t)\hat{\sigma}_3}(\mathsf{V}U)(t',k)dt'.\tag{4.130b}
$$

引进记号: $D_+=D_1\cup D_3$ 及 $D_-=D_2\cup D_4$.

定理 4.4.1 (特征函数 T 和 U 的基本性质) 假设 $n \geqslant 1$ 及 $N_t \in \mathbb{Z}$ 是一个整数. 假设边界条件 $g_0, g_1 : [0,\infty) \to \mathbb{R}$ 满足如下条件:

$$(1+t)^n(|g_0 - 2\pi N_t| + |g_{0t}| + |g_1|) \in L^1([0,\infty)). \tag{4.131}$$

那么方程 (4.130) 唯一地定了方程 (4.129) 的两个 2×2 矩阵形式的解 T 和 U, 并且函数 T 和 U 具有如下性质:

(a) 函数 $T(t,k)$ 定义在 $t \geqslant 0$ 及 $k \in (\bar{D}_-, \bar{D}_+) \setminus \{0\}$ 上. 对于每一个 $k \in (\bar{D}_-, \bar{D}_+) \setminus \{0\}$, 函数 $T(\cdot,k)$ 都是弱可微且满足 (4.129).

(b) 函数 $U(t,k)$ 定义在 $t \geqslant 0$ 及 $k \in \mathbb{C} \setminus \{0\}$ 上的. 对于每一个 $k \in \mathbb{C} \setminus \{0\}$, $U(\cdot,k)$ 都是弱可微且满足 (4.129).

(c) 对于 $t \geqslant 0$, 函数 $T(t,\cdot)$ 在 $k \in (\bar{D}_-, \bar{D}_+) \setminus \{0\}$ 是连续的, 并且在 $k \in (D_-, D_+)$ 解析.

(d) 对于 $t \geqslant 0$, 函数 $U(t,\cdot)$ 在 $k \in \mathbb{C} \setminus \{0\}$ 上是解析的.

(e) 对于 $t \geqslant 0$ 及每一个 $j = 1, \cdots, n$, 偏导数 $\dfrac{\partial^j T}{\partial k^j}(t,\cdot)$ 可以连续到区域 $(\bar{D}_-, \bar{D}_+) \setminus \{0\}$.

(f) 对于 $t \geqslant 0$ 及 $j = 0, 1, \cdots, n$. 函数 T 和 U 满足如下估计式:

$$\left|\frac{\partial^j}{\partial k^j}(T(t,k) - I)\right| \leqslant \frac{C}{(1+t)^{n-j}}, \quad k \in (\bar{D}_4, \bar{D}_1), \tag{4.132a}$$

$$\left|\frac{\partial^j}{\partial k^j}\Big(U(t,k) - I\Big)\right| \leqslant C(1+t)^j, \quad k \in (\bar{D}_1, \bar{D}_4), \tag{4.132b}$$

$$\left|\frac{\partial^j}{\partial k^j}\Big((U(t,k) - I)e^{-2i\theta_2 t\sigma_3}\Big)\right| \leqslant C(1+t)^j, \quad k \in (\bar{D}_4, \bar{D}_1). \tag{4.132c}$$

(g) 对于 $t \geqslant 0$, $k \in (\bar{D}_+ \cap \bar{D}_-) \setminus \{0\}$, 函数 $T(t,k)$ 的行列式 $\det T(t,k) = 1$; 而对于 $t \geqslant 0$, $k \in \mathbb{C} \setminus \{0\}$, 函数 $U(t,k)$ 的行列式 $\det U(t,k) = 1$.

(h) 对于 $t \geqslant 0$, 特征函数 T 和 U 具有如下对称关系式:

$$\begin{aligned} T(t,k) &= \sigma_2 T(t,-k)\sigma_2 = \sigma_2\overline{T(t,\bar{k})}\sigma_2, \quad k \in (\bar{D}_-, \bar{D}_+) \setminus \{0\}, \\ U(t,k) &= \sigma_2 U(t,-k)\sigma_2 = \sigma_2\overline{U(t,\bar{k})}\sigma_2, \quad k \in \mathbb{C} \setminus \{0\}. \end{aligned}$$

证明 这个证明过程与定理 4.3.1 的过程类似, 在此略去. ■

4.4.1 特征函数在 $k \to \infty$ 时的渐近表达式

这一小节, 我们考虑特征函数 T 和 U 在 $k \to \infty$ 时的渐近表达式. 方程 (4.129) 具有标准幂级数形式的解 $T_{\mathcal{F}}$ 和 $U_{\mathcal{F}}$, 且 $T_{\mathcal{F}}$ 在 $t = \infty$ 处趋于单位阵, 而

函数 $U_{\mathcal{F}}$ 在 $t=0$ 处趋于单位矩阵, 并且使得

$$
\begin{aligned}
T_{\mathcal{F}}(t,k) &= I + \frac{T_1(t)}{k} + \frac{T_2(t)}{k^2} + \cdots, \\
U_{\mathcal{F}}(t,k) &= I + \frac{Z_1(t)}{k} + \frac{Z_2(t)}{k^2} + \cdots + \left(\frac{W_1(t)}{k} + \frac{W_2(t)}{k^2} + \cdots\right) e^{2i\theta_2 t\sigma_3},
\end{aligned}
$$

这里系数 $\{T_j(t), Z_j(t), W_j(t)\}_1^{\infty}$ 满足如下式子:

$$
\lim_{t\to\infty} T_j(t) = 0, \quad Z_j(0) + W_j(0) = 0, \quad j \geqslant 1. \tag{4.133}
$$

事实上, 把展开式

$$
T = I + \frac{T_1(t)}{k} + \frac{T_2(t)}{k^2} + \cdots
$$

代入方程 (4.129) 中, 比较 $O(k^{-j})$ 项的反对角部分及 $O(k^{-j-1})$ 项的对角部分, 可得

$$
\begin{cases}
T_{j+1}^{(o)} = -2i\sigma_3\left(-\partial_t T_j^{(o)} - \dfrac{i}{2}\sigma_3 T_{j-1}^{(o)} + \mathsf{V}_0 T_j^{(d)} + \mathsf{V}_1^{(o)} T_{j-1}^{(d)} + \mathsf{V}_1^{(d)} T_{j-1}^{(o)} \right), \\
\partial_t T_{j+1}^{(d)} = \mathsf{V}_0 T_{j+1}^{(o)} + \mathsf{V}_1^{(o)} T_j^{(o)} + \mathsf{V}_1^{(d)} T_j^{(d)}.
\end{cases} \tag{4.134}
$$

系数 $\{Z_j\}$ 满足方程 (4.134), 这里只需把方程 (4.134)中的 $\{T_j\}$ 用 $\{Z_j\}$ 来代替. 类似地, 把展开式

$$
T = \left(\frac{W_1(t)}{k} + \frac{W_2(t)}{k^2} + \cdots\right) e^{2i\theta_2 t\sigma_3}
$$

代入方程 (4.129), 比较 $O(k^{-j})$ 项的对角部分及 $O(k^{-j-1})$ 项的反对角部分, 可得

$$
\begin{cases}
W_{j+1}^{(d)} = -2i\sigma_3\left(-\partial_t W_j^{(d)} - \dfrac{i}{2}\sigma_3 W_{j-1}^{(d)} + \mathsf{V}_0 W_j^{(o)} + \mathsf{V}_1^{(o)} W_{j-1}^{(o)} + \mathsf{V}_1^{(d)} W_{j-1}^{(d)} \right), \\
\partial_t W_{j+1}^{(o)} = \mathsf{V}_0 W_{j+1}^{(d)} + \mathsf{V}_1^{(o)} W_j^{(d)} + \mathsf{V}_1^{(d)} W_j^{(o)}.
\end{cases} \tag{4.135}
$$

这里系数 $\{T_j(t), Z_j(t), W_j(t)\}$ 则由递推关系式 (4.133)—(4.135) 决定, 这些等式是由 (4.134) 式中 $\{Z_j\}$ 来代替 $\{T_j\}$ 所得到的, 并且初始部分如下:

$$
T_{-1} = 0, \quad T_0 = I, \quad Z_{-1} = 0, \quad Z_0 = I, \quad W_{-1} = W_0 = 0.
$$

最开始的部分系数如下所示:

$$
\begin{aligned}
T_1(t) &= \frac{i(g_1 + g_{0t})}{2}\sigma_1 - \sigma_3 \frac{i}{4}\int_{\infty}^{t} \left[\frac{(g_1 + g_{0t})^2}{2} + \cos g_0 - 1\right] dt', \\
T_2(t) &= i\left[-g_{0tt} - g_{1t} + \frac{i}{2}(g_1 + g_{0t})(T_1)_{22} - \frac{1}{2}\sin g_0 \right]\sigma_2
\end{aligned}
$$

$$
\begin{aligned}
&+I\int_{\infty}^{t}\left\{\frac{i}{4}\Big[\frac{(g_1+g_{0t})^2}{2}+\cos g_0-1\Big](T_1)_{22}-\frac{1}{4}(g_1+g_{0t})(g_{1t}+g_{0tt})\right\}dt',\\
Z_1(t)=&\frac{i(g_1+g_{0t})}{2}\sigma_1+\sigma_3\frac{i}{4}\int_0^t\left[\frac{(g_1+g_{0t})^2}{2}+\cos g_0-1\right]dt',\\
Z_2(t)=&\,i\left[-g_{0tt}-g_{1t}+\frac{i}{2}(g_1+g_{0t})(Z_1)_{22}-\frac{1}{2}\sin g_0\right]\sigma_2\\
&+I\left\{\int_0^t\left[\frac{i}{4}\Big[\frac{(g_1+g_{0t})^2}{2}+\cos g_0-1\Big](Z_1)_{22}-\frac{1}{4}(g_1+g_{0t})(g_{1t}+g_{0tt})\right]dt'\right.\\
&\left.-\frac{1}{4}(g_1(0)+g_{0t}(0))^2\right\}
\end{aligned}
$$

及

$$
\begin{aligned}
W_1(t)=&-\frac{i(g_1(0)+g_{0t}(0))}{2}\sigma_1,\\
W_2(t)=&\frac{i(g_1+g_{0t})}{2}(W_1)_{12}I+\sigma_2\left\{\int_0^t\frac{1}{4}\left[\frac{(g_1+g_{0t})^2}{2}+\cos g_0-1\right](W_1)_{12}dt'\right.\\
&\left.+i\left[g_{0tt}(0)+g_{1t}(0)+\frac{1}{2}\sin g_0(0)\right]\right\}.
\end{aligned}
$$

我们用下面的定理来描述当 $k\to\infty$ 时, 特征函数 T 和 U 的渐近表达式.

定理 4.4.2 (当 $k\to\infty$ 时, 特征函数 T 和 U 的渐近表达式) 令 $m\geqslant 1$, $n\geqslant 1$ 及 $N_t\in\mathbb{Z}$ 为整数, 假设 $g_0(t)$ 和 $g_1(t)$ 满足如下解析性和衰减性:

$$
\begin{cases}
(1+t)^n(g_0(t)-2\pi N_t)\in L^1([0,\infty)),\\
(1+t)^n\partial^i g_0(t)\in L^1([0,\infty)), \quad i=1,\cdots,m+2,\\
(1+t)^n\partial^i g_1(t)\in L^1([0,\infty)), \quad i=0,1,\cdots,m+1.
\end{cases}
\tag{4.136}
$$

当 $k\to\infty$ 时, 特征函数 T 和 U 分别符合 m 阶的标准级数形式的阶 $T_{\mathcal{F}}$ 和 $U_{\mathcal{F}}$, 也就是说

$$
\begin{aligned}
T_p(t,k)&:=I+\frac{T_1(t)}{k}+\cdots+\frac{T_{m+1}(t)}{k^{m+1}},\\
U_p(t,k)&=I+\frac{Z_1(t)}{k}+\cdots+\frac{Z_{m+1}(t)}{k^{m+1}}+\left(\frac{W_1(k)}{k}+\cdots+\frac{W_{m+1}(t)}{k^{m+1}}\right)e^{2i\theta_2 t\sigma_3},
\end{aligned}
$$

对于每一个 $j=0,1,\cdots,n$, 函数 $T_p(t,k)$ 和 $U_p(t,k)$ 是有意义的, 并且下面估计式在相应的区域上成立:

$$
\left|\frac{\partial^j}{\partial k^j}(T-T_p)\right|\leqslant\frac{C}{|k|^{m+1}(1+t)^{n-j}},\quad t\geqslant 0,\ k\in(\bar{D}_4,\bar{D}_1),
\tag{4.137a}
$$

$$\left|\frac{\partial^j}{\partial k^j}(U-U_p)\right| \leqslant \frac{C(1+t)^{j+2}e^{\frac{Ct}{|k|^{m+1}}}}{|k|^{m+1}}, \quad t\geqslant 0,\ k\in(\bar{D}_1,\bar{D}_4), \tag{4.137b}$$

$$\left|\frac{\partial^j}{\partial k^j}((U-U_p)e^{-2i\theta_2 t\sigma_3})\right| \leqslant \frac{C(1+t)^{j+2}e^{\frac{Ct}{|k|^{m+1}}}}{|k|^{m+1}}, \quad t\geqslant 0,\ k\in(\bar{D}_4,\bar{D}_1). \tag{4.137c}$$

证明 这个定理的证明与定理 4.3.3 的证明过程类似, 我们在此省略, 有兴趣的读者可以自行模仿完成证明. ■

4.4.2 特征函数在 $k\to 0$ 时的渐近表达式

现在来考虑特征函数 T 和 U 在 $k\to 0$ 时的渐近表达. 令

$$\mathcal{G}_0(t)=(-1)^{N_t}\begin{pmatrix}\cos\dfrac{g_0(t)}{2} & -\sin\dfrac{g_0(t)}{2}\\ \sin\dfrac{g_0(t)}{2} & \cos\dfrac{g_0(t)}{2}\end{pmatrix}, \tag{4.138}$$

这里因子 $(-1)^{N_t}$ 的引入是为了使得当 $t\to\infty$ 时, $\mathcal{G}_0(t)\to I$. 若 T 满足 (4.129), 那么 $\hat{T}=\mathcal{G}_0^{-1}T$ 满足如下等式

$$\hat{T}_t+i\theta_2[\sigma_3,\hat{T}]=\hat{\mathsf{V}}\hat{T}, \tag{4.139}$$

这里函数 $\hat{\mathsf{V}}$ 在 $k=0$ 是解析的:

$$\hat{\mathsf{V}}(t,k)=\hat{\mathsf{V}}_0(t)+k\hat{\mathsf{V}}_1(t)$$

及

$$\hat{\mathsf{V}}_0(t)=-\frac{i(g_1-g_{0t})}{4}\sigma_2, \quad \hat{\mathsf{V}}_1(t)=\frac{i\sin g_0}{4}\sigma_1-\frac{i(\cos g_0-1)}{4}\sigma_3.$$

这样, 就获得了特征函数 T 和 U 的另一种表示:

$$T(t,k)=\mathcal{G}_0(t)T(t,k), \quad U(t,k)=\mathcal{G}_0(t)\hat{U}(t,k)e^{-i\theta_2 t\hat{\sigma}_3}\mathcal{G}_0^{-1}(0), \tag{4.140}$$

这里 $\hat{T}$ 和 $\hat{U}$ 满足如下 Volterra 积分方程:

$$\hat{T}(t,k)=I+\int_\infty^t e^{i\theta_2(t'-t)\hat{\sigma}_3}(\hat{\mathsf{V}}\hat{T})(t',k)dt', \tag{4.141a}$$

$$\hat{U}(t,k)=I+\int_0^t e^{i\theta_2(t'-t)\hat{\sigma}_3}(\hat{\mathsf{V}}\hat{U})(t',k)dt'. \tag{4.141b}$$

方程 (4.139) 具有两个标准幂级数形式的解 $\hat{T}_{\mathcal{F}}$ 和 $\hat{U}_{\mathcal{F}}$, 其中, $\hat{T}_{\mathcal{F}}$ 在 $t=\infty$ 处趋于单位阵, 而函数 $\hat{U}_{\mathcal{F}}$ 则在 $t=0$ 处趋于单位阵, 并且

$$\hat{T}_{\mathcal{F}}(t,k)=I+\hat{T}_1(t)k+\hat{T}_2(t)k^2+\cdots,$$

$$\hat{U}_{\mathcal{F}}(t,k) = I + \hat{Z}_1(t)k + \hat{Z}_2(t)k^2 + \cdots + \big(\hat{W}_1(t)k + \hat{W}_2(t)k^2 + \cdots\big)e^{2i\theta_2 t\sigma_3},$$

这里系数 $\{\hat{T}_j(t), \hat{Z}_j(t), \hat{W}_j(t)\}_1^\infty$ 满足

$$\lim_{t\to\infty} \hat{T}_j(t) = 0, \quad \hat{Z}_j(0) + \hat{W}_j(0) = 0, \quad j \geqslant 1. \tag{4.142}$$

事实上, 把展开式

$$\hat{T} = I + \hat{T}_1(t)k + \hat{T}_2(t)k^2 + \cdots$$

代入 (4.139), 比较 $O(k^j)$ 的反对角部分以及 $O(k^{j+1})$ 项的对角部分, 可得如下关系式:

$$\begin{cases} \hat{T}_{j+1}^{(o)} = -2i\sigma_3\Big(-\partial_t\hat{T}_j^{(o)} - \dfrac{i}{2}\sigma_3\hat{T}_{j-1}^{(o)} + \hat{\mathrm{V}}_0\hat{T}_j^{(d)} + \hat{\mathrm{V}}_1^{(o)}\hat{T}_{j-1}^{(d)} + \hat{\mathrm{V}}_1^{(d)}\hat{T}_{j-1}^{(o)}\Big), \\ \partial_t\hat{T}_{j+1}^{(d)} = \hat{\mathrm{V}}_0\hat{T}_{j+1}^{(o)} + \hat{\mathrm{V}}_1^{(o)}\hat{T}_j^{(o)} + \hat{\mathrm{V}}_1^{(d)}\hat{T}_j^{(d)}. \end{cases} \tag{4.143}$$

系数 $\{\hat{Z}_j\}$ 满足方程 (4.143), 这里方程 (4.143) 中的 $\{\hat{T}_j\}$ 用 $\{\hat{Z}_j\}$ 来代替, 类似地, 把展开式

$$\hat{T} = \big(\hat{W}_1(t)k + \hat{W}_2(t)k^2 + \cdots\big)e^{2i\theta_2 t\sigma_3}$$

代入 (4.139), 比较 $O(k^j)$ 项的对角部分以及 $O(k^{j+1})$ 项的反对角部分, 可知

$$\begin{cases} \hat{W}_{j+1}^{(d)} = -2i\sigma_3\Big(-\partial_t\hat{W}_j^{(d)} - \dfrac{i}{2}\sigma_3\hat{W}_{j-1}^{(d)} + \hat{\mathrm{V}}_0\hat{W}_j^{(o)} + \hat{\mathrm{V}}_1^{(o)}\hat{W}_{j-1}^{(o)} + \hat{\mathrm{V}}_1^{(d)}\hat{W}_{j-1}^{(d)}\Big), \\ \partial_t\hat{W}_{j+1}^{(o)} = \hat{\mathrm{V}}_0\hat{W}_{j+1}^{(d)} + \hat{\mathrm{V}}_1^{(o)}\hat{W}_j^{(d)} + \hat{\mathrm{V}}_1^{(d)}\hat{T}_j^{(o)}. \end{cases} \tag{4.144}$$

系数 $\{\hat{T}_j(t), \hat{Z}_j(t), \hat{W}_j(t)\}$ 可由递推关系式 (4.142)—(4.144) 决定, 这些等式是由 (4.143) 式中 $\{\hat{Z}_j\}$ 来代替 $\{\hat{T}_j\}$ 所得到的, 并且初始部分如下:

$$\hat{T}_{-1} = 0, \quad \hat{T}_0 = I, \quad \hat{Z}_{-1} = 0, \quad \hat{Z}_0 = I, \quad \hat{W}_{-1} = \hat{W}_0 = 0.$$

最开始的部分系数如下所示:

$$\begin{aligned} \hat{T}_1(t) &= \frac{i(g_1 - g_{0t})}{2}\sigma_1 - \sigma_3\frac{i}{4}\int_\infty^t \left[\frac{(g_1 - g_{0t})^2}{2} + \cos g_0 - 1\right]dt', \\ \hat{T}_2(t) &= i\left[g_{0tt} - g_{1t} + \frac{i}{2}(g_1 - g_{0t})(\hat{T}_1)_{22} + \frac{1}{2}\sin g_0\right]\sigma_2 \\ &\quad + I\int_\infty^t \left\{\frac{i}{4}\left[\frac{(g_1 - g_{0t})^2}{2} + \cos g_0 - 1\right](\hat{T}_1)_{22} - \frac{1}{4}(g_1 - g_{0t})(g_{1t} - g_{0tt})\right\}dt', \\ \hat{Z}_1(t) &= \frac{i(g_1 - g_{0t})}{2}\sigma_1 - \sigma_3\frac{i}{4}\int_0^t \left[\frac{(g_1 - g_{0t})^2}{2} + \cos g_0 - 1\right]dt', \end{aligned}$$

$$\hat{Z}_2(t)=i\Big[g_{0tt}-g_{1t}+\frac{i}{2}(g_1-g_{0t})(\hat{Z}_1)_{22}+\frac{1}{2}\sin g_0\Big]\sigma_2$$
$$+I\bigg\{\int_0^t\bigg[\frac{i}{4}\Big[\frac{(g_1-g_{0t})^2}{2}+\cos g_0-1\Big](\hat{Z}_1)_{22}-\frac{1}{4}(g_1-g_{0t})(g_{1t}-g_{0tt})\bigg]dt'$$
$$-\frac{1}{4}(g_1(0)-g_{0t}(0))^2\bigg\}$$

及

$$\hat{W}_1(t)=-\frac{i(g_1(0)-g_{0t}(0))}{2}\sigma_1,$$
$$\hat{W}_2(t)=\frac{i(g_1-g_{0t})}{2}(\hat{W}_1)_{12}I+\sigma_2\bigg\{\int_0^t\frac{1}{4}\Big[\frac{(g_1-g_{0t})^2}{2}+\cos g_0-1\Big](\hat{W}_1)_{12}dt'$$
$$-i\Big[g_{0tt}(0)-g_{1t}(0)+\frac{1}{2}\sin g_0(0)\Big]\bigg\}.$$

定理 4.4.3 (当 $k\to 0$ 时, 函数 $\hat{T}$ 和 $\hat{U}$ 的渐近表达式) 当 $m\geqslant 1, n\geqslant 1$, 及 $N_t\in\mathbb{Z}$ 为某些整数时, 假设函数 $g_0(t)$ 和 $g_1(t)$ 满足 (4.136). 当 $k\to 0$ 时, $\hat{T}$ 和 $\hat{U}$ 分别具有 m 阶的标准级数形式的解 $\hat{T}_{\mathcal{F}}$ 和 $\hat{U}_{\mathcal{F}}$, 即

$$\hat{T}_p(t,k)=I+\hat{T}_1(t)k+\cdots+\hat{T}_{m+1}(t)k^{m+1},$$
$$\hat{U}_p(t,k)=I+\hat{Z}_1(t)k+\cdots+\hat{Z}_{m+1}(t)k^{m+1}$$
$$+\big(\hat{W}_1(t)k+\cdots+\hat{W}_{m+1}(t)k^{m+1}\big)e^{2i\theta_2 t\sigma_3},$$

对于每一个 $j=0,1,\cdots,n$, 函数 $\hat{T}_p(t,k)$ 和 $\hat{U}_p(t,k)$ 是有意义的:

$$\left|\frac{\partial^j}{\partial k^j}(\hat{T}-\hat{T}_p)\right|\leqslant\frac{C|k|^{m+1-2j}}{(1+t)^{n-j}},\quad t\geqslant 0,\ k\in(\bar{D}_2,\bar{D}_3),$$
$$\left|\frac{\partial^j}{\partial k^j}(\hat{U}-\hat{U}_p)\right|\leqslant C(1+t)^{j+2}|k|^{m+1-2j}e^{Ct|k|^{m+1}},\quad t\geqslant 0,\ k\in(\bar{D}_3,\bar{D}_2),$$
$$\left|\frac{\partial^j}{\partial k^j}\big((\hat{U}-\hat{U}_p)e^{-2i\theta_2 t\sigma_3}\big)\right|\leqslant C(1+t)^{j+2}|k|^{m+1-2j}e^{Ct|k|^{m+1}},\quad t\geqslant 0,\ k\in(\bar{D}_2,\bar{D}_3).$$

证明 这个定理的证明与定理 4.3.13 的证明类似, 在此略去, 感兴趣的读者可以自行验证. ■

推论 4.4.4 (当 $k\to 0$ 时, 函数 T 和 U 的渐近表达式) 对于整数 $m\geqslant 1$, $n\geqslant 1$ 及 $N_t\in\mathbb{Z}$, 假设函数 $g_0(t)$ 和 $g_1(t)$ 满足 (4.136).

当 $k\to 0$ 时, 函数 T 和 U 分别具有 m 阶的标准级数形式的解 $\mathcal{G}_0\hat{T}_{\mathcal{F}}$ 以及 $\mathcal{G}_0\hat{U}_{\mathcal{F}}e^{-i\theta_2 t\hat{\sigma}_3}\mathcal{G}_0^{-1}(0)$, 即对于 $j=0,1,\cdots,n$, 这两个解有如下估计式:

$$\left|\frac{\partial^j}{\partial k^j}(T-\mathcal{G}_0\hat{T}_p)\right|\leqslant\frac{C|k|^{m+1-2j}}{(1+t)^{n-j}},\quad t\geqslant 0,\ k\in(\bar{D}_2,\bar{D}_3),\tag{4.145a}$$

$$\left|\frac{\partial^j}{\partial k^j}\big(U-\mathcal{G}_0\hat{U}_p e^{-i\theta_2 t\hat{\sigma}_3}\mathcal{G}_0^{-1}(0)\big)\right| \leqslant C(1+t)^{j+2}|k|^{m+1-2j}e^{Ct|k|^{m+1}},$$

$$t\geqslant 0,\ k\in(\bar{D}_3,\bar{D}_2), \tag{4.145b}$$

$$\left|\frac{\partial^j}{\partial k^j}\Big(\big(U-\mathcal{G}_0\hat{U}_p e^{-i\theta_2 t\hat{\sigma}_3}\mathcal{G}_0^{-1}(0)\big)e^{-2i\theta_2 t\sigma_3}\Big)\right| \leqslant C(1+t)^{j+2}|k|^{m+1-2j}e^{Ct|k|^{m+1}},$$

$$t\geqslant 0,\ k\in(\bar{D}_2,\bar{D}_3), \tag{4.145c}$$

这里 $\mathcal{G}_0(t)$ 由 (4.138) 所定义. 特别地, 对于 $t\geqslant 0$, 当 $k\in(\bar{D}_-,\bar{D}_+)$ 时, 函数 $T(t,\cdot)$ 有界; 而函数 $U(t,\cdot)$ 在 $k\in(\bar{D}_+,\bar{D}_-)$ 上有界; 函数 $U(t,\cdot)e^{-2i\theta_2 t\sigma_3}$ 在 $k\in(\bar{D}_-,\bar{D}_+)$ 上有界.

证明 这个推论的证明与推论 4.3.23 的证明过程类似, 在此略去. ■

至此, 对于 sine-Gordon 方程的初边值问题, 利用非线性傅里叶变换, 给出了详细的时间部分与空间部分的谱分析. 详细给出了四个特征函数在相应区域上的性质、在奇点 $k=0$ 及 $k=\infty$ 处的渐近分析. 下面讨论谱函数的性质与在奇点处的渐近性质.

4.5 谱函数的性质与渐近分析

在本节中, 我们将建立谱函数 $a(k),b(k),A(k),B(k)$ 的一些性质.

定理 4.5.1 (谱函数 $a(k)$ 和 $b(k)$ 的基本性质) 对于某些整数 $m\geqslant 1$, $n\geqslant 1$ 及 $N_x\in\mathbb{Z}$, 假设函数 $\{u_0(x),u_1(x)\}$ 满足 (4.37). 那么等式 (4.13) 所定义的谱函数 $a(k)$ 和 $b(k)$ 具有如下性质:

(a) 函数 $a(k)$ 和 $b(k)$ 在区域 $\mathrm{Im}k>0$ 解析, 并且连续到 $\mathrm{Im}k>0$ 的边界, 即在区域 $\mathrm{Im}k\geqslant 0$ 上连续.

(b) 对于每一个 $j=1,\cdots,n$, 偏导数 $a^{(j)}(k)$ 和 $b^{(j)}(k)$ 在区域 $\bar{\mathbb{C}}_+\setminus\{0\}$ 有意义, 且在该区域上连续的.

(c) 对于每一个 $j=0,1,\cdots,n$, 存在复常数 $\{a_i,b_i,\hat{a}_i,\hat{b}_i\}_{i=1}^m$ 使得如下表达式成立:

$$\begin{pmatrix} b^{(j)}(k)\\ a^{(j)}(k)\end{pmatrix}=\begin{pmatrix}\dfrac{d^j}{dk^j}\left(\dfrac{b_1}{k}+\cdots+\dfrac{b_m}{k^m}\right)\\ \dfrac{d^j}{dk^j}\left(1+\dfrac{a_1}{k}+\cdots+\dfrac{a_m}{k^m}\right)\end{pmatrix}+O\left(\frac{1}{k^{m+1}}\right),\quad k\to\infty,\ \mathrm{Im}k\geqslant 0,$$

及

$$\begin{pmatrix} b^{(j)}(k) \\ a^{(j)}(k) \end{pmatrix} = G_0(0) \begin{pmatrix} \dfrac{d^j}{dk^j}(\hat{b}_1 k + \cdots + \hat{b}_m k^m) \\ \dfrac{d^j}{dk^j}(1 + \hat{a}_1 k + \cdots + \hat{a}_m k^m) \end{pmatrix} + O(k^{m+1-2j}), \quad k \to 0,\ \mathrm{Im}k \geqslant 0,$$

这里矩阵函数 $G_0(x)$ 的定义由 (4.76) 给出.

(d) 当 $\mathrm{Im}k \geqslant 0$ 时, $a(k) = \overline{a(-\bar{k})}$ 及 $b(k) = \overline{b(-\bar{k})}$.

(e) 对于 $k \in \mathbb{R}$, $|a(k)|^2 + |b(k)|^2 = 1$.

证明 利用定理 4.3.1, 定理 4.3.3 以及推论 4.3.23, 可以获得上述性质. ■

在 $x = 0$ 时, 计算系数 $X_j(x)$, 可以用初始值 $u_0(x)$ 和 $u_1(x)$ 给出定理 4.5.1中谱函数系数 $\{a_j, b_j\}$ 的精确表达式. 例如, 从 (4.34) 式, 我们可以得到如下表达式:

$$\begin{aligned} b_1 &= \frac{i(u_{0x}(0) + u_1(0))}{2}, \\ a_1 &= \frac{i}{4}\int_0^\infty \left(-\frac{(u_{0x} + u_1)^2}{2} + \cos u_0 - 1 \right) dx, \\ b_2 &= \left(-u_{0xx} - u_{1x} + \frac{i}{2}(u_{0x} + u_1)a_1 + \frac{\sin u_0}{2} \right)\bigg|_{x=0}. \end{aligned} \tag{4.146}$$

类似地, 在 $x = 0$, 计算系数 $\hat{X}_j(x)$ 时, 可以用初始值 $u_0(x)$ 和 $u_1(x)$ 给出定理 4.5.1 中谱函数系数 $\{\hat{a}_j, \hat{b}_j\}$ 的精确表达式:

$$\begin{aligned} \hat{b}_1 &= \frac{i(u_{0x}(0) - u_1(0))}{2}, \\ \hat{a}_1 &= \frac{i}{4}\int_0^\infty \left(\frac{(u_{0x} - u_1)^2}{2} + 1 - \cos u_0 \right) dx, \\ \hat{b}_2 &= \left(u_{0xx} - u_{1x} + \frac{i}{2}(u_{0x} - u_1)\hat{a}_1 - \frac{\sin u_0}{2} \right)\bigg|_{x=0}. \end{aligned} \tag{4.147}$$

定理 4.5.2 (谱函数 $A(k)$ 和 $B(k)$ 的基本性质) 对于某些整数 $m \geqslant 1, n \geqslant 1$ 及 $N_x \in \mathbb{Z}$, 假设函数 $\{g_0(t), g_1(t)\}$ 满足 (4.136), 那么等式 (4.13) 所定义的谱函数 $A(k)$ 和 $B(k)$ 具有如下性质:

(a) 谱函数 $A(k)$ 和 $B(k)$ 在区域 $k \in D_+$ 上解析, 并且连续到边界, 即在区域 $k \in \bar{D}_+$ 是连续的.

(b) 对于每一个 $j = 1, \cdots, n$, 谱函数的偏导数 $A^{(j)}(k)$ 和 $B^{(j)}(k)$ 在区域 $\bar{D}_+ \setminus \{0\}$ 上的是有意义且连续的.

(c) 对于每一个 $j = 0, 1, \cdots, n$, 存在复常数 $\{A_i, B_i, \hat{A}_i, \hat{B}_i\}_{i=1}^m$ 使得如下表达

式成立:

$$\begin{pmatrix} B^{(j)}(k) \\ A^{(j)}(k) \end{pmatrix} = \begin{pmatrix} \dfrac{d^j}{dk^j}\left(\dfrac{B_1}{k}+\cdots+\dfrac{B_m}{k^m}\right) \\ \dfrac{d^j}{dk^j}\left(1+\dfrac{A_1}{k}+\cdots+\dfrac{A_m}{k^m}\right) \end{pmatrix} + O\left(\frac{1}{k^{m+1}}\right), \quad k\to\infty,\ k\in\bar{D}_+$$

及

$$\begin{pmatrix} B^{(j)}(k) \\ A^{(j)}(k) \end{pmatrix} = \mathcal{G}_0(0) \begin{pmatrix} \dfrac{d^j}{dk^j}(\hat{B}_1 k+\cdots+\bar{B}_m k^m) \\ \dfrac{d^j}{dk^j}(1+\hat{A}_1 k+\cdots+\hat{A}_m k^m) \end{pmatrix} + O(k^{m+1-2j}), \quad k\to 0,\ k\in\bar{D}_+,$$

这里矩阵函数 $\mathcal{G}_0(t)$ 由 (4.138) 式给出.

(d) 当 $k\in\bar{D}_+$ 时, $A(k)=\overline{A(-\bar{k})}$ 及 $B(k)=\overline{B(-\bar{k})}$.

(e) 当 $k\in\mathbb{R}\cup\{|k|=1\}$ 时, $A(k)\overline{A(\bar{k})}+B(k)\overline{B(\bar{k})}=1$.

证明 利用定理 4.4.1, 定理 4.4.2 及推论 4.4.4, 可以获得上述性质. ■

在 $t=0$ 处, 计算系数 $T_j(t)$ 及 $\hat{T}_j(t)$ 时, 可用边值 $g_0(t)$ 和 $g_1(t)$ 给出定理 4.5.2 中谱函数系数 $\{A_j, B_j, \hat{A}_j, \hat{B}_j\}$ 的精确表达式, 最开始几项见如下表达式:

$$\begin{aligned} B_1 &= \frac{i(g_1(0)+g_{0t}(0))}{2}, \\ A_1 &= -\frac{i}{4}\int_0^\infty \left(\frac{(g_1+g_{0t})^2}{2}+\cos g_0 - 1\right)dt, \\ B_2 &= \left(-g_{0tt}-g_{1t}+\frac{i}{2}(g_1+g_{0t})A_1-\frac{\sin g_0}{2}\right)\bigg|_{t=0}, \end{aligned} \tag{4.148}$$

及

$$\begin{aligned} \hat{B}_1 &= \frac{i(g_1(0)-g_{0t}(0))}{2}, \\ \hat{A}_1 &= -\frac{i}{4}\int_0^\infty \left(\frac{(g_1-g_{0t})^2}{2}+\cos g_0 - 1\right)dt, \\ \hat{B}_2 &= \left(g_{0tt}-g_{1t}+\frac{i}{2}(g_1-g_{0t})\hat{A}_1+\frac{\sin g_0}{2}\right)\bigg|_{t=0}. \end{aligned} \tag{4.149}$$

本章最后一个结论是关于谱函数的组合, 由 (4.14) 所定义的函数 $c(k)$ 和 $d(k)$ 的性质及渐近表达. 注意到 (4.14), 可知

$$S(k)^{-1}s(k) = \begin{pmatrix} \overline{d(\bar{k})} & c(k) \\ -\overline{c(\bar{k})} & d(k) \end{pmatrix}, \quad k\in\mathbb{R}.$$

定义 4.5.3 如果下式都成立:

$$g_0(0)=u_0(0),\quad g_0'(0)=u_1(0),\quad g_1(0)=u_0'(0),\quad g_1'(0)=u_1'(0),$$
$$g_0''(0)-u_0''(0)+\sin u_0(0)=0,\quad g_1''(0)-u_0'''(0)+(\sin u_0)'(0)=0,$$
$$\cdots\cdots$$

那么称初值函数和边值函数 u_0,u_1,g_0,g_1 在 $x=t=0$ 时关于 sine-Gordon 方程 (4.1) m 阶相容.

定理 4.5.4 (函数 $c(k)$ 和 $d(k)$ 的基本性质) 对于某些整数 $m\geqslant 1$, $n\geqslant 1$, $N_x\in\mathbb{Z}$ 及 $N_t\in\mathbb{Z}$. 假设 $\{u_j(x),g_j(t)\}_0^1$ 满足 (4.37) 和 (4.136). 并且假设 $\{u_j(x),g_j(t)\}_0^1$ 在 $x=t=0$ 处是关于 sine-Gordon 方程 (4.1) 相容, 那么由 (4.14) 所定义的函数 $c(k)$ 和 $d(k)$ 具有如下的性质:

(a) 函数 $c(k)$ 在区域 $k\in D_1$ 解析, 且在 $k\in\bar{D}_1\cup\mathbb{R}$ 上连续.

(b) 函数 $d(k)$ 在区域 $k\in D_2$ 解析, 且在 $k\in\bar{D}_2\cup\mathbb{R}$ 上连续.

(c) 对于每一个 $j=1,\cdots n$, 偏导数 $c^{(j)}(k)$ 和 $d^{(j)}(k)$ 分别在 $(\bar{D}_1\cup\mathbb{R})\setminus\{0\}$ 和 $(\bar{D}_2\cup\mathbb{R})\setminus\{0\}$ 上连续.

(d) 对于每一个 $j=0,1,\cdots,n$, 存在复常数 $\{d_i,\hat{d}_i\}_{i=1}^m$ 使得如下表达式成立

$$c^{(j)}(k)=O\big(k^{-m-1}\big),\quad k\to\infty,\ k\in\bar{D}_1,\tag{4.150a}$$
$$d^{(j)}(k)=\frac{d^j}{dk^j}\left(1+\frac{d_1}{k}+\cdots+\frac{d_m}{k^m}\right)+O\big(k^{-m-1}\big),\quad |k|\to\infty,\ k\in\mathbb{R},\tag{4.150b}$$

及

$$c^{(j)}(k)=O\big(k^{m+1-2j}\big),\quad |k|\to 0,\ k\in\mathbb{R},\tag{4.150c}$$
$$d^{(j)}(k)=(-1)^{N_x-N_t}\frac{d^j}{dk^j}\big(1+\hat{d}_1k+\cdots+\hat{d}_mk^m\big)+O\big(k^{m+1-2j}\big),\quad k\to 0,\ k\in\bar{D}_2.\tag{4.150d}$$

(e) 当 $k\in\bar{D}_1\cup\mathbb{R}$ 时, $c(k)=\overline{c(-\bar{k})}$; 当 $k\in\bar{D}_2\cup\mathbb{R}$ 时, $d(k)=\overline{d(-\bar{k})}$.

(f) 当 $k\in\mathbb{R}$, $|c(k)|^2+|d(k)|^2=1$.

证明 这里, 我们只来证明 (4.150), 这是因为其他的性质可以完全利用定理 4.5.1 以及定理 4.5.2 获得.

对于某些整数 $m,n\geqslant 1$, 令函数 $\{u_j(x),g_j(t)\}_0^1$ 满足 (4.37) 和 (4.136), 并且函数 $\{u_j(x),g_j(t)\}_0^1$ 在 $x=t=0$ 处关于 sine-Gordon 方程 (4.1) 相容. 定义 $\hat{a},\hat{b},\hat{A},\hat{B}$,

$$\hat{s}(k)=\begin{pmatrix}\overline{\hat{a}(\bar{k})} & \hat{b}(k)\\ -\overline{\hat{b}(\bar{k})} & \hat{a}(k)\end{pmatrix},\quad \hat{S}(k)=\begin{pmatrix}\overline{\hat{A}(\bar{k})} & \hat{B}(k)\\ -\overline{\hat{B}(\bar{k})} & \hat{A}(k)\end{pmatrix},$$

这里 $\hat{s}(k) := \hat{X}(0,k)$ 及 $\hat{S}(k) := \hat{T}(0,k)$. 根据相容条件 $u_0(0) = g_0(0)$ 可得 $\mathcal{G}_0(0) = (-1)^{N_x-N_t}G_0(0)$, 这里矩阵函数 $G_0(x)$ 及 $\mathcal{G}_0(t)$ 分别由 (4.76) 和 (4.138) 给出. 得

$$S^{-1}s = (\mathcal{G}_0(0)\hat{S})^{-1}G_0(0)\hat{s} = (-1)^{N_x-N_t}\hat{S}^{-1}\hat{s},$$

从而有

$$\begin{aligned} c(k) &= (-1)^{N_x-N_t}\left[\hat{b}(k)\hat{A}(k) - \hat{B}(k)\hat{a}(k)\right], \\ d(k) &= (-1)^{N_x-N_t}\left[\hat{a}(k)\overline{\hat{A}(\bar{k})} + \hat{b}(k)\overline{\hat{B}(\bar{k})}\right]. \end{aligned}$$

当 $k \to 0$ 时, 利用估计式

$$\hat{b}(k) = O(k), \quad \hat{a}(k) = 1 + O(k), \quad \hat{B}(k) = O(k), \quad \hat{A}(k) = 1 + O(k),$$

可得

$$\lim_{k\to 0} d(k) = (-1)^{N_x-N_t}, \quad \lim_{k\to 0} c(k) = 0.$$

对于函数 $d(k)$ 的渐近表达式 (4.150b) 和 (4.150d), 我们可以利用定理 4.5.1 和定理 4.5.2 中谱函数 a, b, A, B 的渐近表达式来获得. 当 $j = 0, 1, \cdots, n$ 时, a, b, A, B 的渐近表达式也说明存在复常数 $\{c_i, \hat{c}_i\}_{i=1}^m$ 使得如下表达式成立:

$$c^{(j)}(k) = \frac{d^j}{dk^j}\left(\frac{c_1}{k} + \cdots + \frac{c_m}{k^m}\right) + O\left(\frac{1}{k^{m+1}}\right) \text{ 具有一致性}, \quad k \to \infty, k \in \bar{D}_1, \tag{4.151}$$

及

$$c^{(j)}(k) = \frac{d^j}{dk^j}\left(\hat{c}_1 k + \cdots + \hat{c}_m k^m\right) + O(k^{m+1-2j}), \quad k \to 0, k \in \mathbb{R}. \tag{4.152}$$

我们要完成这个定理的证明就只需要证明上述等式中系数 c_i 和 $\hat{c}_i$ 为 0 即可. 下面我们先考虑 c_i. 首先, 经过计算可知, 系数 c_i 可以利用谱函数 a, b, A, B 的系数来表示. 例如

$$\begin{aligned} c(k) &= b(k)A(k) - B(k)a(k) = (b_1k^{-1} + b_2k^{-2} + \cdots)(1 + A_1k^{-1} + \cdots) \\ &\quad - (B_1k^{-1} + B_2k^{-2} + \cdots)(1 + a_1k^{-1} + \cdots) \\ &= (b_1 - B_1)k^{-1} + (b_2 - B_2 + b_1A_1 - B_1a_1)k^{-2} + \cdots, \quad k \to \infty, \end{aligned}$$

比较项数可知

$$c_1 = b_1 - B_1, \quad c_2 = b_2 - B_2 + b_1A_1 - B_1a_1.$$

利用 (4.146) 和 (4.148), 初值函数和边值函数 u_0, u_1, g_0, g_1 在 $x = t = 0$ 时关于 sine-Gordon 方程 (4.1) 相容, 可得 $c_1 = c_2 = 0$. 下面利用更一般的关系式:

$$c_j = b_j - B_j + \sum_{r=1}^{j-1}(b_{j-r}A_r - B_{j-r}a_r), \quad j = 1, 2, \cdots. \tag{4.153}$$

对于更大的 j, 利用类似的过程都可得到 $c_j = 0$; 但是随着 j 的增大, 计算的复杂程度也越来越大, 因此, 我们为了证明当 $m \geqslant 3$ 时, (4.150a) 成立, 我们需要另辟新径.

记 X, Y, T, U 为 (4.16) 和 (4.130) 所定义的特征函数. 对于 $k \in \mathbb{R}$, 给出 (4.129) 的一个解 $F(t, k)$ 如下:

$$F(t, k) = U(t, k)e^{-i\theta_2 t\hat{\sigma}_3}s(k).$$

那么 $F(0, k) = s(k) = X(0, k)$. 记

$$F_{\mathcal{F}}(t, k) = I + \frac{F_1(t)}{k} + \frac{F_2(t)}{k^2} + \cdots + \left(\frac{G_1(t)}{k} + \frac{G_2(t)}{k^2} + \cdots\right)e^{2i\theta_2 t\sigma_3}$$

为方程 (4.129) 的一个级数形式的解, 且在 $t = 0$ 处等于 $s(k)$. 系数 $\{F_j(t)\}$ 和 $\{G_j(t)\}$ 分别满足递推关系式 (4.134) 和 (4.135), 初始条件为 $F_j(0) + G_j(0) = X_j(0)$, 这里 $X_j(x)$ 是标准级数 (4.30) 的系数. 这也就是说, 系数 $\{F_j(t)\}$ 和 $\{G_j(t)\}$ 由下面系统决定:

$$\begin{cases} F_{j+1}^{(o)} = -2i\sigma_3\left(-\partial_t F_j^{(o)} - \dfrac{i}{2}\sigma_3 F_{j-1}^{(o)} + \mathsf{V}_0 F_j^{(d)} + \mathsf{V}_1^{(o)} F_{j-1}^{(d)} + \mathsf{V}_1^{(d)} F_{j-1}^{(o)}\right), \\ \partial_t F_{j+1}^{(d)} = \mathsf{V}_0 F_{j+1}^{(o)} + \mathsf{V}_1^{(o)} F_j^{(o)} + \mathsf{V}_1^{(d)} F_j^{(d)}, \\ G_{j+1}^{(d)} = -2i\sigma_3\left(-\partial_t G_j^{(d)} - \dfrac{i}{2}\sigma_3 G_{j-1}^{(d)} + \mathsf{V}_0 G_j^{(o)} + \mathsf{V}_1^{(o)} G_{j-1}^{(o)} + \mathsf{V}_1^{(d)} G_{j-1}^{(d)}\right), \quad j \geqslant 1, \\ \partial_t G_{j+1}^{(o)} = \mathsf{V}_0 G_{j+1}^{(d)} + \mathsf{V}_1^{(o)} G_j^{(d)} + \mathsf{V}_1^{(d)} T_j^{(o)}, \\ F_j(0) + G_j(0) = X_j(0), \end{cases} \tag{4.154}$$

其中 $F_{-1} = G_{-1} = G_0 = 0$ 及 $F_0 = I$.

引理 4.5.5 当 $k \to \infty$ 时, 级数 $F_{\mathcal{F}}$ 则收敛到函数 F, 且

$$F_p(t, k) = I + \frac{F_1(t)}{k} + \cdots + \frac{F_m(t)}{k^m} + \left(\frac{G_1(t)}{k} + \cdots + \frac{G_m(t)}{k^m}\right)e^{2i\theta_2 t\sigma_3} \tag{4.155}$$

是有意义的, 同时满足如下估计式:

$$|F(t, k) - F_p(t, k)| \leqslant \frac{C}{|k|^{m+1}}, \quad t \geqslant 0,\ k \in \mathbb{R},\ |k| > 1. \tag{4.156}$$

证明 利用类似于定理 4.3.3 和定理 4.4.2 的证明过程, 可知上述引理成立. 利用函数 F 与 T 的关系, 然后利用定理 4.4.2 中函数 T 的性质和渐近表达式, 有

$$F(t,k)=T(t,k)e^{-i\theta_2 t\hat{\sigma}_3}(S(k)^{-1}s(k)),\quad t\geqslant 0,\ k\in\mathbb{R}.$$

也就是说

$$F(t,k)=\mathcal{F}(t,k)+\mathcal{G}(t,k)e^{2it\theta_2\sigma_3},$$

这里

$$\mathcal{F}(t,k)=\left([T]_1\overline{d(\bar{k})}\quad [T]_2 d(k)\right),\quad \mathcal{G}(t,k)=\left(-[T]_2\overline{c(\bar{k})}\quad [T]_1 c(k)\right).$$

注意到 $\mathcal{F}(0,k)+\mathcal{G}(0,k)=s(k)$. 因而, 利用方程 (4.154) 的解的唯一性, 可知

$$F_{\mathcal{F}}(t,k)=\mathcal{F}_{\mathcal{F}}(t,k)+\mathcal{G}_{\mathcal{F}}(t,k)e^{2it\theta_2\sigma_3},\tag{4.157}$$

这里 $\mathcal{F}_{\mathcal{F}}$ 和 $\mathcal{G}_{\mathcal{F}}$ 分别表示函数 $\mathcal{F}$ 和 $\mathcal{G}$ 在 $k\to\infty$ 时的标准展开. 由于 T 的展开式 $T_p(t,k)$ 是有意义的, 所以 $F_p(t,k)$ 也是有意义.

利用 (4.157), 级数 $I+\dfrac{F_1(t)}{k}+\cdots$ 和 $\dfrac{G_1(k)}{k}+\cdots$ 的第二列可以分别由函数 $[T(t,k)]_2 d(k)$ 和 $[T(t,k)]_1 c(k)$ 在 $k\to\infty$ 时的标准展开式给出, 从而

$$[F_j(t)]_2=\sum_{i=0}^{j}[T_i(t)]_2 d_{j-i},\quad [G_j(t)]_2=\sum_{i=0}^{j-1}[T_i(t)]_1 c_{j-i},\quad j=1,\cdots,m,\tag{4.158}$$

这里 $T_0(t)=I$ 及 $d_0=1$. 记 $F_0(t)=I$, 可知

$$[F-F_p]_2=\left([T]_1 c(k)-\sum_{j=1}^{m}\frac{[G_j(t)]_2}{k^j}\right)e^{-2i\theta_2 t}+[T]_2 d(k)-\sum_{j=0}^{m}\frac{[F_j(t)]_2}{k^j},$$

并且有如下的估计式:

$$\begin{aligned}|[F-F_p]_2|\leqslant{}&|[T-T_p]_1||c(k)|+\left|[T_p]_1 c(k)-\sum_{j=1}^{m}\frac{[G_j(t)]_2}{k^j}\right|+|[T-T_p]_2||d(k)|\\&+\left|[T_p]_2 d(k)-\sum_{j=0}^{m}\frac{[F_j(t)]_2}{k^j}\right|,\quad t\geqslant 0,\ k\in\mathbb{R},\ |k|>1.\end{aligned}\tag{4.159}$$

利用 (4.137a), 可得

$$|[T-T_p]_1||c(k)|+|[T-T_p]_2||d(k)|\leqslant\frac{C}{|k|^{m+1}(1+t)^n},\quad t\geqslant 0,\ k\in\mathbb{R},\ |k|>1.\tag{4.160}$$

对于 $t \geqslant 0$ 及 $j = 1, \cdots, m+1$, 可知 $|T_j(t)| \leqslant C$(参见 (4.39)), 那么根据 (4.159) 和 (4.160) 可得, (4.156) 的第二列满足引理. 类似地可以完成第一列的证明. □

引理 4.5.6 (4.155) 式中所有的系数 $G_j(t)$ 全部等于 0, 即 $G_1(t) = \cdots = G_m(t) = 0$.

证明 假设当 $i = 1, \cdots, j$ 时, $G_i(t) = 0$. 那么 (4.154) 说明 $G_{j+1}(t)$ 是一个常数矩阵, 且该矩阵是反对角矩阵. 因此 $G_{j+1}(t) = G_{j+1}(0)$. 这就足以表明 $G_j(0) = 0$, 换言之, 当 $j = 1, \cdots, m$ 时, $F_j(0) = X_j(0)$.

从 $F_{-1} = G_{-1} = G_0 = 0$ 及 $F_0 = I$ 开始, 当 $j = 0$ 时, 系统 (4.154) 就给出

$$F_1^{(o)}(t) = -2i\sigma_3 \mathsf{V}_0(t)$$

及 $G_1^{(d)}(t) = 0$. 特别地, 由于 $F_1(0) + G_1(0) = X_1(0)$, 则有 $F_1^{(d)}(0) = X_1^{(d)}(0)$. 因为

$$X_1^{(o)}(0) = -2i\sigma_3 \mathsf{U}_0(0),$$

所以限制条件 $F_1(0) = X_1(0)$ 就退化到了相容性条件 $\mathsf{U}_0(0) = \mathsf{V}_0(0)$, 而由于初值和边值的关系: $u_{0x}(0) = g_1(0)$ 和 $u_1(0) = g_{0t}(0)$, 显然相容性条件 $\mathsf{U}_0(0) = \mathsf{V}_0(0)$ 成立.

当 $j = 1$ 时, 系统 (4.154) 给出

$$F_2^{(o)}(0) = -2i\sigma_3(2i\sigma_3\partial_t \mathsf{V}_0(0) + \mathsf{V}_0(0)X_1^{(d)}(0) + \mathsf{V}_1^{(o)}(0)), \quad G_2^{(d)}(t) = 0.$$

特别地, 因为 $F_2(0) + G_2(0) = X_2(0)$, 可知 $F_2^{(d)}(0) = X_2^{(d)}(0)$. 由于

$$X_2^{(o)}(0) = -2i\sigma_3(2i\sigma_3\partial_x \mathsf{U}_0(0) + \mathsf{U}_0(0)X_1^{(d)}(0) + \mathsf{U}_1^{(o)}(0)),$$

因此限制条件 $F_2^{(o)}(0) = X_2^{(o)}(0)$ 可以退化为如下的相容性条件

$$2i\sigma_3\partial_t \mathsf{V}_0(0) + \mathsf{V}_0(0)X_1^{(d)}(0) + \mathsf{V}_1^{(o)}(0) = 2i\sigma_3\partial_x \mathsf{U}_0(0) + \mathsf{U}_0(0)X_1^{(d)}(0) + \mathsf{U}_1^{(o)}(0),$$

这个相容条件也显然成立, 这是由于初值和边值之间存在一个关于方程 (4.1) 的相容, 即 $u_0(0) = g_0(0)$, $u_{0x}(0) = g_1(0)$, $u_1(0) = g_{0t}(0)$, $u_{1x}(0) = g_{1t}(0)$, 及 $g_{0tt}(0) - u_{0xx}(0) + \sin u_0(0) = 0$.

我们就完成了 $m = 1$ 和 $m = 2$ 时的证明. 为了给出 $m \geqslant 3$ 的证明, 记 $u(x,t)$ 为 sine-Gordon 方程 (4.1) 的具有 C^{m+1} 解析性质的解, 并且 $u(x,t)$ 还满足: 对于所有的比较小的 $x \geqslant 0$ 及 $t \geqslant 0$, $u(x,0) = u_0(x)$ 以及 $u_t(x,0) = u_1(x)$. 这样的解是可以得到的. 例如, 我们把初值 $u_0(x)$ 和 $u_1(x)$ 分别的定义域延拓到负实轴上, 并利用 sine-Gordon 方程初值问题解的存在性 (详细可参见文献 [19] 的附

录 B 部分). 一般说来, 当 $t>0$ 时, $u(0,t)\neq g_0(t)$ 及 $u_x(0,t)\neq g_1(t)$. 然后, 由于 $\{u_j(x),g_j(t)\}_0^1$ 关于 sine-Gordon 方程 (4.1) 在 $x=t=0$ 处相容, 从而有

$$\begin{cases}\partial_t^j u(0,0)=\partial_t^j g_0(0), & j=1,\cdots,m+1,\\ \partial_t^j u_x(0,0)=\partial_t^j g_1(0), & j=1,\cdots,m.\end{cases}\tag{4.161}$$

现在可以给 Lax 对 (4.5) 定义一个标准的幂级数展开式解

$$\mu_{\mathcal{F}}(x,t,k)=I+\frac{\mu_1(x,t)}{k}+\frac{\mu_2(x,t)}{k^2}+\cdots,\tag{4.162}$$

使得当 $j=1,\cdots,m$ 时, $\mu_j(0,0)=X_j(0)$. 事实上, 把展开式 (4.162) 代入 (4.5) 中, 比较 $O(k^{-j})$ 项的反对角部分及 $O(k^{-j-1})$ 项的对角部分可知 (参见 (4.32) 及 (4.134))

$$\begin{cases}\mu_{j+1}^{(o)}=-2i\sigma_3\Big(-\partial_x\mu_j^{(o)}+\dfrac{i}{2}\sigma_3\mu_{j-1}^{(o)}+Q_0\mu_j^{(d)}+Q_1^{(o)}\mu_{j-1}^{(d)}+Q_1^{(d)}\mu_{j-1}^{(o)}\Big),\\ \partial_x\mu_{j+1}^{(d)}=Q_0\mu_{j+1}^{(o)}+Q_1^{(o)}\mu_j^{(o)}+Q_1^{(d)}\mu_j^{(d)}.\\ \partial_t\mu_{j+1}^{(d)}=Q_0\mu_{j+1}^{(o)}+Q_1^{(o)}\mu_j^{(o)}+Q_1^{(d)}\mu_j^{(d)}.\end{cases}\tag{4.163}$$

因为 $u(x,t)$ 满足 (4.1), 所以 (4.5) 中的 Lax 对方程对每个 k 都是兼容的, 从而 (4.163) 中关于 $\mu_{j+1}^{(d)}$ 的两个等式是相容的. 也就是说, 系统 (4.163) 可以通过递推解出来. 由于 $u(x,t)$ 是 C^{m+1} 的, 从而对于每一个 $j=1,\cdots,m$, $\mu_j(x,t)$ 是有意义的, 并且当 $(x,t)\in[0,\infty)\times[0,\infty)$ 时, $\mu_j(x,t)$ 在原点的小邻域内连续.

在 $t=0$ 处, 通过计算系统 (4.154) 可知, 当 $l\geqslant 0$ 时, $\partial^l F_{j+1}(0)$ 和 $\partial^l G_{j+1}(0)$ 的值可以由函数 $\{F_i(t),G_i(t)\}_{i=1}^j$ 和它们的偏导数在 $t=0$ 处的值唯一确定. 因此也可以说当 $t=0$ 时, $\{\partial_t^l F_j(0),\partial_t^l G_j(0)\}$ 满足系统 (4.154), 并且系统解唯一. 现在, 令

$$\mu_{\mathcal{F}}(0,t,k)=I+\frac{\mu_1(0,t)}{k}+\frac{\mu_2(0,t)}{k^2}+\cdots$$

是方程 (4.129) 的标准级数解, 并且使得对于每一个 j 都有 $\mu_j(0,0)=X_j(0)$. 利用 (4.161), 可知 $\partial_t^l F_j(0)=\partial_t^l\mu_j(0,0)$, $\partial^l G_j(0)=0$ 是系统 (4.154) 在 $t=0$ 时的一个解. 根据系统解的唯一性, 可知, 对于每一个 $j=1,\cdots,m$, $F_j(0)=\mu_j(0,0)=X_j(0)$ 及 $G_j(0)=0$. □

引理 4.5.7 (4.151) 式中的系数 c_i 全部消失, 换言之, $c_1=\cdots=c_m=0$.

证明 利用 $G_j(t)=0$, 以及 (4.158) 第二个方程的第一个元素, 可知

$$0=c_j+\sum_{i=1}^{j-1}(T_i(t))_{11}c_{j-i},\quad t\geqslant 0,\ j=1,\cdots,m,$$

对于 $j=1$, 从这个方程可以得到 $c_1=0$; 考虑上面方程在 $j=2$ 的情况, 可以得到 $c_2=0$, 以此类推, 我们就能证明 $c_1=\cdots=c_m=0$. □

我们以下面的引理来结束定理 4.5.4 的证明.

引理 4.5.8 (4.152) 式中系数 $\hat{c}_i$ 全部消失, 换言之, $\hat{c}_1=\cdots=\hat{c}_m=0$.

证明 这个证明与引理 4.5.7 证明 c_i 消失的过程类似, 无非只是把所涉及的特征函数 X 与 T 换成 $\hat{X}$ 和 $\hat{T}$, 详细过程在此略去. ■

注 4.5.9 一般来说, 定理 4.5.4 中的系数 d_j 和 $\hat{d}_j$ 是非零的. 例如, 从 (4.146) 和 (4.148) 可得

$$\begin{aligned} d_1 &= a_1+\bar{A}_1 \\ &= \frac{i}{4}\int_0^\infty\left(-\frac{(u_{0x}+u_1)^2}{2}+\cos u_0-1\right)dx \\ &\quad+\frac{i}{4}\int_0^\infty\left(\frac{(g_1+g_{0t})^2}{2}+\cos g_0-1\right)dt. \end{aligned} \tag{4.164}$$

在 u_0,u_1,g_0,g_1 是 sine-Gordon 方程 (4.1) 的四分之一平面解的初边值的情况下, 系数 d_j 和 $\hat{d}_j$ 与方程 (4.1) 的无穷守恒律相关. 记 $u(x,t)$ 是方程相应的解, 我们可以写出 $d_1=\int_\gamma\omega_1$, 这里微分 1-形式 ω_1 的定义如下:

$$\omega_1(x,t)=-\frac{i}{4}\left(-\frac{(u_x+u_t)^2}{2}+\cos u-1\right)dx+\frac{i}{4}\left(\frac{(u_x+u_t)^2}{2}+\cos u-1\right)dt,$$

及 γ 是由正实轴 $\mathbb{R}_+$ 从左到右, 再到正虚轴 $i\mathbb{R}_+$ 自下往上. 利用 (4.1), 通过计算可知, ω_1 是闭的且与 sine-Gordon 方程的守恒律一致. 特别地, 路径 γ 可以任意形变为 $(\infty,0)$ 到 $(0,\infty)$ 的路径而不会改变 $\int_\gamma\omega_1$ 的值.

第 5 章　sine-Gordon 方程四分之一平面上解的构造

在前面章节中, 我们已经获得了 sine-Gordon 方程初边值问题相关的特征函数、散射数据等的解析性质. 本章主要的目的是通过 Riemann-Hilbert 技术构造 sine-Gordon 方程在四分之一平面上初边值问题的解.

5.1　Riemann-Hilbert 问题

这一小节, 我们简要回顾一下 sine-Gordon 方程初边值问题的解与 Riemann-Hilbert 问题的联系.

假设 $u(x,t)$ 是 sine-Gordon 方程 (4.1) 带初边值 u_0, u_1, g_0, g_1 的足够光滑的解, 并且当 $m \geqslant 1$ 和 $n \geqslant 1$ 时, 这里初值和边值满足 (4.36) 和 (4.135). 定义方程 (4.4) 的三个特征函数 $\{\mu_j(x,t,k)\}_1^3$ 作为下面 Volterra 积分方程的解:

$$\mu_j(x,t,k) = I + \int_{(x_j,t_j)}^{(x,t)} e^{i(\theta_1(x'-x)+\theta_2(t'-t))\hat{\sigma}_3}(Q\mu_j dx' + \tilde{Q}\mu_j dt'), \tag{5.1}$$

这里 $\tilde{Q}(x,t,k) = Q(x,t,-k)$, $(x_1,t_1) = (0,\infty)$, $(x_2,t_2) = (0,0)$ 及 $(x_3,t_3) = (\infty, t)$. 谱函数 $r_1(k)$ 和 $h(k)$ 定义如下:

$$r_1(k) = \frac{\overline{b(\bar{k})}}{a(k)}, \quad k \in \mathbb{R}; \quad h(k) = -\frac{\overline{B(\bar{k})}}{a(k)d(k)}, \quad k \in \bar{D}_2 \cup \mathbb{R}, \tag{5.2}$$

记 $r(k)$ 为 $r_1(k)$ 和 $h(k)$ 的和,

$$r(k) = r_1(k) + h(k) = \frac{\overline{c(\bar{k})}}{d(k)}, \quad k \in \mathbb{R}. \tag{5.3}$$

那么, 根据文献 [43] 的结果, 定义一个分区域亚纯的矩阵函数 $M(x,t,k)$

如下:

$$M(x,t,k)=\begin{cases}\left(\dfrac{[\mu_2(x,t,k)]_1}{a(k)} \quad [\mu_3(x,t,k)]_2\right), & k\in D_1,\\ \left(\dfrac{[\mu_1(x,t,k)]_1}{d(k)} \quad [\mu_3(x,t,k)]_2\right), & k\in D_2,\\ \left([\mu_3(x,t,k)]_1 \quad \dfrac{[\mu_1(x,t,k)]_2}{d^*(k)}\right), & k\in D_3,\\ \left([\mu_3(x,t,k)]_1 \quad \dfrac{[\mu_2(x,t,k)]_2}{a^*(k)}\right), & k\in D_4,\end{cases} \tag{5.4}$$

并且矩阵函数 $M(x,t,k)$ 还满足如下性质:

- $\lim_{k\to\infty} M(x,t,k)=I$;
- 跳跃曲线 Γ 和区域 $\{D_j\}_1^4$ 的定义如图 5.1 所示, 当 $k\in\Gamma$ 时, $M_+(x,t,k)=M_-(x,t,k)J(x,t,k)$, 这里 $J(x,t,k)$ 由下式确定:

$$J(x,t,k)=\begin{cases}\begin{pmatrix}1 & 0\\ -h(k)e^{2i\theta} & 1\end{pmatrix}, & k\in\bar{D}_1\cap\bar{D}_2,\\ \begin{pmatrix}1 & -\overline{r(\bar{k})}e^{-2i\theta}\\ -r(k)e^{2i\theta} & 1+|r(k)|^2\end{pmatrix}, & k\in\bar{D}_2\cap\bar{D}_3,\\ \begin{pmatrix}1 & -\overline{h(\bar{k})}e^{-2i\theta}\\ 0 & 1\end{pmatrix}, & k\in\bar{D}_3\cap\bar{D}_4,\\ \begin{pmatrix}1+|r_1(k)|^2 & \overline{r_1(\bar{k})}e^{-2i\theta}\\ r_1(k)e^{2i\theta} & 1\end{pmatrix}, & k\in\bar{D}_4\cap\bar{D}_1,\end{cases} \tag{5.5}$$

这里 $\theta:=\theta_1x+\theta_2t$. 特别地, 若 $a(k)$ 和 $d(k)$ 在相应定义域上没有零点, 那么 M 满足如下 Riemann-Hilbert 问题:

$$\begin{cases}M(x,t,\cdot)\in I+\dot{E}^2(\mathbb{C}\setminus\Gamma),\\ M_+(x,t,k)=M_-(x,t,k)J(x,t,k), \quad \text{a.e. } k\in\Gamma.\end{cases} \tag{5.6}$$

粗略来讲, 跳跃矩阵中所涉及的函数 $r_1(k)$ 和 $r(k)$ 起到了类似于反射系数在初值问题处理中的作用.

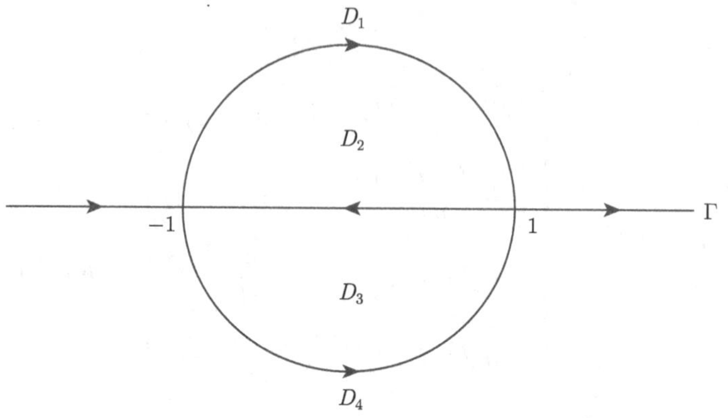

图 5.1 跳跃曲线 Γ 以及复平面上的区域 $\{D_j\}_1^4$

5.2 sine-Gordon 方程解的构造

首先, 我们给出假设条件.

假设 5.2.1 设函数

$$r_1 : \mathbb{R} \to \mathbb{C}, \quad h : \partial D_2 \to \mathbb{C}$$

是在相应定义域上的连续函数, 且满足如下性质:

(a) 存在复常数 $\{r_{1,j}\}_{j=1}^2$ 使得

$$r_1(k) = \frac{r_{1,1}}{k} + \frac{r_{1,2}}{k^2} + O\left(\frac{1}{k^3}\right), \quad |k| \to \infty, \ k \in \mathbb{R}. \tag{5.7}$$

(b) 函数 $r_1(k)$ 和 $h(k)$ 具有如下对称性

$$r_1(k) = \overline{r_1(-\bar{k})}, \quad h(k) = \overline{h(-\bar{k})}. \tag{5.8}$$

(c) 函数 $r : [-1,1] \to \mathbb{C}$ 为函数 $r_1(k)$ 和 $h(k)$ 的和 $r(k) = r_1(k) + h(k)$, 且满足 $r(\pm 1) = 0$, 当 $k \to 0$ 时, $r(k) = O(k^3)$.

下面我们给出本章的定理之一, 就是从满足假设 5.2.1 的函数出发, 构造出 Riemann-Hilbert 问题, 进而构造出函数 $u(x,t)$.

定理 5.2.2 (四分之一平面上解的构造) 记 $r_1 : \mathbb{R} \to \mathbb{C}$ 和 $h : \partial D_2 \to \mathbb{C}$ 满足假设 5.2.1. 定义跳跃矩阵 $J(x,t,k)$ 形如 (5.5). 那么, 对于任何 $(x,t) \in [0,\infty) \times [0,\infty)$, Riemann-Hilbert 问题 (5.6) 具有唯一解. 此外, 对于任何 $(x,t) \in [0,\infty) \times [0,\infty)$, 下面非切线极限存在

$$\hat{m}(x,t) := \lim_{k \to 0}^{\angle} M(x,t,k). \tag{5.9}$$

定义函数 $u(x,t)$ 如下式

$$u(x,t)=2\arg\big(\hat{m}_{11}(x,t)+i\hat{m}_{21}(x,t)\big), \tag{5.10}$$

那么函数 $u(x,t)$ 是 $C^2([0,\infty)\times[0,\infty),\mathbb{R})$ 的, 并且当 $x\geqslant 0$ 及 $t\geqslant 0$ 时, 该函数满足 sine-Gordon 方程 (4.1). 即 $u(x,t)$ 为 sine-Gordon 方程的解.

注 5.2.3 对于 (5.10) 所定义的函数 $u(x,t)$ 给出几点注释. 众所周知 $\arg:\mathbb{C}\setminus\{0\}\to\mathbb{R}$ 是一个多值函数, 所以为了用 (5.10) 式来定义 $u(x,t)$, 我们要对这个函数进行选择分支. 从定理 5.2.2 的证明过程可以发现, (5.9) 所定义的函数 $\hat{m}(x,t)$ 是连续的且 $\hat{m}_{11}+i\hat{m}_{21}$ 在单位圆上取值. 当我们给出等式 (5.10) 时, 假设选取函数 arg 的一支是连续的, 从而使得函数 $u(x,t)$ 也是连续的. 从而除了差一个 4π 的整数倍, 函数 $u(x,t)$ 被 (5.10) 唯一确定. 函数 $u(x,t)$ 的不唯一性是由 sine-Gordon 方程 (4.1) 所具有的平移 $u\to u+2\pi j$, $j\in\mathbb{Z}$ 不变性所决定的. 为了处理形如 (4.4) 的初边值问题, $u(x,t)$ 的定义修正为如下会更方便

$$u(x,t)=2\arg\big(\hat{m}_{11}(x,t)+i\hat{m}_{21}(x,t)\big)+2\pi j, \tag{5.11}$$

这里整数 $j\in\mathbb{Z}$ 的取值由初值条件当 $x\to\infty$ 时 $u(x,0)\to 2\pi N_x$ 所决定.

证明 根据跳跃矩阵 J 的定义 (5.5) 可知, 矩阵 J 在 $k=\pm 1$ 时是间断的. 一般说来, 当 k 沿路径 Γ 趋于无穷时, $J(x,t,k)$ 的衰减速度与 $O(k^{-1})$ 一样. 因此, 我们的第一步是对 Riemann-Hilbert 问题 (5.6) 作变换, 使得新的跳跃矩阵在 Γ 上连续且当 $k\to\infty$ 时, 跳跃矩阵的衰减速度与 $O(k^{-3})$ 一样.

定义矩阵函数 $m(x,t,k)$,

$$m(x,t,k)=\begin{cases} M(x,t,k)\begin{pmatrix} 1 & 0\\ -r_{1,a}(k)e^{2i\theta} & 1\end{pmatrix}, & k\in D_1,\\ M(x,t,k)\begin{pmatrix} 1 & \overline{r_{1,a}(k)}e^{-2i\theta}\\ 0 & 1\end{pmatrix}, & k\in D_4,\\ M(x,t,k), & \text{其他}, \end{cases} \tag{5.12}$$

这里 $r_{1,a}(k)$ 是一个有理函数, 并且具有如下性质:

- 函数 $r_{1,a}(k)$ 在区域 $\bar{D}_1$ 内是解析的;
- 当 $k\to\infty$ 时, 函数 $r_{1,a}(k)$ 有如下渐近表达式

$$r_{1,a}(k)=\frac{r_{1,1}}{k}+\frac{r_{1,2}}{k^2}+O(k^{-3});$$

- 在 $k=1$ 处, $r_{1,a}(1)=r_1(1)$;

• 当 $k \in \bar{D}_1$ 时, $r_{1,a}(k) = \overline{r_{1,a}(-\bar{k})}$.

很容易知道, 具有上述性质的有理函数是存在的.

注意到对于任意的 $x \geqslant 0$ 和 $t \geqslant 0$, 当 $k \in D_1$ 时 $\mathrm{Im}\theta \geqslant 0$, 而当 $k \in D_4$ 时 $\mathrm{Im}\theta \leqslant 0$. 以及再根据函数 $r_{1,a}$ 的性质, 可知

$$r_{1,a}e^{2i\theta} \in (\dot{E}^2 \cap E^\infty)(D_1), \quad r_{1,a}^* e^{-2i\theta} \in (\dot{E}^2 \cap E^\infty)(D_4).$$

因此可以看出 (参见文献 [74] 中引理 A.5)M 满足 Riemann-Hilbert 问题 (5.6) 当且仅当 m 满足下面的 Riemann-Hilbert 问题

$$\begin{cases} m(x,t,\cdot) \in I + \dot{E}^2(\mathbb{C} \setminus \Gamma), \\ m_+(x,t,k) = m_-(x,t,k)v(x,t,k), \quad \text{a.e. } k \in \Gamma, \end{cases} \tag{5.13}$$

这里

$$v(x,t,k) = \begin{cases} \begin{pmatrix} 1 & 0 \\ -(h+r_{1,a})e^{2i\theta} & 1 \end{pmatrix}, & k \in \bar{D}_1 \cap \bar{D}_2, \\ \begin{pmatrix} 1 & -r^* e^{-2i\theta} \\ -re^{2i\theta} & 1+|r|^2 \end{pmatrix}, & k \in \bar{D}_2 \cap \bar{D}_3, \\ \begin{pmatrix} 1 & -(h^*+r_{1,a}^*)e^{-2i\theta} \\ 0 & 1 \end{pmatrix}, & k \in \bar{D}_3 \cap \bar{D}_4, \\ \begin{pmatrix} 1+|r_1 - r_{1,a}|^2 & (r_1^* - r_{1,a}^*)e^{-2i\theta} \\ (r_1 - r_{1,a})e^{2i\theta} & 1 \end{pmatrix}, & k \in \bar{D}_4 \cap \bar{D}_1, \end{cases} \tag{5.14}$$

这里, 我们重新回忆一下: 函数 $r : [-1,1] \to \mathbb{C}$ 是函数 $r_1(k)$ 与 $h(k)$ 的和, 即 $r(k) = r_1(k) + h(k)$.

根据函数 $r_{1,a}$ 的性质: $r_{1,a}(\pm 1) = r_1(\pm 1)$ 以及假设 $r(\pm 1) = 0$, 可知, 跳跃矩阵 $v(x,t,k)$ 在 $k = \pm 1$ 处是连续的且有 $v(x,t,\pm 1) = I$. 此外

$$r_1(k) - r_{1,a}(k) = O(k^{-3}), \quad |k| \to \infty, \ k \in \mathbb{R}. \tag{5.15}$$

根据对称性 (5.8), 可知跳跃矩阵 v 满足如下对称性

$$v(x,t,k) = \overline{v(x,t,\bar{k})}^{\mathrm{T}} = v(x,t,-k)^{\mathrm{T}}, \quad k \in \Gamma. \tag{5.16}$$

引理 5.2.4 (消失引理) 固定 $(x,t)\in[0,\infty)\times[0,\infty)$. 如果 $\mathcal{N}(k)$ 是齐次 Riemann-Hilbert 问题 $(\Gamma, v(x,t,\cdot))$ 的解, 即若

$$\begin{cases}\mathcal{N}\in\dot{E}^2(\mathbb{C}\setminus\Gamma),\\ \mathcal{N}_+(k)=\mathcal{N}_-(k)v(x,t,k), \quad \text{a.e. } k\in\Gamma,\end{cases} \tag{5.17}$$

那么 $\mathcal{N}(k)$ 只有零解.

证明 这个引理的证明, 主要利用文献 [75] 中的引理 4.2 的证明思路.

定义一个分段解析函数 $\mathcal{G}(k)$,

$$\mathcal{G}(k)=\mathcal{N}(k)\overline{\mathcal{N}(\bar{k})}^{\mathrm{T}}, \quad k\in\mathbb{C}\setminus\Gamma.$$

由于 $\mathcal{N}\in\dot{E}^2(\mathbb{C}\setminus\Gamma)$, 那么 $\mathcal{G}\in\dot{E}^1(\mathbb{C}\setminus\Gamma)$. 利用 (5.16) 中的第一个对称关系和下面等式

$$\mathcal{G}_+(k)=\mathcal{N}_-(k)v(x,t,k)\overline{\mathcal{N}_-(\bar{k})}^{\mathrm{T}}, \quad \text{a.e. } k\in\Gamma,$$
$$\mathcal{G}_-(k)=\mathcal{N}_-(k)\overline{v(x,t,\bar{k})}^{\mathrm{T}}\overline{\mathcal{N}_-(\bar{k})}^{\mathrm{T}}, \quad \text{a.e. } k\in\Gamma,$$

可知, 对于 $k\in\Gamma$ 时, $\mathcal{G}_+(k)=\mathcal{G}_-(k)$ 几乎处处成立. 但根据 $\mathcal{G}\in\dot{E}^1(\mathbb{C}\setminus\Gamma)$ 可知 (参见文献 [76] 中定理 4.1)

$$\mathcal{G}(k)=[\mathcal{C}(\mathcal{G}_+-\mathcal{G}_-)](k), \quad k\in\mathbb{C}\setminus\Gamma.$$

那么 $\mathcal{G}=0$. 特别地, 通过计算开区间 $(-1,1)\subset\mathbb{R}$ 上的 $\mathcal{G}_+$ 的值, 可知

$$\mathcal{N}_-(k)\overline{v(x,t,k)}^{\mathrm{T}}\overline{\mathcal{N}_-(k)}^{\mathrm{T}}=0, \quad \text{a.e. } k\in(-1,1).$$

但是, 对于每一个 $k\in(-1,1)$, 矩阵 $v(x,t,k)$ 是正定的. 事实上, 这是因为矩阵 $v(x,t,k)$ 是行列式等于 1 的 Hermitian 矩阵, 并且 $v(x,t,k)$ 的第一行第一列的元素严格大于 0, 从而矩阵 $v(x,t,k)$ 是正定的. 从而可得当 $k\in(-1,1)$ 时, $\mathcal{N}_-(k)=0$ 几乎处处成立. 换言之, 当 $k\in(-1,1)$ 时, $\mathcal{N}_+=\mathcal{N}_-v=0$ 几乎处处成立. 记 B_r 表示某些中心点落在开区间 $(-1,1)$ 上的开圆盘, 并且包含在开的单位圆盘内. 函数 $\tilde{\mathcal{N}}(k)$ 定义如下:

$$\tilde{\mathcal{N}}(k)=\frac{1}{2\pi i}\int_{\partial B_r}\frac{\mathcal{N}(s)}{s-k}ds,$$

那么容易知道, 函数 $\tilde{\mathcal{N}}(k)$ 在 B_r 内是解析的, 并且当 $k\in B_r\backslash\mathbb{R}$ 时, $\tilde{\mathcal{N}}(k)=\mathcal{N}(k)$. 事实上, 如果 $k\in B_r\cap\mathbb{C}_+$, 那么

$$\tilde{\mathcal{N}}(k)=\frac{1}{2\pi i}\int_{\partial(B_r\cap\mathbb{C}_+)}\frac{\mathcal{N}_+(s)}{s-k}ds+\frac{1}{2\pi i}\int_{\partial(B_r\cap\mathbb{C}_-)}\frac{\mathcal{N}_-(s)}{s-k}ds=\mathcal{N}(k)+0,$$

以及在 $k \in B_r \cap \mathbb{C}_-$ 上得到类似的结论. 可知, $\mathcal{N}(k)$ 在 B_r 内是解析的. 由于在 $k \in B_r \cap \mathbb{R}$ 时, $\mathcal{N} = 0$, 然后通过 $\mathcal{N}$ 的解析性可知当 $|k| < 1$ 时, $\mathcal{N} = 0$. 但这意味着在单位圆上 $\mathcal{N}_\pm = 0$, 从而根据类似的结果, 可知, 当 $|k| \geqslant 1$ 时, $\mathcal{N} = 0$ 成立. 从而这就完成了消失引理的证明. □

注 5.2.5 事实上, 在引理 5.2.4 的证明过程中, 我们可以利用区间 $(-\infty, -1)$ 或者 $(1, \infty)$ 来代替区间 $(-1, 1)$. 这是因为跳跃矩阵 $v(x,t,k)$ 在这些区间上都是正定的.

根据引理 5.2.4 以及标准的 Fredholm 理论可知, Riemann-Hilbert 问题 (5.13) 的解是存在且唯一的. 为了找出解的表达式, 定义如下矩阵函数 $w^\pm(x,t,k)$,

$$w^- = \begin{cases} \begin{pmatrix} 0 & 0 \\ -(h + r_{1,a})e^{2i\theta} & 0 \end{pmatrix}, & k \in \bar{D}_1 \cap \bar{D}_2, \\ \begin{pmatrix} 0 & 0 \\ -r(k)e^{2i\theta} & 0 \end{pmatrix}, & k \in \bar{D}_2 \cap \bar{D}_3, \\ 0, & k \in \bar{D}_3 \cap \bar{D}_4, \\ \begin{pmatrix} 0 & (r_1^* - r_{1,a}^*)e^{-2i\theta} \\ 0 & 0 \end{pmatrix}, & k \in \bar{D}_4 \cap \bar{D}_1 \end{cases}$$

及

$$w^+ = \begin{cases} 0, & k \in \bar{D}_1 \cap \bar{D}_2, \\ \begin{pmatrix} 0 & -r^* e^{-2i\theta} \\ 0 & 0 \end{pmatrix}, & k \in \bar{D}_2 \cap \bar{D}_3, \\ \begin{pmatrix} 0 & -(h^* + r_{1,a}^*)e^{-2i\theta} \\ 0 & 0 \end{pmatrix}, & k \in \bar{D}_3 \cap \bar{D}_4, \\ \begin{pmatrix} 0 & 0 \\ (r_1 - r_{1,a})e^{2i\theta} & 0 \end{pmatrix}, & k \in \bar{D}_4 \cap \bar{D}_1. \end{cases}$$

同时也定义一个算子 $\mathcal{C}_w : L^2(\Gamma) + L^\infty(\Gamma) \to L^2(\Gamma)$,

$$\mathcal{C}_w(f) = \mathcal{C}_+(fw^-) + \mathcal{C}_-(fw^+). \tag{5.18}$$

引理 5.2.6 (Riemann-Hilbert 问题解的存在性) 对于每一个 $(x,t) \in [0,\infty) \times [0,\infty)$, Riemann-Hilbert 问题 (5.13) 具有唯一的解 $m(x,t,\cdot) \in I + \dot{E}^2(\mathbb{C} \setminus \Gamma)$. 此

外, 这个解的行列式为 1, 并具有如下表达形式

$$m = I + \mathcal{C}(\mu(w^+ + w^-)),$$

也就是说

$$m(x,t,k) = I + \frac{1}{2\pi i}\int_\Gamma \frac{(\mu(w^+ + w^-))(x,t,s)}{s-k}ds, \quad k \in \mathbb{C}\setminus\Gamma, \tag{5.19}$$

这里函数 $\mu(x,t,k) \in I + L^2(\Gamma)$ 的定义如下

$$\mu = I + (I - \mathcal{C}_w)^{-1}\mathcal{C}_w I. \tag{5.20}$$

证明 注意到 $v = (v^-)^{-1}v^+$, 这里 $v^+ = I + w^+$, $v^- = I - w^-$, 以及矩阵 $w^\pm$ 的幂零的. 对于任意 $(x,t) \in [0,\infty)\times[0,\infty)$, 有 $v^\pm \in C(\Gamma)$ (因为 $r(0) = r(\pm 1) = 0$) 及

$$v^\pm, (v^\pm)^{-1} \in I + L^2(\Gamma) \cap L^\infty(\Gamma).$$

从而根据引理 5.2.4 和 Fredholm 理论 (参见文献 [74] 中的引理 A.1 和引理 A.2) 可知算子 $I - \mathcal{C}_w \in \mathcal{B}(L^2(\Gamma))$ 是一个双射及 Riemann-Hilbert 问题具有唯一解 $m(x,t,\cdot)$, 且由上面公式表出. 因为跳跃矩阵行列式 $\det v = 1$, 从而可知 $\det m = 1$. □

引理 5.2.7 下面映射是 C^2:

$$(x,t) \mapsto \mu(x,t,\cdot) - I : [0,\infty)\times[0,\infty) \to L^2(\Gamma), \tag{5.21a}$$

$$(x,t) \mapsto (w^+(x,t,\cdot), w^-(x,t,\cdot)) : [0,\infty)\times[0,\infty) \to L^2(\Gamma)\times L^2(\Gamma), \tag{5.21b}$$

$$(x,t) \mapsto (w^+(x,t,\cdot), w^-(x,t,\cdot)) : [0,\infty)\times[0,\infty) \to L^\infty(\Gamma)\times L^\infty(\Gamma). \tag{5.21c}$$

证明 由于 $2i\theta = \frac{i}{2}\left(k - \frac{1}{k}\right)x + \frac{i}{2}\left(k + \frac{1}{k}\right)t$, 从而对因了 $e^{\pm 2i\theta}$ 取 x 和 t 的导数都能产生因子 $k \pm k^{-1}$, 可以看出, 这个因子在 $k = 0$ 处和 $k = \infty$ 处均为奇点. 然后, 根据假设, 当 $k \to 0$ 时, $r(k) = O(k^3)$, 以及利用 (5.15), 当 $k \to \infty$ 时 $r_1 - r_{1,a} = O(k^{-3})$. 从而, 利用控制收敛定理, 可知 (5.21b) 和 (5.21c) 是 C^2 的. 此外, 通过估计式

$$\|\mathcal{C}_w\|_{\mathcal{B}(L^2(\Gamma))} \leqslant C\max\left\{\|w^+\|_{L^\infty(\Gamma)}, \|w^-\|_{L^\infty(\Gamma)}\right\},$$

可知映射

$$(w^+, w^-) \mapsto I - \mathcal{C}_w : L^\infty(\Gamma)\times L^\infty(\Gamma) \to \mathcal{B}(L^2(\Gamma)) \tag{5.22}$$

是光滑的, 以及由于

$$\|\mathcal{C}_w I\|_{L^2(\Gamma)} \leqslant C \max\left\{\|w^+\|_{L^2(\Gamma)}, \|w^-\|_{L^2(\Gamma)}\right\},$$

那么双线性映射

$$(w^+, w^-) \mapsto \mathcal{C}_w I : L^2(\Gamma) \times L^2(\Gamma) \to L^2(\Gamma) \tag{5.23}$$

也是光滑的. 从而利用开映射定理, 对于每一个 (x,t), $(I-\mathcal{C}_w)^{-1} \in \mathcal{B}(L^2(\Gamma))$. 由于 (5.21c) 可以看作是映射 (5.21b),(5.21c),(5.22),(5.23), 以及光滑的逆映射 $I - \mathcal{C}_w \mapsto (I-\mathcal{C}_w)^{-1}$ 的复合, 也就是说 (5.21c) 也是 C^2 的. □

引理 5.2.8 ($\hat{m}(x,t)$ 的定义) 对于每一个 $(x,t) \in [0,\infty) \times [0,\infty)$, 非切线极限 (5.9) 存在. 此外, 函数 $\hat{m}(x,t)$ 由 (5.9) 所定义, 且函数 $\hat{m}(x,t)$ 的元素是 C^2 的, 并且对于所有的 (x,t), 满足如下关系式

$$\hat{m}_{11} = \hat{m}_{22}, \quad \hat{m}_{21} = -\hat{m}_{12}, \quad |\hat{m}_{11} + i\hat{m}_{21}| = 1. \tag{5.24}$$

证明 令 W_0 是在 0 处关于 Γ 的非切部分, 即 $W_0 = \{k \in \mathbb{C} \mid \alpha \leqslant \arg k \leqslant \beta, 0 < |k| < \varepsilon\}$, 这里 $\alpha, \beta, \varepsilon$ 是使得 $W_0 \subset \mathbb{C} \setminus \Gamma$ 成立的常数. 固定 $(x,t) \in [0,\infty) \times [0,\infty)$, 那么 (5.19) 可以写成如下形式

$$\begin{aligned} m(x,t,k) &= I + \frac{1}{2\pi i}\int_\Gamma (\mu(w^+ + w^-))(x,t,s)\left(\frac{1}{s} + \frac{k}{s^2} + \frac{k^2}{s^2(s-k)}\right)ds \\ &= \hat{m}(x,t) + kE(x,t,k), \quad k \in \mathbb{C} \setminus \Gamma, \end{aligned}$$

这里函数 $\hat{m}$ 和 E 为如下形式

$$\hat{m}(x,t) = I + \int_\Gamma \frac{(\mu(w^+ + w^-))(x,t,s)}{s} ds \tag{5.25}$$

及

$$\begin{aligned} E(x,t,k) &= \frac{1}{2\pi i}\int_\Gamma ((\mu - I)(w^+ + w^-))(x,t,s)\left(\frac{1}{s^2} + \frac{k}{s^2(s-k)}\right)ds \\ &\quad + \frac{1}{2\pi i}\int_\Gamma (w^+ + w^-)(x,t,s)\left(\frac{1}{s^2} + \frac{k}{s(s-k)}\right)ds. \end{aligned}$$

通过引理 5.2.7, 可知 $\mu(x,t,\cdot) - I \in L^2(\Gamma)$. 此外, 因为当 $k \to 0$ 时, $r(k) = O(k^3)$. 函数 $s^{-j}(w^+ + w^-)(x,t,s)$, $j = 1, 2$ 以及 $\dfrac{k}{s(s-k)}(w^+ + w^-)(x,t,s)$ 的 $L^1(\Gamma)$ 和 $L^2(\Gamma)$ 都是有界的, 并且可以看出函数 $\dfrac{k}{s(s-k)}(w^+ + w^-)(x,t,s)$ 对于任何的小的

$k \in W_0$ 都是一致有界的. 从而积分形式的 $\hat{m}$ 收敛, 并且对于所有的小的 $k \in W_0$ 有 $|E(x,t,k)| < C$. 所以

$$m(x,t,k) = \hat{m}(x,t) + O(k), \quad k \to 0, \ k \in W_0, \tag{5.26}$$

这里误差项关于 $k \in W_0$ 是一致的. 由于 $\lim^{\angle}_{k\to 0} M(x,t,k) = \lim^{\angle}_{k\to 0} m(x,t,k)$, 因而 (5.9) 所定义的非切线极限存在且等于 (5.25).

下面我们来说明函数 $\hat{m}$ 是 C^2. 再次利用当 $k \to 0$ 时, $r(k) = O(k^3)$, 利用类似于证明 (5.21b) 的理由可知, 对于 $p = 1, 2$, 映射

$$(x,t) \mapsto \left(s \mapsto \frac{w^{\pm}(x,t,s)}{s}\right) : [0,\infty) \times [0,\infty) \to L^p(\Gamma)$$

是 C^2 的. 由于 (5.21a) 是 C^2 的, 从而 $\hat{m}$ 就也是 C^2 的.

接下来, 我们证明 (5.24) 成立. 根据对称性 (5.16),

$$\sigma_2 \overline{m(x,t,\bar{k})} \sigma_2 = (\overline{m(x,t,\bar{k})}^{\mathrm{T}})^{-1}, \quad \sigma_2 m(x,t,-k)\sigma_2 = (m(x,t,-k)^{\mathrm{T}})^{-1}$$

也可以看作是关于 $m(x,t,k)$ 的 Riemann-Hilbert 问题的解. 利用 Riemann-Hilbert 问题解的唯一性可知, m 具有如下对称性

$$m(x,t,k) = \sigma_2 \overline{m(x,t,\bar{k})} \sigma_2 = \sigma_2 m(x,t,-k)\sigma_2, \quad k \in \mathbb{C} \setminus \Gamma. \tag{5.27}$$

由于 $m_+(x,t,0) = m_-(x,t,0) = \hat{m}(x,t)$, 在对称关系式 (5.27) 中取 $k \to 0$ 的极限可得

$$\hat{m}(x,t) = \sigma_2 \overline{\hat{m}(x,t)} \sigma_2 = \sigma_2 \hat{m}(x,t) \sigma_2.$$

也就是说, 函数 $\hat{m}$ 的元素 $\hat{m}_{ij}$, $i,j = 1,2$ 都是实的且满足

$$\hat{m}_{11} = \hat{m}_{22}, \quad \hat{m}_{21} = -\hat{m}_{12}.$$

而注意到 $\det \hat{m}(x,t) = 1$, 那么 $\hat{m}_{11}^2 + \hat{m}_{21}^2 = 1$. 这就证明了 (5.24). □

利用等式 (5.10) 定义函数 $u(x,t)$, 这里选择 arg 中使得函数 $u(x,t)$ 连续的那一分支. 这样定义的 $u(x,t)$ (除了差一个常数 $4\pi n$, $n \in \mathbb{Z}$ 外) 具有唯一性. 在下面的证明过程中, 我们假定这个不重要的常数已经取定.

引理 5.2.9 (函数 $u(x,t)$ 的性质) 函数 $u(x,t) : [0,\infty) \times [0,\infty) \mapsto \mathbb{R}$ 是 C^2 的. 此外

$$\hat{m}(x,t) = \begin{pmatrix} \cos\dfrac{u(x,t)}{2} & -\sin\dfrac{u(x,t)}{2} \\ \sin\dfrac{u(x,t)}{2} & \cos\dfrac{u(x,t)}{2} \end{pmatrix}, \quad (x,t) \in [0,\infty) \times [0,\infty). \tag{5.28}$$

证明 注意到 $e^{\frac{iu}{2}} = \hat{m}_{11} + i\hat{m}_{21}$ 及引理 5.2.8 即可得. □

引理 5.2.10 (m 的 Lax 对) 对于每一个 $k \in \mathbb{C} \setminus \Gamma$, 映射 $(x,t) \mapsto m(x,t,k)$ 是 $C^2([0,\infty) \times [0,\infty), \mathbb{C}^{2\times 2})$ 且满足如下 Lax 方程

$$\begin{cases} m_x + \dfrac{i}{4}\left(k - \dfrac{1}{k}\right)[\sigma_3, m] = Q(x,t,k)m, \\ m_t + \dfrac{i}{4}\left(k + \dfrac{1}{k}\right)[\sigma_3, m] = Q(x,t,-k)m, \end{cases} \quad (x,t) \in [0,\infty) \times [0,\infty),\ k \in \mathbb{C} \setminus \Gamma, \tag{5.29}$$

这里 $Q(x,t,k)$ 由 (4.5) 式定义.

证明 对于每一个 $k \in \mathbb{C} \setminus \Gamma$, 线性映射

$$f \mapsto (\mathcal{C}f)(k) = \frac{1}{2\pi i}\int_\Gamma \frac{f(s)ds}{s-k} : L^2(\Gamma) \to \mathbb{C}$$

是有界的. 由于 (5.21) 中的三个映射都是 C^2 的, 从而

$$(x,t) \mapsto \mu(w^+ + w^-) = (\mu - I)(w^+ + w^-) + (w^+ + w^-) : [0,\infty) \times [0,\infty) \to L^2(\Gamma)$$

也是 C^2 的. 从而, 对于每一个 $k \in \mathbb{C} \setminus \Gamma$, 当 $(x,t) \in [0,\infty) \times [0,\infty)$ 时, 映射

$$(x,t) \mapsto m(x,t,k) = I + \frac{1}{2\pi i}\int_\Gamma \frac{\mu(x,t,s)(w^+ + w^-)(x,t,s)}{s-k} ds$$

是 C^2 的. 因为在 $L^2(\Gamma)$ 的意义下, 偏导数 $\{\partial_x^j(\mu(w^+ + w^-))\}_{j=1}^2$ 和 $\{\partial_t^j(\mu(w^+ + w^-))\}_{j=1}^2$ 存在, 对于每一个 $(x,t) \in [0,\infty) \times [0,\infty)$, 可得

$$\begin{cases} (\partial_x^j m)(x,t,\cdot) = \mathcal{C}(\partial_x^j(\mu(w^+ + w^-))) \in \dot{E}^2(\mathbb{C} \setminus \Gamma), \\ (\partial_t^j m)(x,t,\cdot) = \mathcal{C}(\partial_t^j(\mu(w^+ + w^-))) \in \dot{E}^2(\mathbb{C} \setminus \Gamma), \end{cases} \quad j = 1,2, \tag{5.30}$$

引进函数 ψ,

$$\psi(x,t,k) = m(x,t,k)e^{-\frac{i}{4}((k-\frac{1}{k})x + (k+\frac{1}{k})t)\sigma_3},$$

可知

$$\psi_x\psi^{-1} = \left(m_x - \frac{i}{4}\left(k - \frac{1}{k}\right)m\sigma_3\right)m^{-1}.$$

选取一个点 $p \in \mathbb{C} \setminus \Gamma$. 由 $m \in I + \dot{E}^2(\mathbb{C} \setminus \Gamma)$ 及 $m_x \in \dot{E}^2(\mathbb{C} \setminus \Gamma)$, 可知 (参见文献 [74] 的引理 A.4 及引理 A.6) 存在函数 $\{f_j(x,t)\}_1^3$ 使得函数 f 由如下定义

$$f(x,t,k) = \frac{k}{(k-p)^3}\left(m_x - \frac{i}{4}\left(k - \frac{1}{k}\right)m\sigma_3\right)m^{-1} - \frac{f_3(x,t)}{(k-p)^3} - \frac{f_2(x,t)}{(k-p)^2} - \frac{f_1(x,t)}{k-p},$$

而且可以看出 $f \in \dot{E}^1(\mathbb{C} \setminus \Gamma)$. 这里因子 $\dfrac{k}{(k-p)^3}$ 使得极点从零点和无穷远点处转移到了点 $p \notin \Gamma$. 跳跃矩阵 v 满足 $v_x = -i\theta_1[\sigma_3, v]$. 从而关于 m 的 Riemann-Hilbert 问题 (5.13) 的跳跃条件说明 $f_+ = f_-$ 在 Γ 上几乎处处成立, 因而 $f = 0$,

$$f(x,t,\cdot) = \mathcal{C}(f_+ - f_-) = 0.$$

从而可知, 存在函数 $F_j(x,t)$, $j = -1, 0, 1$, 使得

$$m_x - \frac{i}{4}\left(k - \frac{1}{k}\right)m\sigma_3 = \left(kF_1(x,t) + F_0(x,t) + \frac{F_{-1}(x,t)}{k}\right)m, \quad k \in \mathbb{C} \setminus \Gamma. \tag{5.31a}$$

从

$$\psi_t\psi^{-1} = \left(m_t - \frac{i}{4}\left(k + \frac{1}{k}\right)m\sigma_3\right)m^{-1}$$

出发, 利用上面类似的过程, 可知存在函数 $G_j(x,t)$, $j = -1, 0, 1$, 使得

$$m_t - \frac{i}{4}\left(k + \frac{1}{k}\right)m\sigma_3 = \left(kG_1(x,t) + G_0(x,t) + \frac{G_{-1}(x,t)}{k}\right)m, \quad k \in \mathbb{C} \setminus \Gamma. \tag{5.31b}$$

我们对方程 (5.31a) 和 (5.31b) 在 $k \to \infty$ 及 $k \to 0$ 处进行渐近分析, 可知

$$kF_1(x,t) + F_0(x,t) + \frac{F_{-1}(x,t)}{k} = Q(x,t,k) - \frac{i}{4}\left(k - \frac{1}{k}\right)\sigma_3, \tag{5.32a}$$

$$kG_1(x,t) + G_0(x,t) + \frac{G_{-1}(x,t)}{k} = Q(x,t,-k) - \frac{i}{4}\left(k + \frac{1}{k}\right)\sigma_3. \tag{5.32b}$$

以上渐近分析的结果就证明了引理的内容. 下面进行详细的渐近分析过程. 首先, 我们考虑 k 趋于无穷的时候, 令 W_∞ 是关于 Γ 在无穷远处的非切线区域. 我们把 (5.19) 写为如下形式

$$m(x,t,k) = I - \frac{1}{2\pi i}\int_\Gamma (\mu(w^+ + w^-))(x,t,s)\left(\frac{1}{k} + \frac{s}{k^2} + \frac{s^2}{k^2(k-s)}\right)ds.$$

利用引理 5.2.7, 可知 $\mu(x,t,\cdot) - I \in L^2(\Gamma)$. 由于当 $k \to \infty$ 时, $r_1(k) - r_{1,a}(k) = O(k^{-3})$, 那么函数 $s(w^+ + w^-)(x,t,s)$ 和 $\dfrac{s^2}{k-s}(w^+ + w^-)(x,t,s)$ 的 L^1 范数和 L^2 范数都是有界的 (并且函数 $\dfrac{s^2}{k-s}(w^+ + w^-)(x,t,s)$ 在 $k \in W_\infty$ 上是一致的). 从而

$$m(x,t,k) = I + \frac{n_1(x,t)}{k} + O(k^{-2}), \quad k \to \infty, \ k \in W_\infty, \tag{5.33}$$

这里误差项在 $k \in W_\infty$ 上是一致的, 系数 n_1 由如下式子给出

$$n_1(x,t) = -\frac{1}{2\pi i}\int_\Gamma (\mu(w^+ + w^-))(x,t,s)ds.$$

对于偏导数 m_x 和 m_t 利用上面类似的结论, 可知

$$\begin{cases} m_x = O(k^{-1}), \\ m_t = O(k^{-1}), \end{cases} \quad k \to \infty,\ k \in W_\infty. \tag{5.34}$$

事实上, 根据引理 5.2.7 可得 μ_x 和 μ_t 的 L^2 范数有界. 此外, $w^\pm$ 的定义说明函数 $\left(1+\dfrac{s}{k-s}\right)(w^+ + w^-)_x$ 和 $\left(1+\dfrac{s}{k-s}\right)(w^+ + w^-)_t$ 的 L^1 范数与 L^2范数有界. 这就获得了 (5.34).

把 (5.33) 和 (5.34) 代入 (5.31), 分别比较 $O(k)$ 项和 $O(1)$ 项可得

$$F_1 = G_1 = -\frac{i}{4}\sigma_3 \quad 及 \quad F_0 = G_0 = \frac{i}{4}[\sigma_3, n_1], \tag{5.35}$$

记

$$n_1 = a_1\sigma_1 + b_1\sigma_2 + c_1\sigma_3 + d_1 I,$$

这里 a_1, b_1, c_1, d_1 是关于 (x,t) 的复函数. $m(x,t,k)$ 所具有的对称性 $m(x,t,k) = \sigma_2 m(x,t,-k)\sigma_2$ (见 (5.27)) 说明 $b_1 = d_1 = 0$, 从而 $n_1 = a_1\sigma_1 + c_1\sigma_3$. 此外, 利用对称性 $m(x,t,k) = \sigma_2\overline{m(x,t,\bar{k})}\sigma_2$ 可知系数 a_1 和 c_1 都是纯虚的. 特别地,

$$F_0 = G_0 = -\frac{1}{2}a_1(x,t)\sigma_2, \tag{5.36}$$

这里 $a_1(x,t) \in i\mathbb{R}$.

下面我们考虑 k 趋于 0 的情况. 在这种情况下, m 具有渐近表达式 (5.26). 利用一个事实: 当 $k \to 0$ 时, $r(k) = O(k^3)$, 类似于上面 (5.34) 成立的理由, 可知

$$\begin{cases} m_x = \hat{m}_x(x,t) + O(k), \\ m_t = \hat{m}_x(x,t) + O(k), \end{cases} \quad k \to 0,\ k \in W_0. \tag{5.37}$$

把 (5.26) 和 (5.37) 分别代入 (5.31a) 与 (5.31b) 中, 比较 $O(1/k)$ 项的系数可知

$$\frac{i}{4}\hat{m}\sigma_3 = F_{-1}\hat{m}, \quad -\frac{i}{4}\hat{m}\sigma_3 = G_{-1}\hat{m},$$

从而

$$F_{-1} = -G_{-1} = \frac{i}{4}\hat{m}\sigma_3\hat{m}^{-1} = \frac{i}{4}\begin{pmatrix} \cos u(x,t) & \sin u(x,t) \\ \sin u(x,t) & -\cos u(x,t) \end{pmatrix}. \tag{5.38}$$

利用 (5.38) 对 (5.31a) 和 (5.31b) 求和, 可知

$$m_x + m_t - \frac{i}{2}km\sigma_3 = 2(kF_1 + F_0)m.$$

比较方程两边 $O(1)$ 项的系数可知 $\hat{m}_x + \hat{m}_t = 2F_0\hat{m}$, 利用引理 5.2.9 和 (5.36) 可得

$$a_1(x,t) = \frac{i}{2}(u_x + u_t). \tag{5.39}$$

从而, 根据等式 (5.35), (5.36), (5.38) 和 (5.39), 推得 (5.32) 成立. □

为了完成定理 5.2.2 的证明, 现在就剩下证明 $u(x,t)$ 是 sine-Gordon 方程 (4.1) 的解了. 这个我们将利用常规的手段, 从引理 5.2.10 中的 Lax 对的相容性着手得到函数 $u(x,t)$ 满足的方程, 而得到的方程恰好就是我们的 sine-Gorodn 方程. 从而完成证明. 我们以下面引理来结束定理 5.2.2 的证明.

引理 5.2.11 对于 $x \geqslant 0$ 及 $t \geqslant 0$, 函数 $u(x,t)$ 满足 sine-Gordon 方程 (4.1).

证明 固定 $k \in \mathbb{C} \setminus \Gamma$. 利用引理 5.2.10 可知, 作为 x 和 t 的函数 $m(x,t,k)$ 是 C^2 的. 从而混合偏导数 m_{xt} 和 m_{tx} 存在且在 $x \geqslant 0$ 及 $t \geqslant 0$ 时相等. 这就意味着

$$A_t - B_x + [A,B] = 0, \quad x \geqslant 0,\ t \geqslant 0,$$

这里

$$A(x,t,k) = Q(x,t,k) - \frac{i}{4}\left(k - \frac{1}{k}\right)\sigma_3, \quad B(x,t,k) = Q(x,t,-k) - \frac{i}{4}\left(k + \frac{1}{k}\right)\sigma_3.$$

经过一个繁杂而又标准的计算可得

$$A_t - B_x + [A,B] = \frac{i}{4}(u_{xx} - u_{tt} - \sin u)\sigma_2,$$

这就说明函数 $u(x,t)$ 满足 sine-Gordon 方程 (4.1). □

注 5.2.12 方程 (5.39) 显示由 (5.10) 定义的函数 $u(x,t)$ 也满足如下等式

$$u_x(x,t) + u_t(x,t) = -2i \overset{\angle}{\lim_{k\to\infty}} \big(kM(x,t,k)\big)_{12}. \tag{5.40}$$

这个表达式是有用的, 因为可以看出, 函数的 $u(x,t)$ 的偏导数可以直接用 Riemann-Hilbert 问题的解直接表示. 这样在给出函数的 $u(x,t)$ 的偏导数的渐近表达式时会方便得多. ■

现在回过头来看一下定理 5.2.2, 首先, 我们引进两个函数 $r_1(k)$ 和 $h(k)$, 这两个函数具有一定的假设条件, 那么利用这两个函数与相函数 θ 函数, 构造出了一

个 Riemann-Hilbert 问题, 我们证明了这个 Riemann-Hilbert 问题的合理性, 即证明了这个 Riemann-Hilbert 问题解的存在唯一性, 然后从 Riemann-Hilbert 问题的解出发构造一个函数 $u(x,t)$, 进而从 $u(x,t)$ 出发构造了一个 Riemann-Hilbert 问题的解满足的 Lax 方程, 从而就获得了 $u(x,t)$ 所满足的方程——sine-Gordon 方程.

简言之, 从两个满足一定假设条件的函数出发, 构造出了 sine-Gordon 方程的解. 这可以看出 Riemann-Hilbert 方法的美妙之处与恰到好处.

对于给定初值和边值后, sine-Gordon 方程在四分之一平面上解的构造由如下的定理. 在叙述定理之前, 我们引进假设.

假设 5.2.13 假设下面条件成立

- (4.12) 式中所定义的谱函数 $a(k)$, $b(k)$, $A(k)$, $B(k)$ 满足全局关系

$$A(k)b(k)-B(k)a(k)=0,\quad k\in\bar{D}_1. \tag{5.41}$$

- 函数 $a(k)$ 在 $\bar{D}_1\cup\bar{D}_2$ 无零点以及函数 $d(k)$ 在 $\bar{D}_2$ 上也无零点.

定理 5.2.14 (给定初值和边值, sine-Gordon 方程在四分之一平面上解的构造) 对于一些整数 $N_x, N_t\in\mathbb{Z}$, 令 u_0, u_1, g_0, g_1 满足当 $n=1$, $m=2$ 时的 (4.36) 式和 (4.135) 式. 假设 u_0, u_1, g_0, g_1 在 $x=t=0$ 处关于 sine-Gordon 方程 (4.1) 是 3 阶相容的. 利用 (4.12) 定义四个谱函数 $a(k)$, $b(k)$, $A(k)$ 和 $B(k)$, 并假设这些谱函数满足假设 5.2.13.

那么由 (5.2) 式所定义的谱函数 $r_1(k)$ 和 $h(k)$ 满足假设 5.2.1. 此外, 由 (5.11) 所定义的 sine-Gordon 方程的解 $u(x,t)$ 在选取适当的整数 j 后, 可以给出初值和边值 u_0, u_1, g_0, g_1, 即

- 对于 $x\geqslant 0$, $u(x,0)=u_0(x)$ 及 $u_t(x,0)=u_1(x)$;
- 对于 $t\geqslant 0$, $u(0,t)=g_0(t)$ 及 $u_x(0,t)=g_1(t)$.

证明 我们用一系列的引理来完成定理的证明.

引理 5.2.15 函数 $r_1(k)$ 与 $h(k)$ 满足假设 5.2.1. 此外, 函数 $h(k)$ 在 $k\in D_2$ 是解析的.

证明 根据引理 4.5.1, 定理 4.5.2 以及假设 5.2.13 可知, 函数 r_1 和 h 是连续函数且满足假设 5.2.1 中的 (a) 和 (b), 并且 $h(k)$ 在 $k\in D_2$ 是解析函数. 下面我们来证明假设 5.2.1 中的 (c), 即函数 $r(k)=r_1(k)+h(k)$ 时, $r(\pm1)=0$ 及当 $k\to 0$ 时, $r(k)=O(k^3)$. 利用 (5.3), 可知当 $k\in\mathbb{R}$ 时, $r=r_1+h=c^*/d$. 从 (4.149c) 可知, 当 $k\to 0$ 时, $c(k)=O(k^{m+1})=O(k^3)$. 此外, 根据全局关系 (5.41) 可知, $c(k)=0$, $k\in\mathbb{R}\setminus(-1,1)$, 从而对于 $k\in\mathbb{R}\setminus(-1,1)$ 时, $r(k)=0$, 特别地, $r(\pm1)=0$. □

利用引理 5.2.15 和定理 5.2.2 可知, 对于由函数 r_1 和 h 构造的 Riemann-Hilbert 问题 (5.6) 存在唯一的解 $M(x,t,k)$. 利用 $M(x,t,k)$ 通过 (5.11) 定义 $u(x,t)$. 根据定理 5.2.2 可知, $u:[0,\infty)\times[0,\infty)\to\mathbb{R}$ 是 sine-Gordon 方程具有 C^2 性质的解. 下面就只需在 (5.11) 中选取适当的整数 j, 验证 $u(x,t)$ 是否满足给定的初值和边值条件. 首先我们先来验证初值.

引理 5.2.16 对于适当的整数 j, 由 (5.11) 所定义的函数 $u(x,t)$, 当 $x\geqslant 0$ 时, $u(x,0)=u_0(x)$ 及 $u_t(x,0)=u_1(x)$.

证明 利用等式 (4.15) 来定义特征函数 $X(x,k)$ 和 $Y(x,k)$, 特征函数 X 和 Y 的基本性质以及当 $k\to\infty$ 和 $k\to 0$ 时的详细的渐近表达式可以参见定理 4.3.1 和定理 4.3.3 . 根据特征函数 X 和 Y 的性质, 构造如下函数 $m^{(x)}(x,k)$,

$$m^{(x)}(x,k)=\begin{cases}\left(\dfrac{[Y(x,k)]_1}{a(k)},[X(x,k)]_2\right), & \mathrm{Im}k>0,\\ \left([X(x,k)]_1,\dfrac{[Y(x,k)]_2}{\overline{a(\bar{k})}}\right), & \mathrm{Im}k<0,\end{cases} \tag{5.42}$$

可直接验证, 函数 $m^{(x)}(x,k)$ 满足如下 Riemann-Hilbert 问题

$$\begin{cases}m^{(x)}(x,\cdot)\in I+\dot{E}^2(\mathbb{C}\setminus\mathbb{R}),\\ m_+^{(x)}(x,k)=m_-^{(x)}(x,k)\begin{pmatrix}1+|r_1(k)|^2 & r_1^*(k)e^{-2i\theta_1 x}\\ r_1(k)e^{2i\theta_1 x} & 1\end{pmatrix}, \quad \text{a.e. } k\in\mathbb{R}.\end{cases} \tag{5.43}$$

当 $k\to 0$ 时, 特征函数 X 满足

$$\angle\lim_{k\to 0}X(x,k)=G_0(x),\quad x\geqslant 0,\ k\in(\mathbb{C}_-,\mathbb{C}_+),$$

这里函数 $G_0(x)$ 是一个由 (4.75) 定义的矩阵. 当 $k\to 0$ 时, 特征函数 Y 的渐近行为取决于 $x>0$ 和当 $x>0$ 时, 有

$$\angle\lim_{k\to 0}Y(x,k)=(-1)^{N_x}\cos\frac{u_0(0)}{2}G_0(x),\quad x>0,\ k\in(\mathbb{C}_+,\mathbb{C}_-).$$

而 $x=0$ 时, 对于 $k\in\mathbb{C}\setminus\{0\}$, $Y(0,k)=I$.

如果 $x>0$, 那么根据特征函数 X 和 Y 的渐近表达式 (参见定理 4.3.3) 以及 $a(0)=(-1)^{N_x}\cos\dfrac{u_0(0)}{2}$ 可知

$$\hat{m}^{(x)}(x):=\angle\lim_{k\to 0}m^{(x)}(x,k)$$

是有意义的且 $\hat{m}^{(x)}(x) = G_0(x)$, 换言之, 无论 k 是从下半平面还是上半平面趋于 0, 函数 $m^{(x)}(x,k)$ 的非切线极限都存在且相等. 从而可得

$$u_0(x) = 2\arg\left[(-1)^{N_x}(\hat{m}_{11}^{(x)}(x) + i\hat{m}_{21}^{(x)}(x))\right], \quad x > 0. \tag{5.44a}$$

而当考虑特征函数 X 和 Y 在 $k \to \infty$ 的渐近表达式时, 可得

$$u_1(x) = -u_0'(x) - 2i \overset{\angle}{\lim_{k\to\infty}} \left(km^{(x)}(x,k)\right)_{12}, \quad x \geqslant 0. \tag{5.44b}$$

另一方面, 因为

$$h(k)e^{2i\theta_1 x} \in E^\infty(D_2), \quad \overline{h(\bar{k})}e^{-2i\theta_1 x} \in E^\infty(D_3),$$

所以定义函数 $M^{(x)}(x,k)$ 如下所示

$$M^{(x)}(x,k) = \begin{cases} M(x,0,k), & k \in D_1 \cup D_4, \\ M(x,0,k)\begin{pmatrix} 1 & 0 \\ -h(k)e^{2i\theta_1 x} & 1 \end{pmatrix}, & k \in D_2, \\ M(x,0,k)\begin{pmatrix} 1 & \overline{h(\bar{k})}e^{-2i\theta_1 x} \\ 0 & 1 \end{pmatrix}, & k \in D_3, \end{cases} \tag{5.45}$$

同样, 函数 $M^{(x)}(x,k)$ 亦满足 Riemann-Hilbert 问题 (5.43). 根据解的存在唯一性可知, $M^{(x)} = m^{(x)}$. 如果 $x > 0$, 那么

$$\overset{\angle}{\lim_{k\to 0}} M^{(x)}(x,k) = \overset{\angle}{\lim_{k\to 0}} M(x,0,k) = \hat{m}(x,0),$$

因为

$$\overset{\angle}{\lim_{\substack{k\to 0\\ \operatorname{Im}k>0}}} e^{2i\theta_1 x} = 0, \quad \overset{\angle}{\lim_{\substack{k\to 0\\ \operatorname{Im}k<0}}} e^{-2i\theta_1 x} = 0.$$

比较函数 $u(x,t)$ 的定义 (5.10) 与 (5.44a) 以及固定 (5.11) 出合适的整数 j, 可以得出结论: 当 $x > 0$ 时, $u(x,0) = u_0(x)$. 利用函数 $u_0(x)$ 和 $u(x,0)$ 的连续性可知, $u_0(0) = u(0,0)$. 最后, 比较 $u_x + u_t$ 的定义 (5.40) 与 (5.44b) 可得, 当 $x \geqslant 0$ 时, $u_t(x,0) = u_1(x)$. □

注 5.2.17 假如 $x = 0$, 那么在 $k \to 0$ 时, 函数 $m^{(x)}$ 和 $M^{(x)}$ 的极限更易获

得. 事实上, 对于 $x=0$, 有

$$\begin{cases}\displaystyle\angle\lim_{\substack{k\to 0\\ \mathrm{Im}k>0}} m^{(x)}(0,k)=(-1)^{N_x}\begin{pmatrix}\dfrac{1}{\cos\dfrac{u_0(0)}{2}} & -\sin\dfrac{u_0(0)}{2}\\ 0 & \cos\dfrac{u_0(0)}{2}\end{pmatrix},\\ \displaystyle\angle\lim_{\substack{k\to 0\\ \mathrm{Im}k<0}} m^{(x)}(0,k)=(-1)^{N_x}\begin{pmatrix}\cos\dfrac{u_0(0)}{2} & 0\\ \sin\dfrac{u_0(0)}{2} & \dfrac{1}{\cos\dfrac{u_0(0)}{2}}\end{pmatrix},\end{cases}$$

以及

$$\angle\lim_{\substack{k\to 0\\ \mathrm{Im}k>0}} M^{(x)}(0,k)=\hat{m}(0,0)\begin{pmatrix}1 & 0\\ -h(0) & 1\end{pmatrix},\quad \angle\lim_{\substack{k\to 0\\ \mathrm{Im}k<0}} M^{(x)}(0,k)=\hat{m}(0,0)\begin{pmatrix}1 & \overline{h(0)}\\ 0 & 1\end{pmatrix}.$$

这些极限与等式 $u_0(0)=u(0,0)$ 是一致的, 这是因为 $h(0)=\tan\dfrac{u(0,0)}{2}$ 以及 (5.11) 的整数 j 与 N_x 一致.

我们用下面的引理完成定理 5.2.14 的证明.

引理 5.2.18 (5.11) 所定义的函数 $u(x,t)$, 当 $t\geqslant 0$ 时, 函数 $u(x,t)$ 满足 $u(0,t)=g_0(t)$ 及 $u_x(0,t)=g_1(t)$.

证明 这个引理的证明与引理 5.2.16 的证明过程类似; 然后, 由于谱函数 $A(k)$ 在区域 D_3 上有零点, 在介绍 Riemann-Hilbert 问题之前, 我们引进区域 D_j 的变形区域 $\mathcal{D}_j$.

根据假设, 当 $\mathrm{Im}k\geqslant 0$ 时, 谱函数 $a(k)$ 无零点, 可知

$$|A(0)|=\left|\cos\frac{u_0(0)}{2}\right|=|a(0)|\neq 0.$$

那么, 存在一个常数 $\varepsilon>0$ 使得谱函数 $A(k)$ 在 $k\in\bar{\mathcal{D}}_3$ 内无零点, 这里, 区域 $\{\mathcal{D}_j\}_1^4$ 定义如下 (图 5.2)

$$\mathcal{D}_1=\{\mathrm{Im}k>0\}\cap\{|k|>\varepsilon\},\quad \mathcal{D}_2=\{\mathrm{Im}k>0\}\cap\{|k|<\varepsilon\},$$
$$\mathcal{D}_3=\{\mathrm{Im}k<0\}\cap\{|k|<\varepsilon\},\quad \mathcal{D}_4=\{\mathrm{Im}k<0\}\cap\{|k|>\varepsilon\}.$$

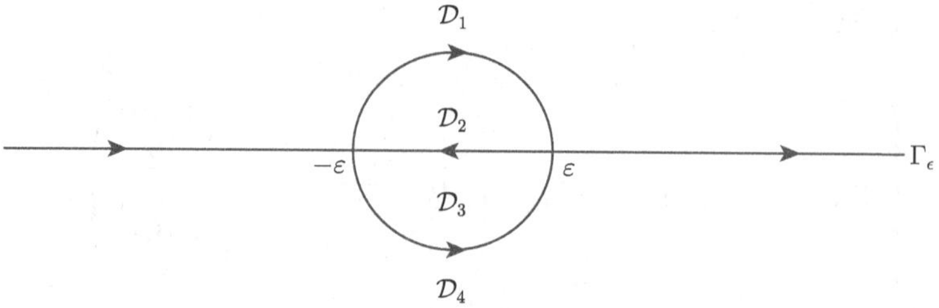

图 5.2　路径 Γ_ε 和区域 $\{\mathcal{D}_j\}_1^4$

记 $\Gamma_\varepsilon = \mathbb{R} \cup \{|k| = \varepsilon\}$ 表示区域 $\mathcal{D}_j$ 的边界, 方向如图 5.2 所示. 下面, 通过 (4.129) 定义特征函数 $T(t,k)$ 和 $U(t,k)$. 根据全局关系 (5.41) 和条件 $\det S(k) = 1$ 可得

$$d(k) = a(k)\overline{A(\bar{k})} + \frac{B(k)a(k)}{A(k)}\,\overline{B(\bar{k})} = \frac{a(k)}{A(k)}, \quad k \in \partial D_1.$$

从而谱函数 $A(k)$ 在区域 D_2 上解析. 利用全局关系 (5.41), 则在区域 $\bar{D}_1$ 中, $B = bA/a$; 从而函数 $B(k)$ 可以解析延拓到区域 D_2. 根据全局关系 (5.41) 和 $T = Ue^{-i\theta_2 t\hat{\sigma}_3}S(k)$ 可知

$$\frac{[T(t,k)]_2}{A(k)} = \frac{b(k)}{a(k)}e^{-2i\theta_2 t}[U(t,k)]_1 + [U(t,k)]_2, \quad t \geqslant 0,\ k \in \bar{D}_1.$$

由于 $U(t,\cdot)$ 在区域 $\mathbb{C} \setminus \{0\}$ 上解析, 则 $[T]_2/A$ 也可解析延拓到区域 D_2. 从而, 可以定义函数 $m^{(t)}$ 如下

$$m^{(t)}(t,k) = \begin{cases} \left([U(t,k)]_1, \dfrac{[T(t,k)]_2}{A(k)}\right), & k \in \mathcal{D}_1 \cup \mathcal{D}_3, \\ \left(\dfrac{[T(t,k)]_1}{\overline{A(\bar{k})}}, [U(t,k)]_2\right), & k \in \mathcal{D}_2 \cup \mathcal{D}_4. \end{cases} \tag{5.46}$$

根据特征函数 T 和 U 的性质可知, 上面所定义的函数 $m^{(t)}(t,k)$ 满足如下 Riemann-Hilbert 问题

$$\begin{cases} m^{(t)}(t,\cdot) \in I + \dot{E}^2(\mathbb{C} \setminus \Gamma_\varepsilon), \\ m_+^{(t)}(t,k) = m_-^{(t)}(t,k) \begin{pmatrix} 1 & \dfrac{B_+(k)}{A_+(k)}e^{-2i\theta_2 t} \\ \dfrac{\overline{B_+(\bar{k})}}{\overline{A_+(\bar{k})}}e^{2i\theta_2 t} & \dfrac{1}{A_+(k)\overline{A_+(\bar{k})}} \end{pmatrix}, \quad \text{a.e. } k \in \Gamma_\varepsilon. \end{cases} \tag{5.47}$$

此外, 根据特征函数 T 和 U 的渐近表达可得 (参见定理 4.4.2 和定理 4.4.4)

$$g_0(t) = 2\overset{\angle}{\lim_{k\to 0}} \arg\left[m_{11}^{(t)}(t,k) + i m_{21}^{(t)}(t,k)\right] \pmod{2\pi}, \quad t>0, \tag{5.48a}$$

$$g_1(t) = -g_0'(t) - 2i \overset{\angle}{\lim_{k\to\infty}} \left(k m^{(t)}(t,k)\right)_{12}, \quad t \geqslant 0. \tag{5.48b}$$

另一方面, 定义函数 $\mathcal{M}(x,t,k)$ 如下

$$\mathcal{M} = \begin{cases} M\begin{pmatrix} 1 & 0 \\ -h(k)e^{2i\theta} & 1 \end{pmatrix}, & k \in \mathcal{D}_1 \cap \mathcal{D}_2, \\ M\begin{pmatrix} 1 & \overline{h(\bar{k})}e^{-2i\theta} \\ 0 & 1 \end{pmatrix}, & k \in \mathcal{D}_4 \cap \mathcal{D}_3, \\ M, & \text{其他}, \end{cases}$$

满足如下 Riemann-Hilbert 问题

$$\begin{cases} \mathcal{M}(x,t,\cdot) \in I + \dot{E}^2(\mathbb{C}\setminus\Gamma_\varepsilon), \\ \mathcal{M}_+(x,t,k) = \mathcal{M}_-(x,t,k)\mathcal{J}(x,t,k) \quad \text{对于几乎所有的 } k \in \Gamma_\varepsilon, \end{cases} \tag{5.49}$$

这里跳跃矩阵 $\mathcal{J}$ 由 (5.5) 给出, 只是这里的区域 D_j 用 $\mathcal{D}_j$ 代替. 注意到 $a(k)$, $d(k)$ 和 $A(k)$ 分别在区域 $\bar{\mathbb{C}}_+$, $\bar{\mathcal{D}}_2$ 和 $\bar{\mathcal{D}}_3$ 上无零点, 可得

$$\left(\frac{d(k)}{\overline{A(\bar{k})}}\right)^{\pm 1} \in E^\infty(\mathcal{D}_2), \quad a(k)^{\pm 1} \in 1 + (\dot{E}^2 \cap E^\infty)(\mathbb{C}_+).$$

因此, 函数

$$G_1(t,k) = \begin{pmatrix} a(k) & 0 \\ 0 & \dfrac{1}{a(k)} \end{pmatrix}, \quad G_2(t,k) = \begin{pmatrix} \dfrac{d(k)}{\overline{A(\bar{k})}} & -b(k)e^{-2i\theta_2 t} \\ 0 & \dfrac{\overline{A(\bar{k})}}{d(k)} \end{pmatrix},$$

$$G_3(t,k) = \begin{pmatrix} \dfrac{A(k)}{\overline{d(\bar{k})}} & 0 \\ \overline{b(\bar{k})}e^{2i\theta_2 t} & \dfrac{\overline{d(\bar{k})}}{A(k)} \end{pmatrix}, \quad G_4(t,k) = \begin{pmatrix} \dfrac{1}{\overline{a(\bar{k})}} & 0 \\ 0 & \overline{a(\bar{k})} \end{pmatrix}, \tag{5.50}$$

那么对于 $j=1,\cdots,4$ 时, 函数 $G_j(t,\cdot) \in I + (\dot{E}^2 \cap E^\infty)(\mathcal{D}_j)$. 利用函数 J 的表达式 (5.5) 及全局关系 (5.41), 经过繁杂而标准的计算可知如下定义的函数 $M^{(t)}(t,k)$:

$$M^{(t)}(t,k) = \mathcal{M}(0,t,k)G_j(t,k), \quad k \in \mathcal{D}_j, \quad j = 1,\cdots,4 \tag{5.51}$$

同样也满足 Riemann-Hilbert 问题 (5.47). 从而利用 Riemann-Hilbert 问题解的唯一性可知 $M^{(t)} = m^{(t)}$.

根据等式 (5.51) 可知

$$\overset{\angle}{\lim_{\substack{k\to 0\\ \operatorname{Im}k>0}}} [M^{(t)}(t,k)]_1 = \frac{d(0)}{A(0)} \overset{\angle}{\lim_{k\to 0}} [M(0,t,k)]_1, \quad t \geqslant 0,$$

因此, 根据 $u(x,t)$ 的定义 (5.11) 可得

$$u(0,t) = 2 \overset{\angle}{\lim_{\substack{k\to 0\\ \operatorname{Im}k>0}}} \arg\left[M_{11}^{(t)}(t,k) + iM_{21}^{(t)}(t,k)\right] \pmod{2\pi}, \quad t \geqslant 0.$$

比较上面式子与 (5.48a) 可得, 当 $t>0$ 时, $u(0,t)$ 等于 $g_0(t)$ 除了一个 2π 的整数倍. 利用引理 5.2.16 以及在 $x=t=0$ 处的相容性, 可得 $u(0,0)=u_0(0)=g_0(0)$. 由于当 $t \geqslant 0$ 时, 函数 $u(0,t)$ 和 $g_0(t)$ 是连续的, 得当 $t \geqslant 0$ 时, $u(0,t)=g_0(t)$. 比较 u_x+u_t 表达式 (5.40) 与 (5.48b) 可得 $u_x(0,t)=g_1(t)$, $t \geqslant 0$. □

从而我们就完成了定理的证明. ■

第 6 章　sine-Gordon 方程初边值问题解的渐近分析: 非孤子解情况

sine-Gordon 方程最有趣的一个方面是它的可积性, 它表现为存在 Lax 对和无穷多守恒律. Lax 对可以用来定义一个非线性傅里叶变换 (也称为反散射变换), 这个变换可以使方程的时间演化线性化. 对于 sine-Gordon 方程

$$u_{tt} - u_{xx} + \sin u = 0, \tag{6.1}$$

假设 u 具有合适的光滑性和衰减性, 那么在边值条件 $\lim_{|x|\to\infty} u(x,t) = 0 \pmod{2\pi}$ 下, 利用反散射变换我们可以建立 sine-Gordon 方程初值问题解与一个 2×2 矩阵型的 Riemann-Hilbert 问题解的联系, 参见文献 [69,95], 也可参见文献 [41] 和文献 [19] 的附录 A 部分. 应用美国科学院院士 Deift 和美籍华人数学家 Zhou 所提出的用非线性速降法来分析这个 Riemann-Hilbert 问题, 就可以分析出解的长时间渐近性. 对于解是非孤子解的情况, 在文献 [23] 中, 假如初始值 $u_0(x) := u(x,0)$ 和 $u_1(x) := u_t(x,0)$ 都属于快速衰减类 $\mathcal{S}(\mathbb{R})$, 并且 sine-Gordon 方程相应初值问题解 $u(x,t)$ 是非孤子解, 那么

(i) 在区域 $|x/t| \geqslant 1$ 中, 当 $t\to\infty$ 时, $\sin u$ 快速地趋于 0 ;

(ii) 在区域 $|x/t| < 1$ 中, 只要 $t|x-t|\to\infty$, 那么 $\sin u$ 就趋于一个精确给定的调制正弦波, 并且这个正弦波的振幅阶数为 $O(t^{-1/2})$.

正如第 4 章所讨论的那样, sine-Gordon 方程在四分之一平面上带初边值问题的解也可以表示成为一个 Riemann-Hilbert 问题的解. 本章的主要目的是: 研究 sine-Gordon 方程带初边值问题解 $u(x,t)$ 在四分之一平面

$$\{(x,t)\in\mathbb{R}^2 \,|\, x\geqslant 0, t\geqslant 0\} \tag{6.2}$$

上的渐近表达式. 我们用 u_0, u_1 来表示 Dirichlet 初始值, 而用 g_0 和 g_1 来表示 Neumann 边界值:

$$\begin{cases} u_0(x) = u(x,0), \\ u_1(x) = u_t(x,0), \end{cases} \quad x\geqslant 0; \quad \begin{cases} g_0(t) = u(0,t), \\ g_1(t) = u_x(0,t), \end{cases} \quad t\geqslant 0.$$

假设函数 $u_0(x)$ 和 $g_0(t)$ 分别在 $x\to\infty$ 和 $t\to\infty$ 时趋于 2π 的整数倍,

$$\lim_{x\to\infty} u_0(x) = 2\pi N_x, \quad \lim_{t\to\infty} g_0(t) = 2\pi N_t, \quad N_x, N_t \in \mathbb{Z}, \tag{6.3}$$

我们的结果表明, sine-Gordon 方程在四分之一平面上解的渐近性质分为四个区域来描述, 分别记为区域 I、区域 II、区域 III 和区域 IV, 详细参见图 6.1.

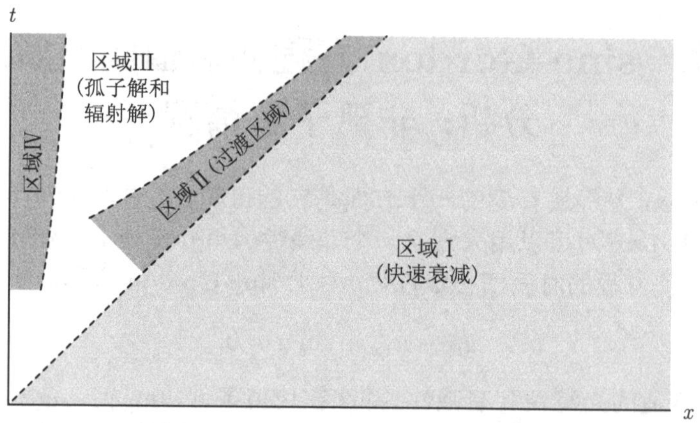

图 6.1 xt 平面中的四个渐近区域

(1) 在区域 I 中 ($\{(x,t)|x/t \geqslant 1\}$), 当 $x \to \infty$ 时, 方程的解趋于 $2\pi N_x$.

(2) 在区域 II 中 (也称传递区域, $\{(x,t)|0 \leqslant x/t \leqslant 1且x/t \to 1\}$), 方程的解满足

$$u(x,t) = 2\pi N_x + O\big((1-x/t)^N + t^{-N}\big).$$

(3) 在区域 III 中 ($\{(x,t)|0 \leqslant x/t \leqslant 1且t|x-t| \to \infty\}$), 方程解的渐近表达式的首项是一列速度为 $v_j \in (0,1)$ 的孤子解. 这些孤子解是在 Riemann-Hilbert 问题所具有的极点处产生的; 在拓扑意义下, 孤子解是产生环绕数的原因. 在该区域的绝大部分区域上, 解的渐近表达式中第二项的贡献为振幅为 $O(t^{-1/2})$ 的调制正弦波. 当 (x,t) 在接近 $x=0$ 的边界时, 正弦波的振幅消失.

(4) 在区域 IV 中 (边界区域, $\{(x,t)|0 \leqslant x/t \leqslant 1且x \to 0\}$), 方程的解满足: 对于任意的整数 $N \geqslant 1$, $u(x,t) = 2\pi N_t + O\big((x/t)^N + t^{-N}\big)$.

为了获得上面的结论, 我们主要利用 Riemann-Hilbert 技术和非线性速降法理论. 为了与初值问题相比较, 我们先考虑只存在辐射解 (也称为非孤子解) 的情况. 本章的主要结果归结为两个定理: 定理 6.1.2 和定理 6.1.3. 它们给出了由某些给定的谱函数或由满足全局关系的初始值和边界值构造的解 $u(x,t)$ 在四分之一平面上的渐近公式.

对于全直线上的初值问题, 解的环绕数一般由如下极限给出

$$\frac{1}{2\pi}\Big(\lim_{x\to+\infty} u(x,t) - \lim_{x\to-\infty} u(x,t)\Big).$$

可以看出, 这个表达式的最后结果是一个整数. sine-Gordon 方程 (6.1) 最简单的一类具有非 0 环绕数的解为如下形式的行波解

$$u(x,t) = 4\arctan\left(e^{\sigma\frac{x-vt-x_0}{\sqrt{1-v^2}}}\right), \tag{6.4}$$

这里 $x_0 \in \mathbb{R}$, $\sigma = \pm 1$ 是环绕数, $v \in (-1,1)$ 是表示波的速度. (6.4) 中所表示的是 sine-Gordon 方程的单孤子解并且, 当 $\sigma = 1$ 时, 解的图像成扭结形状, 而在 $\sigma = -1$ 解的形状呈现反扭结状.

对于初边值问题 (6.3), 整数 $N_x - N_t$ 则称为方程符合初边值条件解的环绕数. 通过将三个不同的渐近扇区中的渐近公式拼凑在一起, 能够计算出该解的总环绕数. 为此, 在过渡区域中的渐近分析尽管是一个相对狭窄的讨论, 但却至关重要. 经过分析得到一个结论, 只有孤子解可以生成非零环绕数, 换言之, 辐射解的环绕数始终为 0. 也就是说, 在本章的分析中, 所给出的结论中的渐近表达式无法体现出环绕数. 但是在第 7 章讨论孤子解情况下解的渐近表达式时, 就能看出环绕数的具体体现.

对于 sine-Gordon 方程, 除了 t 趋于无穷时, 解的渐近表达式很重要之外, 方程解的半经典极限也受到了广泛的关注. 关于该方程初值问题解的半经典极限已经被美国学者在文献 [19, 20] 中详细研究. 以改变初始值和边界值为代价, 半经典极限可以通过变量 x 和 t 的重新缩放与 (x,t) 趋于无穷建立起关系. 事实上, 如果函数 $v(x,t;\varepsilon)$ 满足如下方程

$$\varepsilon^2 v_{tt} - \varepsilon^2 v_{xx} + \sin v = 0, \tag{6.5}$$

那么 $u(x,t) := v(\varepsilon x, \varepsilon t; \varepsilon)$ 满足 (6.1). 因而, 对于固定的 (x,t), 关于 $v(x,t;\varepsilon) = u(x/\varepsilon, t/\varepsilon)$ 的半经典极限 $\varepsilon \to 0$ 就转换为 (x,t) 趋于无穷时 $u(x,t)$ 的极限. 然而, 除非初始值和边界值在重新缩放时保持不变, 否则两个极限需要分别处理. 也就是说, 对于可积方程初边值问题解的半经典极限也是非常有意思的课题. 这也将是我们下一步要考虑的课题之一.

我们的结果是建设性的, 与任何假设的适定性无关. 不过, 让我们简要地回顾下方程 (6.1) 在四分之一平面 (6.2) 中的适定性. 当在四分之一平面中以 Dirichlet 或 Neumann 边界条件施加于 $x = 0$ 时, 许多相似的非线性演化偏微分方程被证明在适当的 Sobolev 空间中具有适定性. 例如 KdV 方程[12, 61]、广义 KdV 方程[24]、非线性 Schrödinger 方程[60] 和 "好的" Boussinesq 方程[58] 等.

所列的这些参考文献中的证明涉及求解带有附加的强制项的线性化初边值问题. 利用非线性项代替线性方程解中的强制项, 并使用适当的线性估计, 压缩映射就导致适定性. 看起来方程 (6.1) 的 Dirichlet 问题和 Neumann 问题也可以用类

似的方式进行分析, 但我们没有找到相关的参考文献, 这或许是一个非常有意思的课题.

6.1　本章主要结果

如果函数 $r_1 : \mathbb{R} \to \mathbb{C}$ 和 $h : \partial D_2 \to \mathbb{C}$ 是满足定理 5.2.2 假设的两个函数, 那么 (5.10) 所定义的函数 $u(x,t)$ 是 sine-Gordon 方程的四分之一平面解. 定理 6.1.2 和定理 6.1.3 给出了当 $(x,t) \to \infty$ 时, 这个解的渐近表达式. 正如图 6.1 所示, 这里有四个区域. 与第 5 章类似, 定理的证明需要对引进的函数作假定. 为了简便, 对函数 r_1 和 h 作如下假设.

假设 6.1.1　假设函数 $r_1 : \mathbb{R} \to \mathbb{C}$ 和 $h : \bar{D}_2 \to \mathbb{C}$ 具有如下性质:

(1) $r_1 \in C^\infty(\mathbb{R})$.

(2) 存在一系列的复常数 $\{r_{1,j}\}_{j=1}^\infty$ 使得对于每一个整数 $N \geqslant 1$,

$$r_1(k) = \sum_{j=1}^N \frac{r_{1,j}}{k^j} + O\left(\frac{1}{k^{N+1}}\right), \quad |k| \to \infty,\ k \in \mathbb{R}, \tag{6.6a}$$

上面表达式可以任意次求导, 并且对于任意的整数 $n, N \geqslant 1$, 如下表达式成立

$$\frac{d^n r_1}{dk^n}(k) = \frac{d^n}{dk^n}\left(\sum_{j=1}^N \frac{r_{1,j}}{k^j}\right) + O\left(\frac{1}{k^{N+1}}\right), \quad |k| \to \infty,\ k \in \mathbb{R}. \tag{6.6b}$$

(3) $h \in C^\infty(\bar{D}_2)$, 函数 $h(k)$ 在区域 $k \in D_2$ 上是解析的.

(4) $r_1(k)$ 与 $h(k)$ 具有 (5.8) 中的对称性.

(5) 定义函数 $r : [-1,1] \to \mathbb{C}$ 为函数 $r_1(k)$ 与 $h(k)$ 的和, 即 $r(k) = r_1(k) + h(k)$, 且 $r(1) = r(-1) = 0$ 及对于任意的整数 $j \geqslant 0$ 都有 $r^{(j)}(0) = 0$.

下面我们给出本章最主要的两个定理.

定理 6.1.2 (四分之一平面上解的渐近表达)　令函数 $r_1 : \mathbb{R} \to \mathbb{C}$ 和 $h : \bar{D}_2 \to \mathbb{C}$ 是满足假设 6.1.1 的两个函数, 由 (5.10) 所定义的函数 $u(x,t)$ 为 sine-Gordon 方程的四分之一平面解. 那么 $u \in C^\infty([0,\infty) \times [0,\infty), \mathbb{R})$, 且存在 arg 函数的一个分支, 使得当 $(x,t) \to \infty$ 时, (5.10) 中定义的函数 $u(x,t) \to 0$ 一致成立. 事实上, 在取定的这个分支后, 对于任意的 $N \geqslant 1$, 下面的渐近表达式在相应区域上成立:

区域 I:

$$u(x,t) = O\left(x^{-N}\right), \quad 1 \leqslant \zeta < \infty,\ x > 1; \tag{6.7a}$$

区域 II:

$$u(x,t) = O\left((1-\zeta)^N + t^{-N}\right), \quad 1/2 \leqslant \zeta \leqslant 1,\ t > 1; \tag{6.7b}$$

区域 III:

$$u(x,t) = -2\sqrt{\frac{2(1+k_0^2)\nu}{k_0 t}}\sin\alpha + O\left(\frac{1}{k_0 t} + \frac{\ln t}{t}\right), \quad 0 \leqslant \zeta < 1,\ t > 2; \tag{6.7c}$$

区域 IV:

$$u(x,t) = O\big(\zeta^2 + t^{-1}\big), \quad 0 \leqslant \zeta \leqslant 1/2,\ t > 1, \tag{6.7d}$$

这里误差项在相应区域上是一致的, 变量 $\zeta := x/t$ 且满足 $\zeta \geqslant 0$, 函数 $k_0 := k_0(\zeta)$, $\nu := \nu(\zeta)$ 及 $\alpha := \alpha(\zeta, t)$ 的定义如下

$$\begin{aligned} k_0 &= \sqrt{\frac{1-\zeta}{1+\zeta}}, \quad \nu = \frac{1}{2\pi}\ln(1+|r(k_0)|^2), \\ \alpha(\zeta,t) &= \frac{2tk_0}{1+k_0^2} - \nu\ln\left(\frac{8tk_0}{1+k_0^2}\right) - \frac{\pi}{4} + \arg r(k_0) + \arg\Gamma(i\nu) \\ &\quad - \frac{1}{\pi}\int_{-k_0}^{k_0}\ln(k_0-s)\frac{d\ln(1+|r(s)|^2)}{ds}ds. \end{aligned} \tag{6.8}$$

如果函数 $r(k)$ 及其高阶导数在 $k=1$ 处消失, 即对于每一个 $j = 0, \cdots, Z$ 都有 $r^{(j)}(1) = 0$, 那么 (6.7d) 可以变形为如下表达式

$$\text{区域 IV:} \quad u(x,t) = O\big(\zeta^{Z+2} + t^{-\frac{Z}{2}-1}\big), \quad 0 \leqslant \zeta \leqslant 1/2,\ t > 1. \tag{6.9}$$

本章的第二个定理讨论的是: 对于 sine-Gordon 方程来说, 给定满足某些条件的初值和边值, 如 $u_0 - 2\pi N_x$, u_1, $g_0 - 2\pi N_t$ 及 g_1 是 Schwartz 类函数 $\mathcal{S}([0,\infty))$, 那么可以给出 sine-Gordon 方程在四分之一平面上满足给定初值与边值的解的渐近表达式. 详见如下.

定理 6.1.3 (给定初值和边值四分之一平面解的渐近表达式) 对于一些整数 $N_x, N_t \in \mathbb{Z}$, 令函数 u_0, u_1, g_0, g_1 满足如下性质

$$u_0 - 2\pi N_x, u_1, g_0 - 2\pi N_t, g_1 \in \mathcal{S}([0,\infty)). \tag{6.10}$$

并且假设函数 u_0, u_1, g_0, g_1 关于 sine-Gordon 方程在 $x = t = 0$ 处任意阶相容. 通过 (4.12) 所定义的谱函数 $a(k)$, $b(k)$, $A(k)$, $B(k)$ 满足假设 5.2.13. 利用 (5.2) 定义函数 $r_1(k)$ 和 $h(k)$, 令 $M(x,t,k)$ 为 Riemann-Hilbert 问题 (5.6) 的解.

那么, 选取合适的整数 $j \in \mathbb{Z}$, 由 (5.11) 所定义的函数 $u(x,t)$ 是 sine-Gordon 方程 (6.1) 在 $\{x \geqslant 0, t \geqslant 0\}$ 上的光滑解, 并且满足

$$\begin{cases} u(x,0) = u_0(x), \quad u_t(x,0) = u_1(x), \quad x \geqslant 0, \\ u(0,t) = g_0(t), \quad u_x(0,t) = g_1(t), \quad t \geqslant 0, \end{cases} \tag{6.11}$$

以及对于任意的整数 $N \geqslant 1$, 函数 $u(x,t)$ 满足渐近表达式 (6.7).

证明 若 u_0, u_1, g_0, g_1 是 Schwartz 函数类 $\mathcal{S}([0,\infty))$. 那么根据定理 4.5.1、定理 4.5.2 以及假设 5.2.13 可知, 函数 $r_1(k)$ 和 $h(k)$ 满足假设 6.1.1. 从而, 根据定理 6.1.2, 可知, 函数 $u(x,t)$ 是满足 sine-Gordon 方程的光滑解且对于任意的 $N \geqslant 1$, 满足渐近表达式 (6.7). 根据定理 5.2.14 的结论可知, 函数 $u(x,t)$ 满足初值和边值 (6.11). ■

注 6.1.4 (区域重合时的匹配) (1) 在直接 $\zeta = 1$ (i.e. $x = t$) 上, 渐近表达式 (6.7a) 和 (6.7b) 是一致的. 在这条直线上, $u(x,t) = O(t^{-N})$.

(2) 在区域 $\{(x,t)|0 \leqslant \zeta \leqslant 1 \text{ 且 } t > 2\}$ 上, 渐近表达式 (6.7b) 和 (6.7c) 是一致的. 当 $\zeta \to 1$ 时, (6.7b) 起作用, 而当 $k_0^{3/2} t \to \infty$ 时, (6.7c) 起作用. 由于当 $\zeta \to 1$ 时, (6.7c) 中的调制正弦波的振幅趋于 0, 则 (6.7b) 和 (6.7c) 在重合区域上相等的. 事实上, 因为函数 $r(k)$ 在 $k = 0$ 时的任意阶导数都等于 0, 所以当 $\zeta \to 1$ 时, 函数 ν 及其任意阶导数都消失.

(3) 根据假设, $r(1) = 0$, 则当 $\zeta \to 0$ 时, (6.7c) 中的正弦波幅度也趋于 0. 这也就表明 (6.7c) 中的渐近表达式与 (6.7d)中的渐近表达式一致, 并且两个渐近式与边界函数 $g_0(t)$ 在 $t \to \infty$ 时的衰减一致.

6.2 定理 6.1.2 证明: 简介

定理 6.1.2 的证明主要采用了非线性最速下降技术, 该方法是由美国科学院院士 Deift 和美籍华人数学家 Zhou[37] 在研究修正 KdV 方程在全直线上的初值问题解的渐近分析时提出的, 后来 Cheng, Venakides 和 Zhou[23] 把该方法应用于 sine-Gordon 方程在全直线上的初值问题. 在 6.3—6.5节中, 我们介绍了 (6.7) 中三个渐近公式的详细推导. 在本节中, 我们将简要概述这些证明的关键点.

假设函数 $r_1 : \mathbb{R} \to \mathbb{C}$ 和 $h : \bar{D}_2 \to \mathbb{C}$ 是任意两个满足假设 6.1.1 的函数, 用 (5.5) 来定义跳跃矩阵 $J(x,t,k)$. 那么根据定理 5.2.2, 由跳跃矩阵 J 和跳跃曲线 Γ 所定义的相关 Riemann-Hilbert 问题 (5.6) 具有唯一的解 $M(x,t,k)$. 本章的目的是找出由矩阵函数 $M(x,t,k)$ 通过 (5.10) 所确定的函数 $u(x,t)$ 在 $(x,t) \to \infty$ 时的渐近表达式. 我们将对关于 $M(x,t,k)$ 的 Riemann-Hilbert 问题作一系列的变换来获得 sine-Gordon 方程的解 $u(x,t)$ 在 $(x,t) \to \infty$ 时的渐近表达式.

6.2.1 区域 I

我们首先考虑区域 I, 这个区域是处理起来最简单的区域. 根据跳跃矩阵的定义 (5.5), 可知, 该矩阵所涉及的指数为 $e^{\pm 2i\theta} = e^{\pm x\tilde{\Phi}}$, 这里函数 $\tilde{\Phi} := \tilde{\Phi}(\zeta, k)$ 由下式定义

$$\tilde{\Phi}(\zeta,k)=\frac{i}{2}\left(k-\frac{1}{k}\right)+\frac{i}{2}\left(k+\frac{1}{k}\right)\frac{1}{\zeta}.$$

由于在区域 I 中, $\zeta=x/t\geqslant 1$, 那么对于 $k\in\mathbb{C}_{\pm}$, 有 $\mathrm{Re}\tilde{\Phi}\leqslant 0$. 因而, 当 $x\to\infty$ 时, 在上半平面, 指数函数 $e^{x\tilde{\Phi}}$ 趋于 0, 而在下半平面时, $e^{-x\tilde{\Phi}}$ 趋于 0. 从而可知, 可以把 Riemann-Hilbert 问题的跳跃曲线作一些形变, 使得关于 $e^{x\tilde{\Phi}}$ 的部分放到上半平面, 而带 $e^{-x\tilde{\Phi}}$ 的部分放到下半平面. 我们将分两边完成. 首先, 我们引进函数 $M^{(1)}$ 来处理单位圆上所涉及的谱函数 $h(k)$, 以便它穿过原点 (参见图 6.3). 然后, 引入函数 $r_1(k)$ 解析逼近后, 利用形变 $M^{(1)}$ 在 $\mathbb{R}$ 的跳跃定义出 $m(x,t,k)$ (参见图 6.4). 可知, 除了在 $k=0$ 附近外, 关于 m 的 Riemann-Hilbert 问题的跳跃矩阵 v 是趋于单位阵的, 从而 $m(x,t,k)$ 也是快速衰减的. 那么对于每一个 $N\geqslant 1$, 当 $x\to\infty$ 时, sine-Gordon 方程的解 $u(x,t)=O(x^{-N})$.

6.2.2 区域 II

在这种情况下, 假设 $\zeta\in[0,1)$ 并记 $e^{\pm 2i\theta}=e^{\pm t\Phi}$, 这里函数 $\Phi:=\Phi(\zeta,k)$ 由下式定义

$$\Phi(\zeta,k)=\frac{i}{2}\left(k-\frac{1}{k}\right)\zeta+\frac{i}{2}\left(k+\frac{1}{k}\right)=\frac{i(k^2+k_0^2)}{k(1+k_0^2)},$$

其中

$$k_0:=k_0(\zeta)=\sqrt{\frac{1-\zeta}{1+\zeta}}\in(0,1]. \tag{6.12}$$

如果 $\mathrm{Re}\Phi\leqslant 0$, 当 $t\to\infty$ 时, 指数函数 $e^{\pm t\Phi}$ 趋于 0. 相函数的实部在穿过实轴和圆弧 $|k|=k_0$ 时都改变符号 (参见图 6.7). 这就建议我们作如下变换. 首先, 通过形变单位圆上的跳跃来定义一个函数 $M^{(1)}$, 使得该函数经过两个稳定点 $\pm k_0$. 其次, 在引入函数 $r_1(k)$ 解析逼近后[①], 利用形变 $M^{(1)}$ 在 $(-\infty,-k_0)\cup(k_0,\infty)$ 的跳跃定义出 $m(x,t,k)$(参见图 6.8). 记 $w:=v-I$ 表示关于 m 的 Riemann-Hilbert 问题的跳跃矩阵 v 与单位矩阵的差, 可知, 在区间 $(-k_0,k_0)$ 上, $(1+|k|^{-1})w=O(k_0^N)$, 而在稳定点 $\pm k_0$ 处所引出的对角线上, $(1+|k|^{-1})w=O(k_0^N+t^{-N})$. 在跳跃曲线的剩余部分, $(1+|k|^{-1})w$ 要不是指数递减, 就是 $(1+|k|^{-1})w=O(t^{-N})$. 从而这就获得了区域 II 上的渐近表达式.

6.2.3 区域 III

区域 III 的分析是四个区域中最复杂的区域, 最开始的时候, 我们采取与一样处理区域 II 的手段. 然而, 在区域 III 上, 当 $t\to\infty$ 时, 稳定点 $\pm k_0$ 可能不趋于

① 这里, 与区域 I 中的解析延拓不同 (这个解析逼近是对函数 $r_1(k)$ 在 $x\to\infty$ 的逼近), 这里的逼近是对于 $t\to\infty$ 的逼近.

原点. 也就是说, 在跳跃曲线 $(-k_0, k_0)$ 上, 我们需要用不同的方法来处理. 因而, 跟区域 II 一样引进函数 $M^{(1)}$ 后, 我们引进函数 $M^{(2)} = M^{(1)}\delta^{-\sigma_3}$, 这里复变函数 $\delta(\zeta, k)$ 在区域 $\mathbb{C} \setminus [-k_0, k_0]$ 上解析. δ 函数在区间 $[-k_0, k_0]$ 上的跳跃矩阵的选取, 使得关于 $M^{(2)}$ 的 Riemann-Hilbert 问题的跳跃矩阵 $J^{(2)}$ 在区间 $[-k_0, k_0]$ 上有合适的分解. 那么, 在引进函数 $h(k)$, $r_1(k)$ 和 $r_2(k) := r^*(k)/(1 + |r(k)|^2)$ 的解析逼近以后, 通过适当形变跳跃矩阵 $J^{(2)}$ 的解析部分来定义函数 $M^{(3)}(x, t, k)$(参见图 6.11). 那么关于 $M^{(3)}(x, t, k)$ 的 Riemann-Hilbert 问题的跳跃矩阵是趋于单位阵的, 除了在以稳定点 $\pm k_0$ 为中心的小的 "十字交叉" 路径. 通过构造一个新的渐近解 M^{app}, 这个函数在上面所提到的 "十字交叉" 路径上的跳跃与函数 $M^{(3)}$ 一致, 然后通过考虑 $m = M^{(3)}(M^{\text{app}})^{-1}$ 就能获得余项的阶数. 从而就能获得区域 III 上的渐近表达式.

6.2.4 区域 IV

与区域 III 一样, 区域 IV 的主要贡献也是来自以稳定点 $\pm k_0$ 为中心的小的 "十字交叉" 路径. 然而在区域 IV 上, 稳定点 $\pm k_0 \to \pm 1$, 从而导致函数 $r(k) \to 0$, 从而在稳定点附近的贡献被抑制了. 也就是说, 稳定点越接近 ± 1, 函数 $r(k)$ 越小, 从而主要的贡献部分就越受限制. 换言之, 当 $k \to \pm 1$ 时, 函数的 $r(k) \to 0$ 的性质是与 sine-Gordon 方程解 $u(x, t)$ 在边界处衰减相关.

注 6.2.1 从定理 5.2.2 可知, sine-Gordon 方程 (6.1) 的解 u 是 C^2 的. 但事实上, 利用假设 6.1.1 中函数 $r_1(k)$ 和 $h(k)$ 所满足的更强的条件, 以及定理 5.2.2 中的证明过程, 可知, sine-Gordon 方程 (6.1) 的解 $u \in C^\infty([0, \infty) \times [0, \infty), \mathbb{R})$.

6.3 定理 6.1.2 的证明: 区域 I

在本小节中, 记 $\mathcal{I} = (1, \infty)$ 及假设 $\zeta \in \mathcal{I}$. $N \geqslant 1$ 是一个固定的整数.

令 $\{V_j\}_1^2$ 表示如下开子集

$$V_1 = \{ue^{i\theta} \,|\, 0 < u < \infty, \theta \in (0, \pi/4) \cup (3\pi/4, \pi)\},$$
$$V_2 = \{ue^{i\theta} \,|\, 0 < u < \infty, \theta \in (-\pi, -3\pi/4) \cup (-\pi/4, 0)\},$$

记号 $U_j := V_j \cap \{|k| < 1\}$, $j = 1, 2$, 则表示上面开子集与单位圆盘所重合的部分 (图 6.2).

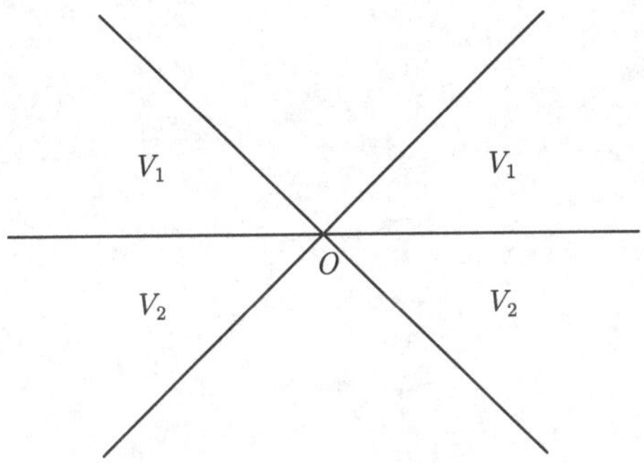

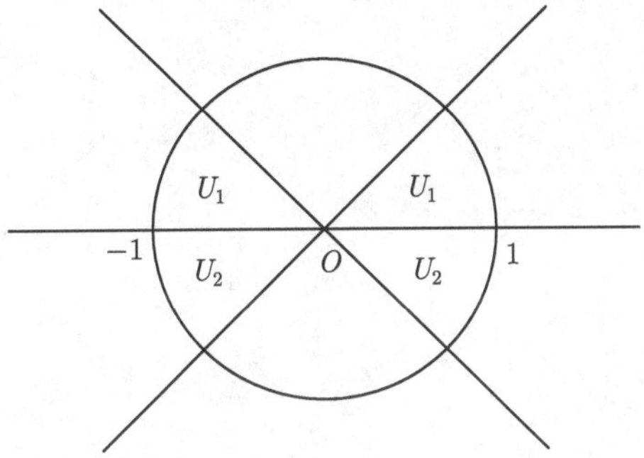

图 6.2 在区域 I 的情况下, 复平面上开子集 $\{V_j, U_j\}_1^2$

1. 第一次变换

定义函数 $M^{(1)}(x,t,k)$ 如下

$$M^{(1)}(x,t,k) = M(x,t,k) \times \begin{cases} \begin{pmatrix} 1 & 0 \\ -h(k)e^{x\tilde{\Phi}(\zeta,k)} & 1 \end{pmatrix}, & k \in U_1, \\ \begin{pmatrix} 1 & h^*(k)e^{-x\tilde{\Phi}(\zeta,k)} \\ 0 & 1 \end{pmatrix}, & k \in U_2, \\ I, & \text{其他}. \end{cases} \tag{6.13}$$

函数 $he^{x\tilde{\Phi}}$ 和 $h^*e^{-x\tilde{\Phi}}$ 分别在区域 U_1 和 U_2 上解析且有界. 因而函数 $M(x,t,k)$ 是 Riemann-Hilbert 问题的解当且仅当函数 $M^{(1)}$ 满足如下 Riemann-Hilbert 问题

$$\begin{cases} M^{(j)}(x,t,\cdot) \in I + \dot{E}^2(\mathbb{C} \setminus \Gamma^{(j)}), \\ M_+^{(j)}(x,t,k) = M_-^{(j)}(x,t,k)J^{(j)}(x,t,k), \quad \text{a.e. } k \in \Gamma^{(j)}, \end{cases} \tag{6.14}$$

当 $j=1$ 时, $\Gamma^{(1)}$ 如图 6.3 所示, 跳跃矩阵 $J^{(1)}$ 如下所示

$$J_1^{(1)} = \begin{pmatrix} 1 & 0 \\ -he^{x\tilde{\Phi}} & 1 \end{pmatrix}, \quad J_3^{(1)} = \begin{pmatrix} 1 & -h^*e^{-x\tilde{\Phi}} \\ 0 & 1 \end{pmatrix}, \quad J_4^{(1)} = \begin{pmatrix} 1 + r_1r_1^* & r_1^*e^{-x\tilde{\Phi}} \\ r_1e^{x\tilde{\Phi}} & 1 \end{pmatrix}.$$

我们约定, 这里与下面 $J_i^{(1)}$ 表示为跳跃矩阵 $J^{(1)}$ 在标号为 i 的跳跃曲线上所取的矩阵 (图 6.3).

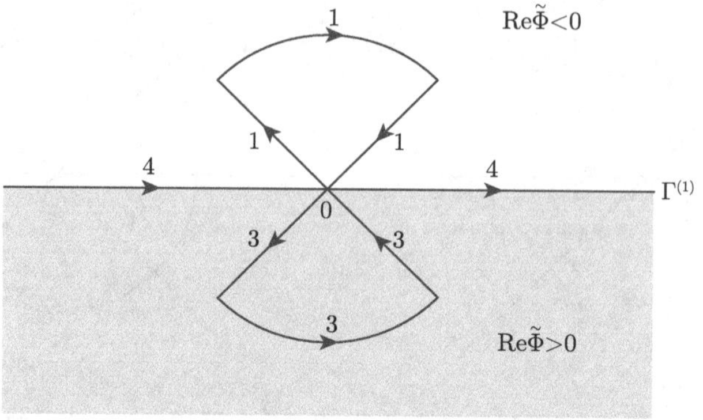

图 6.3 在区域 I 的情况下, 复平面上的跳跃曲线

2. 第二次变换

为了给出实轴上合适的跳跃形变, 需要考虑函数 r_1 的解析逼近. 有如下引理.

引理 6.3.1 (当 $1<\zeta<\infty$ 时, 函数 r_1 的解析逼近) 函数 $r_1(k)$ 存在如下的一个分解

$$r_1(k)=r_{1,a}(x,t,k)+r_{1,r}(x,t,k),\quad k\in\mathbb{R}\setminus\{0\},$$

这里函数 $r_{1,a}$ 和 $r_{1,r}$ 具有如下性质:

(a) 对于每一个 $x>0$ 和 $\zeta\in\mathcal{I}$, 函数 $r_{1,a}(x,t,k)$ 在 $k\in V_1$ 时解析, 而且连续到边界, 即 $r_{1,a}(x,t,k)$ 在区域 $k\in\bar{V}_1$ 上连续.

(b) 函数 $r_{1,a}$ 满足如下估计式

$$\begin{cases}\left|r_{1,a}(x,t,k)-\displaystyle\sum_{j=0}^{N}\frac{r_1^{(j)}(0)k^j}{j!}\right|\leqslant C|k|^{N+1}e^{\frac{x}{4}|\mathrm{Re}\tilde{\Phi}(\zeta,k)|},\\ |r_{1,a}(x,t,k)|\leqslant\dfrac{C}{1+|k|}e^{\frac{x}{4}|\mathrm{Re}\tilde{\Phi}(\zeta,k)|},\end{cases}\quad k\in\bar{V}_1,\ \zeta\in\mathcal{I},\ x>0,\tag{6.15}$$

这里 C 是一个与变量 x,t,k 无关的常数.

(c) 对于 $\zeta\in\mathcal{I}$, 当 $x\to\infty$ 时, 函数 $(1+|k|^{-1})r_{1,r}(x,t,k)$ 在 $\mathbb{R}$ 上的 L^1 范数和 L^∞ 范数与 $x^{-N-1/2}$ 同阶 (且具有一致性).

(d) 函数 $r_{1,a}$ 具有如下对称性

$$r_{1,a}(\zeta,t,k)=\overline{r_{1,a}(\zeta,t,-\bar{k})},\quad r_{1,r}(\zeta,t,k)=\overline{r_{1,r}(\zeta,t,-\bar{k})}.\tag{6.16}$$

证明 记 $V_1 = V_1^+ \cup V_1^-$, 这里 V_1^+ 和 V_1^- 分别表示右半平面的 V_1 在和左半平面的 V_1. 我们将在区域 V_1^+ 中分解函数 r_1, 然后根据对称关系 (6.16) 把这个分解延拓到区域 V_1^-. 因为 $r_1 \in C^\infty(\mathbb{R})$, 则有

$$r_1^{(n)}(k) = \frac{d^n}{dk^n}\left(\sum_{j=0}^{2N+2} \frac{r_1^{(j)}(0)}{j!}k^j\right) + O(k^{2N+3-n}), \quad k \to 0,\ n = 0, 1, \cdots, 2N+3.$$

记 $r_{1,j}$ 是当 $k \to \infty$ 时, 函数 $r_1(k)$ 的渐近展开式 (6.6) 中的系数. 定义有理函数 $f_0(k)$ 如下

$$f_0(k) = \sum_{j=1}^{2N+5} \frac{a_j}{(k+i)^j},$$

这里选取合适的复值函数 $\{a_j\}_1^{2N+5}$ 使得 $f_0(k)$ 有如下渐近表达式

$$f_0(k) = \begin{cases} \displaystyle\sum_{j=0}^{2N+2} \frac{r_1^{(j)}(0)}{j!}k^j + O(k^{2N+3}), & k \to 0, \\ \displaystyle\sum_{j=1}^{2} r_{1,j}k^{-j} + O(k^{-3}), & k \to \infty. \end{cases} \tag{6.17}$$

这里系数 a_j 是存在且唯一的, 事实上, 由于 (6.17) 具有 $2N+5$ 关于 a_j 的线性无关的线性条件, 从而能确定出 a_j 的存在唯一性. 定义函数 $f(k) = r_1(k) - f_0(k)$ 满足如下表达式

$$\frac{d^n f}{dk^n}(k) = \begin{cases} O(k^{2N+3-n}), & k \to 0, \\ O(k^{-3}), & k \to \infty, \end{cases} \quad n = 0, 1, \cdots, 2N+3. \tag{6.18}$$

那么函数 $r_1(k)$ 的分解可以用下面方式获得. 对于任意 $\zeta \in \mathcal{I}$, 定义

$$\phi = -i\tilde{\Phi}(\zeta, k) = \frac{1}{2}\left(k - \frac{1}{k}\right) + \frac{1}{2\zeta}\left(k + \frac{1}{k}\right),$$

那么映射 $k \mapsto \phi = \phi(\zeta, k)$ 是一个 $(0, \infty) \to (-\infty, \infty)$ 的递增的双射, 从而可以定义一个函数 $F(\zeta, \phi)$,

$$F(\zeta, \phi) = \frac{(k+i)^{N+3}}{k^{N+1}} f(k), \quad \zeta \in \mathcal{I},\ \phi \in \mathbb{R}. \tag{6.19}$$

对于 $\zeta \in \mathcal{I}$, 函数 $F(\zeta, \phi)$ 是关于 $\phi \in \mathbb{R}$ 的光滑函数, 并且

$$\frac{\partial^n F}{\partial \phi^n}(\zeta, \phi) = \left(\frac{1}{\partial\phi/\partial k}\frac{\partial}{\partial k}\right)^n \left[\frac{(k+i)^{N+3}}{k^{N+1}} f(k)\right], \quad \phi \in \mathbb{R},$$

这里

$$\frac{\partial \phi}{\partial k}(\zeta, k) = \frac{\zeta - 1 + k^2(\zeta + 1)}{2\zeta k^2}.$$

利用 (6.18), 可知, 当 $k \to 0$ 时, $\dfrac{\partial^n F}{\partial \phi^n} = O(k^{N+2-n}) = O(k)$ 及当 $k \to \infty$ 时, $\dfrac{\partial^n F}{\partial \phi^n} = O(k^{-1})$. 并且对于 $n = 0, 1, \cdots, N+1$ 及任意 $\zeta \in \mathcal{I}$ 是一致成立的. 因而, 对于 $n = 0, 1, \cdots, N+1$,

$$\left\| \frac{\partial^n F}{\partial \phi^n}(\zeta, \cdot) \right\|_{L^2(\mathbb{R})}^2 = \int_{\mathbb{R}} \left| \frac{\partial^n F}{\partial \phi^n}(\zeta, \phi) \right|^2 d\phi = \int_0^\infty \left| \frac{\partial^n F}{\partial \phi^n}(\zeta, \phi) \right|^2 \frac{\partial \phi}{\partial k} dk < C, \quad \zeta \in \mathcal{I}.$$

从而函数 $F(\zeta, \cdot)$ 是 Sobolev 空间 $H^{N+1}(\mathbb{R})$ 的元素, 满足如下表达式

$$\sup_{\zeta \in \mathcal{I}} \|F(\zeta, \cdot)\|_{H^{N+1}(\mathbb{R})} < \infty. \tag{6.20}$$

我们可得到如下结论, 由下式定义的傅里叶变换 $\hat{F}(\zeta, s)$

$$\hat{F}(\zeta, s) = \frac{1}{2\pi} \int_{\mathbb{R}} F(\zeta, \phi) e^{-i\phi s} d\phi \tag{6.21}$$

满足

$$F(\zeta, \phi) = \int_{\mathbb{R}} \hat{F}(\zeta, s) e^{i\phi s} ds, \tag{6.22}$$

并且

$$\sup_{\zeta \in \mathcal{I}} \|s^{N+1} \hat{F}(\zeta, s)\|_{L^2(\mathbb{R})} < \infty.$$

利用 (6.19) 和 (6.22) 可得

$$\frac{k^{N+1}}{(k+i)^{N+3}} \int_{\mathbb{R}} \hat{F}(\zeta, s) e^{s\tilde{\Phi}(\zeta, k)} ds = f(k), \quad k > 0,\ \zeta \in \mathcal{I}.$$

从而可以把函数 $f(k)$ 写成如下形式

$$f(k) = f_a(x, t, k) + f_r(x, t, k), \quad \zeta \in \mathcal{I},\ x > 0,\ k > 0,$$

这里函数 f_a 和 f_r 由下面所定义

$$f_a(x, t, k) = \frac{k^{N+1}}{(k+i)^{N+3}} \int_{-\frac{x}{4}}^{\infty} \hat{F}(\zeta, s) e^{s\tilde{\Phi}(\zeta, k)} ds, \quad \zeta \in \mathcal{I},\ x > 0,\ k \in \bar{V}_1^+,$$

$$f_r(x, t, k) = \frac{k^{N+1}}{(k+i)^{N+3}} \int_{-\infty}^{-\frac{x}{4}} \hat{F}(\zeta, s) e^{s\tilde{\Phi}(\zeta, k)} ds, \quad \zeta \in \mathcal{I},\ x > 0,\ k > 0.$$

函数 $f_a(x,t,\cdot)$ 在 V_1^+ 上解析并可连续到边界. 此外

$$|f_a(x,t,k)| \leqslant \frac{|k|^{N+1}}{|k+i|^{N+3}} \|\hat{F}(\zeta,\cdot)\|_{L^1(\mathbb{R})} \sup_{s\geqslant -\frac{x}{4}} e^{s\mathrm{Re}\tilde{\Phi}(\zeta,k)} \leqslant \frac{C|k|^{N+1}}{|k+i|^{N+3}} e^{\frac{x}{4}|\mathrm{Re}\tilde{\Phi}(\zeta,k)|},$$
$$\zeta \in \mathcal{I},\ x>0,\ k\in \bar{V}_1^+$$

及

$$\begin{aligned}|f_r(x,t,k)| &\leqslant \frac{|k|^{N+1}}{|k+i|^{N+3}} \int_{-\infty}^{-\frac{x}{4}} s^{N+1}|\hat{F}(\zeta,s)|s^{-N-1}ds \\ &\leqslant \frac{C|k|^{N+1}}{|k+i|^{N+3}} \|s^{N+1}\hat{F}(\zeta,s)\|_{L^2(\mathbb{R})} \sqrt{\int_{-\infty}^{-\frac{x}{4}} s^{-2N-2}ds} \\ &\leqslant \frac{C|k|^{N+1}}{|k+i|^{N+3}} x^{-N-1/2}, \quad \zeta\in\mathcal{I},\ x>0,\ k>0.\end{aligned}$$

从而函数 $(1+|k|^{-1})f_r$ 在区间 $(0,\infty)$ 上的 L^1 范数和 L^∞ 范数与 $x^{-N-1/2}$ 是同阶的, 并且对于 $\zeta\in\mathcal{I}$ 是一致的. 记

$$\begin{aligned}&r_{1,a}(x,t,k) = f_0(\zeta,k) + f_a(x,t,k), \quad k\in\bar{V}_1^+,\\ &r_{1,r}(x,t,k) = f_r(x,t,k), \quad k>0.\end{aligned}$$

从而对于 $k>0$, 函数 r_1 具有引理中所叙述的性质. 然后再利用 (6.16) 中的对称性, 可把这个分解推广到 $k<0$. ■

定义函数 $m(x,t,k)$

$$m(x,t,k) = M^{(1)}(x,t,k)H(x,t,k),$$

这里, 分区域解析的函数 H 由下式给出

$$H = \begin{cases} \begin{pmatrix} 1 & 0 \\ -r_{1,a}e^{x\tilde{\Phi}} & 1 \end{pmatrix}, & k\in V_1, \\ \begin{pmatrix} 1 & r_{1,a}^* e^{-x\tilde{\Phi}} \\ 0 & 1 \end{pmatrix}, & k\in V_2, \\ I, & \text{其他}. \end{cases}$$

利用引理 6.3.1, 可得

$$H(x,t,\cdot)^{\pm1} \in I + (\dot{E}^2\cap E^\infty)(\mathbb{C}\setminus\Sigma),$$

这里 $\Sigma \subset \mathbb{C}$ 表示图 6.4 所示的跳跃曲线. 因此, $M(x,t,k)$ 满足 Riemann-Hilbert 问题 (5.6) 当且仅当 $m(x,t,k)$ 满足如下 Riemann-Hilbert 问题

$$\begin{cases} m(x,t,\cdot) \in I + \dot{E}^2(\mathbb{C} \setminus \Sigma), \\ m_+(x,t,k) = m_-(x,t,k)v(x,t,k), \quad \text{a.e. } k \in \Sigma, \end{cases} \tag{6.23}$$

这里跳跃矩阵 v 定义如下:

$$v_1 = \begin{pmatrix} 1 & 0 \\ -(r_{1,a}+h)e^{x\tilde{\Phi}} & 1 \end{pmatrix},$$

$$v_3 = \begin{pmatrix} 1 & -(r_{1,a}^*+h^*)e^{-x\tilde{\Phi}} \\ 0 & 1 \end{pmatrix}, \qquad v_4 = \begin{pmatrix} 1+|r_{1,r}|^2 & r_{1,r}^* e^{-x\tilde{\Phi}} \\ r_{1,r}e^{x\tilde{\Phi}} & 1 \end{pmatrix},$$

$$v_5 = \begin{pmatrix} 1 & r_{1,a}^* e^{-x\tilde{\Phi}} \\ 0 & 1 \end{pmatrix}, \qquad v_6 = \begin{pmatrix} 1 & 0 \\ r_{1,a}e^{x\tilde{\Phi}} & 1 \end{pmatrix},$$

$$v_7 = \begin{pmatrix} 1 & 0 \\ -he^{x\tilde{\Phi}} & 1 \end{pmatrix}, \qquad v_8 = \begin{pmatrix} 1 & -h^* e^{-x\tilde{\Phi}} \\ 0 & 1 \end{pmatrix}.$$

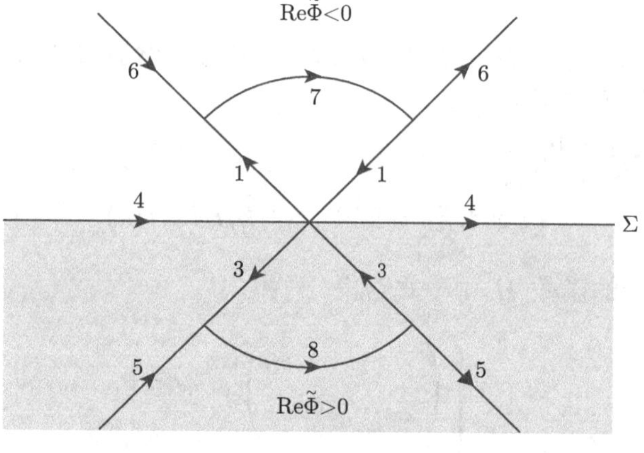

图 6.4　复平面上的跳跃曲线 Σ 及实部 $\mathrm{Re}\tilde{\Phi} > 0$ (阴影部分)

引理 6.3.2　函数 $w := v - I$ 满足如下估计式

$$\|(1+|k|^{-1})w\|_{(L^1 \cap L^\infty)(\Sigma)} \leqslant Cx^{-N},$$

并且当 $x > 1$ 及 $\zeta \in \mathcal{I}$ 时, 不等号一致成立.

证明 记 Σ_j 表示跳跃曲线 Σ 的第 j 部分 (图 6.4). 那么函数 $(1+|k|^{-1})w$ 在跳跃曲线 $\bigcup_{j=5}^{8}\Sigma_j$ 上的 L^1 范数和 L^∞ 范数与 e^{-cx} 同阶, 这是因为在原点以外的跳跃曲线上, $|\mathrm{Re}\tilde{\Phi}(\zeta,k)|>c>0$. 为此, 利用引理 6.3.1 可知

$$\|(1+|k|^{-1})w\|_{(L^1\cap L^\infty)(\mathbb{R})}\leqslant Cx^{-N}.$$

利用对称性, 可知

$$\|(1+|k|^{-1})w\|_{(L^1\cap L^\infty)(l_1)}\leqslant Cx^{-N},$$

这里 $l_1=\{ue^{\frac{\pi i}{4}}\,|\,0<u<1\}$ 表示跳跃曲线 Σ_1 处在右半平面的部分.

由于函数 $r(k)=r_1(k)+h(k)$ 及其任意阶导数在 $k=0$ 处消失, 根据估计式 (6.15) 可得

$$\begin{aligned}|r_{1,a}(x,t,k)+h(k)|&=\left|r_{1,a}(x,t,k)-\sum_{j=0}^{N}\frac{r_1^{(j)}(0)k^j}{j!}+h(k)-\sum_{j=0}^{N}\frac{h^{(j)}(0)k^j}{j!}\right|\\&\leqslant C|k|^{N+1}e^{\frac{x}{4}|\mathrm{Re}\tilde{\Phi}(\zeta,k)|}+C|k|^{N+1}\\&\leqslant C|k|^{N+1}e^{\frac{x}{4}|\mathrm{Re}\tilde{\Phi}(\zeta,k)|},\quad \zeta\in\mathcal{I},\ k\in l_1.\end{aligned}\tag{6.24}$$

对于 $k\in l_1$, 矩阵函数 w 只有第 (21) 元素非零, 利用 (6.15) 和 (6.24) 可知

$$\begin{aligned}|(w(x,t,k))_{21}|&=|(r_{1,a}(x,t,k)+h(k))e^{x\tilde{\Phi}(\zeta,k)}|\leqslant C|r_{1,a}(x,t,k)+h(k)|e^{-x|\mathrm{Re}\tilde{\Phi}|}\\&\leqslant C|k|^{N+1}e^{-\frac{3x}{4}|\mathrm{Re}\tilde{\Phi}|},\quad \zeta\in\mathcal{I},\ k\in l_1.\end{aligned}$$

现在

$$\mathrm{Re}\tilde{\Phi}(\zeta,ue^{\frac{\pi i}{4}})=-\frac{\zeta-1+(\zeta+1)u^2}{2\sqrt{2}\zeta u},\quad \zeta\in\mathcal{I},\ u\in\mathbb{R}.$$

从而

$$|\mathrm{Re}\tilde{\Phi}(\zeta,ue^{\frac{\pi i}{4}})|=\frac{\zeta-1}{2\sqrt{2}\zeta u}+\frac{(\zeta+1)u}{2\sqrt{2}\zeta},\quad \zeta\in\mathcal{I},\ u\in(0,1).$$

下面估计在 l_1 上的 L^∞ 范数:

$$\begin{aligned}&\|(1+|k|^{-1})(w(x,t,k))_{21}\|_{L^\infty(l_1)}\leqslant 2\|k^{-1}(w(x,t,k))_{21}\|_{L^\infty(l_1)}\\&\leqslant C\sup_{u\in(0,1)}u^Ne^{-cx\frac{\zeta-1}{\zeta}-cx\frac{(\zeta+1)u}{\zeta}}\leqslant Ce^{-cx\frac{\zeta-1}{\zeta}}\left(\frac{\zeta}{\zeta+1}\right)^Nx^{-N}\leqslant Cx^{-N},\quad \zeta\in\mathcal{I}.\end{aligned}\tag{6.25}$$

由于 l_1 具有有限长度, 那么在 l_1 上的 L^1 范数可以直接获得. 这就完成了这个引理的证明. ■

通过引理 6.3.2 可知

$$\|\mathcal{C}_w\|_{\mathcal{B}(L^2(\Sigma))} \leqslant C\|w\|_{L^\infty(\Sigma)} \leqslant Cx^{-N}, \quad x > 2,\ \zeta \in \mathcal{I}, \tag{6.26}$$

这里算子 $\mathcal{C}_w : L^2(\Sigma) + L^\infty(\Sigma) \to L^2(\Sigma)$ 定义如下: $\mathcal{C}_w f = \mathcal{C}_-(fw)$. 因而存在 $X > 1$, 当 $x > X$ 及 $\zeta \in \mathcal{I}$ 时, 算子 $I - \mathcal{C}_{w(\zeta,t,\cdot)} \in \mathcal{B}(L^2(\Sigma))$ 是可逆的, Riemann-Hilbert 问题 (6.23) 具有唯一解 $m \in I + \dot{E}^2(\hat{\mathbb{C}} \setminus \Sigma)$,

$$m(x,t,k) = I + \mathcal{C}(\mu w) = I + \frac{1}{2\pi i}\int_\Sigma \mu(x,t,s)w(x,t,s)\frac{ds}{s-k}, \tag{6.27}$$

这里 $\mu(x,t,k) \in I + L^2(\Sigma)$ 由 (5.20) 定义. 等式 (6.27) 说明 (5.9) 所定义的函数 $\hat{m}(x,t)$ 具有如下表示形式

$$\hat{m}(x,t) - I = \overset{\angle}{\lim_{k\to 0}} m(x,t,k) - I = \frac{1}{2\pi i}\int_\Sigma (\mu w)(x,t,k)\frac{dk}{k}. \tag{6.28}$$

通过引理 6.3.2 和引理 (6.26), 可知

$$\|\mu(x,t,\cdot) - I\|_{L^2(\Sigma)} \leqslant \frac{C\|w\|_{L^2(\Sigma)}}{1 - \|\mathcal{C}_w\|_{\mathcal{B}(L^2(\Sigma))}} \leqslant Cx^{-N}, \quad x > X,\ \zeta \in \mathcal{I}. \tag{6.29}$$

利用引理 6.3.2 及 (6.29), 当 $x \to \infty$ 时, 可以得到 (6.28) 的估计式

$$\begin{aligned}\hat{m}(x,t) - I &= \int_\Sigma w(x,t,k)\frac{dk}{k} + \int_\Sigma (\mu(x,t,k) - I)w(x,t,k)\frac{dk}{k} \\ &= O(\|k^{-1}w\|_{L^1(\Sigma)}) + O(\|\mu - I\|_{L^2(\Sigma)}\|k^{-1}w\|_{L^2(\Sigma)}) = O(x^{-N}),\end{aligned} \tag{6.30}$$

并且在区域 $\zeta \in \mathcal{I}$ 上一致成立. 把上面这些估计式代入函数 $u(x,t)$ 的定义式 (5.10) 中, 可得

$$u(x,t) = 2\arg\left(1 + O(x^{-N})\right) = O(x^{-N}), \quad x \to \infty$$

在区域 $\zeta \in \mathcal{I}$ 上一致成立. 这表明渐近式 (6.7a) 在 $\zeta > 1$ 时一致成立. 因为函数 u 是连续的, 所以渐近式在 $\zeta = 1$ 也成立. 从而完成了区域 I 中渐近性的证明.

注 6.3.3 为了第 7 章的讨论, 注意到: 如果 λ_j 是区域 $\mathbb{C}\setminus\Gamma$ 上的一个点, 那么可以通过修正跳跃曲线的形变使得 $\mathrm{dist}(\lambda_j, \Sigma) > 0$; 事实上, 跳跃曲线 Σ 可以用如图 6.5 所示的跳跃曲线来代替. 在这个新的跳跃曲线情况下, 也可得到(6.30), 从而当 $x \to \infty$ 时, 如下估计式

$$M(x,t,\lambda_j) = I + O(x^{-N}) \tag{6.31}$$

在 $\zeta \in (1,\infty)$ 上一致成立. 等式 (6.31) 将在证明定理 7.4.2 起到非常重要的作用.

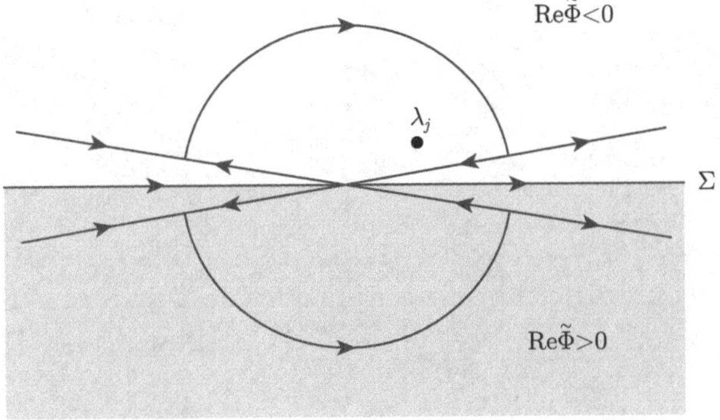

图 6.5 跳跃曲线 Σ 的一种选择, 使得在这种选择下, $\lambda_j \in \mathbb{C} \setminus \Gamma$

6.4 定理 6.1.2 的证明: 区域 II

这一小节, 记 $\mathcal{I} = [1/2, 1)$ 及假设 $\zeta \in \mathcal{I}$. 令 $N \geqslant 1$ 为一个整数.

1. 第一次变换

这里的第一次变换与区域 I 中的一样, 只是这里的 $\{U_j, V_j\}_1^2$ 与 ζ 相关, 详细描述参见图 6.6. 利用 (6.13) 定义函数 $M^{(1)}(x,t,k)$, 可知, M 满足 Riemann-Hilbert 问题当且仅当 $M^{(1)}$ 满足 Riemann-Hilbert 问题 (6.14) 在 $j=1$ 的时候, 这里跳跃曲线 $\Gamma^{(1)}$ 如图 6.7 所示, 跳跃矩阵 $J^{(1)}$ 定义如下

$$J_1^{(1)} = \begin{pmatrix} 1 & 0 \\ -he^{t\Phi} & 1 \end{pmatrix}, \quad J_2^{(1)} = \begin{pmatrix} 1 & -r^* e^{-t\Phi} \\ -re^{t\Phi} & 1+rr^* \end{pmatrix},$$
$$J_3^{(1)} = \begin{pmatrix} 1 & -h^* e^{-t\Phi} \\ 0 & 1 \end{pmatrix}, \quad J_4^{(1)} = \begin{pmatrix} 1+r_1 r_1^* & r_1^* e^{-t\Phi} \\ r_1 e^{t\Phi} & 1 \end{pmatrix}. \tag{6.32}$$

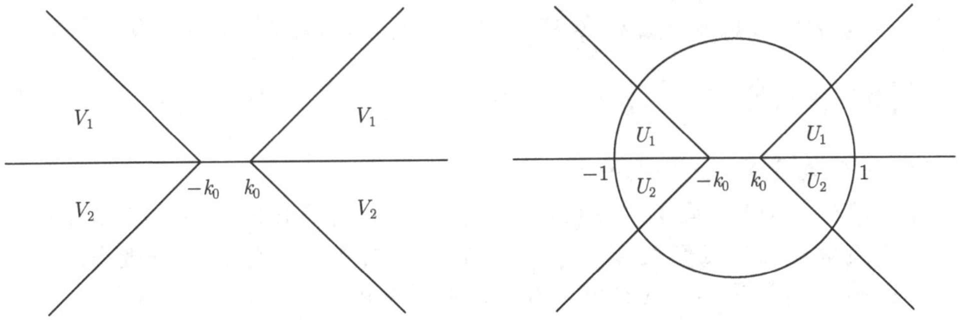

图 6.6 在区域 II 的情况下, 复平面上的开集 $\{V_j, U_j\}_1^2$

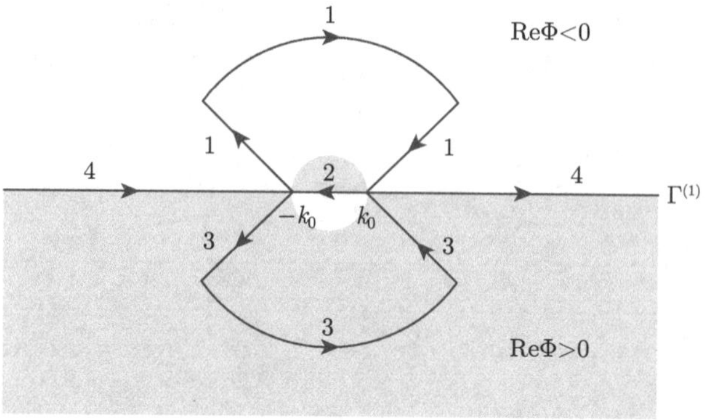

图 6.7 在区域 II 的情况下, 复平面上的开集 $\{V_j, U_j\}_1^2$

2. 第二次变换

第二次变换是改变沿实轴的跳跃变形. 为了达到这个目的, 我们需要对函数 r_1 作解析逼近.

引理 6.4.1 (当 $0 \leqslant \zeta < 1$ 时, 函数 r_1 的解析逼近) 存在函数 r_1 的一个分解,

$$r_1(k) = r_{1,a}(x,t,k) + r_{1,r}(x,t,k), \quad k \in (-\infty, k_0] \cup [k_0, \infty),$$

这里函数 $r_{1,a}$ 和 $r_{1,r}$ 具有如下性质:

(a) 对于每一个 $t > 0$ 及 $\zeta \in \mathcal{I}$, 函数 $r_{1,a}(x,t,k)$ 在区域 $k \in V_1$ 上解析, 且连续到边界.

(b) 函数 $r_{1,a}$ 满足如下估计式

$$\begin{cases} \left| r_{1,a}(x,t,k) - \displaystyle\sum_{j=0}^{N} \frac{r_1^{(j)}(k_0)(k-k_0)^j}{j!} \right| \\ \quad \leqslant C|k-k_0|^{N+1} e^{\frac{t}{4}|\mathrm{Re}\Phi(\zeta,k)|}, \\ |r_{1,a}(x,t,k)| \leqslant \dfrac{C}{1+|k|} e^{\frac{t}{4}|\mathrm{Re}\Phi(\zeta,k)|}, \end{cases} \quad k \in \bar{V}_1,\ \zeta \in \mathcal{I},\ t > 0, \tag{6.33}$$

这里常数 C 与变量 ζ, t, k 无关.

(c) 当 $t \to \infty$ 时, 函数 $k \mapsto (1+|k|^{-1}) r_{1,r}(x,t,k)$ 在区间 $(-\infty, -k_0) \cup (k_0, \infty)$ 上的 L^1 范数与 L^∞ 范数是与 t^{-N} 同阶的, 并且对于 $\zeta \in \mathcal{I}$ 时, 是一致成立的.

(d) 函数 $r_{1,a}$ 和 $r_{1,r}$ 具有形如 (6.16) 的对称性.

证明 我们将给出函数 r_1 在区域 V_1^+ 上的分解, 然后利用 (6.16) 中的对称性就把区域 V_1^+ 上的分解推广到 V_1^- 也成立. 利用假设 6.1.1, 函数 $r_1 \in C^\infty(\mathbb{R})$,

存在系数 $r_{1,j}$ 来描述 $k \to \infty$ 时函数 $r_1(k)$ 的渐近表达式 (6.6). 定义有理函数 $f_0(\zeta, k)$,

$$f_0(\zeta, k) = \sum_{j=1}^{3N+5} \frac{a_j(\zeta)}{(k+i)^j},$$

这里复值函数 $\{a_j(\zeta)\}_1^{3N+5}$ 的选取要使得 $f_0(\zeta, k)$ 与函数 $r_1(k)$ 在 $k \to k_0$ 时前 $3N+2$ 项一致, 而在 $k \to \infty$ 时, 前两项一致. 即

$$f_0(\zeta, k) = \begin{cases} \displaystyle\sum_{j=0}^{3N+2} \frac{r_1^{(j)}(k_0)}{j!}(k-k_0)^j + O((k-k_0)^{3N+3}), & k \to k_0,\ \zeta \in \mathcal{I}, \\ \displaystyle\sum_{j=1}^{2} r_{1,j} k^{-j} + O(k^{-3}), & k \to \infty,\ \zeta \in \mathcal{I}. \end{cases} \tag{6.34}$$

这里函数 $a_j(\zeta)$ 是存在且唯一的. 这是因为 (6.34) 说明有 $3N+5$ 个关于函数 $a_j(\zeta)$ 的线性无关的条件. 此外, 对于每一个 j, $\sup_{\zeta \in \mathcal{I}} |a_j(\zeta)| < \infty$. 定义函数 $f(\zeta, k) = r_1(k) - f_0(\zeta, k)$ 满足如下

$$\frac{\partial^n f}{\partial k^n}(\zeta, k) = \begin{cases} O((k-k_0)^{3N+3-n}), & k \to k_0, \\ O(k^{-3}), & k \to \infty, \end{cases} \quad k \in \mathbb{R},\ \zeta \in \mathcal{I},\ n = 0, 1, \cdots, 3N+3, \tag{6.35}$$

这里误差项在 $\zeta \in \mathcal{I}$ 上是一致的.

函数 $r_1(k)$ 的分解可以由如下推得, 定义新的变量 $\phi := \phi(\zeta, k)$ 如下

$$\phi = -i\Phi(\zeta, k) = \frac{k^2 + k_0^2}{k(k_0^2+1)}, \tag{6.36}$$

同时令

$$\phi_0 := \phi_0(\zeta) = \phi(\zeta, k_0) = \frac{2k_0}{k_0^2+1}, \tag{6.37}$$

表示函数 ϕ 在 k_0 处的取值. 对于任何 $\zeta \in \mathcal{I}$, 映射 $k \mapsto \phi = \phi(\zeta, k)$ 是 $(k_0, \infty) \to (\phi_0, \infty)$ 的递增双射. 因而可以定义一个函数 $F(\zeta, \phi)$,

$$F(\zeta,\phi)=\begin{cases}\dfrac{(k+i)^{N+3}}{(k-k_0)^{N+1}}f(\zeta,k), & \phi>\phi_0,\\ 0, & \phi\leqslant\phi_0,\end{cases}\quad \zeta\in\mathcal{I},\ \phi\in\mathbb{R}. \tag{6.38}$$

对于 $\zeta\in\mathcal{I}$, 函数 $F(\zeta,\cdot)$ 在 $\mathbb{R}\setminus\{\phi_0\}$ 上是光滑的, 并且有

$$\frac{\partial^n F}{\partial\phi^n}(\zeta,\phi)=\left(\frac{1}{\partial\phi/\partial k}\frac{\partial}{\partial k}\right)^n\left[\frac{(k+i)^{N+3}}{(k-k_0)^{N+1}}f(\zeta,k)\right],\quad \zeta\in\mathcal{I},\ \phi>\phi_0.$$

我们有

$$\frac{\partial\phi}{\partial k}(\zeta,k)=\frac{k^2-k_0^2}{k^2(1+k_0^2)}\in(0,1),\quad \zeta\in\mathcal{I},\ k>k_0.$$

利用 (6.35), 可知当 $k\to k_0$ 时, $\dfrac{\partial^n F}{\partial\phi^n}=O((k-k_0)^{2N+2-2n})$ 及当 $k\to\infty$ 时, $\dfrac{\partial^n F}{\partial\phi^n}=O(k^{-1})$, 并且对于 $n=0,1,\cdots,N+1$, 上述结论在 $\zeta\in\mathcal{I}$ 上一致成立. 从而, 当 $n=0,1,\cdots,N+1$ 时,

$$\left\|\frac{\partial^n F}{\partial\phi^n}(\zeta,\cdot)\right\|_{L^2(\mathbb{R})}^2=\int_{\phi_0}^{\infty}\left|\frac{\partial^n F}{\partial\phi^n}(\zeta,\phi)\right|^2d\phi=\int_{k_0}^{\infty}\left|\frac{\partial^n F}{\partial\phi^n}(\zeta,\phi)\right|^2\frac{\partial\phi}{\partial k}dk<C,\quad \zeta\in\mathcal{I}.$$

所以正如引理 6.3.1 的证明那样, 函数 $F(\zeta,\cdot)$ 具有 Sobolev 有界性 (6.20) 及 (6.21) 所定义的傅里叶变换 $\hat{F}(\zeta,s)$ 满足 (6.22), 且有 $\sup_{\zeta\in\mathcal{I}}\|s^{N+1}\hat{F}(\zeta,s)\|_{L^2(\mathbb{R})}<\infty$. 根据 (6.38) 和 (6.22), 可知

$$\frac{(k-k_0)^{N+1}}{(k+i)^{N+3}}\int_{\mathbb{R}}\hat{F}(\zeta,s)e^{s\Phi(\zeta,k)}ds=\begin{cases}f(\zeta,k), & k>k_0,\\ 0, & k\leqslant k_0,\end{cases}\quad \zeta\in\mathcal{I}.$$

记

$$f(\zeta,k)=f_a(x,t,k)+f_r(x,t,k),\quad \zeta\in\mathcal{I},\ t>0,\ k\geqslant k_0,$$

这里函数 f_a 和 f_r 的定义如下

$$f_a(x,t,k)=\frac{(k-k_0)^{N+1}}{(k+i)^{N+3}}\int_{-\frac{t}{4}}^{\infty}\hat{F}(\zeta,s)e^{s\Phi(\zeta,k)}ds,\quad \zeta\in\mathcal{I},\ t>0,\ k\in\bar{V}_1^+,$$

$$f_r(x,t,k)=\frac{(k-k_0)^{N+1}}{(k+i)^{N+3}}\int_{-\infty}^{-\frac{t}{4}}\hat{F}(\zeta,s)e^{s\Phi(\zeta,k)}ds,\quad \zeta\in\mathcal{I},\ t>0,\ k\geqslant k_0.$$

由于在 $\bar{V}_1$ 中 $\mathrm{Re}\Phi\leqslant 0$, 从而函数 $f_a(x,t,\cdot)$ 在 V_1^+ 中解析, 并连续到边界. 此外

$$|f_a(x,t,k)| \leqslant \frac{|k-k_0|^{N+1}}{|k+i|^{N+3}} \|\hat{F}(\zeta,\cdot)\|_{L^1(\mathbb{R})} \sup_{s\geqslant -\frac{t}{4}} e^{s\mathrm{Re}\Phi(\zeta,k)} \leqslant \frac{C|k-k_0|^{N+1}}{|k+i|^{N+3}} e^{\frac{t}{4}|\mathrm{Re}\Phi(\zeta,k)|},$$
$$\zeta \in \mathcal{I},\ t>0,\ k\in \bar{V}_1^+$$

和

$$\begin{aligned}
|f_r(x,t,k)| &\leqslant \frac{|k-k_0|^{N+1}}{|k+i|^{N+3}} \int_{-\infty}^{-\frac{t}{4}} s^{N+1}|\hat{F}(\zeta,s)||s^{-N-1}ds \\
&\leqslant \frac{C|k-k_0|^{N+1}}{|k+i|^{N+3}} \|s^{N+1}\hat{F}(\zeta,s)\|_{L^2(\mathbb{R})} \sqrt{\int_{-\infty}^{-\frac{t}{4}} s^{-2N-2}ds} \\
&\leqslant \frac{C|k-k_0|^{N+1}}{|k+i|^{N+3}} t^{-N-1/2}, \quad \zeta\in\mathcal{I},\ t>0,\ k\geqslant k_0.
\end{aligned}$$

从而函数 $(1+|k|^{-1})f_r$ 在区间 (k_0,∞) 上的 L^1 范数与 L^∞ 范数与 $t^{-N-1/2}$ 同阶, 并且在 $\zeta\in\mathcal{I}$ 时一致成立. 记

$$\begin{aligned}
&r_{1,a}(x,t,k) = f_0(\zeta,k) + f_a(x,t,k), \quad k\in\bar{V}_1^+,\\
&r_{1,r}(x,t,k) = f_r(x,t,k), \quad k\geqslant k_0.
\end{aligned}$$

对于 $k>k_0$ 时, 我们就找到了函数 r_1 一个满足引理中所列性质的分解. ■

定义矩阵函数 $m(x,t,k)$,

$$m(x,t,k) = M^{(1)}(x,t,k)H(x,t,k),$$

这里分区域解析的函数 H 定义如下

$$H = \begin{cases} \begin{pmatrix} 1 & 0 \\ -r_{1,a}e^{t\Phi} & 1 \end{pmatrix}, & k\in V_1, \\ \begin{pmatrix} 1 & r_{1,u}^* e^{-t\Phi} \\ 0 & 1 \end{pmatrix}, & k\in V_2, \\ I, & \text{其他}. \end{cases}$$

利用引理 6.4.1, 可知

$$H(x,t,\cdot)^{\pm1} \in I + (\dot{E}^2\cap E^\infty)(\mathbb{C}\setminus\Sigma),$$

这里路径 $\Sigma\subset\mathbb{C}$ 如图 6.8 所示. 则函数 M 满足 Riemann-Hilbert 问题 (5.6) 当且仅当 m 满足 Riemann-Hilbert 问题 (6.23), 这里跳跃矩阵 v 的定义如下

$$v_1 = \begin{pmatrix} 1 & 0 \\ -(r_{1,a}+h)e^{t\Phi} & 1 \end{pmatrix}, \qquad v_2 = \begin{pmatrix} 1 & -r^*e^{-t\Phi} \\ -re^{t\Phi} & 1+rr^* \end{pmatrix},$$

$$v_3 = \begin{pmatrix} 1 & -(r_{1,a}^* + h^*)e^{-t\Phi} \\ 0 & 1 \end{pmatrix}, \qquad v_4 = \begin{pmatrix} 1+|r_{1,r}|^2 & r_{1,r}^* e^{-t\Phi} \\ r_{1,r}e^{t\Phi} & 1 \end{pmatrix},$$

$$v_5 = \begin{pmatrix} 1 & r_{1,a}^* e^{-t\Phi} \\ 0 & 1 \end{pmatrix}, \qquad v_6 = \begin{pmatrix} 1 & 0 \\ r_{1,a}e^{t\Phi} & 1 \end{pmatrix},$$

$$v_7 = \begin{pmatrix} 1 & 0 \\ -he^{t\Phi} & 1 \end{pmatrix}, \qquad v_8 = \begin{pmatrix} 1 & -h^* e^{-t\Phi} \\ 0 & 1 \end{pmatrix}.$$

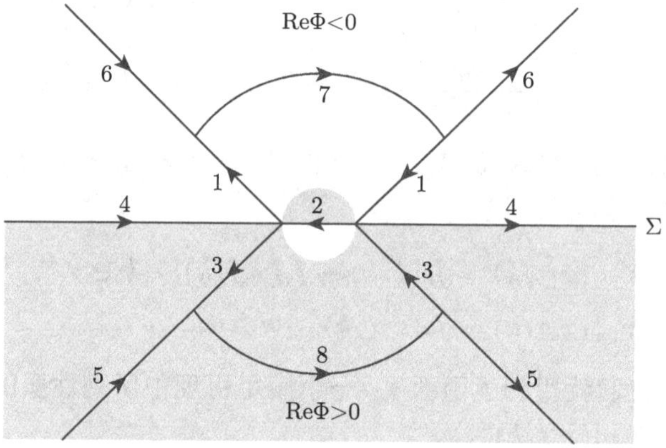

图 6.8 在区域 II 的情况下, 复平面上的跳跃曲线 Σ 以及相函数实部 $\mathrm{Re}\Phi > 0$ 的部分 (阴影部分)

引理 6.4.2 *函数 $w = v - I$ 满足如下估计式*

$$\|(1+|k|^{-1})w\|_{(L^1\cap L^\infty)(\Sigma)} \leqslant C(t^{-N} + k_0^N), \tag{6.39}$$

并且这个估计式在 $t>1$ 及 $\zeta \in \mathcal{I}$ 时一致成立.

证明 函数 $(1+|k|^{-1})w$ 在跳跃曲线 $\bigcup_{j=5}^{8}\Sigma_j$ 上的 L^1 范数和 L^∞ 范数与 e^{-ct} 同阶, 这是因为在原点以外的跳跃曲线上, $|\mathrm{Re}\tilde{\Phi}(\zeta,k)| > c > 0$. 利用引理 6.4.1 可知, $\|(1+|k|^{-1})w\|_{(L^1\cap L^\infty)(\Sigma_4)} \leqslant Ct^{-N}$. 此外, 对于 $k\in\Sigma_2$, 有 $\mathrm{Re}\Phi = 0$ 及

$$|w(x,t,k)| \leqslant C|r(k)|, \quad k \in \Sigma_2.$$

因为 $r(k)$ 及其任意阶导数在 $k=0$ 处消失, 从而

$$\|(1+|k|^{-1})w\|_{(L^1\cap L^\infty)(\Sigma_2)} \leqslant Ck_0^N.$$

下面就剩下证明来自跳跃曲线 Σ_1 和 Σ_3 的贡献也满足 (6.39). 接下来, 我们给出 Σ_1 位于右半平面的证明; 类似的结果可以应用到 $\Sigma_1 \cup \Sigma_3$ 的其他部分.

令 $l_1 = \Sigma_1 \cap \{\mathrm{Re}k > 0\}$. 回忆下, 函数 $r = r_1 + h$ 定义在 $[-1,1]$ 上, $r(k)$ 及其任意阶导数在 $k=0$ 处消失, 根据 (6.33) 中的第一个不等式, 可知

$$\begin{aligned}|r_{1,a}(x,t,k)+h(k)| = &\left| r_{1,a}(x,t,k) - \sum_{j=0}^{N} \frac{r_1^{(j)}(k_0)(k-k_0)^j}{j!}\right. \\ &\left. + h(k) - \sum_{j=0}^{N} \frac{h^{(j)}(k_0)(k-k_0)^j}{j!} + \sum_{j=0}^{N} \frac{r^{(j)}(k_0)(k-k_0)^j}{j!}\right| \\ &\leqslant C|k-k_0|^{N+1} e^{\frac{t}{4}|\mathrm{Re}\Phi(\zeta,k)|} + C|k-k_0|^{N+1} + C|k_0|^{N+1} \\ &\leqslant C|k|^{N+1} e^{\frac{t}{4}|\mathrm{Re}\Phi(\zeta,k)|}, \quad \zeta \in \mathcal{I},\ k \in l_1.\end{aligned}$$

从而

$$|w(x,t,k)| = |r_{1,a}(x,t,k)+h(k)| e^{t\mathrm{Re}\Phi(\zeta,k)} \leqslant C|k|^{N+1} e^{-\frac{3t}{4}|\mathrm{Re}\Phi(\zeta,k)|}, \quad k \in l_1.$$

但

$$\mathrm{Re}\Phi(\zeta, k_0 + ue^{\frac{\pi i}{4}}) = \frac{-u^2(2k_0+\sqrt{2}u)}{2(k_0^2+1)(k_0^2+\sqrt{2}k_0 u + u^2)}, \quad u \in \mathbb{R}, \tag{6.40}$$

也就是说

$$|\mathrm{Re}\Phi(\zeta, k_0 + ue^{\frac{\pi i}{4}})| \geqslant \frac{u^2(k_0+u)}{4(k_0^2+\sqrt{2}k_0 u + u^2)} \geqslant \frac{k_0+u}{16}, \quad \zeta \in \mathcal{I},\ k_0 \leqslant u < \infty.$$

从而

$$|w(x,t,k)| \leqslant \begin{cases} C|k|^{N+1} e^{-\frac{3t}{4}\frac{k_0+|k-k_0|}{16}}, & |k-k_0| \geqslant k_0, \\ C|k|^{N+1}, & |k-k_0| < k_0, \end{cases} \quad k \in l_1,$$

所以

$$\begin{aligned}&\|(1+|k|^{-1})w(x,t,\cdot)\|_{L^\infty(l_1)} \leqslant 2\|k^{-1}w(x,t,\cdot)\|_{L^\infty(l_1)} \\ \leqslant &C \sup_{0\leqslant u \leqslant k_0} (k_0+u)^N + C \sup_{k_0 \leqslant u < \infty} (k_0+u)^N e^{-\frac{3t}{4}\frac{k_0+u}{16}} \leqslant C(k_0^N + t^{-N}),\end{aligned}$$

这就完成了引理的证明. ■

区域 II 中的渐近表达式是从引理 6.4.2 获得的, 获得的过程与区域 I 中在得到引理 6.3.2 之后的过程一样. 这样就获得了区域 II 上, 当 $0 \leqslant \zeta < 1$ 时, sine-Gordon 方程的解 $u(x,t)$ 的渐近表达式 (6.7b); 由于函数 $u(x,t)$ 的连续性, 从而在 $\zeta = 1$ 时, 也满足渐近表达式 (6.7b).

注 6.4.3 为了第 7 章的讨论, 注意到如果 λ_j 是区域 $\mathbb{C}\setminus\Gamma$ 的一个点, 那么如果必要的话, 可通过形变跳跃曲线确保 $\inf_{\zeta\in\mathcal{I}}\operatorname{dist}(\lambda_j,\Sigma(\zeta))>0$(参见注 6.3.3 和图 6.5). 对于每一个固定的 $\lambda_j\in\mathbb{C}\setminus\Gamma$, 那么当 $t\to\infty$ 时,

$$M(x,t,\lambda_j)=I+O(k_0^N+t^{-N}), \tag{6.41}$$

并且在 $\zeta\in[1/2,1)$ 时, 上述估计式一致成立.

6.5 定理 6.1.2 的证明: 区域 III

令 $\mathcal{I}=[0,1)$ 及假设 $\zeta\in\mathcal{I}$. 回忆在两个实稳定点 $\pm k_0$ 附近的跳跃矩阵 J, 这里 $k_0:=k_0(\zeta)\in(0,1]$ 由 (6.12) 所定义.

6.5.1 Riemann-Hilbert 问题的变换

令 $V_j:=V_j(\zeta)$, $j=1,\cdots,6$, 表示复平面 $\mathbb{C}$ 上的开子集, 如图 6.9 所示. 对于 $j=1,2$, 记 $U_j:=U_j(\zeta)$, 这里 $U_1=V_1\cap\{|k|<1\}$ 和 $U_2=V_4\cap\{|k|<1\}$.

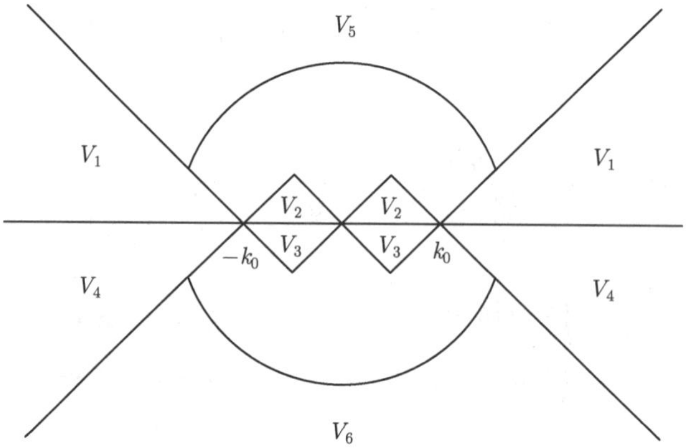

图 6.9 在区域 III 的情况下, 复平面上的开集 $V_j:=V_j(\zeta)$, $j=1,\cdots,6$

1. 第一次变换

第一次变换与区域 I 和区域 II 中的情况一样, 也就是说, 通过 (6.13) 定义函数 $M^{(1)}(x,t,k)$. 因为 $he^{t\Phi}$ 在区域 $k\in U_1$ 上解析且有界, 函数 $h^*e^{-t\Phi}$ 在 $k\in U_2$ 上解析且有界, 所以 M 满足 Riemann-Hilbert 问题 (5.6) 当且仅当 $M^{(1)}$ 满足 Riemann-Hilbert 问题在 $j=1$ 的时候, 这里跳跃曲线 $\Gamma^{(1)}$ 如图 6.10 所示, 跳跃矩阵 $J^{(1)}$ 由 (6.32) 给出.

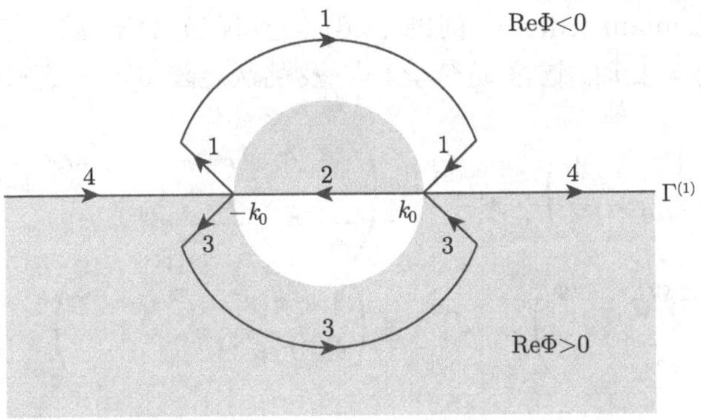

图 6.10 跳跃曲线 $\Gamma^{(1)}$ 及 $\mathrm{Re}\Phi > 0$ 的区域 (阴影部分)

2. 第二次变换

由于跳跃矩阵 v 在区间 $(-k_0, k_0)$ 没有合适的三角分解, 从而, 我们引进函数 $M^{(2)}$,

$$M^{(2)}(x,t,k) = M^{(1)}(x,t,k)\delta(\zeta,k)^{-\sigma_3},$$

这里复值函数 $\delta(\zeta,k)$ 由下式定义

$$\delta(\zeta,k) = e^{\frac{1}{2\pi i}\int_{-k_0}^{k_0}\frac{\ln(1+|r(s)|^2)}{s-k}ds}, \quad k \in \mathbb{C}\setminus[-k_0,k_0].$$

引理 6.5.1 对于每一个 $\zeta \in \mathcal{I}$, 函数 $\delta(\zeta,k)$ 具有如下性质:

(a) 函数 $\delta(\zeta,k)$ 及其逆 $\delta(\zeta,k)^{-1}$ 在 $k \in \mathbb{C}\setminus[-k_0,k_0]$ 是解析且有界的, 且在 $(-k_0,k_0)$ 具有连续边界.

(b) 对于 $k \in \mathbb{C}\setminus[-k_0,k_0]$, $\delta(\zeta,k) = \overline{\delta(\zeta,\bar{k})}^{-1}$.

(c) 穿过跳跃曲线 $\Gamma^{(1)}$ 的 $(-k_0,k_0)$ 部分时, 方向从右往左, 如图 6.10 所示, 函数 δ 满足如下跳跃条件:

$$\delta_+(\zeta,k) = \frac{\delta_-(\zeta,k)}{1+|r(k)|^2}, \quad k \in (-k_0,k_0).$$

(d) 函数 δ 满足如下渐近表达式, 并且是一致成立的.

$$\delta(\zeta,k) = \begin{cases} 1+O(k^{-1}), & k\to\infty, \\ 1+O(k), & k\to 0. \end{cases}$$

证明 这个引理的证明是标准的, 可参见文献 [37] 等. 这里我们略去. ■

根据引理 6.5.1 可知

$$\delta(\zeta,\cdot)^{\sigma_3} \in I + (\dot{E}^2 \cap E^\infty)(\mathbb{C}\setminus[-k_0,k_0]), \quad \zeta \in \mathcal{I}.$$

从而 M 满足 Riemann-Hilbert 问题 (5.6) 当且仅当 $M^{(2)}$ 满足 Riemann-Hilbert 问题 (6.14) 在 $j=2$ 时, 这里 $\Gamma^{(2)}=\Gamma^{(1)}$ 及跳跃矩阵 $J^{(2)}=\delta_-^{\sigma_3}J^{(1)}\delta_+^{-\sigma_3}$, 即

$$J_1^{(2)}=\begin{pmatrix}1 & 0\\ -\delta^{-2}he^{t\Phi} & 1\end{pmatrix},\quad J_2^{(2)}=\begin{pmatrix}1+rr^* & -\delta_-^2\dfrac{r^*}{1+rr^*}e^{-t\Phi}\\ -\delta_+^{-2}\dfrac{r}{1+rr^*}e^{t\Phi} & 1\end{pmatrix},$$

$$J_3^{(2)}=\begin{pmatrix}1 & -\delta^2h^*e^{-t\Phi}\\ 0 & 1\end{pmatrix},\quad J_4^{(2)}=\begin{pmatrix}1+r_1r_1^* & \delta^2r_1^*e^{-t\Phi}\\ \delta^{-2}r_1e^{t\Phi} & 1\end{pmatrix}.$$

引进记号 $r_2(k)$

$$r_2(k)=\frac{r^*(k)}{1+r(k)r^*(k)},$$

则实轴上的跳跃矩阵可以写为如下形式

$$\begin{aligned}J_2^{(2)}&=\begin{pmatrix}1 & -\delta_-^2r_2e^{-t\Phi}\\ 0 & 1\end{pmatrix}\begin{pmatrix}1 & 0\\ -\delta_+^{-2}r_2^*e^{t\Phi} & 1\end{pmatrix},\\ J_4^{(2)}&=\begin{pmatrix}1 & \delta^2r_1^*e^{-t\Phi}\\ 0 & 1\end{pmatrix}\begin{pmatrix}1 & 0\\ \delta^{-2}r_1e^{t\Phi} & 1\end{pmatrix}.\end{aligned}\tag{6.42}$$

3. 第三次变换

在形变跳跃曲线之前, 需要对函数 h,r_1,r_2 分解称为解析部分与余项部分.

引理 6.5.2 (h 的解析逼近) 对于任意的整数 $N\geqslant 1$, 函数 h 存在一个分解

$$h(k)=h_a(t,k)+h_r(t,k),\quad t>0,\ k\in\bar{D}_1\cap\bar{D}_2,$$

这里函数 h_a 和 h_r 具有如下性质:

(a) 对于 $t>0$, 函数 $h_a(t,k)$ 在 $k\in D_1$ 上解析并可以连续到边界.

(b) 函数 h_a 满足如下估计式

$$\begin{cases}\left|h_a(t,k)-\displaystyle\sum_{j=0}^{N}\frac{h^{(j)}(1)(k-1)^j}{j!}\right|\leqslant C|k-1|^{N+1}e^{\frac{t}{4}|\mathrm{Re}\Phi(\zeta,k)|},\\ |h_a(t,k)|\leqslant \frac{C}{1+|k|^2}e^{\frac{t}{4}|\mathrm{Re}\Phi(\zeta,k)|},\end{cases}\quad k\in\bar{D}_1,\ \zeta\in\mathcal{I},\ t>0,\tag{6.43}$$

(c) 当 $t\to\infty$ 时, 函数 $h_r(t,\cdot)$ 在半圆周 $\bar{D}_1\cap\bar{D}_2$ 上的 L^1 范数和 L^∞ 范数与 $t^{-N-1/2}$ 同阶.

(d) $h_a(t,k)=\overline{h_a(t,-\bar{k})}$ 和 $h_r(t,k)=\overline{h_r(t,-\bar{k})}$.

证明 由于 $h(k) \in C^{\infty}(\bar{D}_2)$. 令

$$f_0(k) = \sum_{j=2}^{6N+9} \frac{a_j}{k^j},$$

这里复常数$\{a_j\}_{j=2}^{6N+9}$ 的选取需要使得 $f_0(k)$ 在 $k \to \pm 1$ 时, 与函数 $h(k)$ 的前 $3N+3$ 项一致, 即

$$f_0(k) = \begin{cases} \displaystyle\sum_{j=0}^{3N+3} \frac{h^{(j)}(1)}{j!}(k-1)^j + O((k-1)^{3N+4}), & k \to 1, \\ \displaystyle\sum_{j=0}^{3N+3} \frac{h^{(j)}(-1)}{j!}(k+1)^j + O((k+1)^{3N+4}), & k \to -1. \end{cases} \tag{6.44}$$

等式 (6.44) 隐含着关于 a_j 的 $6N+8$ 个线性无关的条件; 从而系数 a_j 存在且唯一的. 函数 $h(k)$ 所具有的对称性 $h(k) = \overline{h(-\bar{k})}$ 说明对于每一个 j, $h^{(j)}(1) = (-1)^j \overline{h^{(j)}(-1)}$, 从而可知, 对于 j 为偶数时, $a_j \in \mathbb{R}$ 而 j 为奇数时, $a_j \in i\mathbb{R}$, 从而 $f_0(k)$ 具有对称性: $f_0(k) = \overline{f_0(-\bar{k})}$. 记 $f = h - f_0$, 有

$$f^{(n)}(k) = \begin{cases} O((k-1)^{3N+4-n}), & k \to 1, \\ O((k+1)^{3N+4-n}), & k \to -1, \end{cases} \quad k \in \bar{D}_1 \cap \bar{D}_2,\ n = 0, 1, 2. \tag{6.45}$$

函数 $h(k)$ 的分解可以按如下获得. 定义映射 $k \mapsto \phi = \phi(k)$,

$$\phi(k) = \frac{1}{2}\left(k + \frac{1}{k}\right)$$

是一个从 $\bar{D}_1 \cap \bar{D}_2$ 到 $[-1, 1]$ 上的映射, 由于 $\phi(e^{i\theta}) = \cos\theta$, 那么该映射是一个双射. 定义 $F : \mathbb{R} \to \mathbb{C}$

$$F(\phi) = \begin{cases} \dfrac{k^4}{k^2-1} f(k), & \phi \in [-1, 1], \\ 0, & \phi \in (-\infty, -1) \cup (1, \infty), \end{cases} \quad \zeta \in \mathcal{I}, \tag{6.46}$$

对于 $\phi \in \mathbb{R} \setminus \{-1, 1\}$, 函数 $F(\phi)$ 是光滑的, 且有

$$F^{(n)}(\phi) = \left(\frac{2k^2}{k^2-1}\frac{\partial}{\partial k}\right)^n \left(\frac{k^4}{k^2-1} f(k)\right), \quad \phi \in (-1, 1),\ n = 0, 1, \cdots, N+1.$$

利用 (6.45) 可知, $F \in C^2(\mathbb{R})$. 特别地, 函数 F 是 Sobolev 空间 $H^2(\mathbb{R})$ 的元素. 从而 $\|s^2 \hat{F}(s)\|_{L^2(\mathbb{R})} < \infty$, 这里 $\hat{F}$ 表示函数 F 的傅里叶变换:

$$\hat{F}(s) = \frac{1}{2\pi}\int_{\mathbb{R}} F(\phi) e^{-i\phi s} d\phi, \quad F(\phi) = \int_{\mathbb{R}} \hat{F}(s) e^{i\phi s} ds. \tag{6.47}$$

根据 (6.46) 和 (6.47) 可知

$$\frac{k^2-1}{k^4}\int_{\mathbb{R}}\hat{F}(s)e^{\frac{i}{2}(k+\frac{1}{k})s}ds=f(k),\quad k\in\bar{D}_1\cap\bar{D}_2.$$

下面, 把函数 f 写成如下分解形式

$$f(k)=f_a(t,k)+f_r(t,k),\quad t>0,\ k\in\bar{D}_1\cap\bar{D}_2,$$

这里函数 f_a 和 f_r 定义如下

$$f_a(t,k)=\frac{(k^2-1)^{N+1}}{k^{2N+4}}\int_{-\frac{t}{4}}^{\infty}\hat{F}(s)e^{\frac{i}{2}(k+\frac{1}{k})s}ds,\quad t>0,\ k\in\bar{D}_1,$$

$$f_r(t,k)=\frac{(k^2-1)^{N+1}}{k^{2N+4}}\int_{-\infty}^{-\frac{t}{4}}\hat{F}(s)e^{\frac{i}{2}(k+\frac{1}{k})s}ds,\quad t>0,\ k\in\bar{D}_1\cap\bar{D}_2,$$

可知, 函数 $f_a(t,\cdot)$ 在区域 D_1 解析且连续到边界. 此外, 对于所有的 $k\in\bar{D}_1$ 及 $\zeta\in\mathcal{I}$, 有 $\left|\mathrm{Re}\frac{i}{2}(k+k^{-1})\right|\leqslant|\mathrm{Re}\Phi(\zeta,k)|$, 从而

$$\begin{aligned}|f_a(t,k)|&\leqslant\frac{|k^2-1|^{N+1}}{|k|^{2N+4}}\|\hat{F}\|_{L^1(\mathbb{R})}\sup_{s\geqslant-\frac{t}{4}}e^{s\mathrm{Re}\frac{i}{2}(k+k^{-1})}\leqslant C\frac{|k^2-1|^{N+1}}{|k|^{2N+4}}e^{\frac{t}{4}|\mathrm{Re}\frac{i}{2}(k+k^{-1})|}\\&\leqslant C\frac{|k^2-1|^{N+1}}{|k|^{2N+4}}e^{\frac{t}{4}|\mathrm{Re}\Phi(\zeta,k)|},\quad t>0,\ k\in\bar{D}_1\end{aligned}$$

及

$$\begin{aligned}|f_r(t,k)|&\leqslant\frac{|k^2-1|^{N+1}}{|k|^{2N+4}}\int_{-\infty}^{-\frac{t}{4}}s^{N+1}|\hat{F}(s)|s^{-N-1}ds\\&\leqslant C\|s^{N+1}\hat{F}(s)\|_{L^2(\mathbb{R})}\sqrt{\int_{-\infty}^{-\frac{t}{4}}s^{-2N-2}ds}\\&\leqslant Ct^{-N-\frac{1}{2}},\quad t>0,\ k\in\bar{D}_1\cap\bar{D}_2.\end{aligned}$$

从而函数 f_r 在 $\bar{D}_1\cap\bar{D}_2$ 的 L^1 范数和 L^∞ 范数与 $t^{-N-1/2}$ 同阶. 函数 $f(k)$ 所具有的对称性 $f(k)=\overline{f(-\bar{k})}$ 就说明 $F(\phi)=\overline{F(-\phi)}$, 即 $\hat{F}(s)$ 是实的, 所以可获得如下对称性:

$$f_a(t,k)=\overline{f_a(t,-\bar{k})},\quad f_r(t,k)=\overline{f_r(t,-\bar{k})}.$$

令

$$h_a(t,k)=f_0(k)+f_a(t,k),\quad t>0,\ k\in\bar{D}_1,$$

$$h_r(t,k)=f_r(t,k),\quad t>0,\ k\in\bar{D}_1\cap\bar{D}_2,$$

也就是说, 我们找到了满足引理性质的 h 的分解, 这就完成了该引理的证明. ∎

注 6.5.3 函数 $h(k)$ 的解析逼近只需要在小的 ζ 附近进行, 这是要确保当 k_0 接近 1 时, 渐近表达式一致成立即可.

引理 6.5.4 (当 $0 \leqslant \zeta < 1$ 时, 函数 r_1 和 r_2 的解析逼近) 对于任意整数 $N \geqslant 1$, 函数 r_1 和 r_2 具有如下分解形式

$$\begin{aligned} r_1(k) &= r_{1,a}(x,t,k) + r_{1,r}(x,t,k), \quad k \in (-\infty, k_0] \cup [k_0, \infty), \\ r_2(k) &= r_{2,a}(x,t,k) + r_{2,r}(x,t,k), \quad k \in [-k_0, k_0], \end{aligned}$$

这里函数 $\{r_{j,a}, r_{j,r}\}_{j=1}^2$ 具有如下性质:

(a) 当 $t > 0$ 及 $\zeta \in \mathcal{I}$, 函数 $r_{j,a}(x,t,k)$ 在 $k \in V_j$ 时解析, 并且连续到边界, 这里 $j = 1, 2$.

(b) 函数 $r_{1,a}$ 和 $r_{2,a}$ 满足如下估计式, 并且这些估计式当 $t > 0$ 及 $\zeta \in \mathcal{I}$ 时是一致成立:

$$\begin{aligned} &\left| r_{j,a}(x,t,k) - \sum_{n=0}^{N} \frac{r_j^{(n)}(k_0)(k-k_0)^n}{n!} \right| \\ &\leqslant C|k-k_0|^{N+1} e^{\frac{t}{4}|\mathrm{Re}\Phi(\zeta,k)|}, \quad k \in \bar{V}_j, j = 1, 2, \end{aligned} \tag{6.48a}$$

及

$$\begin{cases} |r_{1,a}(x,t,k)| \leqslant \dfrac{C}{1+|k|} e^{\frac{t}{4}|\mathrm{Re}\Phi(\zeta,k)|}, & k \in \bar{V}_1, \\ |r_{2,a}(x,t,k)| \leqslant C|k|^2 e^{\frac{t}{4}|\mathrm{Re}\Phi(\zeta,k)|}, & k \in \bar{V}_2. \end{cases} \tag{6.48b}$$

(c) 当 $t \to \infty$ 时, 函数 $k \mapsto (1+|k|^{-1}) r_{1,r}(x,t,k)$ 在区间 $(-\infty, -k_0) \cup (k_0, \infty)$ 上的 L^1 范数和 L^∞ 范数与 $t^{-N-1/2}$ 同阶, 并且在 $\zeta \in \mathcal{I}$ 是一致成立.

(d) 当 $t \to \infty$ 时, 函数 $k \mapsto (1+|k|^{-1}) r_{2,r}(x,t,k)$ 在区间 $(-k_0, k_0)$ 上的 L^1 范数和 L^∞ 范数与 $t^{-N-1/2}$ 同阶, 并且在 $\zeta \in \mathcal{I}$ 是一致成立.

(e) 函数 $\{r_{j,a}, r_{j,r}\}_{j=1}^2$ 具有如下对称性:

$$r_{j,a}(\zeta,t,k) = \overline{r_{j,a}(\zeta,t,-\bar{k})}, \quad r_{j,r}(\zeta,t,k) = \overline{r_{j,r}(\zeta,t,-\bar{k})}, \quad j = 1, 2. \tag{6.49}$$

证明 函数 r_1 的分解可以直接从引理 6.4.1 获得. 而对于函数 r_2 的分解可以利用引理 6.4.1 的证明过程类似获得, 我们在这里略去详细过程. ■

引进函数 $M^{(3)}(x,t,k)$,

$$M^{(3)}(x,t,k) = M^{(2)}(x,t,k) H(x,t,k), \tag{6.50}$$

这里分区域解析的函数 H 定义如下

$$H=\begin{cases}\begin{pmatrix}1 & 0\\ -\delta^{-2}r_{1,a}e^{t\Phi} & 1\end{pmatrix}, & k\in V_1,\\ \begin{pmatrix}1 & -\delta^{2}r_{2,a}e^{-t\Phi}\\ 0 & 1\end{pmatrix}, & k\in V_2,\\ \begin{pmatrix}1 & 0\\ \delta^{-2}r_{2,a}^{*}e^{t\Phi} & 1\end{pmatrix}, & k\in V_3,\\ \begin{pmatrix}1 & \delta^{2}r_{1,a}^{*}e^{-t\Phi}\\ 0 & 1\end{pmatrix}, & k\in V_4,\\ \begin{pmatrix}1 & 0\\ \delta^{-2}h_{a}e^{t\Phi} & 1\end{pmatrix}, & k\in V_5,\\ \begin{pmatrix}1 & -\delta^{2}h_{a}^{*}e^{-t\Phi}\\ 0 & 1\end{pmatrix}, & k\in V_6,\\ I, & \text{其他}.\end{cases}$$

利用引理 6.5.1, 引理 6.5.2 及引理 6.5.4, 可知

$$H(x,t,\cdot)^{\pm1}\in I+(\dot{E}^2\cap E^{\infty})(\mathbb{C}\setminus\Gamma^{(3)}),$$

这里 $\Gamma^{(3)}\subset\mathbb{C}$ 表示跳跃曲线, 如图 6.11 所示. 从而 M 满足 Riemann-Hilbert 问题 (5.6) 当且仅当 $M^{(3)}$ 满足 Riemann-Hilbert 问题 (6.14) 在 $j=3$ 时的情况, 这里跳跃矩阵 $J^{(3)}$ 由下式给出开

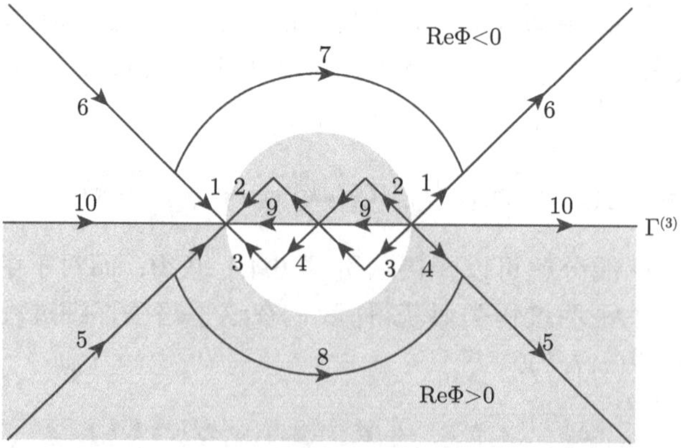

图 6.11　跳跃曲线 $\Gamma^{(3)}$ 及相函数实部 $\mathrm{Re}\Phi>0$ 的区域 (阴影部分)

$$J_1^{(3)}=\begin{pmatrix}1 & 0\\ \delta^{-2}(r_{1,a}+h)e^{t\Phi} & 1\end{pmatrix},\qquad J_2^{(3)}=\begin{pmatrix}1 & -\delta^2 r_{2,a}e^{-t\Phi}\\ 0 & 1\end{pmatrix},$$

$$J_3^{(3)}=\begin{pmatrix}1 & 0\\ -\delta^{-2}r_{2,a}^{*}e^{t\Phi} & 1\end{pmatrix},\qquad J_4^{(3)}=\begin{pmatrix}1 & \delta^2(r_{1,a}^{*}+h^{*})e^{-t\Phi}\\ 0 & 1\end{pmatrix},$$

$$J_5^{(3)}=\begin{pmatrix}1 & \delta^2(r_{1,a}^{*}+h_a^{*})e^{-t\Phi}\\ 0 & 1\end{pmatrix},\qquad J_6^{(3)}=\begin{pmatrix}1 & 0\\ \delta^{-2}(r_{1,a}+h_a)e^{t\Phi} & 1\end{pmatrix},$$

$$J_7^{(3)}=\begin{pmatrix}1 & 0\\ -\delta^{-2}h_r e^{t\Phi} & 1\end{pmatrix},\qquad J_8^{(3)}=\begin{pmatrix}1 & -\delta^2 h_r^{*}e^{-t\Phi}\\ 0 & 1\end{pmatrix},$$

$$J_9^{(3)}=\begin{pmatrix}1 & -\delta_-^2 r_{2,r}e^{-t\Phi}\\ 0 & 1\end{pmatrix}\begin{pmatrix}1 & 0\\ -\delta_+^{-2}r_{2,r}^{*}e^{t\Phi} & 1\end{pmatrix},\quad J_{10}^{(3)}=\begin{pmatrix}1+|r_{1,r}|^2 & \delta^2 r_{1,r}^{*}e^{-t\Phi}\\ \delta^{-2}r_{1,r}e^{t\Phi} & 1\end{pmatrix}.$$

6.5.2 局部模型

对于关于 $M^{(3)}$ 的 Riemann-Hilbert 问题来说, 当 $t\to\infty$ 时, 除了在稳定点 $\pm k_0$ 附近外, 跳跃矩阵与单位阵的差 $J^{(3)}-I$ 是以指数衰减的方式趋于 0. 这就是说, 当我们考虑 $M^{(3)}$ 的渐近分析时, 只需要考虑稳定点 $\pm k_0$ 附近的小邻域即可. 在这一小节中, 我们将寻找 $M^{(3)}$ 在 k_0 附近的渐近解 m^{k_0}.

1. "十字" 路径上的精确解

记 $X=X_1\cup\cdots\cup X_4\subset\mathbb{C}$ 表示一个 "十字" 路径

$$\begin{aligned} &X_1=\left\{se^{\frac{i\pi}{4}}\,\middle|\,0\leqslant s<\infty\right\}, \qquad X_2=\left\{se^{\frac{3i\pi}{4}}\,\middle|\,0\leqslant s<\infty\right\},\\ &X_3=\left\{se^{-\frac{3i\pi}{4}}\,\middle|\,0\leqslant s<\infty\right\}, \qquad X_4=\left\{se^{-\frac{i\pi}{4}}\,\middle|\,0\leqslant s<\infty\right\}, \end{aligned} \tag{6.51}$$

方向都是从原点指向远处, 参见图 6.12.

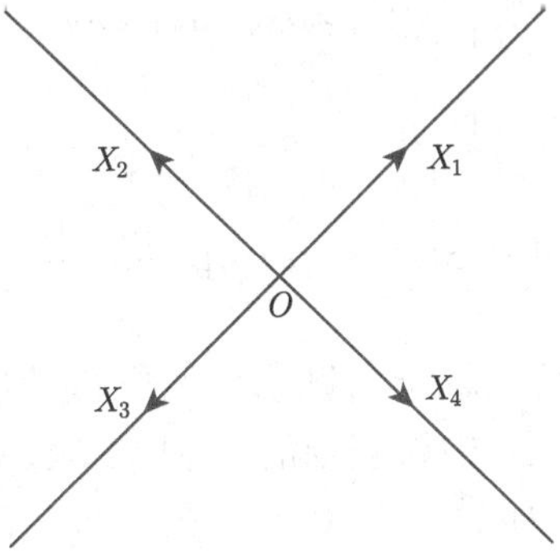

图 6.12 跳跃曲线 $X=X_1\cup X_2\cup X_3\cup X_4$

引理 6.5.5 ("十字" 路径上的精确解) 定义函数 $\nu:\mathbb{C}\to(0,\infty)$ $\nu(q)=\dfrac{1}{2\pi}\ln(1+|q|^2)$, 当 $z\in X$ 时, 定义跳跃矩阵

$$v^X(q,z)=\begin{cases}\begin{pmatrix}1 & 0\\ qz^{2i\nu(q)}e^{\frac{iz^2}{2}} & 1\end{pmatrix}, & z\in X_1,\\ \begin{pmatrix}1 & -\dfrac{\bar{q}}{1+|q|^2}z^{-2i\nu(q)}e^{-\frac{iz^2}{2}}\\ 0 & 1\end{pmatrix}, & z\in X_2,\\ \begin{pmatrix}1 & 0\\ -\dfrac{q}{1+|q|^2}z^{2i\nu(q)}e^{\frac{iz^2}{2}} & 1\end{pmatrix}, & z\in X_3,\\ \begin{pmatrix}1 & \bar{q}z^{-2i\nu(q)}e^{-\frac{iz^2}{2}}\\ 0 & 1\end{pmatrix}, & z\in X_4.\end{cases} \tag{6.52}$$

那么, 对于每一个 $q\in\mathbb{C}$, Riemann-Hilbert 问题

$$\begin{cases}m^X(q,\cdot)\in I+\dot{E}^2(\mathbb{C}\setminus X),\\ m_+^X(q,z)=m_-^X(q,z)v^X(q,z), \quad \text{a.e. } z\in X\end{cases}$$

具有唯一解 $m^X(q,z)$. 该解满足

$$m^X(q,z)=I-\frac{i}{z}\begin{pmatrix}0 & \beta^X(q)\\ \overline{\beta^X(q)} & 0\end{pmatrix}+O\left(\frac{q}{z^2}\right), \quad z\to\infty,\ q\in\mathbb{C}, \tag{6.53}$$

这里误差项在 $\arg z\in[0,2\pi]$ 及 q 属于 $\mathbb{C}$ 上的一个紧子集时一致的, 这里函数 $\beta^X(q)$ 定义如下

$$\beta^X(q)=\sqrt{\nu(q)}e^{i\left(\frac{\pi}{4}-\arg q-\arg\Gamma(i\nu(q))\right)}, \quad q\in\mathbb{C}.$$

此外, 对于每一个 $\mathbb{C}$ 上的紧子集 K,

$$\sup_{q\in K}\sup_{z\in\mathbb{C}\setminus X}|m^X(q,z)|<\infty, \quad \sup_{q\in K}\sup_{z\subset\mathbb{C}\setminus X}\frac{|m^X(q,z)-I|}{|q|}<\infty. \tag{6.54}$$

证明 这个证明主要是依赖于由抛物柱面方程的解所精确表达的解 m^X [67]. 这个引理除了可能存在 (6.53) 中误差项的 q 和 (6.54) 中的第二个估计式外, 其他的结论的证明都是标准的. 而当 $q\to0$ 时, 考虑 m^X 的精确表达式, 进而可以获得 (6.53) 中误差项可能存在 q 以及 (6.54) 中的第二个估计式成立. 从而就完成这个引理的证明. ■

2. k_0 附近的局部模型

通过 $\varepsilon = k_0/2$ 定义 $\varepsilon := \varepsilon(\zeta)$. 令 $D_\varepsilon(k_0)$ 表示一个中心在 k_0, 半径为 ε 的开圆盘. 为了建立 $M^{(3)}$ 与引理 6.5.5 中的解 m^X 的关系, 在 k_0 附近, 我们作一个局部变量变换, 引进新的变量 $z := z(\zeta, k)$,

$$z = \sqrt{t}(k - k_0)\psi(\zeta, k), \quad 这里 \quad \psi(\zeta, k) = \sqrt{\frac{2}{k(1 + k_0^2)}}.$$

函数 ψ 在 $k \in D_\varepsilon(k_0)$ 解析. 我们固定函数 $\psi(\zeta, k)$ 的一支, 使得当 $k \in D_\varepsilon(k_0)$ 时, $\mathrm{Re}\psi(\zeta, k) > 0$. 对于每一个 $\zeta \in \mathcal{I}$, 映射 $k \mapsto z$ 是一个从 $D_\varepsilon(k_0)$ 到原点邻域的双全纯映射. 注意到变量 z 满足

$$\frac{iz^2}{2} = \frac{it(k - k_0)^2}{k(1 + k_0^2)} = t(\Phi(\zeta, k) - \Phi(\zeta, k_0)).$$

记 $\mathcal{X}^\varepsilon := \mathcal{X}^\varepsilon(\zeta)$ 表示中心在 k_0 的小 "十字" 路径, 如图 6.13 所示:

$$\mathcal{X}^\varepsilon = \bigcup_{j=1}^{4} \mathcal{X}_j^\varepsilon, \quad 这里 \quad \mathcal{X}_j^\varepsilon = \Gamma_j^{(3)} \cap D_\varepsilon(k_0),$$

这里路径 $\Gamma_j^{(3)}$ 是表示路径 $\Gamma^{(3)}$ 的 j 部分, 如图 6.11 所示. 记 $-\mathcal{X}^\varepsilon := \bigcup_{j=1}^4 \Gamma_j^{(3)} \cap D_\varepsilon(-k_0)$ 表示类似中心在 $-k_0$ 的小 "十字" 路径. 对路径 $\Gamma_j^{(3)}$, $j = 1, \cdots, 4$ 稍作形变, 可以假设 $k \mapsto z(\zeta, k)$ 是一个把 $\mathcal{X}_j^\varepsilon$ 映到 X_j 上的映射, 并且在变换 $k \mapsto -\bar{k}$ 下, $\Gamma^{(3)}$ 是保持不变的 (取决于方向). 由于 z 的对称性 $z(\zeta, k) = \overline{z(\zeta, \bar{k})}$, 同样可以假设 $\Gamma^{(3)}$ 在 $k \mapsto \bar{k}$ 的变换下保持不变.

图 6.13 中心分别在 k_0 和 $-k_0$ 的小 "十字" 路径 $\mathcal{X}^\varepsilon$ 和 $-\mathcal{X}^\varepsilon$

下面考虑当 $k \to k_0$ 时, 函数 $\delta(\zeta, k)$ 的渐近表达. 通过分部积分可知

$$\int_{-k_0}^{k_0}\frac{\ln(1+|r(s)|^2)}{s-k}ds=\ln(k-s)\ln(1+|r(s)|^2)\Big|_{s=-k_0}^{k_0}$$
$$-\int_{-k_0}^{k_0}\ln(k-s)d\ln(1+|r(s)|^2),\quad \zeta\in\mathcal{I},k\in\mathbb{C}\backslash(-\infty,k_0],$$

这里对数函数沿 $(-\infty,0]$ 割破. 从而有

$$\delta(\zeta,k)=e^{-i\nu\ln(\frac{k-k_0}{k+k_0})+\chi(\zeta,k)},\quad \zeta\in\mathcal{I},\ k\in\mathbb{C}\setminus(-\infty,k_0],$$

这里 $\nu:=\nu(\zeta)\geqslant 0$ 定义如下

$$\nu(\zeta)=\frac{1}{2\pi}\ln(1+|r(k_0)|^2),\quad \zeta\in\mathcal{I},\tag{6.55}$$

函数

$$\chi(\zeta,k)=-\frac{1}{2\pi i}\int_{-k_0}^{k_0}\ln(k-s)d\ln(1+|r(s)|^2),\quad \zeta\in\mathcal{I},\ k\in\mathbb{C}\setminus(-\infty,k_0].\tag{6.56}$$

从而, 对于每一个 $\zeta\in\mathcal{I}$, 可以把函数 δ 写成如下形式

$$\delta(\zeta,k)=z^{-i\nu}\delta_0(\zeta,t)\delta_1(\zeta,k),\quad k\in D_\varepsilon(k_0)\setminus(-\infty,k_0],$$

这里函数 $\delta_0(\zeta,t)$ 和 $\delta_1(\zeta,k)$ 分别定义如下

$$\delta_0(\zeta,t)=t^{\frac{i\nu}{2}}e^{i\nu\ln(2k_0\psi(\zeta,k_0))}e^{\chi(\zeta,k_0)},\quad t>0,$$
$$\delta_1(\zeta,k)=e^{i\nu\ln(\frac{(k+k_0)\psi(\zeta,k)}{2k_0\psi(\zeta,k_0)})}e^{\chi(\zeta,k)-\chi(\zeta,k_0)},\quad k\in D_\varepsilon(k_0)\setminus(-\infty,k_0].$$

定义 $\tilde{m}(x,t,z)$

$$\tilde{m}(x,t,z(\zeta,k))=M^{(3)}(x,t,k)e^{-\frac{t\Phi(\zeta,k_0)\sigma_3}{2}}\delta_0(\zeta,t)^{\sigma_3},\quad k\in D_\varepsilon(k_0)\setminus\Gamma^{(3)}.$$

那么函数 $\tilde{m}$ 是分区域解析的且在 $k\in\mathcal{X}^\varepsilon$ 时满足跳跃关系 $\tilde{m}_+=\tilde{m}_-\tilde{v}$, 跳跃矩阵

$$\tilde{v}=\delta_0(\zeta,t)^{-\hat{\sigma}_3}e^{\frac{t\Phi(\zeta,k_0)}{2}\hat{\sigma}_3}J^{(3)},$$

即

$$\tilde{v}(x,t,z)=\begin{cases}\begin{pmatrix}1 & 0\\ z^{2i\nu}\delta_1^{-2}(r_{1,a}+h_a)e^{\frac{iz^2}{2}} & 1\end{pmatrix}, & k\in\mathcal{X}_1^\varepsilon\cap D_1,\\ \begin{pmatrix}1 & 0\\ z^{2i\nu}\delta_1^{-2}(r_{1,a}+h)e^{\frac{iz^2}{2}} & 1\end{pmatrix}, & k\in\mathcal{X}_1^\varepsilon\cap D_2,\\ \begin{pmatrix}1 & -z^{-2i\nu}\delta_1^{2}r_{2,a}e^{-\frac{iz^2}{2}}\\ 0 & 1\end{pmatrix}, & k\in\mathcal{X}_2^\varepsilon,\\ \begin{pmatrix}1 & 0\\ -z^{2i\nu}\delta_1^{-2}r_{2,a}^*e^{\frac{iz^2}{2}} & 1\end{pmatrix}, & k\in\mathcal{X}_3^\varepsilon,\\ \begin{pmatrix}1 & z^{-2i\nu}\delta_1^{2}(r_{1,a}^*+h_a^*)e^{-\frac{iz^2}{2}}\\ 0 & 1\end{pmatrix}, & k\in\mathcal{X}_4^\varepsilon\cap D_4,\\ \begin{pmatrix}1 & z^{-2i\nu}\delta_1^{2}(r_{1,a}^*+h^*)e^{-\frac{iz^2}{2}}\\ 0 & 1\end{pmatrix}, & k\in\mathcal{X}_4^\varepsilon\cap D_3.\end{cases}$$

对于小的 k_0, 集 $\mathcal{X}_1^\varepsilon\cap D_1$ 和集 $\mathcal{X}_4^\varepsilon\cap D_4$ 是空集.

定义复值函数 $q:=q(\zeta)$,

$$q=r(k_0),\quad \zeta\in\mathcal{I}. \tag{6.57}$$

对于任何 $z\in X$, 有当 $t\to\infty$ 时, $k(\zeta,z)\to k_0$, 从而我们希望这个极限具有如下:

$$\delta_1(k)\to 1,\quad r_{1,a}(k)+h(k)\to q,\quad r_{2,a}(k)\to\frac{\bar{q}}{1+|q|^2}.$$

这表明当 $t\to\infty$ 时, 矩阵 $\tilde{v}$ 趋于 (6.52) 中所定义的跳跃矩阵 v^X, 即当 $t\to\infty$ 时, 在 k_0 的附近, 关于 $M^{(3)}$ 的 Riemann-Hilbert 问题的跳跃矩阵趋于 $m^X\delta_0^{-\sigma_3}e^{\frac{t\Phi(\zeta,k_0)\sigma_3}{2}}$. 这就建议在 k_0 的邻域 $D_\varepsilon(k_0)$ 内用一个 2×2 矩阵函数 m^{k_0} 来逼近 $M^{(3)}$. 这里 m^{k_0} 如下所示

$$m^{k_0}(x,t,k)=Y(\zeta,t,k)m^X(q(\zeta),z(\zeta,k))\delta_0(\zeta,t)^{-\sigma_3}e^{\frac{t\Phi(\zeta,k_0)\sigma_3}{2}}, \tag{6.58}$$

这里函数 $Y(\zeta,t,k)$ 在 $k\in D_\varepsilon(k_0)$ 内解析. 为了使得在 $t\to\infty$ 时, 函数 m^{k_0} 能很好地逼近 $M^{(3)}$, 我们选取 Y 使得 $t\to\infty$ 时, 在 $\partial D_\varepsilon(k_0)$ 上 $m^{k_0}\to I$. 从而选取如下 Y:

$$Y(\zeta,t,k)\equiv Y(\zeta,t)=e^{-\frac{t\Phi(\zeta,k_0)\sigma_3}{2}}\delta_0(\zeta,t)^{\sigma_3}.$$

记 $\tau:=\tau(\zeta,t)=k_0t$.

引理 6.5.6 对于 $t>0$ 及 $\zeta\in\mathcal{I}$, 由 (6.58) 所定义的函数 $m^{k_0}(x,t,k)$ 在 $k\in D_\varepsilon(k_0)\setminus\mathcal{X}^\varepsilon$ 解析. 此外,

$$|m^{k_0}(x,t,k)-I|\leqslant C|q|\leqslant C,\quad \zeta\in\mathcal{I},\ t>2,\ k\in D_\varepsilon(k_0)\setminus\mathcal{X}^\varepsilon. \tag{6.59}$$

通过路径 $\mathcal{X}^\varepsilon$, 函数 m^{k_0} 具有跳跃关系: $m_+^{k_0}=m_-^{k_0}v^{k_0}$, 对于 $1\leqslant p\leqslant\infty$, 这里跳跃矩阵 v^{k_0} 满足如下估计式

$$\|J^{(3)}-v^{k_0}\|_{L^p(\mathcal{X}^\varepsilon)}\leqslant C\tau^{-\frac{1}{2}+\frac{1}{2p}}t^{-\frac{1}{p}}(1+k_0\ln t),\quad \zeta\in\mathcal{I},\ t>2. \tag{6.60}$$

此外, 当 $t\to\infty$ 时,

$$\|m^{k_0}(x,t,\cdot)^{-1}-I\|_{L^\infty(\partial D_\varepsilon(k_0))}=O(q\tau^{-1/2}) \tag{6.61}$$

及

$$\begin{aligned}&\frac{1}{2\pi i}\int_{\partial D_\varepsilon(k_0)}(m^{k_0}(x,t,k)^{-1}-I)\frac{dk}{k}\\&=-\frac{Y(\zeta,t)m_1^X(\zeta)Y(\zeta,t)^{-1}}{\sqrt{t}\psi(\zeta,k_0)k_0}+O(q\tau^{-1})\end{aligned} \tag{6.62}$$

在 $\zeta\in\mathcal{I}$ 上是一致的, 这里函数 $m_1^X(\zeta)$ 定义如下

$$m_1^X(\zeta)=-i\begin{pmatrix}0 & \beta^X(q(\zeta))\\ \overline{\beta^X(q(\zeta))} & 0\end{pmatrix}. \tag{6.63}$$

证明 根据 m^{k_0} 的定义可知, m^{k_0} 在定义域内是解析的. 因为

$$m^{k_0}(x,t,k)=Y(\zeta,t)m^X(q,z)Y(\zeta,t)^{-1}=e^{-\frac{t\Phi(\zeta,k_0)\hat{\sigma}_3}{2}}\delta_0(\zeta,t)^{\hat{\sigma}_3}m^X(q,z),$$

这里 $|e^{-\frac{t\Phi(\zeta,k_0)}{2}}|=|\delta_0(\zeta,t)|=1$, 那么估计式 (6.59) 可以作为 (6.54) 的结论而成立.

下面证明 (6.60) 成立. 利用标准估计可知

$$|\chi(\zeta,k)-\chi(\zeta,k_0)|\leqslant C|k-k_0|(1+|\ln|k-k_0||),\quad \zeta\in\mathcal{I},\ k\in\mathcal{X}^\varepsilon$$

及

$$|e^{i\nu\ln(\frac{(k+k_0)\psi(\zeta,k)}{2k_0\psi(\zeta,k_0)})}-1|\leqslant C\left|\ln\left(\frac{(k+k_0)\psi(\zeta,k)}{2k_0\psi(\zeta,k_0)}\right)\right|\leqslant Ck_0^{-1}|k-k_0|,\ \ \zeta\in\mathcal{I},\, k\in\mathcal{X}^\varepsilon$$

这就说明

$$\begin{aligned}|\delta_1(\zeta,k)-1|&\leqslant|e^{i\nu\ln(\frac{(k+k_0)\psi(\zeta,k)}{2k_0\psi(\zeta,k_0)})}-1||e^{\chi(\zeta,k)-\chi(\zeta,k_0)}|+|e^{\chi(\zeta,k)-\chi(\zeta,k_0)}-1|\\&\leqslant C|k-k_0|(k_0^{-1}+|\ln|k-k_0||),\quad\zeta\in\mathcal{I},\ k\in\mathcal{X}^\varepsilon.\end{aligned}\tag{6.64}$$

另一方面, 对于 $t>2$ 及任意 $\zeta\in\mathcal{I}$, 根据估计式 (6.43) 和 (6.48) 可知如下估计式成立:

$$\begin{aligned}&\left|r_{1,a}(x,t,k)+h_a(t,k)-q\right|\leqslant C|k-k_0|e^{\frac{t}{4}|\mathrm{Re}\Phi(\zeta,k)|},&&k\in\mathcal{X}_1^\varepsilon\cap D_1,\\&\left|r_{1,a}(x,t,k)+h(k)-q\right|\leqslant C|k-k_0|e^{\frac{t}{4}|\mathrm{Re}\Phi(\zeta,k)|},&&k\in\mathcal{X}_1^\varepsilon\cap D_2,\\&\left|r_{2,a}(x,t,k)-\tfrac{\bar q}{1+|q|^2}\right|\leqslant C|k-k_0|e^{\frac{t}{4}|\mathrm{Re}\Phi(\zeta,k)|},&&k\in\mathcal{X}_2^\varepsilon,\\&\left|\overline{r_{2,a}(x,t,\bar k)}-\tfrac{q}{1+|q|^2}\right|\leqslant C|k-k_0|e^{\frac{t}{4}|\mathrm{Re}\Phi(\zeta,k)|},&&k\in\mathcal{X}_3^\varepsilon,\\&\left|\overline{r_{1,a}(x,t,\bar k)}+\overline{h_a(t,\bar k)}-\bar q\right|\leqslant C|k-k_0|e^{\frac{t}{4}|\mathrm{Re}\Phi(\zeta,k)|},&&k\in\mathcal{X}_4^\varepsilon\cap D_4,\\&\left|\overline{r_{1,a}(x,t,\bar k)}+\overline{h(\bar k)}-\bar q\right|\leqslant C|k-k_0|e^{\frac{t}{4}|\mathrm{Re}\Phi(\zeta,k)|},&&k\in\mathcal{X}_4^\varepsilon\cap D_3.\end{aligned}\tag{6.65}$$

事实上, 对于 $k\in\mathcal{X}_1^\varepsilon\cap D_1$, 根据估计式 (6.43) 和 (6.48) 可知

$$\begin{aligned}&\left|r_{1,a}(x,t,k)+h_a(t,k)-q\right|=\left|r_{1,a}(x,t,k)+h_a(t,k)-r_1(k_0)-h(k_0)\right|\\&\leqslant|r_{1,a}(x,t,k)-r_1(k_0)|+|h_a(t,k)-h(1)|+|h(1)-h(k_0)|\\&\leqslant C|k-k_0|e^{\frac{t}{4}|\mathrm{Re}\Phi(\zeta,k)|}+C|k-1|e^{\frac{t}{4}|\mathrm{Re}\Phi(\zeta,k)|}+C|k-k_0|\\&\leqslant C|k-k_0|e^{\frac{t}{4}|\mathrm{Re}\Phi(\zeta,k)|},\end{aligned}$$

这就证明了 (6.65) 中的第一个估计式; (6.65) 中其他的估计式也可利用类似的方法来证明.

因为

$$\tilde{v}-v^X=\begin{cases}\begin{pmatrix}0 & 0\\ (\delta_1^{-2}(r_{1,a}+h_a)-q)z^{2i\nu}e^{\frac{iz^2}{2}} & 0\end{pmatrix}, & k\in\mathcal{X}_1^\varepsilon\cap D_1,\\ \begin{pmatrix}0 & 0\\ (\delta_1^{-2}(r_{1,a}+h)-q)z^{2i\nu}e^{\frac{iz^2}{2}} & 0\end{pmatrix}, & k\in\mathcal{X}_1^\varepsilon\cap D_2,\\ \begin{pmatrix}0 & (-\delta_1^2 r_{2,a}+\frac{\bar{q}}{1+|q|^2})z^{-2i\nu}e^{-\frac{iz^2}{2}}\\ 0 & 0\end{pmatrix}, & k\in\mathcal{X}_2^\varepsilon,\\ \begin{pmatrix}0 & 0\\ -(\delta_1^{-2}r_{2,a}^*-\dfrac{q}{1+|q|^2})z^{2i\nu}e^{\frac{iz^2}{2}} & 0\end{pmatrix}, & k\in\mathcal{X}_3^\varepsilon,\\ \begin{pmatrix}0 & (\delta_1^2(r_{1,a}^*+h_a^*)-\bar{q})z^{-2i\nu}e^{-\frac{iz^2}{2}}\\ 0 & 0\end{pmatrix}, & k\in\mathcal{X}_4^\varepsilon\cap D_4,\\ \begin{pmatrix}0 & (\delta_1^2(r_{1,a}^*+h^*)-\bar{q})z^{-2i\nu}e^{-\frac{iz^2}{2}}\\ 0 & 0\end{pmatrix}, & k\in\mathcal{X}_4^\varepsilon\cap D_3,\end{cases}$$

根据 (6.64) 和 (6.65) 可得

$$|\tilde{v}-v^X|\leqslant C|k-k_0|(k_0^{-1}+|\ln|k-k_0||)e^{-\frac{3t|k-k_0|^2}{16k_0}},\quad k\in\mathcal{X}^\varepsilon. \tag{6.66}$$

事实上, 对于 $k\in\mathcal{X}^\varepsilon$, 可得 $|\psi(\zeta,k)|\geqslant|k|^{-1/2}\geqslant(2k_0)^{-1/2}$, 进而

$$t\mathrm{Re}\Phi(\zeta,k)=\mathrm{Re}\Big(\frac{iz^2}{2}\Big)=-\frac{|z|^2}{2}=-\frac{t}{2}|k-k_0|^2|\psi(\zeta,k)|^2\leqslant-\frac{t|k-k_0|^2}{4k_0},\quad k\in\mathcal{X}_1^\varepsilon$$

及

$$\begin{aligned}|\tilde{v}-v^X|&\leqslant|\delta_1^{-2}-1|\big|(r_{1,a}+h_a)z^{2i\nu}e^{\frac{iz^2}{2}}\big|+\big|(r_{1,a}+h_a-q)z^{2i\nu}e^{\frac{iz^2}{2}}\big|\\&\leqslant C|\delta_1^{-2}-1|e^{\frac{t}{4}|\mathrm{Re}\Phi(\zeta,k)|}e^{\mathrm{Re}\frac{iz^2}{2}}+C|k-k_0|e^{\frac{t}{4}|\mathrm{Re}\Phi(\zeta,k)|}e^{\mathrm{Re}\frac{iz^2}{2}}\\&\leqslant C|k-k_0|(k_0^{-1}+|\ln|k-k_0||)e^{-\frac{3}{4}|\mathrm{Re}\frac{iz^2}{2}|}\\&\leqslant C|k-k_0|(k_0^{-1}+|\ln|k-k_0||)e^{-\frac{3t|k-k_0|^2}{16k_0}},\quad k\in\mathcal{X}_1^\varepsilon\cap D_1,\end{aligned}$$

当 $k\in\mathcal{X}_1^\varepsilon\cap D_1$ 时, (6.66) 成立; 在路径 $\mathcal{X}^\varepsilon$ 的另一部分也可以用类似的方法来证明.

由于

$$J^{(3)}-v^{k_0}=e^{-\frac{t\Phi(\zeta,k_0)}{2}\hat{\sigma}_3}\delta_0^{\hat{\sigma}_3}(\tilde{v}-v^X),\quad k\in\mathcal{X}^\varepsilon,$$

根据 (6.66) 可知

$$|J^{(3)}-v^{k_0}|\leqslant C|k-k_0|(k_0^{-1}+|\ln|k-k_0||)e^{-\frac{3t|k-k_0|^2}{16k_0}},\quad k\in\mathcal{X}^{\varepsilon}.$$

因而

$$\begin{aligned}\|J^{(3)}-v^{k_0}\|_{L^1(\mathcal{X}^{\varepsilon})}&\leqslant C\int_0^{\varepsilon}u(k_0^{-1}+|\ln u|)e^{-\frac{3tu^2}{16k_0}}du\\&\leqslant Ct^{-1}(1+k_0\ln t),\quad \zeta\in\mathcal{I},\ t>2\end{aligned}$$

及

$$\begin{aligned}\|J^{(3)}-v^{k_0}\|_{L^\infty(\mathcal{X}^{\varepsilon})}&\leqslant C\sup\nolimits_{0\leqslant u\leqslant\varepsilon}u(k_0^{-1}+|\ln u|)e^{-\frac{3tu^2}{16k_0}}\\&\leqslant C\tau^{-1/2}(1+k_0\ln t),\quad \zeta\in\mathcal{I},\ t>2,\end{aligned}$$

再根据一般的不等式 $\|f\|_{L^p}\leqslant\|f\|_{L^\infty}^{1-1/p}\|f\|_{L^1}^{1/p}$ 可以获得 (6.60).

当 $k\in\partial D_\varepsilon(k_0)$ 及 $t\to\infty$ 时, 变量 $z=\sqrt{t}(k-k_0)\psi(\zeta,k)$ 趋于无穷. 事实上, 对于 $k\in\partial D_\varepsilon(k_0)$, 由于 $|\psi(\zeta,k)|\geqslant(2k_0)^{-1/2}$, 则有 $|z|\geqslant C\tau^{1/2}$. 那么根据 (6.53) 可得

$$m^X(q,z(\zeta,k))=I+\frac{m_1^X(\zeta)}{\sqrt{t}(k-k_0)\psi(\zeta,k)}+O(q\tau^{-1}),\quad t\to\infty,\ k\in\partial D_\varepsilon(k_0),$$

且在 $k\in\partial D_\varepsilon(k_0)$ 上一致成立, 这里函数 m_1^X 由 (6.63) 给出. 由于 $m^{k_0}=Ym^XY^{-1}$ 及 $|Y|\leqslant C$, 所以

$$(m^{k_0})^{-1}-I=-\frac{Ym_1^X(\zeta)Y^{-1}}{\sqrt{t}(k-k_0)\psi(\zeta,k)}+O(q\tau^{-1}),\quad t\to\infty \tag{6.67}$$

在 $\zeta\in\mathcal{I}$ 及 $k\in\partial D_\varepsilon(k_0)$ 上一致成立. 当 $k\in\partial D_\varepsilon(k_0)$ 时, 再次利用 $|\psi(\zeta,k)|\geqslant(2k_0)^{-1/2}$ 和 $|m_1^X|\leqslant C|q|$, 可得 (6.61). 最后, 可以利用 (6.67) 和 Cauchy 公式来证明 (6.62) 成立. ■

3. 最后一步

定义逼近解 M^{app}

$$M^{\mathrm{app}}(x,t,k)=\begin{cases}m^{k_0}(x,t,k), & k\in D_\varepsilon(k_0),\\ \overline{m^{k_0}(x,t,-\bar{k})}, & k\in D_\varepsilon(-k_0),\\ I, & \mathbb{C}\setminus(D_\varepsilon(-k_0)\cup D_\varepsilon(k_0)).\end{cases}$$

函数 $m(x,t,k)$ 定义如下

$$m=M^{(3)}(M^{\mathrm{app}})^{-1},$$

满足 Riemann-Hilbert 问题 (6.23), 这里跳跃曲线 $\Sigma = \Gamma^{(3)} \cup \partial D_\varepsilon(k_0) \cup \partial D_\varepsilon(-k_0)$, 如图 6.14 所示, 跳跃矩阵 v 如下所示:

$$v = \begin{cases} J^{(3)}, & k \in \Sigma \setminus (\overline{D_\varepsilon(k_0)} \cup \overline{D_\varepsilon(-k_0)}), \\ (m^{k_0})^{-1}, & k \in \partial D_\varepsilon(k_0), \\ m_-^{k_0} J^{(3)} (m_+^{k_0})^{-1}, & k \in \Sigma \cap D_\varepsilon(k_0), \end{cases}$$

跳跃曲线 Σ 剩下的部分的跳跃矩阵利用如下对称性给出:

$$v(x,t,k) = \overline{v(x,t,-\bar{k})}, \quad k \in \Sigma.$$

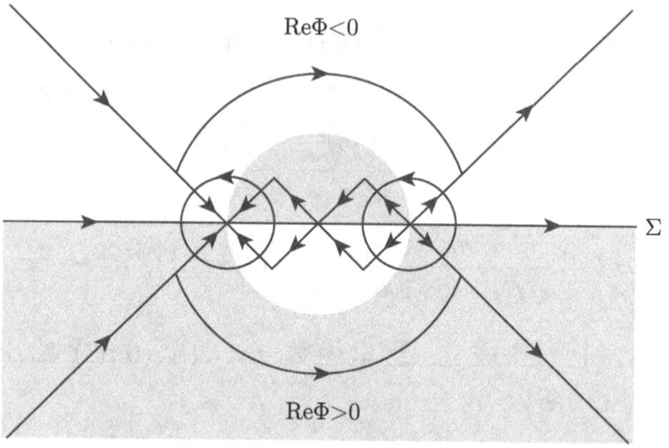

图 6.14 区域 III 情况下的跳跃曲线 Σ

把跳跃曲线 Σ 分为如下六部分:

$$\Sigma = \mathcal{X}^\varepsilon \cup (-\mathcal{X}^\varepsilon) \cup \partial D_\varepsilon(k_0) \cup \partial D_\varepsilon(-k_0) \cup \Sigma' \cup \Sigma'',$$

这里 (图 6.15 和图 6.16)

$$\Sigma' := \Gamma^{(3)} \cap (\mathbb{R} \cup \{|k| = 1\}) \quad 及 \quad \Sigma'' := \bigcup_{j=1}^{6} \Gamma_j^{(3)} \setminus (D_\varepsilon(k_0) \cup D_\varepsilon(-k_0)). \tag{6.68}$$

引理 6.5.7 记 $w = v - I$. 对于每一个 $1 \leqslant p \leqslant \infty$, $t > 2$ 及 $\zeta \in \mathcal{I}$, 下面估计式一致成立:

$$\|w\|_{L^p(\partial D_\varepsilon(k_0))} \leqslant C|q| k_0^{1/p} \tau^{-\frac{1}{2}}, \tag{6.69a}$$

$$\|w\|_{L^p(\mathcal{X}^\varepsilon)} \leqslant C\tau^{-\frac{1}{2}+\frac{1}{2p}} t^{-\frac{1}{p}} (1 + k_0 \ln t). \tag{6.69b}$$

$$\|(1+|k|^{-1})w\|_{L^p(\Sigma')} \leqslant Ct^{-3/2}, \tag{6.69c}$$

$$\|(1+|k|^{-1})w\|_{L^p(\Sigma'')} \leqslant C(t^{-1/p}+k_0)e^{-c\tau}, \tag{6.69d}$$

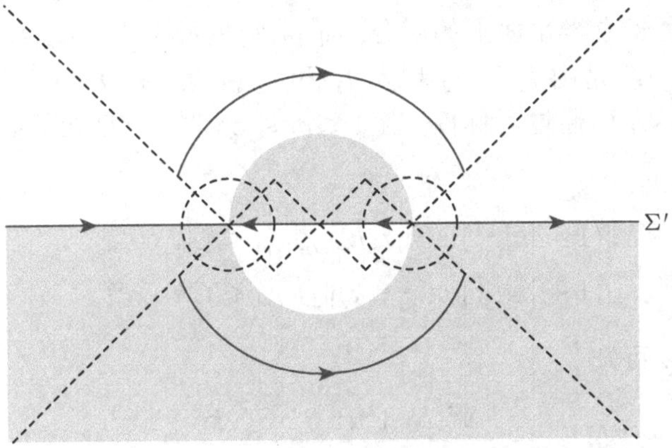

图 6.15 跳跃曲线 Σ 的部分跳跃曲线 Σ′

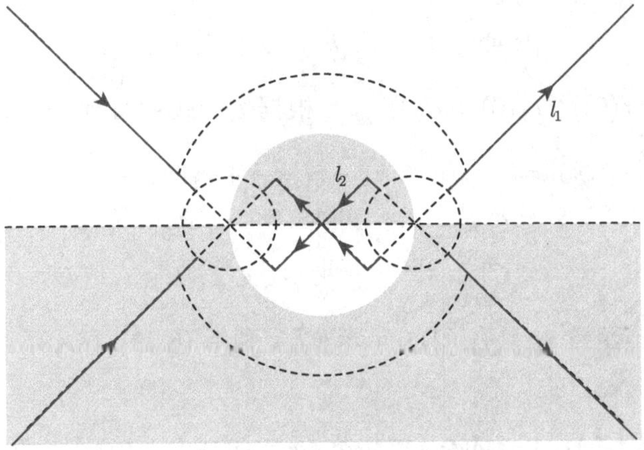

图 6.16 跳跃曲线 Σ 的部分曲线 Σ″, 这个部分曲线是由曲线 l_1 和 l_2 以及它们在实轴和虚轴上反射的图像组成的

证明 根据 (6.61) 可直接获得估计式 (6.69a). 当 $k \in \mathcal{X}^\varepsilon$ 时, 可知

$$w = m_-^{k_0}(J^{(3)} - v^{k_0})(m_+^{k_0})^{-1},$$

从而根据 (6.59) 和 (6.60) 可得 (6.69b).

在跳跃曲线 Σ' 上, 跳跃矩阵 $J^{(3)}$ 涉及小的余项函数 h_r, $r_{1,r}$, $r_{2,r}$, 从而根据引理 6.5.2, 引理 6.5.4 及 (6.59) 中 m^{k_0} 的有界性, 可知估计式 (6.69c) 成立.

下面就剩下证明 (6.69d).

按如下方式定义跳跃曲线 Σ'' 的两个子集 l_1 和 l_2 (图 6.16): 令 l_1 表示 $(\Gamma_1^{(3)}\cup\Gamma_6^{(3)})\setminus D_\varepsilon(k_0)$ 处于右半平面上的部分, 而 l_2 则表示 $\Gamma_2^{(3)}\setminus D_\varepsilon(k_0)$ 处在右半平面上的部分. 路径 Σ'' 是由 l_1 和 l_2 以及 l_1 和 l_2 经过变换 $k\mapsto\bar{k}$ 和 $k\mapsto-\bar{k}$ 后所成的曲线构造. 从而, 通过对称性, 当 $1\leqslant p\leqslant\infty$ 时, 一旦如下估计式成立, 那么 (6.69d) 就成立:

$$\|(1+|k|^{-1})w(x,t,k)\|_{L^p(l_1)}\leqslant Ct^{-1/p}e^{-c\tau}, \tag{6.70a}$$

$$\|(1+|k|^{-1})w(x,t,k)\|_{L^p(l_2)}\leqslant Ck_0e^{-c\tau}. \tag{6.70b}$$

根据 (6.40), 可知

$$|\mathrm{Re}\Phi(\zeta,k_0+ue^{\frac{\pi i}{4}})|\geqslant\frac{u^2(k_0+u)}{4(k_0^2+\sqrt{2}k_0u+u^2)}\geqslant\frac{k_0+u}{32},\quad \zeta\in\mathcal{I},\ \varepsilon\leqslant u. \tag{6.71}$$

曲线 l_1 是射线 $\{k_0+ue^{\frac{\pi i}{4}}\,|\,\varepsilon\leqslant u<\infty\}$ 的一个小形变. 从而根据 (6.71) 可知, 存在一个常数 $c>0$ 使得

$$|\mathrm{Re}\Phi(\zeta,k)|\geqslant c|k|,\quad \zeta\in\mathcal{I},\ k\in l_1. \tag{6.72}$$

另一方面, 由于 $r(0)=r_1(0)+h(0)=0$, 根据估计式 (6.43) 和 (6.48) 可知

$$\begin{aligned}|r_{1,a}(x,t,k)+h(k)|&=|r_{1,a}(x,t,k)-r_1(k_0)+r_1(k_0)-r_1(0)+h(k)-h(0)|\\&\leqslant C|k-k_0|e^{\frac{t}{4}|\mathrm{Re}\Phi(\zeta,k)|}+C|k_0|+C|k|\\&\leqslant C|k|e^{\frac{t}{4}|\mathrm{Re}\Phi(\zeta,k)|},\quad \zeta\in\mathcal{I},\ k\in l_1\cap D_2.\end{aligned} \tag{6.73}$$

对于 $k\in l_1$, 矩阵函数 w 只有 (21) 元素非零, 利用 (6.43), (6.48), (6.72) 和 (6.73), 可知

$$\begin{aligned}|(w(x,t,k))_{21}|&=|\delta(\zeta,k)^{-2}(r_{1,a}(x,t,k)+\tilde{h}(t,k))e^{t\Phi(\zeta,k)}|\\&\leqslant C|r_{1,a}(x,t,k)+\tilde{h}(t,k)|e^{-t|\mathrm{Re}\Phi|}\\&\leqslant C|k|e^{-\frac{3t}{4}|\mathrm{Re}\Phi|}\leqslant C|k|e^{-ct|k|},\quad \zeta\in\mathcal{I},\ k\in l_1,\end{aligned}$$

这里, 当 $k\in l_1\cap D_2$ 时, $\tilde{h}(t,k)=h(k)$, 而当 $k\in l_1\cap D_1$ 时, $\tilde{h}(t,k)=h_a(t,k)$. 从而估计式 (6.70a) 成立.

最后, 我们完成 (6.70b) 的证明. 利用类似于 (6.72) 成立的理由

$$|\mathrm{Re}\Phi(\zeta,k)|\geqslant ck_0,\quad \zeta\in\mathcal{I},\ k\in l_2.$$

对于 $k \in l_2$, 矩阵函数 w 只有 (21) 元素非零, 利用 (6.48), 可知

$$\begin{aligned}|(w(x,t,k))_{12}| &= |-\delta(\zeta,k)^2 r_{2,a}(x,t,k)e^{-t\Phi(\zeta,k)}| \leqslant C|r_{2,a}|e^{-t|\mathrm{Re}\Phi|}\\ &\leqslant C|k|^2 e^{-\frac{3t}{4}|\mathrm{Re}\Phi|} \leqslant C|k|^2 e^{-ck_0 t}, \quad k \in l_2.\end{aligned}$$

这就给出了估计式 (6.70b). 从而就完成了引理的证明. ■

根据引理 6.5.7 可知

$$\begin{cases}\|w\|_{L^2(\Sigma)} \leqslant CF_2(\zeta,t),\\ \|w\|_{L^\infty(\Sigma)} \leqslant CF_\infty(\zeta,t),\end{cases} \qquad t>2,\ \zeta \in \mathcal{I}, \tag{6.74}$$

这里

$$\begin{aligned}F_2(\zeta,t) &:= |q|t^{-\frac{1}{2}} + \tau^{-\frac{1}{4}}t^{-\frac{1}{2}}(1+k_0\ln t) + t^{-\frac{3}{2}} + (t^{-\frac{1}{2}}+k_0)e^{-c\tau},\\ F_\infty(\zeta,t) &:= |q|\tau^{-\frac{1}{2}} + C\tau^{-\frac{1}{2}}(1+k_0\ln t) + t^{-\frac{3}{2}} + e^{-c\tau}.\end{aligned}$$

通过 (6.74), 有

$$\|\mathcal{C}_w\|_{\mathcal{B}(L^2(\Sigma))} \leqslant C\|w\|_{L^\infty(\Sigma)} \leqslant F_\infty(\zeta,t), \quad t>2,\ \zeta\in\mathcal{I}, \tag{6.75}$$

这里, 算子 $\mathcal{C}_w : L^2(\Sigma)+L^\infty(\Sigma) \to L^2(\Sigma)$ 由下式定义

$$\mathcal{C}_w f = \mathcal{C}_-(fw).$$

特别地, 因为当 $\tau \to \infty$ 时, $F_\infty \to 0$, 那么存在 $T>2$ 使得对于所有 $\tau > T$ 时, $\|\mathcal{C}_w\|_{\mathcal{B}(L^2(\Sigma))} < 1/2$. 对于 $\tau > T$, 算子 $I - \mathcal{C}_{w(\zeta,t,\cdot)} \in \mathcal{B}(L^2(\Sigma))$ 可逆且 Riemann-Hilbert 问题 (6.23) 具有唯一解 $m \in I + \dot{E}^2(\hat{\mathbb{C}} \setminus \Sigma)$, 由 (6.27) 给出, 这里 $\mu(x,t,k) \in I + L^2(\Sigma)$ 由 (5.20) 定义. 利用 (6.74) 和 (6.75), 可知

$$\|\mu(x,t,\cdot)-I\|_{L^2(\Sigma)} \leqslant \frac{C\|w\|_{L^2(\Sigma)}}{1-\|\mathcal{C}_w\|_{\mathcal{B}(L^2(\Sigma))}} \leqslant CF_2(\zeta,t), \quad \tau>T,\ \zeta\in\mathcal{I}. \tag{6.76}$$

6.5.3 m 的渐近表达式

从 (6.27) 可以看出, (5.9) 所定义的函数 $\hat{m}(x,t)$ 满足

$$\hat{m}(x,t) - I = \lim_{k\to 0}^{\angle} m(x,t,k) - I = \frac{1}{2\pi i}\int_\Sigma \mu(x,t,k)w(x,t,k)\frac{dk}{k}. \tag{6.77}$$

从现在起到本章结束, 所有涉及误差项 $O(\cdot)$ 的都在区域 $\{(x,t)|[0,\infty)\times[0,\infty)\} \cap \{(x,t)|\zeta\in\mathcal{I}\} \cap \{(x,t)|\tau>T\}$ 上一致成立.

利用 (6.62), (6.69a) 和 (6.76), 可知, 在区域 $\partial D_\varepsilon(k_0)$ 上等式 (6.77) 右边的主要贡献如下

$$\begin{aligned}
&\frac{1}{2\pi i}\int_{\partial D_\varepsilon(k_0)} w(x,t,k)\frac{dk}{k}+\frac{1}{2\pi i}\int_{\partial D_\varepsilon(k_0)}(\mu(x,t,k)-I)w(x,t,k)\frac{dk}{k}\\
&=\frac{1}{2\pi i}\int_{\partial D_\varepsilon(k_0)}((m^{k_0})^{-1}-I)\frac{dk}{k}+O(k_0^{-1}\|\mu-I\|_{L^2(\partial D_\varepsilon(k_0))}\|w\|_{L^2(\partial D_\varepsilon(k_0))})\\
&=-\frac{Y(\zeta,t)m_1^X(\zeta)Y(\zeta,t)^{-1}}{\sqrt{t}\psi(\zeta,k_0)k_0}+O(q\tau^{-1})+O(k_0^{-1}F_2(\zeta,t)qt^{-1/2}).
\end{aligned}$$

根据对称关系 $w(x,t,k)=\overline{w(x,t,-\bar{k})}$ 可知, 在区域 $\partial D_\varepsilon(-k_0)$ 上等式 (6.77) 右边的主要贡献等于在区域 $\partial D_\varepsilon(k_0)$ 上等式 (6.77) 右边的主要贡献的复共轭.

利用 (6.69b) 和 (6.76), 可知, 在 $\mathcal{X}^\varepsilon$ 上等式 (6.77) 右边的主要贡献为

$$\begin{aligned}
&O\big(k_0^{-1}\|w\|_{L^1(\mathcal{X}^\varepsilon)}+k_0^{-1}\|\mu-I\|_{L^2(\mathcal{X}^\varepsilon)}\|w\|_{L^2(\mathcal{X}^\varepsilon)}\big)\\
&=O\big((\tau^{-1}+F_2(\zeta,t)k_0^{-1/2}\tau^{-3/4})(1+k_0\ln t)\big).
\end{aligned}$$

利用 (6.69c) 和 (6.76), 可得

$$\begin{aligned}
\int_{\Sigma'}\mu(x,t,k)w(x,t,k)\frac{dk}{k}&=\int_{\Sigma'}w(x,t,k)\frac{dk}{k}+\int_{\Sigma'}(\mu(x,t,k)-I)w(x,t,k)\frac{dk}{k}\\
&=O(\|k^{-1}w\|_{L^1(\Sigma')})+O(\|\mu-I\|_{L^2(\Sigma')}\|k^{-1}w\|_{L^2(\Sigma')})\\
&=O(t^{-3/2}),
\end{aligned}$$

这就说明 (6.77) 中 Σ' 上的积分贡献为 $O(t^{-3/2})$. 类似地, 利用 (6.69d) 和 (6.76), 可知, (6.77) 中在 Σ'' 上积分的贡献如下

$$\begin{aligned}
\int_{\Sigma''}\mu(x,t,k)w(x,t,k)\frac{dk}{k}&=O(\|k^{-1}w\|_{L^1(\Sigma'')})+O(\|\mu-I\|_{L^2(\Sigma'')}\|k^{-1}w\|_{L^2(\Sigma'')})\\
&=O((t^{-1/2}+k_0)e^{-c\tau}).
\end{aligned}$$

合并上述各个部分的贡献, 可知

$$\begin{aligned}
\hat{m}(x,t)-I=&-2\mathrm{Re}\left(\frac{Y(\zeta,t)m_1^X(\zeta)Y(\zeta,t)^{-1}}{\sqrt{t}\psi(\zeta,k_0)k_0}\right)+O(q\tau^{-1})+O(k_0^{-1}F_2(\zeta,t)qt^{-1/2})\\
&+O\big((\tau^{-1}+F_2(\zeta,t)k_0^{-1/2}\tau^{-3/4})(1+k_0\ln t)\big)\\
&+O(t^{-3/2})+O((t^{-1/2}+k_0)e^{-c\tau}).
\end{aligned}$$

对于任意整数 $N\geqslant 1$, 有 $q=r(k_0)=O(k_0^N)$, 那么我们可以化简误差项:

$$\hat{m}(x,t)-I=-2\mathrm{Re}\left(\frac{Y(\zeta,t)m_1^X(\zeta)Y(\zeta,t)^{-1}}{\sqrt{t}\psi(\zeta,k_0)k_0}\right)+O\left(\frac{1}{\tau}+\frac{\ln t}{t}\right). \tag{6.78}$$

6.5.4 函数 u 的渐近表达式

把 (6.78) 的渐近表达式代入函数 $u(x,t)$ 的定义式中, 可得

$$u(x,t)=2\arg\left(1-\frac{2i\mathrm{Re}(Y(\zeta,t)m_1^X(\zeta)Y(\zeta,t)^{-1})_{21}}{\sqrt{t}\psi(\zeta,k_0)k_0}+O\left(\frac{1}{\tau}+\frac{\ln t}{t}\right)\right).$$

利用

$$\mathrm{Re}(Y(\zeta,t)m_1^X(\zeta)Y(\zeta,t)^{-1})_{21}=\sqrt{\nu}\sin\alpha(\zeta,t),$$

这里 $\alpha(x,t)$ 由 (6.8) 给出, 可知

$$\begin{aligned}u(x,t)&=2\arg\left(1-i\sqrt{\frac{2(1+k_0^2)\nu}{\tau}}\sin\alpha+O\left(\frac{1}{\tau}+\frac{\ln t}{t}\right)\right)\\&=-2\arctan\left(\sqrt{\frac{2(1+k_0^2)\nu}{\tau}}\sin\alpha+O\left(\frac{1}{\tau}+\frac{\ln t}{t}\right)\right)\\&=-2\sqrt{\frac{2(1+k_0^2)\nu}{\tau}}\sin\alpha+O\left(\frac{1}{\tau}+\frac{\ln t}{t}\right)\quad(\mathrm{mod}\ 4\pi).\end{aligned}$$

这就完成了定理 6.1.2 中 (6.7c) 的证明.

注 6.5.8 为了第 7 章的讨论, 注意到, 如果 λ_j 是平面 $\mathbb{C}\setminus\Gamma$ 上的一点, 且使得

$$\inf_{0\leqslant\zeta<1}\mathrm{dist}(\lambda_j,\Sigma(\zeta))>0, \tag{6.79}$$

那么当 $t\to\infty$ 及 $\zeta\in[0,1)$ 时, 下面类似于 (6.78) 的结论一致成立

$$\begin{aligned}m(x,t,\lambda_j)=&I+\frac{i}{\sqrt{t}}\left\{\frac{1}{(k_0-\lambda_j)}\begin{pmatrix}0&\bar{A}\\A&0\end{pmatrix}-\frac{1}{(k_0+\lambda_j)}\begin{pmatrix}0&A\\\bar{A}&0\end{pmatrix}\right\}\\&+O\left(\frac{1}{\tau}+\frac{\ln t}{t}\right),\end{aligned}\tag{6.80}$$

这里 $A:=A(x,t)$ 定义如下

$$A(x,t)=\frac{i(Y(\zeta,t)m_1^X(\zeta)Y(\zeta,t)^{-1})_{21}}{\psi(\zeta,k_0)}=\sqrt{\frac{k_0(1+k_0^2)\nu}{2}}e^{i\alpha(\zeta,t)}. \tag{6.81}$$

事实上, 利用 (6.27), 可知

$$m(x,t,\lambda_j)=I+\frac{1}{2\pi i}\int_\Sigma(\mu w)(x,t,s)\frac{ds}{s-\lambda_j}.$$

所以

$$\frac{1}{2\pi i}\int_{\partial D_\varepsilon(k_0)}(m^{k_0}(x,t,k)^{-1}-I)\frac{dk}{k-\lambda_j}=-\frac{Y(\zeta,t)m_1^X(\zeta)Y(\zeta,t)^{-1}}{\sqrt{t}\psi(\zeta,k_0)(k_0-\lambda_j)}+O(qt^{-1}),\tag{6.82}$$

这是 (6.62) 式的简化形式, 根据获得 (6.78) 的过程, 可得

$$\begin{aligned}m(x,t,\lambda_j)=&I-\frac{Y(\zeta,t)m_1^X(\zeta)Y(\zeta,t)^{-1}}{\sqrt{t}\psi(\zeta,k_0)(k_0-\lambda_j)}-\overline{\left(\frac{Y(\zeta,t)m_1^X(\zeta)Y(\zeta,t)^{-1}}{\sqrt{t}\psi(\zeta,k_0)(k_0+\bar{\lambda}_j)}\right)}\\&+O\left(\frac{1}{\tau}+\frac{\ln t}{t}\right),\end{aligned}$$

上式当 $t\to\infty$ 及 $\zeta\in[0,1)$ 时一致成立. 经过化简后可得 (6.80).

给定 $\lambda_j\in\mathbb{C}\setminus\Gamma$, 当 $c>0$ 且足够小时, 通过定义 $\varepsilon=ck_0$, 如果必要的话, 在适当形变路径后使得 (6.79) 成立 (参见注 6.3.3 和注 6.4.3). 因而, 回忆函数 M 与函数 m 的关系, 对于每一个固定的 $\lambda_j\in\mathbb{C}\setminus\Gamma$, 根据 (6.80) 可知

$$\begin{aligned}M(x,t,\lambda_j)=&\left\{I+\frac{i}{\sqrt{t}}\left\{\frac{1}{(k_0-\lambda_j)}\begin{pmatrix}0&\bar{A}\\A&0\end{pmatrix}-\frac{1}{(k_0+\lambda_j)}\begin{pmatrix}0&A\\\bar{A}&0\end{pmatrix}\right\}\right.\\&\left.+O\left(\frac{1}{\tau}+\frac{\ln t}{t}\right)\right\}\delta(\zeta,\lambda_j)^{\sigma_3},\end{aligned}\tag{6.83}$$

上式当 $t\to\infty$ 及 $\zeta\in[0,1)$ 时一致成立. 等式 (6.83) 在定理 7.4.2 的证明中将起到重要作用.

6.6 定理 6.1.2 的证明: 区域 IV

记 $\mathcal{I}=[0,1/2]$ 及 $\zeta\in\mathcal{I}$. 假设在 $k=1$ 处函数 $r(k)$ 及其导数消失, 即当 $j-0,\cdots,Z$ 时, $r^{(j)}(1)=0$.

引进 Riemann-Hilbert 问题的变换方式与区域 III 中的一样, 只是在区域 IV 上, 不再需要稳定点 $\pm k_0$ 附近的局部逼近. 从而记 $m:=M^{(3)}$, 这里 $M^{(3)}$ 是由 (6.50) 所定义, 对于整数 $N\gg Z$, 函数 h,r_1,r_2 的解析逼近分别由引理 6.5.2 和引理 6.5.4 给出. 那么, 函数 m 满足 Riemann-Hilbert 问题 (6.23), 这里跳跃曲线为 $\Sigma:=\Gamma^{(3)}$ 及跳跃矩阵 $v:=J^{(3)}$, 参见图 6.17.

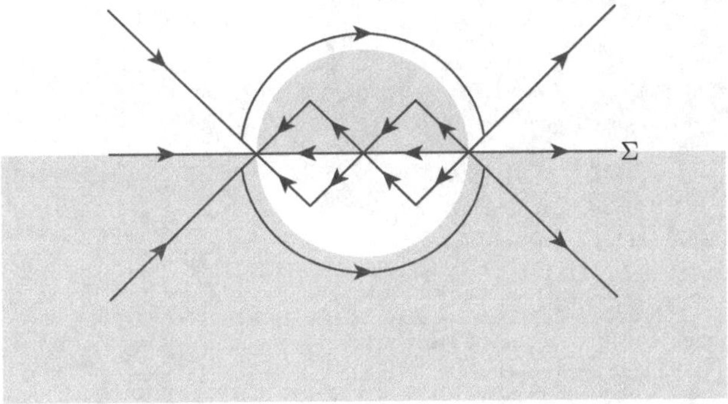

图 6.17 区域 IV 的情况下, 跳跃曲线 Σ

引理 6.6.1 函数 $w = v - I$ 满足如下估计式

$$\|(1+|k|^{-1})w\|_{L^1(\Sigma)} \leqslant C(t^{-\frac{Z+2}{2}} + \zeta^{Z+2}),$$
$$\|(1+|k|^{-1})w\|_{L^\infty(\Sigma)} \leqslant C(t^{-\frac{Z+1}{2}} + \zeta^{Z+1}),$$

当 $t>1$ 及 $\zeta \in \mathcal{I}$ 时, 上面估计式一致成立.

证明 根据 Σ 的定义可知, $\Sigma = \mathcal{X}^\varepsilon \cup (-\mathcal{X}^\varepsilon) \cup \Sigma' \cup \Sigma''$, 这里 Σ' 和 Σ'' 由 (6.68) 给出. 利用引理 6.5.4 结论可知, 函数 $(1+|k|^{-1})w$ 在 Σ' 上的 L^1 范数和 L^∞ 范数是与 $t^{-N-\frac{1}{2}}$ 同阶, 而根据 (6.69d) 可知, 函数 $(1+|k|^{-1})w$ 在 Σ'' 上的 L^1 范数和 L^∞ 范数是与 e^{-ct} 同阶.

下面就只剩下考虑 $\pm\mathcal{X}^\varepsilon$ 的贡献, 参见图 6.18. 利用对称性, 我们就只考虑 $\mathcal{X}^\varepsilon$ 处的贡献. 因为 $r_1(k)$ 在实轴 $\mathbb{R}$ 上光滑, 所以有如下式子, 并且对于 $k \in \mathcal{X}^\varepsilon$ 及 $\zeta \in \mathcal{I}$ 下式是一致成立:

$$\begin{aligned}
&\sum_{j=0}^{Z} \frac{r_1^{(j)}(1)(k-1)^j}{j!} \\
=&\sum_{j=0}^{Z}\sum_{l=0}^{2Z}\left(\frac{r_1^{(j+l)}(k_0)(1-k_0)^l}{l!} + O\big((1-k_0)^{2Z+1}\big)\right)\frac{(k-1)^j}{j!} \\
=&\sum_{j=0}^{Z}\sum_{s=j}^{2Z+j}\frac{r_1^{(s)}(k_0)(1-k_0)^{s-j}}{(s-j)!}\frac{(k-1)^j}{j!} + O\big((1-k_0)^{2Z+1}\big) \\
=&\left(\sum_{s=0}^{Z}\sum_{j=0}^{s} + \sum_{s=Z+1}^{2Z}\sum_{j=0}^{Z}\right)\binom{s}{j}\frac{r_1^{(s)}(k_0)(1-k_0)^{s-j}(k-1)^j}{s!} + O\big((1-k_0)^{Z+1}\big) \\
=&\sum_{s=0}^{Z}\frac{r_1^{(s)}(k_0)(k-k_0)^s}{s!} + \sum_{j=0}^{Z} O\big((1-k_0)^{Z+1-j}(k-1)^j\big).
\end{aligned} \tag{6.84}$$

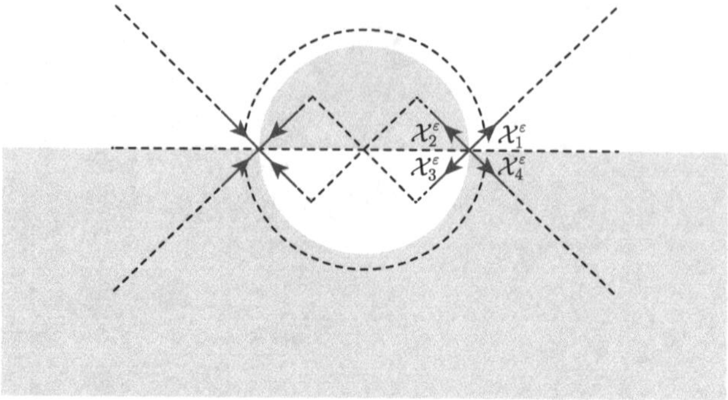

图 6.18 中心分别在 k_0 和 $-k_0$ 的小 "十字" 路径 $\mathcal{X}^\varepsilon=\bigcup_{j=1}^4\mathcal{X}_j^\varepsilon$ 和 $-\mathcal{X}^\varepsilon$

对于 $k\in\mathcal{X}_1^\varepsilon$ 及 $|k|\geqslant 1$, 可知 $|1-k_0|\leqslant C|k-1|\leqslant C|k-k_0|$. 从而, 回忆 $r=r_1+h$ 定义在 $[-1,1]$ 及当 $j=0,\cdots,Z$ 时, $r^{(j)}(1)=0$, 根据 (6.43), (6.48a) 以及 (6.84) 可知

$$
\begin{aligned}
&|r_{1,a}(x,t,k)+h_a(k)|\\
=&\left|r_{1,a}(x,t,k)-\sum_{j=0}^{Z}\frac{r_1^{(j)}(k_0)(k-k_0)^j}{j!}+h_a(k)-\sum_{j=0}^{Z}\frac{h^{(j)}(1)(k-1)^j}{j!}\right.\\
&\left.+\sum_{j=0}^{Z}\frac{r_1^{(j)}(k_0)(k-k_0)^j}{j!}-\sum_{j=0}^{Z}\frac{r_1^{(j)}(1)(k-1)^j}{j!}\right|\\
\leqslant& C|k-k_0|^{Z+1}e^{\frac{t}{4}|\mathrm{Re}\Phi(\zeta,k)|}+C|k-1|^{Z+1}e^{\frac{t}{4}|\mathrm{Re}\Phi(\zeta,k)|}+C|k-k_0|^{Z+1}\\
\leqslant& C|k-k_0|^{Z+1}e^{\frac{t}{4}|\mathrm{Re}\Phi(\zeta,k)|},\quad \zeta\in\mathcal{I},\ k\in\mathcal{X}_1^\varepsilon\cap\{|k|\geqslant 1\}.
\end{aligned}\tag{6.85}
$$

对于 $k\in\mathcal{X}_1^\varepsilon$ 及 $|k|\leqslant 1$, 有 $|k-k_0|\leqslant C|k-1|\leqslant C|1-k_0|$. 把 (6.84) 式中的 r 用 r_1 代替后, 类似地可得

$$
\begin{aligned}
&|r_{1,a}(x,t,k)+h(k)|\\
=&\left|r_{1,a}(x,t,k)-\sum_{j=0}^{Z}\frac{r_1^{(j)}(k_0)(k-k_0)^j}{j!}+h(k)-\sum_{j=0}^{Z}\frac{h^{(j)}(k_0)(k-k_0)^j}{j!}\right.\\
&\left.+\sum_{j=0}^{Z}\frac{r^{(j)}(k_0)(k-k_0)^j}{j!}-\sum_{j=0}^{Z}\frac{r^{(j)}(1)(k-1)^j}{j!}\right|\\
\leqslant& C|k-k_0|^{Z+1}e^{\frac{t}{4}|\mathrm{Re}\Phi(\zeta,k)|}+C|k-k_0|^{Z+1}+C|1-k_0|^{Z+1}\\
\leqslant& C|k-k_0|^{Z+1}e^{\frac{t}{4}|\mathrm{Re}\Phi(\zeta,k)|}+C|1-k_0|^{Z+1},\quad \zeta\in\mathcal{I},\ k\in\mathcal{X}_1^\varepsilon\cap\{|k|\leqslant 1\}.
\end{aligned}\tag{6.86}
$$

类似的过程也可以用在路径 $\mathcal{X}_2^\varepsilon$ 上. 对于 $k \in \mathcal{X}_2^\varepsilon$ 及 $|k-k_0| \geqslant |1-k_0|$, 可知 $|1-k_0| \leqslant C|k-1| \leqslant C|k-k_0|$, 而对于 $k \in \mathcal{X}_2^\varepsilon$ 及 $|k-k_0| \leqslant |1-k_0|$, 有 $|k-k_0| \leqslant C|k-1| \leqslant C|1-k_0|$. 注意到 $r_2 = r^*/(1+|r|^2)$ 及其导数在 $k=1$ 处消失, 可得

$$\begin{aligned}&|r_{2,a}(x,t,k)|\\&=\left|r_{2,a}(x,t,k)-\sum_{j=0}^{Z}\frac{r_2^{(j)}(k_0)(k-k_0)^j}{j!}+\sum_{j=0}^{Z}\frac{r_2^{(j)}(k_0)(k-k_0)^j}{j!}-\sum_{j=0}^{Z}\frac{r_2^{(j)}(1)(k-1)^j}{j!}\right|\\&\leqslant C|k-k_0|^{Z+1}e^{\frac{t}{4}|\mathrm{Re}\Phi(\zeta,k)|},\quad \zeta\in\mathcal{I},\ k\in\mathcal{X}_2^\varepsilon\cap\{|k-k_0|\geqslant|1-k_0|\},\end{aligned}\tag{6.87}$$

类似地

$$\begin{aligned}|r_{2,a}(x,t,k)|\leqslant C|k-k_0|^{Z+1}e^{\frac{t}{4}|\mathrm{Re}\Phi(\zeta,k)|}+C|1-k_0|^{Z+1},&\\ \zeta\in\mathcal{I},\ k\in\mathcal{X}_2^\varepsilon\cap\{|k-k_0|\leqslant|1-k_0|\}.&\end{aligned}\tag{6.88}$$

合并不等式 (6.85)—(6.88) (利用对称性把这些不等式延拓到路径 $\mathcal{X}_3^\varepsilon \cup \mathcal{X}_4^\varepsilon$ 上), 当 $t>1$, $\zeta\in\mathcal{I}$ 及 $k\in\mathcal{X}^\varepsilon$ 时, 可以得到跳跃矩阵如下的估计式:

$$|w(x,t,k)|\leqslant\begin{cases}C|k-k_0|^{Z+1}e^{-\frac{3t}{4}|\mathrm{Re}\Phi(\zeta,k)|}, & |k-k_0|\geqslant 2(1-k_0),\\ C(|k-k_0|^{Z+1}+|1-k_0|^{Z+1})e^{-\frac{3t}{4}|\mathrm{Re}\Phi(\zeta,k)|}, & |k-k_0|\leqslant 2(1-k_0).\end{cases}$$

经过简单的计算可知 (参见 (6.40))

$$|\mathrm{Re}\Phi(\zeta,k)|\geqslant\frac{|k-k_0|^2}{8},\quad \zeta\in\mathcal{I},\ k\in\mathcal{X}^\varepsilon.$$

利用 $|k|^{-1}$ 在 $\mathcal{X}^\varepsilon$ 上一致有界, 可知

$$\begin{aligned}\|(1+|k|^{-1})w\|_{L^1(\mathcal{X}^\varepsilon)}\leqslant\|w\|_{L^1(\mathcal{X}^\varepsilon)}&\leqslant C\int_0^\infty u^{Z+1}e^{-\frac{t}{8}u^2}du+C(1-k_0)|1-k_0|^{Z+1}\\&\leqslant C(t^{-\frac{Z+2}{2}}+\zeta^{Z+2})\end{aligned}$$

及对于 $t>1$ 及 $\zeta\in\mathcal{I}$,

$$\begin{aligned}&\|(1+|k|^{-1})w\|_{L^\infty(\mathcal{X}^\varepsilon)}\\&\leqslant\|w\|_{L^\infty(\mathcal{X}^\varepsilon)}\leqslant C\sup_{0\leqslant u\leqslant\infty}u^{Z+1}e^{-\frac{t}{8}u^2}+|1-k_0|^{Z+1}\leqslant C(t^{-\frac{Z+1}{2}}+\zeta^{Z+1})\end{aligned}$$

这样就完成了引理证明. ■

根据引理 6.6.1 就可得函数 $u(x,t)$ 在区域 IV 上的渐近表达式. 事实上, 利用 (6.29), 可知 $\|\mu-I\|_{L^2(\Sigma)}\leqslant C\|w\|_{L^2(\Sigma)}$, 然后根据引理 6.6.1 可知 (参见 (6.30))

$$\hat{M}(x,t)-I\leqslant C\|k^{-1}w\|_{L^1(\Sigma)}+C\|\mu-I\|_{L^2(\Sigma)}\|k^{-1}w\|_{L^2(\Sigma)}\leqslant C(t^{-\frac{Z+2}{2}}+\zeta^{Z+2}),$$

当 $t\to\infty$ 及 $\zeta\in\mathcal{I}$ 时, 上式一致成立. 回忆 (5.10), 可知, $u(x,t)=O(t^{-\frac{Z+2}{2}}+\zeta^{Z+2})$ 在区域 IV 上一致成立. 这就完成了渐近式 (6.7d) 和 (6.9), 从而就完成了定理 6.1.2 的证明.

注 6.6.2 如果 λ_j 是 $\mathbb{C}\setminus\Gamma$ 上的一个点, 那么对上述论点稍加修改即可得 (参见注 6.3.3)

$$M(x,t,\lambda_j)=I+O(t^{-\frac{Z+2}{2}}+\zeta^{Z+2}), \tag{6.89}$$

当 $t\to\infty$ 及 $\zeta\in[0,1/2]$ 时, 上式一致成立.

注 6.6.3 (边界值衰减的解的产生) 假设函数 $r_1:\mathbb{R}\to\mathbb{C}$ 和函数 $h:\bar{D}_2\to\mathbb{C}$ 是满足假设 6.1.1的两个函数, 记函数 $u(x,t)$ 是由 (5.10) 所定义的 sine-Gordon 方程四分之一平面解. 根据引理 6.6.1, 在区域 IV 上, 当 $(x,t)\to\infty$ 时, 有

$$\begin{aligned}&\overset{\angle}{\lim_{k\to\infty}}k(M(x,t,k)-I)\\=&\overset{\angle}{\lim_{k\to\infty}}k(m(x,t,k)-I)=-\frac{1}{2\pi i}\int_\Sigma(\mu w)(x,t,k)dk\\=&O(\|w\|_{L^1(\Sigma)})+O(\|\mu-I\|_{L^2(\Sigma)}\|w\|_{L^2(\Sigma)})=O(t^{-\frac{Z+2}{2}}+\zeta^{Z+2}),\end{aligned}$$

鉴于 (5.40), 这就说明在区域 IV 上, $u_x+u_t=O(t^{-\frac{Z+2}{2}}+\zeta^{Z+2})$ 特别地, 当 $t\to\infty$ 时, 在边界上计算可得

$$u(0,t)=O(t^{-\frac{Z+2}{2}}),\quad u_x(0,t)=-g_0'(t)+O(t^{-\frac{Z+2}{2}}). \tag{6.90}$$

现在假设函数 $r(k)$ 及其任意阶导数在 $k=1$ 处消失. 检查区域 IV 上的渐近表达式的证明过程可知, (6.90) 中的展开式可以关于 t 的任意次数. 因此, 边值函数 g_0 和 g_1 属于 Schwartz 类 $\mathcal{S}([0,\infty))$. 此外, 给定 $u(x,t)$ 的光滑性和 (6.7) 中的渐近表达式, 根据文献 [43] 中的标准理论可知, 由初值函数和边值函数 $u(x,0),u_t(x,0),u(0,t),u_x(0,t)$ 决定的谱函数 a,b,A,B 满足全局关系 (5.41). 我们得出结论: 对于任何满足假设 6.1.1 的函数 $h(k)$ 和 $r_1(k)$, 以及使得函数 $r=r_1+h$ 及其任意阶导数在 $k=1$ 处消失时, 所产生的方程的四分之一平面解满足初值和边值都是 Schwartz 类, 并且相关的谱函数满足全局关系. 换言之, 这就提供了一种办法来生成大量的定理 6.1.3 所研究的解 (例如, 通过选取足够小的函数 $h(k)$ 和 $r_1(k)$, 我们可以确保谱函数 $a(k)$ 和 $d(k)$ 接近于 1, 而异于 0).

第 7 章　sine-Gordon 方程初边值问题解的渐近分析: 孤子解情况

到现在为止, 我们假设 Riemann-Hilbert 问题 (5.6) 的解 $M(x,t,k)$ 是无极点的, 这对应于谱函数 $a(k)$ 和 $d(k)$ 在相应的区域没有零点 (参见假设 5.2.13). 在这一章中, 我们将推广第 4 章和第 5 章中的定理, 允许考虑的 Riemann-Hilbert 问题带有限的简单极点. 这将拓宽这些定理的范围, 考虑的解可以是孤子解或者环绕数非零的解等. 我们详细地计算了存在辐射解和孤子解的时候, 解的渐近表达式和解的环绕数. 和非线性 Schrodinger 方程类似[49], 谱函数 $d(k)$ 的零点处会产生孤子, 而谱函数 $a(k)$ 的零点会以更微妙的方式对解产生影响. 有关该方面的早期结果可以参见 [46]. 通过持续跟踪低阶项, 我们还能够计算渐近展开式中的次首项 (也就是除首项外的下一项). 关于初值问题产生孤子解的渐近分析内容可以参见文献 [70, 72].

7.1　带极点的 Riemann-Hilbert 问题

首先介绍带极点的 Riemann-Hilbert 问题. 和前面章节所述一样, 记 $\Gamma = \mathbb{R}\cup\{|k|=1\}$, 整数 $\mathcal{N}\geqslant 0$ 及 $\{C_j\}_1^{\mathcal{N}}\subset\mathbb{C}$ 表示复常数.

假设 7.1.1　假设 $\{\lambda_j\}_1^{\mathcal{N}}\subset\mathbb{C}_+\setminus\Gamma$ 是一个互不相同的点集, 并且该点集在变换 $\lambda\mapsto-\bar{\lambda}$ 下保持不变.

假设 7.1.1 说明, λ_j 如果不是纯虚数, 就是 $(\lambda_j,-\bar{\lambda}_j)$ 成对出现. 记 $J:\Gamma\to GL(2,\mathbb{C})$ 是一个跳跃矩阵. 为了方便, 引进如下定义:

定义 7.1.2　称一个分区域亚纯的 2×2 矩阵函数 $M(k)$ 满足由 $\{\Gamma, J(k), \{\lambda_j\}_1^{\mathcal{N}}, \{C_j\}_1^{\mathcal{N}}\}$ 所确定的 Riemann-Hilbert 问题. 如果下面条件都满足:

(i) $M(k)$ 可以写成如下形式

$$M(k) = (kI+B_{\mathcal{N}})(kI+B_{\mathcal{N}-1})\cdots(kI+B_1)\tilde{M}(k)\times\begin{pmatrix}\dfrac{1}{\prod\limits_{j=1}^{\mathcal{N}}(k-\lambda_j)} & 0\\ 0 & \dfrac{1}{\prod\limits_{j=1}^{\mathcal{N}}(k-\bar{\lambda}_j)}\end{pmatrix}, \tag{7.1}$$

这里 $\{B_j\}_1^{\mathcal{N}}$ 为 2×2 复常数矩阵, 2×2 矩阵函数 $\tilde{M}\in I+\dot{E}^2(\mathbb{C}\setminus\Gamma)$.

(ii) 对于 $k\in\Gamma$, $M_+(k)=M_-(k)J(k)$ 几乎处处成立.

(iii) $\det M=1$.

(iv) $M(k)$ 满足如下留数关系

$$\begin{cases}\underset{\lambda_j}{\operatorname{Res}}\,[M(k)]_1=C_j[M(\lambda_j)]_2,\\ \underset{\bar{\lambda}_j}{\operatorname{Res}}\,[M(k)]_2=-\bar{C}_j[M(\bar{\lambda}_j)]_1,\end{cases}\qquad j=1,2,\cdots,\mathcal{N}. \tag{7.2}$$

这里 (i) 确保 $M(x,t,k)$ 的第一列 $[M]_1$ 和第二列 $[M]_2$ 在区域 $k\in\mathbb{C}\setminus\Gamma$ 再去掉有限个简单极点 $\{\lambda_j,\bar{\lambda}_j\}$ 后是解析的. 相关的留数条件必须满足 (7.2).

引理 7.1.3 由 $\{\Gamma,J(k),\{\lambda_j\}_1^{\mathcal{N}},\{C_j\}_1^{\mathcal{N}}\}$ 所确定的 Riemann-Hilbert 问题的解如果存在, 那么一定唯一.

证明 假设 M 和 N 是满足引理中 Riemann-Hilbert 问题的两个解. 那么 λ_j 可能是 $[M]_1$ 和 $[N]_1$ 的简单极点, 而 $\bar{\lambda}_j$ 则可能是 $[M]_2$ 和 $[N]_2$ 的简单极点. 利用行列式 $\det N=1$, 可得

$$\begin{aligned}\underset{\lambda_j}{\operatorname{Res}}\,[MN^{-1}]_1&=\underset{\lambda_j}{\operatorname{Res}}\left([M]_1N_{22}-[M]_2N_{21}\right)\\&=C_j[M(\lambda_j)]_2N_{22}(\lambda_j)-[M(\lambda_j)]_2C_jN_{22}(\lambda_j)=0,\end{aligned}$$

类似的过程, 考虑 MN^{-1} 的第二列在 $\bar{\lambda}_j$ 处. 从而可得, 函数 $m:=MN^{-1}$ 在 λ_j 和 $\bar{\lambda}_j$ 处是解析的. 特别地, $m\in I+\dot{E}^1(\mathbb{C}\setminus\Gamma)$. 由于 m 在 Γ 上无跳跃, 所以可得 m 为单位阵. 从而 $M=N$, 即证明了引理. ■

Dressing 方法

下面的引理将给出: 怎么从一个正规 (无极点的) Riemann-Hilbert 问题的解 $\tilde{M}$ 获得非正规 (带简单极点) 的 Riemann-Hilbert 问题的解 M. 参见文献 [47] 中关于非线性 Schrödinger 方程的类似结论.

记函数 $r_1:\mathbb{R}\to\mathbb{C}$ 和 $h:\partial D_2\to\mathbb{C}$ 是满足假设 5.2.1 的两个函数. 定义函数 $\tilde{r}_1:\mathbb{R}\to\mathbb{C}$ 及 $\tilde{h}:\bar{D}_2\to\mathbb{C}$ 如下

$$\tilde{r}_1(k)=r_1(k)\prod_{j=1}^{\mathcal{N}}\frac{k-\lambda_j}{k-\bar{\lambda}_j},\quad \tilde{h}(k)=h(k)\prod_{j=1}^{\mathcal{N}}\frac{k-\lambda_j}{k-\bar{\lambda}_j}. \tag{7.3}$$

那么函数 $\tilde{r}_1$ 和 $\tilde{h}$ 也满足假设 5.2.1. 从现在起, 矩阵 $J(x,t,k)$ 表示由函数 r_1 和 h 通过 (5.5) 所定义的跳跃矩阵, 矩阵 $\tilde{J}(x,t,k)$ 则表示由函数 $\tilde{r}_1(k)$ 和 $\tilde{h}(k)$ 通

过 (5.5) 所定义的跳跃矩阵. 利用定理 5.2.2, 可知, 关于 $\tilde{M}(x,t,k)$ 的 Riemann-Hilbert 问题

$$\begin{cases}\tilde{M}(x,t,\cdot)\in I+\dot{E}^2(\mathbb{C}\setminus\Gamma),\\ \tilde{M}_+(x,t,k)=\tilde{M}_-(x,t,k)\tilde{J}(x,t,k), \quad \text{a.e. } k\in\Gamma\end{cases} \tag{7.4}$$

存在唯一解.

引理 7.1.4 令 $\{\lambda_j\}_1^{\mathcal{N}}$ 满足假设 7.1.1 及假设 $\{C_j(x,t)\}_1^{\mathcal{N}}$ 具有如下性质的复值函数

$$\begin{cases}C_j(x,t)\in i\mathbb{R}, & \lambda_j\in i\mathbb{R},\\ C_{j+1}(x,t)=-\overline{C_j(x,t)}, & (\lambda_j,\lambda_{j+1}=-\bar{\lambda}_j)\text{ 成对出现且 }\mathrm{Re}\lambda_j\neq 0.\end{cases} \tag{7.5}$$

对于任意 $(x,t)\in[0,\infty)\times[0,\infty)$, 由 $\{\Gamma,\ J(x,t,\cdot),\ \{\lambda_j\}_1^{\mathcal{N}},\ \{C_j(x,t)\}_1^{\mathcal{N}}\}$ 所决定的 Riemann-Hilbert 问题具有唯一解 $M(x,t,k)$. 这个解由 (7.1) 给出, 这里 2×2 的矩阵 $B_j:=B_j(x,t)$, $j=1,\cdots,\mathcal{N}$ 由如下递推关系确定

$$\begin{cases}(\lambda_j I+B_j(x,t))\tilde{M}_{j-1}(x,t,\lambda_j)\begin{pmatrix}1\\ -d_j(x,t)\end{pmatrix}=0,\\ (\bar{\lambda}_j I+B_j(x,t))\tilde{M}_{j-1}(x,t,\bar{\lambda}_j)\begin{pmatrix}\overline{d_j(x,t)}\\ 1\end{pmatrix}=0,\end{cases}\quad j=1,2,\cdots,\mathcal{N}, \tag{7.6}$$

这里

$$\tilde{M}_0(x,t,k):=\tilde{M}(x,t,k),$$
$$\tilde{M}_j(x,t,k):=(kI+B_j)M_{j-1}(x,t,k),\quad j=1,2,\cdots,\mathcal{N},$$
$$d_j(x,t):=C_j(x,t)\frac{\displaystyle\prod_{l=1,l\neq j}^{\mathcal{N}}(\lambda_j-\lambda_l)}{\displaystyle\prod_{l=1}^{\mathcal{N}}(\lambda_j-\bar{\lambda}_l)},\quad j=1,2,\cdots,\mathcal{N}. \tag{7.7}$$

此外, M 具有如下对称性

$$M(x,t,k)=\sigma_2\overline{M(x,t,\bar{k})}\sigma_2,\quad k\in\mathbb{C}\setminus\Gamma, \tag{7.8}$$
$$M(x,t,k)=\sigma_2 M(x,t,-k)\sigma_2,\quad k\in\mathbb{C}\setminus\Gamma. \tag{7.9}$$

证明 首先用归纳法来说明矩阵 B_j 是可以定义的, 并且下式成立:

$$\begin{cases}\det \tilde{M}_{i-1}(x,t,k) = \prod_{l=1}^{i-1}(k-\lambda_l)(k-\bar{\lambda}_l), \\ \tilde{M}_{i-1}(x,t,k) = \sigma_2\overline{\tilde{M}_{i-1}(x,t,\bar{k})}\sigma_2,\end{cases} \quad i=1,\cdots,\mathcal{N}+1, \tag{7.10}$$

$$B_i(x,t) = \sigma_2\overline{B_i(x,t)}\sigma_2, \quad i=1,\cdots,\mathcal{N}. \tag{7.11}$$

根据引理 5.2.6 和 (5.27) 可知, 当 $i=1$ 时, (7.10) 成立. 固定 $1\leqslant j\leqslant\mathcal{N}$ 及假设在 $i=j$ 时, (7.10) 成立. 线性代数系统 (7.6) 可以唯一地确定出 B_j 当且仅当下面矩阵的行列式非零:

$$Q_j(x,t) := \left(\tilde{M}_{j-1}(x,t,\lambda_j)\begin{pmatrix}1\\-d_j(x,t)\end{pmatrix}, \tilde{M}_{j-1}(x,t,\bar{\lambda}_j)\begin{pmatrix}\overline{d_j(x,t)}\\1\end{pmatrix}\right).$$

关系式 $\tilde{M}_{j-1}(x,t,\lambda_j)=\sigma_2\overline{\tilde{M}_{j-1}(x,t,\bar{\lambda}_j)}\sigma_2$ 说明 $Q_j(x,t)=\sigma_2\overline{Q_j(x,t)}\sigma_2$ 成立, 从而行列式 $\det Q_j = |(Q_j)_{11}|^2+|(Q_j)_{12}|^2$ 等于 0 当且仅当 $Q_j=0$. 事实上 $Q_j\neq 0$, 这是因为当 $i=j$ 时 (7.10) 成立, 也就是说 $\det\tilde{M}_{j-1}(x,t,\lambda_j)$ 和 $\det\tilde{M}_{j-1}(x,t,\bar{\lambda}_j)$ 是非零的. 从而说明矩阵 B_j 是可以定义的. 对 (7.6) 取复共轭并左乘 σ_2, 可得, $\sigma_2\overline{B_j(x,t)}\sigma_2$ 满足关于 $B_j(x,t)$ 的递推关系式. 利用唯一性, 可知在 $i=j$ 时, 对称关系 (7.11) 成立. 另一方面, 利用 (7.6), 关于 k 的二次多项式 $\det(kI+B_j)$ 具有 λ_j 和 $\bar{\lambda}_j$ 两个零点, 即 $\det(kI+B_j)=(k-\lambda_j)(k-\bar{\lambda}_j)$. 从而当 $i=j+1$ 时, (7.10) 成立. 从而根据归纳法可知, 对于任意的 i, (7.10) 和 (7.11) 都成立.

根据 (5.5) 及 (7.3),

$$M_-^{-1}M_+ = \begin{pmatrix}\prod_{j=1}^{\mathcal{N}}(k-\lambda_j) & 0\\ 0 & \prod_{j=1}^{\mathcal{N}}(k-\bar{\lambda}_j)\end{pmatrix}\tilde{J}\begin{pmatrix}\dfrac{1}{\prod_{j=1}^{\mathcal{N}}(k-\lambda_j)} & 0\\ 0 & \dfrac{1}{\prod_{j=1}^{\mathcal{N}}(k-\bar{\lambda}_j)}\end{pmatrix} = J.$$

上面过程显示 M 满足跳跃曲线 Γ 的跳跃条件. 根据 $i=\mathcal{N}+1$ 时的表达式 (7.10) 可知, $\det M=1$. 最后对于每一个 $j=1,\cdots,\mathcal{N}$, 可得

$$\operatorname*{Res}_{\lambda_j}[M(x,t,k)]_1 = \frac{(\lambda_j I+B_{\mathcal{N}})\cdots(\lambda_j I+B_1)}{\prod_{l=1,l\neq j}^{\mathcal{N}}(\lambda_j-\lambda_l)}[\tilde{M}(x,t,\lambda_j)]_1$$

$$= \frac{(\lambda_j I + B_{\mathcal{N}}) \cdots (\lambda_j I + B_j)}{\prod\limits_{l=1, l\neq j}^{\mathcal{N}} (\lambda_j - \lambda_l)} [\tilde{M}_{j-1}(x,t,\lambda_j)]_1.$$

根据 (7.6) 及 d_j 的定义式 (7.7), 可得

$$\begin{aligned}\operatorname*{Res}_{\lambda_j}[M(x,t,k)]_1 &= \frac{d_j(\lambda_j I + B_{\mathcal{N}}) \cdots (\lambda_j I + B_j)}{\prod\limits_{l=1, l\neq j}^{\mathcal{N}} (\lambda_j - \lambda_l)} [\tilde{M}_{j-1}(x,t,\lambda_j)]_2 \\ &= C_j \frac{(\lambda_j I + B_{\mathcal{N}}) \cdots (\lambda_j I + B_j)}{\prod\limits_{l=1}^{\mathcal{N}} (\lambda_j - \bar{\lambda}_l)} [\tilde{M}_{j-1}(x,t,\lambda_j)]_2 = C_j [M(x,t,\lambda_j)]_2,\end{aligned}$$

这就说明 M 满足 (7.2) 中的第一个留数条件; 利用类似的过程可得 M 满足 (7.2) 中的第二个留数条件. 根据 (7.1) 和 (7.11) 可得 (7.8) 中的对称性.

下面就剩下证明 (7.9). 注意到 (7.5) 可得

(i) $d_j(x,t) \in \mathbb{R}$ 若 $\lambda_j \in i\mathbb{R}$.

(ii) $d_{j+1}(x,t) = \overline{d_j(x,t)}$ 若 $(\lambda_j, \lambda_{j+1} = -\bar{\lambda}_j)$ 成对出现且 $\mathrm{Re}\lambda_j \neq 0$.

根据 (5.27) 可知 $\tilde{M} = \tilde{M}_0$ 具有对称性 (7.9), 即 $i = 0$ 时 (7.9) 成立. 同样, 这里也利用归纳法来证明, 假设当 $1 \leqslant j \leqslant \mathcal{N}$ 时, $\tilde{M}_{j-1}(x,t,k) = \pm\sigma_2 \tilde{M}_{j-1}(x,t,-k)\sigma_2$ 成立.

如果 $\lambda_j \in i\mathbb{R}$, 那么在 (7.6) 左乘矩阵 σ_2 及利用 (i), 可得 $-\sigma_2 B_j \sigma_2$ 满足关于 B_j 的递推关系式, 根据解的唯一性可得 $B_j = -\sigma_2 B_j \sigma_2$, 从而 $\tilde{M}_j(x,t,k) = \mp\sigma_2 \tilde{M}_j(x,t,-k)\sigma_2$.

如果 $(\lambda_j, \lambda_{j+1} = -\bar{\lambda}_j)$ 成对出现且 $\mathrm{Re}\lambda_j \neq 0$, 根据引理 7.1.3 的唯一性可知, 利用递推关系式 (7.6) (7.7) 来构造 M 与 λ_j 的顺序无关. 令 $\{B_j'\}_1^{\mathcal{N}}$ 是由递推关系式 (7.6) 所定义的矩阵, 只是这个递推关系式中 λ_j 与 λ_{j+1} 互换. 在 (7.6) 左乘矩阵 σ_2 及利用 (ii) 可得, $B_j' = -\sigma_2 B_j \sigma_2$ 及 $B_{j+1}' = -\sigma_2 B_{j+1} \sigma_2$. 由于结果与 λ_j 的顺序无关, 从而

$$\begin{aligned}(kI + B_{j+1})(kI + B_j) &= (kI + B_{j+1}')(kI + B_j') \\ &= (kI - \sigma_2 B_{j+1}\sigma_2)(kI - \sigma_2 B_j \sigma_2),\end{aligned} \tag{7.12}$$

这就说明 $\tilde{M}_{j+1}(x,t,k) = \pm\sigma_2 \tilde{M}_{j+1}(x,t,-k)\sigma_2$.

结合上面的两种情况, 从而利用归纳法可得 $\tilde{M}_{\mathcal{N}}(x,t,k) = (-1)^{\mathcal{N}} \sigma_2 \tilde{M}_{\mathcal{N}}(x,t,-k)\sigma_2$. 考虑 (7.1) 中最右边的因子, 这样我们就获得了 (7.9). ■

7.2 解的构造

这一节, 我们给出定理 5.2.2 和定理 5.2.14 的更广形式, 即对于存在有限个简单极点的情况.

定理 7.2.1 (四分之一平面解的构造) 假设函数 $r_1:\mathbb{R}\to\mathbb{C}$ 和 $h:\partial D_2\to\mathbb{C}$ 是满足假设 5.2.1 的两个函数, 矩阵 $J(x,t,k)$ 由 (5.5) 给出. 令 $\{\lambda_j\}_1^{\mathcal{N}}$ 满足假设 7.1.1 及记 $\{c_j\}_1^{\mathcal{N}}$ 是满足如下条件的复数集合

$$\begin{cases}c_j\in i\mathbb{R}, & \lambda_j\in i\mathbb{R},\\ c_{j+1}=-\overline{c_j}, & (\lambda_j,\lambda_{j+1}=-\bar{\lambda}_j)\text{成对出现且 }\mathrm{Re}\lambda_j\neq 0.\end{cases}\tag{7.13}$$

那么对于 $(x,t)\in[0,\infty)\times[0,\infty)$, 由 $\{\Gamma,J(x,t,\cdot),\{\lambda_j\}_1^{\mathcal{N}},\{c_je^{2i\theta(x,t,\lambda_j)}\}_1^{\mathcal{N}}\}$ 所确定的 Riemann-Hilbert 问题具有唯一解 $M(x,t,k)$. 此外, 对于 $(x,t)\in[0,\infty)\times[0,\infty)$, 非切线极限 (5.9) 存在, 由 (5.10) 所定义的函数 $u(x,t)$ 是 $C^2([0,\infty)\times[0,\infty),\mathbb{R})$ 的, 并且当 $(x,t)\in[0,\infty)\times[0,\infty)$ 时, 函数 $u(x,t)$ 满足 sine-Gordon 方程 (6.1).

证明 根据引理 7.1.4 可知, Riemann-Hilbert 问题的解 $M(x,t,k)$ 存在且由 (7.1) 给出, 这里 $\tilde{M}(x,t,k)$ 是 Riemann-Hilbert 问题 (7.4) 的解及矩阵 B_j 由递推关系式 (7.6) 给出. 函数 $m(x,t,k)$ 由 (5.12) 所定义, 可知, 存在函数 $\{F_j(x,t),G_j(x,t)\}_{-1}^1$ 使得等式 (5.31) 成立, 事实上, 根据留数条件 (7.2) 可知 $(m_x-i\theta_1m\sigma_3)m^{-1}$ 和 $(m_t-i\theta_2m\sigma_3)m^{-1}$ 在点 $\{\lambda_j,\bar{\lambda}_j\}_1^{\mathcal{N}}$ 处解析. 利用 (7.8),(7.9) 和 m 满足 (5.27) 中的对称性. 可知, 我们按照引理 5.2.10 的证明过程, m 满足通过 (5.9)-(5.10) 所确定的函数 $u(x,t)$ 满足的 Lax 方程 (5.29). 证明的余下部分与第 5 章的一样, 我们在此略去. ■

假设 7.2.2 假设如下条件成立:

- 全局关系 (5.41) 成立.
- 函数 $d(k)$ 除了在 D_2 内有有限个简单零点 $\{\lambda_j\}_1^{\Lambda}$ 外, 在 $\bar{D}_2$ 上无零点.
- 函数 $a(k)$ 除了在 D_1 内有有限个简单零点 $\{k_j\}_1^{n_1}$ 及 D_2 内有有限个简单零点 $\{k_j\}_{n_1+1}^{n_2}$ 外, 在 $\bar{D}_1\cup\bar{D}_2$ 上无零点.
- 在区域 D_2 内, 函数 $a(k)$ 的零点与函数 $d(k)$ 的零点互异.

为了叙述的方便, 记 $\mathcal{N}:=\Lambda+n_1$ 以及对于 $j=1,\cdots,n_1$, $\lambda_{\Lambda+j}:=k_j$.

定理 7.2.3 (给定初值和边值, sine-Gordon 方程在四分之一平面上解的构造) 对于某些整数 $N_x,N_t\in\mathbb{Z}$, 假设 u_0,u_1,g_0,g_1 满足 (4.36) 和 (4.135) 在 $n=1$, $m=2$ 时的情形. 假定函数 u_0,u_1,g_0,g_1 在 $x=t=0$ 处关于 sine-Gordon 方程 3 阶相容. 利用 (4.12) 定义谱函数 $a(k)$, $b(k)$, $A(k)$, $B(k)$, 并假设 7.2.2 成立. 那

么 (5.2) 所定义的谱函数 $r_1(k)$ 和 $h(k)$ 满足假设 5.2.1. 此外, 如果 $M(x,t,k)$ 是由 $\{\Gamma,\ J(x,t,\cdot),\ \{\lambda_j\}_1^{\mathcal{N}},\ \{c_j e^{2i\theta(x,t,\lambda_j)}\}_1^{\mathcal{N}}\}$ 所决定的 Riemann-Hilbert 问题的唯一解, 这里

$$c_j = \begin{cases} -\dfrac{\overline{B(\bar{\lambda}_j)}}{a(\lambda_j)\dot{d}(\lambda_j)}, & j = 1, \cdots, \Lambda, \\ \dfrac{1}{\dot{a}(\lambda_j)b(\lambda_j)}, & j = \Lambda + 1, \cdots, \mathcal{N}, \end{cases} \tag{7.14}$$

那么 sine-Gordon 方程的解 $u(x,t)$ 可以由 (5.11) 给出, 并且在选取适当的整数 $j \in \mathbb{Z}$, 初值条件和边值条件都成立.

证明 这个定理的证明过程与定理 5.2.14 证明过程类似. 然而, 由于函数 $a(k)$ 和 $d(k)$ 可能存在零点, 关于 $m^{(x)}$ 的 Riemann-Hilbert 问题 (5.43) 补充如下留数条件

$$\begin{cases} \operatorname*{Res}_{k_j} [m^{(x)}(x,k)]_1 = \dfrac{e^{2i\theta_1(k_j)x}}{\dot{a}(k_j)b(k_j)}[m^{(x)}(x,k_j)]_2, & j = 1, 2, \cdots, n_1 + n_2, \\ \operatorname*{Res}_{\bar{k}_j} [m^{(x)}(x,k)]_2 = -\dfrac{e^{-2i\theta_1(\bar{k}_j)x}}{\overline{\dot{a}(k_j)b(k_j)}}[m^{(x)}(x,\bar{k}_j)]_1, & j = 1, 2, \cdots, n_1 + n_2. \end{cases} \tag{7.15}$$

根据 M 的定义 (5.4) 可知, M 具有如下留数条件

$$\begin{cases} \operatorname*{Res}_{\lambda_j} [M(x,t,k)]_1 = c_j e^{2i\theta(x,t,\lambda_j)}[M(x,t,\lambda_j)]_2, \\ \operatorname*{Res}_{\bar{\lambda}_j} [M(x,t,k)]_2 = -\bar{c}_j e^{-2i\theta(x,t,\bar{\lambda}_j)}[M(x,t,\bar{\lambda}_j)]_1, \end{cases} \quad j = 1, 2, \cdots, \mathcal{N}. \tag{7.16}$$

注意到, 根据 (5.2), 函数 a 和 d 的零点会给函数 h 产生简单的极点, 经过简单的运算可得, 由 (5.45) 所定义的 $M^{(x)}$ 也具有留数条件 (7.15). 根据引理 7.1.3 中的唯一性可得, $M^{(x)} = m^{(x)}$.

类似地, 关于 $m^{(t)}$ 的 Riemann-Hilbert 问题也需要补充留数条件

$$\begin{cases} \operatorname*{Res}_{k_j} [m^{(t)}(t,k)]_2 = \dfrac{b(k_j)}{\dot{a}(k_j)} e^{-2i\theta_2(k_j)t}[m^{(t)}(t,k_j)]_1, & k_j \in \mathcal{D}_1, \\ \operatorname*{Res}_{\bar{k}_j} [m^{(t)}(t,k)]_1 = -\dfrac{\overline{b(k_j)}}{\overline{\dot{a}(k_j)}} e^{2i\theta_2(\bar{k}_j)t}[m^{(t)}(t,\bar{k}_j)]_2, & \bar{k}_j \in \mathcal{D}_4. \end{cases} \tag{7.17}$$

利用 (4.149d), 可知 $d(0) = (-1)^{N_x - N_t}$. 因而, 如果必要的话, 可以缩小区域 $\mathcal{D}_2$, 那么可以假设函数 $d(k)$ 在区域 $\mathcal{D}_2$ 内无零点. 经过繁杂但标准的代数运算可知, (5.51) 所定义的 $M^{(t)}$ 与 $m^{(t)}$ 具有相同的留数条件. 从而利用唯一性可得, $M^{(t)} = m^{(t)}$. 从而我们就给出了 $M^{(x)} = m^{(x)}$ 及 $M^{(t)} = m^{(t)}$, 剩下的部分就与定理 5.2.14 证明过程一致. ■

7.3 产生解的类型

7.3.1 扭结解与反扭结解

取 $r_1 = h = 0$ 及单极点 λ_1, 应用定理 7.2.1 可以获得 sine-Gordon 方程的单孤子解. 对于 $\lambda_1 \in i\mathbb{R}_+$ 及 $c_1 \in i\mathbb{R}$, 函数 $d_1(x,t) = \dfrac{c_1}{2\lambda_1} e^{2i\theta(x,t,\lambda_1)}$ 是一个实值函数, 经过计算可得

$$B_1 = \frac{\lambda_1}{1+d_1^2}\begin{pmatrix} d_1^2 - 1 & 2d_1 \\ 2d_1 & 1-d_1^2 \end{pmatrix}, \quad \hat{M}(x,t) = \frac{1}{1+d_1^2}\begin{pmatrix} 1-d_1^2 & 2d_1 \\ -2d_1 & 1-d_1^2 \end{pmatrix}. \tag{7.18}$$

这就可获得单孤子解为

$$\begin{aligned} u_{1\text{-sol}}(x,t) &= 2\arg(1-d_1^2-2id_1) = 4\arg(1-id_1) \\ &= 4\arctan\left(-\frac{\mathrm{Im}c_1}{2|\lambda_1|}e^{-\gamma(x-vt)}\right), \end{aligned} \tag{7.19}$$

这里实参数 γ 和 v 由下式给出

$$\gamma = \frac{\mathrm{Im}\lambda_1}{2}(1+|\lambda_1|^{-2}) > 0, \quad v = \frac{1-|\lambda_1|^2}{1+|\lambda_1|^2}, \tag{7.20}$$

以及对于辐角函数 arg, 我们选择使得当 $x \to \infty$ 时 $u_{1\text{-sol}}(x,t) \to 0$ 的那一支. 对于 $\mathrm{Im}c_1 > 0$, 当 x 从 $-\infty$ 到 ∞ 时, 函数 $u_{1\text{-sol}}$ 则表示一个从 -2π 到 0 的扭结; 而对于 $\mathrm{Im}c_1 < 0$, 则会产生一个从 2π 到 0 的反扭结.

7.3.2 呼吸子解

对于 $r_1 = h = 0$ 及一对极点 $(\lambda_1, \lambda_2 = -\bar{\lambda}_1)$ 且 $\mathrm{Re}\lambda_1 > 0$, 根据定理 7.2.1 所产生的二孤子解为呼吸子. 在这种情况下, 利用 $\tilde{M} = I$, $\lambda_2 = -\bar{\lambda}_1$ 及 $c_2 = -\bar{c}_1$, 可得

$$d_1(x,t) = \overline{d_2(x,t)} = \frac{c_1\mathrm{Re}\lambda_1}{2i\lambda_1\mathrm{Im}\lambda_1}e^{2i\theta(x,t,\lambda_1)},$$

以及

$$u_{\text{breather}}(x,t) = 2\arg\left(\frac{\Theta}{\bar{\Theta}}\right) = 4\arg\Theta,$$

这里函数 $\Theta := \Theta(x,t)$ 定义如下

$$\begin{aligned} \Theta(x,t) &= (1-id_1)(1+i\bar{d}_1)\lambda_1 + (1+id_1)(1-i\bar{d}_1)\bar{\lambda}_1 \\ &= 2\big(|d_1|^2+1\big)\mathrm{Re}\lambda_1 + 4i\mathrm{Im}d_1\mathrm{Im}\lambda_1. \end{aligned}$$

对于辐角函数 arg, 我们选择使得当 $x \to \infty$ 时 $u_{\text{breather}}(x,t) \to 0$ 的那一支, 即有

$$u_{\text{breather}}(x,t) = 4\arctan\left\{\frac{2\text{Im}d_1\text{Im}\lambda_1}{(1+|d_1|^2)\text{Re}\lambda_1}\right\}. \tag{7.21}$$

呼吸子传播的速度 v 在 (7.20) 给出, 这是由于

$$e^{2i\theta(x,t,\lambda_1)} = e^{-\gamma(x-vt)}e^{i\tilde{\gamma}(x-t/v)}, \tag{7.22}$$

从而

$$|d_1| = \frac{|c_1|\text{Re}\lambda_1}{2|\lambda_1|\text{Im}\lambda_1}e^{-\gamma(x-vt)},$$

$$\text{Im}d_1 = \frac{\left[\text{Im}(c_1\bar{\lambda}_1)\sin(\tilde{\gamma}(x-\frac{t}{v})) - \text{Re}(c_1\bar{\lambda}_1)\cos(\tilde{\gamma}(x-\frac{t}{v}))\right]\text{Re}\lambda_1}{2|\lambda_1|^2\text{Im}\lambda_1}e^{-\gamma(x-vt)},$$

这里 $\gamma, v \in \mathbb{R}$ 由 (7.20) 给出, $\tilde{\gamma} := \dfrac{\text{Re}\lambda_1}{2}(1-|\lambda_1|^{-2}) \in \mathbb{R}$.

7.4 渐近分析

在这一节中, 主要是为了证明定理 7.4.2 和定理 7.4.11, 这两个定理是定理 6.1.2 和定理 6.1.3 一般化, 即本节考虑的定理 7.4.2 和定理 7.4.11 是孤子解存在的时候, 给出 sine-Gordon 方程解的渐近表达式.

假设 7.4.1 假设 $\{\lambda_j\}_1^{\mathcal{N}} \subset \mathbb{C}_+ \setminus \Gamma$ 是一个互不相同的点集, 并且满足:

- $\{\lambda_j\}_1^{\Lambda} \subset D_2$ 和 $\{\lambda_j\}_{\Lambda+1}^{\mathcal{N}} \subset D_1$.
- $\{\lambda_j\}_1^{\mathcal{N}}$ 在变换 $\lambda \mapsto -\bar{\lambda}$ 下保持不变.
- 如果存在, 那么对于 $\{\lambda_j\}_1^{\mathcal{N}}$ 且 $\text{Re}\lambda_j > 0$, 给一个排序, 使得 $(\lambda, -\bar{\lambda})$ 是一对, 也就是说对于一些 j 有 $(\lambda, -\bar{\lambda}) - (\lambda_j, \lambda_{j+1})$.
- $|\lambda_1| \leqslant |\lambda_2| \leqslant \cdots \leqslant |\lambda_{\mathcal{N}}|$, 这里严格不等式 $|\lambda_j| < |\lambda_{j+1}|$ 成立, 除非 $\lambda_{j+1} = -\bar{\lambda}_j$.

根据 (7.20), 令 $v_j := \dfrac{1-|\lambda_j|^2}{1+|\lambda_j|^2}$ 表示与 λ_j 相关的速度. 当 $|\lambda_j| < 1$ 时, 速度 v_j 是正的, 意思是孤子往右边传输; 而当 $|\lambda_j| > 1$ 时, 速度 v_j 是负的, 意思是孤子往左边传输. 对于四分之一平面问题, 就只考虑往右传输的问题, 即取 $|\lambda_j| < 1$ (这里 $\{\lambda_j\}_1^{\Lambda}$) 产生孤子渐近, 参见图 7.1.

根据假设 7.4.1 可知, 极点 λ_j 不是纯虚数就是以 $(\lambda_j, \lambda_{j+1} = -\bar{\lambda}_j)$ 且 $\text{Re}\lambda_j > 0$ 成对出现. 根据下面的定理: 在每一个 $|\lambda_j| < 1$ 且纯虚的极点处产生扭结 (或者反扭结) 解, 而对于 $|\lambda_j| < 1$ 且极点以 $(\lambda_j, -\bar{\lambda}_j)$ 成对出现时, 产生呼吸子解. 这些

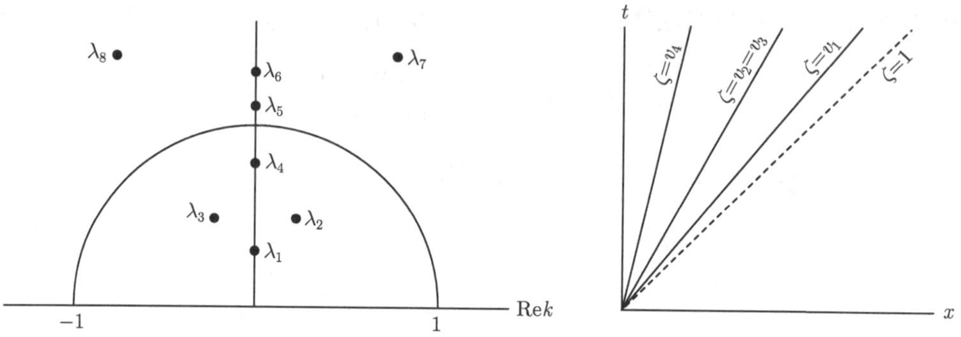

图 7.1　复平面上的有向曲线 Γ 和区域 $\{D_j\}_1^4$

产生的孤子解的速度满足

$$0 < v_\Lambda \leqslant \cdots \leqslant v_2 \leqslant v_1 < 1,$$

这里严格不等式 $v_{j+1} < v_j$ 成立, 除非 $\lambda_{j+1} = -\bar{\lambda}_j$.

定理 7.4.2 (四分之一平面解的渐近表达式)　记 $\{\lambda_j\}_1^{\mathcal{N}} \subset \mathbb{C}_+ \setminus \Gamma$ 满足假设 7.4.1 及 $\{c_j\}_1^{\mathcal{N}}$ 是一组非零复数且满足 (7.13). 假设函数 $r_1 : \mathbb{R} \to \mathbb{C}$ 和 $h : \bar{D}_2 \to \mathbb{C}$ 满足假设 6.1.1, 除了函数 $h(k)$ 可能在 $\{\lambda_j\}_1^{\Lambda} \subset D_2$ 上存在简单极点外. 令函数 r_1, h, λ_j, c_j 通过定理 7.2.1 获得的 sine-Gordon 方程的四分之一解为函数 $u(x,t)$.

那么 $u \in C^\infty([0,\infty) \times [0,\infty), \mathbb{R})$, 存在 (5.10) 中辐角函数 arg 的一支, 使得当 $x \to \infty$ 时, $u(x,0) \to 0$. 在选定的这一支, 函数 $u(x,t)$ 满足区域 I 和区域 II 的渐近表达式 (6.7a), (6.7b). 在区域 IV, $u(x,t)$ 满足如下表达式

$$\text{区域 IV:}\quad u(x,t) = -2\pi \sum_{i=1}^{\Lambda} \mathrm{sgn}(\mathrm{Im} c_i) + O\left(\zeta^{Z+2} + t^{-\frac{Z}{2}-1}\right),\quad 0 \leqslant \zeta \leqslant 1/2,\ t > 1, \tag{7.23}$$

这里函数 $r(k)$ 及其 $Z \geqslant 0$ 阶导数在 $k = 1$ 处消失. 在区域 III 中, $u(x,t)$ 的渐近表达式由如下给出: 对于 $1 \leqslant j \leqslant \Lambda$ 及每一个足够小的 $\varepsilon > 0$, 在以射线 $\zeta = v_j$ 为中心的狭窄区域 $\zeta \in (v_j - \varepsilon, v_j + \varepsilon)$ 上, 渐近表达式由下式给出, 并且是一致成立的:

$$u(x,t) = u_{\text{const}}(j) + u_{\text{sol}}(x,t;j) + \frac{u_{\text{rad}}^{(1)}(x,t) + u_{\text{rad}}^{(2)}(x,t)}{\sqrt{t}} + O\left(\frac{\ln t}{t}\right),\quad \zeta \in (v_j - \varepsilon, v_j + \varepsilon),\ t > 2, \tag{7.24a}$$

在狭窄区域 $\zeta \in (v_j-\varepsilon, v_j+\varepsilon)$ 之外的区域, 渐近表达式由下式给出, 并且是一致成立的:

$$u(x,t)=u_{\rm const}(j)+\frac{u_{\rm rad}^{(1)}(x,t)+u_{\rm rad}^{(2)}(x,t)}{\sqrt{t}}+O\left(\frac{1}{k_0t}+\frac{\ln t}{t}\right),$$
$$\zeta\in[v_j+\varepsilon,v_{j-1}-\varepsilon],\ t>2,\ j=1,\cdots,\Lambda+1\ (v_{\Lambda+1}+\varepsilon\equiv 0, v_0-\varepsilon\equiv 1), \tag{7.24b}$$

这里

• $u_{\rm const}(j)\in 2\pi\mathbb{Z}$ 是常数在区域[①] $v_j<\zeta<v_{j-1}$ 上产生速度为 $\{v_i\}_1^{j-1}$ 的孤子解:

$$u_{\rm const}(j)=-2\pi\sum_{i=1}^{j-1}{\rm sgn}({\rm Im}c_i),\quad j=1,\cdots,\Lambda+1. \tag{7.25}$$

• 如果 $\lambda_j\in i\mathbb{R}$, 那么 $u_{\rm sol}(x,t;j)$ 是速度为 v_j 的扭结 (或者反扭结) 解, 由下式给出

$$u_{\rm sol}(x,t;j)=-4\arctan d_j'(x,t), \tag{7.26}$$

这里 $\gamma_j=\dfrac{1}{2}(|\lambda_j|+|\lambda_j|^{-1})$ 及

$$d_j'(x,t):=\frac{e^{-\gamma_j(x-v_jt)}e^{-\frac{|\lambda_j|}{\pi}\int_{-k_0}^{k_0}\frac{\ln(1+|r(s)|^2)}{s^2+|\lambda_j|^2}ds}{\rm Im}c_j}{2|\lambda_j|}\prod_{l=1}^{j-1}\left|\frac{\lambda_j-\lambda_l}{\lambda_j-\bar\lambda_l}\right|^2. \tag{7.27}$$

• 如果 $\lambda_{j+1}=-\bar\lambda_j$, 那么 $u_{\rm sol}(x,t;j)\equiv u_{\rm sol}(x,t;j+1)$ 是速度 $v_j=v_{j+1}$ 的呼吸子, 由下式给出

$$u_{\rm sol}(x,t;j)=4\arctan\left\{\frac{2{\rm Im}d_j''\,{\rm Im}\lambda_j}{(1+|d_j''|^2){\rm Re}\lambda_j}\right\}, \tag{7.28}$$

这里

$$d_j''(x,t):=\frac{c_je^{2i\theta(x,t,\lambda_j)}e^{-\frac{1}{\pi i}\int_{-k_0}^{k_0}\frac{\ln(1+|r(s)|^2)}{s-\lambda_j}ds}{\rm Re}\lambda_j}{2i\lambda_j{\rm Im}\lambda_j}\prod_{l=1}^{j-1}\left(\frac{\lambda_j-\lambda_l}{\lambda_j-\bar\lambda_l}\right)^2. \tag{7.29}$$

• $u_{\rm rad}^{(1)}(x,t)$ 是由 $\tilde r(k):=\tilde r_1(k)+\tilde h(k)$ 所确定的定理 6.1.2 中辐射解的贡献, 即

$$u_{\rm rad}^{(1)}(x,t)=-2(-1)^{\mathcal N}\sqrt{\frac{2(1+k_0^2)\tilde\nu}{k_0}}\sin\tilde\alpha, \tag{7.30}$$

① 假如 $\lambda_j=-\bar\lambda_{j-1}$, 那么区域 $v_j<\zeta<v_{j-1}$ 为空.

这里 $\tilde{\nu}$ 和 $\tilde{\alpha}$ 的定义是利用 (6.8) 所定义的 ν 和 α 来确定的, 把 ν 和 α 定义中的 $r(k)$ 改为 $\tilde{r}(k)$ 就获得了 $\tilde{\nu}$ 和 $\tilde{\alpha}$ 定义.

• $u_{\mathrm{rad}}^{(2)}(x,t)$ 是由 $\{\lambda_j\}_1^{\mathcal{N}}$ 所产生的辐射解贡献: 对于某些 $j=1,\cdots,\Lambda$, 如果 $\zeta\in[v_j+\varepsilon, v_{j-1}-\varepsilon]$(这就是说, 如果 (x,y) 远离狭窄的孤子渐近区域), 那么

$$
\begin{aligned}
&u_{\mathrm{rad}}^{(2)}(x,t)\\
&=\sum_{\substack{\lambda_l\in i\mathbb{R}\\1\leqslant l\leqslant j-1}}4(-1)^{\mathcal{N}-l}r_{\mathcal{N}+l}^{(l-1)}+\sum_{\substack{\lambda_l\in i\mathbb{R}\\j\leqslant l\leqslant\mathcal{N}}}4(-1)^{\mathcal{N}-l}r_l^{(l-1)}\\
&\quad-\sum_{\substack{\mathrm{Re}\lambda_l>0\\1\leqslant l\leqslant j-1}}8(-1)^{\mathcal{N}-l}\frac{\mathrm{Im}\lambda_l}{\mathrm{Re}\lambda_l}\mathrm{Im}r_{\mathcal{N}+l}^{(l-1)}-\sum_{\substack{\mathrm{Re}\lambda_l>0\\j\leqslant l\leqslant\mathcal{N}}}8(-1)^{\mathcal{N}-l}\frac{\mathrm{Im}\lambda_l}{\mathrm{Re}\lambda_l}\mathrm{Im}r_l^{(l-1)},
\end{aligned}\tag{7.31}
$$

这里函数 $\{r_m^{(l)}(x,t), r_{\mathcal{N}+m}^{(l)}(x,t)\}$, $l=0,\cdots,\mathcal{N}-1$, $m=l+1,\cdots,\mathcal{N}$, 当 $l=0$ 时定义如下

$$
\begin{cases}
r_m^{(0)}=\dfrac{i\tilde{A}}{k_0-\lambda_m}-\dfrac{i\bar{\tilde{A}}}{k_0+\lambda_m},\\[2ex]
r_{\mathcal{N}+m}^{(0)}=\dfrac{i\tilde{A}}{k_0-\bar{\lambda}_m}-\dfrac{i\bar{\tilde{A}}}{k_0+\bar{\lambda}_m},
\end{cases}\qquad m=1,\cdots,\mathcal{N};
$$

$$
\tilde{A}(x,t):=\sqrt{\frac{k_0(1+k_0^2)\tilde{\nu}}{2}}e^{i\tilde{\alpha}(x,t)},\tag{7.32a}
$$

当 $l=1,\cdots,\mathcal{N}$ 时, 则由如下递推关系式确定

$$
\begin{cases}
r_m^{(l)}=\dfrac{\lambda_m-\lambda_l}{\lambda_m-\bar{\lambda}_l}r_m^{(l-1)}+\dfrac{\lambda_l-\bar{\lambda}_l}{\lambda_m-\bar{\lambda}_l}r_{\mathcal{N}+l}^{(l-1)},\\[2ex]
r_{\mathcal{N}+m}^{(l)}=\dfrac{\bar{\lambda}_m-\lambda_l}{\bar{\lambda}_m-\bar{\lambda}_l}r_{\mathcal{N}+m}^{(l-1)}+\dfrac{\lambda_l-\bar{\lambda}_l}{\bar{\lambda}_m-\bar{\lambda}_l}r_{\mathcal{N}+l}^{(l-1)},
\end{cases}\qquad l=1,\cdots,j-1,\tag{7.32b}
$$

$$
\begin{cases}
r_m^{(l)}=\dfrac{\lambda_m-\bar{\lambda}_l}{\lambda_m-\lambda_l}r_m^{(l-1)}+\dfrac{\bar{\lambda}_l-\lambda_l}{\lambda_m-\lambda_l}r_l^{(l-1)},\\[2ex]
r_{\mathcal{N}+m}^{(l)}=\dfrac{\bar{\lambda}_m-\bar{\lambda}_l}{\bar{\lambda}_m-\lambda_l}r_{\mathcal{N}+m}^{(l-1)}+\dfrac{\bar{\lambda}_l-\lambda_l}{\bar{\lambda}_m-\lambda_l}r_l^{(l-1)},
\end{cases}\qquad l=j,\cdots,\mathcal{N}.\tag{7.32c}
$$

对于某些 $j=1,\cdots,\Lambda$ 且 $\lambda_j\in i\mathbb{R}$, 如果 $\zeta\in(v_j-\varepsilon, v_j+\varepsilon)$ (也就是说, 如果 (x,t) 处于以渐近扭结 (或者反扭结) 解为中心的狭窄区域), 那么

$$
u_{\mathrm{rad}}^{(2)}(x,t)=4\frac{r_j^{(\mathcal{N}-1)}+r_{\mathcal{N}+j}^{(\mathcal{N}-1)}(d_j')^2}{1+(d_j')^2}+\sum_{\substack{\lambda_l\in i\mathbb{R}\\1\leqslant l\leqslant j-1}}4(-1)^{\mathcal{N}-l}r_{\mathcal{N}+l}^{(l-1)}
$$

$$+\sum_{\substack{\lambda_l\in i\mathbb{R}\\ j+1\leqslant l\leqslant \mathcal{N}}}4(-1)^{\mathcal{N}-l+1}r_l^{(l-2)}-\sum_{\substack{\mathrm{Re}\lambda_l>0\\ 1\leqslant l\leqslant j-1}}8(-1)^{\mathcal{N}-l}\frac{\mathrm{Im}\lambda_l}{\mathrm{Re}\lambda_l}\mathrm{Im}r_{\mathcal{N}+l}^{(l-1)}$$

$$+\sum_{\substack{\mathrm{Re}\lambda_l>0\\ j+1\leqslant l\leqslant \mathcal{N}}}8(-1)^{\mathcal{N}-l+1}\frac{\mathrm{Im}\lambda_l}{\mathrm{Re}\lambda_l}\mathrm{Im}r_l^{(l-2)},\tag{7.33}$$

这里函数 $\{r_m^{(l)}(x,t),r_{\mathcal{N}+m}^{(l)}(x,t)\}$, $l=0,\cdots,\mathcal{N}-1$, 由同样的递推关系式 (7.32) 确定, 只是 (7.32c) 用下面式子替换

$$\begin{cases}r_m^{(l)}=\dfrac{\lambda_m-\bar{\lambda}_{l+1}}{\lambda_m-\lambda_{l+1}}r_m^{(l-1)}+\dfrac{\bar{\lambda}_{l+1}-\lambda_{l+1}}{\lambda_m-\lambda_{l+1}}r_{l+1}^{(l-1)},\\[2mm] r_{\mathcal{N}+m}^{(l)}=\dfrac{\bar{\lambda}_m-\bar{\lambda}_{l+1}}{\bar{\lambda}_m-\lambda_{l+1}}r_{\mathcal{N}+m}^{(l-1)}+\dfrac{\bar{\lambda}_{l+1}-\lambda_{l+1}}{\bar{\lambda}_m-\lambda_{l+1}}r_{l+1}^{(l-1)},\end{cases}\quad l=j,\cdots,\mathcal{N}-1,$$
$$m\in\{l+2,\cdots,\mathcal{N}\}\cup\{j\}.\tag{7.34}$$

对于某些 $j=1,\cdots,\Lambda$ 且 $\mathrm{Re}\lambda_j>0$, 如果 $\zeta\in(v_j-\varepsilon,v_j+\varepsilon)$ (这就是说, 如果 (x,t) 处在以渐近呼吸子为中心的狭窄区域), 那么

$$\begin{aligned}&u_{\mathrm{rad}}^{(2)}(x,t)\\&=-\frac{8(\mathrm{Im}\lambda_j)(\mathrm{Re}\lambda_j)\mathrm{Im}\left[(1+(\overline{d_j''})^2)r_j^{(\mathcal{N}-2)}-(1+(d_j'')^2)(\overline{d_j''})^2r_{\mathcal{N}+j}^{(\mathcal{N}-2)}\right]}{4(\mathrm{Im}d_j'')^2(\mathrm{Im}\lambda_j)^2+(1+|d_j''|^2)^2(\mathrm{Re}\lambda_j)^2}\\&\quad+\sum_{\substack{\lambda_l\in i\mathbb{R}\\ 1\leqslant l\leqslant j-1}}4(-1)^{\mathcal{N}-l}r_{\mathcal{N}+l}^{(l-1)}+\sum_{\substack{\lambda_l\in i\mathbb{R}\\ j+2\leqslant l\leqslant \mathcal{N}}}4(-1)^{\mathcal{N}-l}r_l^{(l-3)}\\&\quad-\sum_{\substack{\mathrm{Re}\lambda_l>0\\ 1\leqslant l\leqslant j-1}}8(-1)^{\mathcal{N}-l}\frac{\mathrm{Im}\lambda_l}{\mathrm{Re}\lambda_l}\mathrm{Im}r_{\mathcal{N}+l}^{(l-1)}-\sum_{\substack{\mathrm{Re}\lambda_l>0\\ j+2\leqslant l\leqslant \mathcal{N}}}8(-1)^{\mathcal{N}-l}\frac{\mathrm{Im}\lambda_l}{\mathrm{Re}\lambda_l}\mathrm{Im}r_l^{(l-3)},\end{aligned}\tag{7.35}$$

这里函数 $\{r_m^{(l)}(x,t),r_{\mathcal{N}+m}^{(l)}(x,t)\}$, $l=0,\cdots,\mathcal{N}-2$, 由递推关系式 (7.32) 确定, 只是需要把 (7.32c) 换成如下表达式

$$\begin{cases}r_m^{(l)}=\dfrac{\lambda_m-\bar{\lambda}_{l+2}}{\lambda_m-\lambda_{l+2}}r_m^{(l-1)}+\dfrac{\bar{\lambda}_{l+2}-\lambda_{l+2}}{\lambda_m-\lambda_{l+2}}r_{l+2}^{(l-1)},\\[2mm] r_{\mathcal{N}+m}^{(l)}=\dfrac{\bar{\lambda}_m-\bar{\lambda}_{l+2}}{\bar{\lambda}_m-\lambda_{l+2}}r_{\mathcal{N}+m}^{(l-1)}+\dfrac{\bar{\lambda}_{l+2}-\lambda_{l+2}}{\bar{\lambda}_m-\lambda_{l+2}}r_{l+2}^{(l-1)},\end{cases}\quad l=j,\cdots,\mathcal{N}-2,$$
$$m\in\{l+3,\cdots,\mathcal{N}\}\cup\{j,j+1\}.\tag{7.36}$$

证明 记 $\hat{M}(x,t):=\lim^{\angle}_{k\to 0}M(x,t,k)$ 及 $\hat{\tilde{M}}(x,t):=\lim^{\angle}_{k\to 0}\tilde{M}(x,t,k)$. 函数 $\tilde{r}_1:\mathbb{R}\to\mathbb{C}$ 和 $\tilde{h}:\bar{D}_2\to\mathbb{C}$ 是利用 (7.3) 所定义的函数 r_1 和 h 来确定的, 并且 $\tilde{r}_1$

和 $\tilde{h}$ 满足假设 6.1.1 (显然也是满足假设 5.2.1). 从而, 利用定理 5.2.2 可得, 由 $\tilde{r}_1$ 和 $\tilde{h}$ 所产生的辐射解

$$\tilde{u} := 2\arg(\hat{\tilde{M}}_{11} + i\hat{\tilde{M}}_{21})$$

是存在的, 利用定理 6.1.2 可知, 函数 $\tilde{u}(x,t)$ 是满足渐近表达式 (6.7), 只是表达式 (6.7) 中的 ν 和 α 需要分别用 $\tilde{\nu}$ 和 $\tilde{\alpha}$ 来代替.

令 B_j 表示由引理 7.1.4 中的递推关系式确定, 这里 $C_j(x,t) = c_j e^{2i\theta(x,t,\lambda_j)}$ 及 $\tilde{M}_0 = \tilde{M}$. 那么计算 $k \to 0$ 时, 关于 M 的表达式 (7.1), 可得

$$\hat{M}(x,t) = i^{\mathcal{N}}\mathcal{B}(x,t)\hat{\tilde{M}}(x,t)\begin{pmatrix}\prod\limits_{j=1}^{\mathcal{N}}\lambda_j^{-1} & 0\\ 0 & \prod\limits_{j=1}^{\mathcal{N}}\bar{\lambda}_j^{-1}\end{pmatrix}, \tag{7.37}$$

这里 $\mathcal{B} := \mathcal{B}(x,t)$ 定义为 $\mathcal{B} = i^{\mathcal{N}}B_{\mathcal{N}}B_{\mathcal{N}-1}\cdots B_1$. 由于 $\prod_{j=1}^{\mathcal{N}}\lambda_j = i^{\mathcal{N}}\prod_{j=1}^{\mathcal{N}}|\lambda_j|$, 把 (7.37) 代入 (5.10) 可得

$$u(x,t) = 2\arg\Big((\mathcal{B}\hat{\tilde{M}})_{11} + i(\mathcal{B}\hat{\tilde{M}})_{21}\Big) = 2\arg\Big((\mathcal{B}_{11}+i\mathcal{B}_{21})\hat{\tilde{M}}_{11} + (\mathcal{B}_{12}+i\mathcal{B}_{22})\hat{\tilde{M}}_{21}\Big).$$

根据引理 7.1.4 的证明过程可知, 如果 $\lambda_j \in i\mathbb{R}$, 则 $B_j = -\sigma_2 B_j \sigma_2$, 以及如果 $(\lambda_j, \lambda_{j+1} = -\bar{\lambda}_j)$ 是成对的且 $\mathrm{Re}\lambda_j > 0$ (在 $k=0$ 处计算 (7.12)), 则 $B_{j+1}B_j = \sigma_2 B_{j+1}B_j\sigma_2$. 从而 $\mathcal{B} = (-1)^{\mathcal{N}}\sigma_2\mathcal{B}\sigma_2$, 也就是说, $\mathcal{B}_{22} = (-1)^{\mathcal{N}}\mathcal{B}_{11}$ 及 $\mathcal{B}_{12} = -(-1)^{\mathcal{N}}\mathcal{B}_{21}$. 那么

$$\begin{aligned}u(x,t) &= 2\arg\Big((\mathcal{B}_{11} + i\mathcal{B}_{21})(\hat{\tilde{M}}_{11} + i(-1)^{\mathcal{N}}\hat{\tilde{M}}_{21})\Big)\\ &= 2\arg(\mathcal{B}_{11} + i\mathcal{B}_{21}) + (-1)^{\mathcal{N}}\tilde{u}(x,t) \pmod{4\pi}.\end{aligned}$$

一般地, 如果 U, V 是 2×2 矩阵, 并且对于某些常数 $\alpha \in \mathbb{C}$, 使得 $U_{22} = \alpha U_{11}$ 及 $U_{12} = -\alpha U_{21}$, 那么经过简单的代数运算可得

$$(UV)_{11} \pm i(UV)_{21} = (U_{11} \pm iU_{21})(V_{11} \pm \alpha i V_{21}).$$

重复使用上式可得

$$\begin{aligned}u(x,t) = &\sum_{\lambda_j\in i\mathbb{R}} 2\arg\Big((iB_j)_{11} + i(-1)^{\mathcal{N}-j}(iB_j)_{21}\Big)\\ &+ \sum_{\mathrm{Re}\lambda_j>0} 2\arg\Big(-(B_{j+1}B_j)_{11} + i(-1)^{\mathcal{N}-j}(B_{j+1}B_j)_{21}\Big)\end{aligned}$$

$$+(-1)^{\mathcal{N}}\tilde{u}(x,t) \pmod{4\pi}. \tag{7.38}$$

因为对于所有的 j, 利用 (7.11) 可得, $B_j=\sigma_2\overline{B_j}\sigma_2$, 对于 $\lambda_j\in i\mathbb{R}$ 矩阵 iB_j 元素为实的, 而对于 $\mathrm{Re}\lambda_j>0$, 矩阵 $B_{j+1}B_j$ 的元素是实的.

对于每一个 j, 根据 (6.31) 可知, 在区域 I, 当 $(x,t)\to\infty$ 时, $\tilde{M}(x,t,\lambda_j)=I+O(x^{-N})$ 一致成立, 而在区域 II, 当 $(x,t)\to\infty$ 时, 可根据 (6.41), 有下式一致成立

$$\tilde{M}(x,t,\lambda_j)=I+O(k_0^N+t^{-N}).$$

此外, 根据 (7.22) 可知, 在区域 I 或者 II, 当 $(x,t)\to\infty$ 时, 因子 $e^{2i\theta(x,t,\lambda_j)}$ 和 $d_j(x,t)$ 是按指数趋于无穷. 因此, 对于每一个 $j=1,\cdots,\mathcal{N}$, 当 $(x,t)\to\infty$ 时, 矩阵 $B_j(x,t)$ 趋于对角矩阵 $-\mathrm{diag}\,(\lambda_j,\bar{\lambda}_j)$, 并且在区域 I 误差项的阶为 $O(x^{-N})$, 而在区域 II 时, 误差项的阶为 $O(k_0^N+t^{-N})$. 从而根据 (7.38) 和 $B_j(x,t)$ 的渐近表达, 可得函数 $u(x,t)$ 在区域 I 和 II 分别满足渐近表达式 (6.7a) 和 (6.7b).

下面考虑区域 III. 我们给出 sine-Gordon 方程解在这个区域上的渐近表达式是通过证明下面六个引理来完成的. 前两个引理是处理以孤子为中心的狭窄区域以外的区域.

引理 7.4.3 记 $\{B_l\}_1^{\mathcal{N}}$ 是利用引理 7.1.4 中递推关系式所决定的, 其中 $\tilde{M}_0=\tilde{M}$ 以及极点 λ_l 按照标准顺序 $\lambda_1,\cdots,\lambda_{\mathcal{N}}$. 对于每一个 $j=1,\cdots,\Lambda$, 当 $t\to\infty$ 时, 下面渐近表达式在 $\zeta\in[v_j+\varepsilon,v_{j-1}-\varepsilon]$ 上一致成立:

$$B_l=\begin{cases}-\begin{pmatrix}\bar{\lambda}_l & 0\\ 0 & \lambda_l\end{pmatrix}+\dfrac{\lambda_l-\bar{\lambda}_l}{\sqrt{t}}\begin{pmatrix}0 & \overline{r_{\mathcal{N}+l}^{(l-1)}}\\ r_{\mathcal{N}+l}^{(l-1)} & 0\end{pmatrix}+O\left(\dfrac{1}{k_0t}+\dfrac{\ln t}{t}\right), & l=1,\cdots,j-1,\\[2ex] -\begin{pmatrix}\lambda_l & 0\\ 0 & \bar{\lambda}_l\end{pmatrix}+\dfrac{\bar{\lambda}_l-\lambda_l}{\sqrt{t}}\begin{pmatrix}0 & \overline{r_l^{(l-1)}}\\ r_l^{(l-1)} & 0\end{pmatrix}+O\left(\dfrac{1}{k_0t}+\dfrac{\ln t}{t}\right), & l=j,\cdots,\mathcal{N},\end{cases} \tag{7.39}$$

这里函数 $\left\{r_m^{(l)}(x,t),r_{\mathcal{N}+m}^{(l)}(x,t)\right\}$ 由 (7.32) 给出.

证明 我们将证明①下式在 $i=0,\cdots,\mathcal{N}$ 及 $m=1,\cdots,\mathcal{N}$ 时成立

$$\begin{aligned}&\tilde{M}_i(x,t,\lambda_m)\\&=\left\{\begin{pmatrix}a_m^{(i)} & 0\\ 0 & \overline{a_{\mathcal{N}+m}^{(i)}}\end{pmatrix}+\frac{1}{\sqrt{t}}\begin{pmatrix}0 & -\overline{b_{\mathcal{N}+m}^{(i)}}\\ b_m^{(i)} & 0\end{pmatrix}+O\left(\frac{1}{k_0t}+\frac{\ln t}{t}\right)\right\}\delta(\zeta,\lambda_m)^{\sigma_3},\end{aligned} \tag{7.40}$$

① 在证明中的此处和其他地方, 当 $t\to\infty$ 时, 展开式在 $\zeta\in[v_j+\varepsilon,v_{j-1}-\varepsilon]$ 上一致成立.

这里 $\{b_m^{(i)}(x,t)\}$ 是复值函数以及常数 $\{a_m^{(i)}\}\subset\mathbb{C}$ 由如下式子给出

$$\begin{cases} a_m^{(i)}=\prod_{s=1}^{i}(\lambda_m-\bar{\lambda}_s), \\ a_{\mathcal{N}+m}^{(i)}=\prod_{s=1}^{i}(\bar{\lambda}_m-\bar{\lambda}_s), \end{cases} \quad i=1,\cdots,j-1, \tag{7.41}$$

$$\begin{cases} a_m^{(i)}=\left(\prod_{s=1}^{j-1}(\lambda_m-\bar{\lambda}_s)\right)\left(\prod_{s=j}^{i}(\lambda_m-\lambda_s)\right), \\ a_{\mathcal{N}+m}^{(i)}=\left(\prod_{s=1}^{j-1}(\bar{\lambda}_m-\bar{\lambda}_s)\right)\left(\prod_{s=j}^{i}(\bar{\lambda}_m-\lambda_s)\right), \end{cases} \quad i=j,\cdots,\mathcal{N}. \tag{7.42}$$

根据对称性 $\tilde{M}_i(x,t,k)=\sigma_2\overline{\tilde{M}_i(x,t,\bar{k})}\sigma_2$ 和 $\delta(\zeta,k)=\overline{\delta(\zeta,\bar{k})}^{-1}$ 可知, (7.40) 等价于下式

$$\begin{aligned} &\tilde{M}_i(x,t,\bar{\lambda}_m) \\ =&\left\{\begin{pmatrix} a_{\mathcal{N}+m}^{(i)} & 0 \\ 0 & \overline{a_m^{(i)}} \end{pmatrix}+\frac{1}{\sqrt{t}}\begin{pmatrix} 0 & -\overline{b_m^{(i)}} \\ b_{\mathcal{N}+m}^{(i)} & 0 \end{pmatrix}+O\left(\frac{1}{k_0 t}+\frac{\ln t}{t}\right)\right\}\delta(\zeta,\bar{\lambda}_m)^{\sigma_3}. \end{aligned} \tag{7.43}$$

利用 (6.83), 对于 $m=1,\cdots,\mathcal{N}$, 可得

$$\tilde{M}(x,t,\lambda_m)=\left\{I+\frac{F(x,t,\lambda_m)}{\sqrt{t}}+O\left(\frac{1}{k_0 t}+\frac{\ln t}{t}\right)\right\}\delta(\zeta,\lambda_m)^{\sigma_3}, \tag{7.44}$$

这里

$$F(x,t,\lambda_m):=\frac{i}{(k_0-\lambda_m)}\begin{pmatrix} 0 & \bar{\tilde{A}} \\ \tilde{A} & 0 \end{pmatrix}-\frac{i}{(k_0+\lambda_m)}\begin{pmatrix} 0 & \tilde{A} \\ \bar{\tilde{A}} & 0 \end{pmatrix}$$

函数 $\tilde{A}(x,t)$ 由 (7.32a) 给出. 因为 $\tilde{M}_0=\tilde{M}$, 那么根据 (7.44) 可得 (7.40) 在 $i=0$ 时成立及 $a_m^{(0)}=a_{\mathcal{N}+m}^{(0)}=1$,

$$b_m^{(0)}(x,t)=F_{21}(x,t,\lambda_m),\quad b_{\mathcal{N}+m}^{(0)}(x,t)=-\overline{F_{12}(x,t,\lambda_m)},\quad m=1,\cdots,\mathcal{N},$$

定义

$$r_m^{(l)}(x,t):=\frac{b_m^{(l)}(x,t)}{a_m^{(l)}},\quad r_{\mathcal{N}+m}^{(l)}(x,t):=\frac{b_{\mathcal{N}+m}^{(l)}(x,t)}{a_{\mathcal{N}+m}^{(l)}},$$

可知初始值 (7.32a) 成立.

下面利用归纳法来证明. 固定 $1 \leqslant l \leqslant j-1$ 及假设 (7.40) 和 (7.41) (也可以是 (7.43)) 在 $i=l-1$ 时成立. 那么由 (7.6) 可知

$$\begin{cases}(\lambda_l I+B_l)\left\{\begin{pmatrix}a_l^{(l-1)} & 0\\ 0 & \overline{a_{\mathcal{N}+l}^{(l-1)}}\end{pmatrix}+\dfrac{1}{\sqrt{t}}\begin{pmatrix}0 & -\overline{b_{\mathcal{N}+l}^{(l-1)}}\\ b_l^{(l-1)} & 0\end{pmatrix}+O\left(\dfrac{1}{k_0 t}+\dfrac{\ln t}{t}\right)\right\}\\ \times\delta(\zeta,\lambda_l)^{\sigma_3}\begin{pmatrix}1\\ -d_l\end{pmatrix}=0,\\ (\bar{\lambda}_l I+B_l)\left\{\begin{pmatrix}a_{\mathcal{N}+l}^{(l-1)} & 0\\ 0 & \overline{a_l^{(l-1)}}\end{pmatrix}+\dfrac{1}{\sqrt{t}}\begin{pmatrix}0 & -\overline{b_l^{(l-1)}}\\ b_{\mathcal{N}+l}^{(l-1)} & 0\end{pmatrix}+O\left(\dfrac{1}{k_0 t}+\dfrac{\ln t}{t}\right)\right\}\\ \times\delta(\zeta,\bar{\lambda}_l)^{\sigma_3}\begin{pmatrix}\overline{d_l}\\ 1\end{pmatrix}=0,\end{cases} \tag{7.45}$$

这里

$$d_l(x,t)=c_l e^{2i\theta(x,t,\lambda_l)}\frac{\prod\limits_{s=1,s\neq l}^{\mathcal{N}}(\lambda_l-\lambda_s)}{\prod\limits_{s=1}^{\mathcal{N}}(\lambda_l-\bar{\lambda}_s)}.$$

对于 m 使得 $v_m \geqslant v_j$ $(v_m \leqslant v_{j-1})$, 因子 $e^{2i\theta(x,t,\lambda_m)}$ 和 $d_m(x,t)$ 在 $t\to\infty$ 时, 按指数增长 (减少), 并且在 $\zeta\in[v_j+\varepsilon, v_{j-1}-\varepsilon]$ 上一致成立 (参见 (7.22)). 由于 $l\leqslant j-1$, 所以当 $t\to\infty$ 时, $d_l(x,t)$ 是指数增长的, 从而根据 (7.45) 可得

$$\begin{cases}(\lambda_l I+B_l)\left\{\begin{pmatrix}a_l^{(l-1)} & 0\\ 0 & \overline{a_{\mathcal{N}+l}^{(l-1)}}\end{pmatrix}+\dfrac{1}{\sqrt{t}}\begin{pmatrix}0 & -\overline{b_{\mathcal{N}+l}^{(l-1)}}\\ b_l^{(l-1)} & 0\end{pmatrix}+O\left(\dfrac{1}{k_0 t}+\dfrac{\ln t}{t}\right)\right\}\\ \times\begin{pmatrix}0\\ 1\end{pmatrix}=O(e^{-ct}),\\ (\bar{\lambda}_l I+B_l)\left\{\begin{pmatrix}a_{\mathcal{N}+l}^{(l-1)} & 0\\ 0 & \overline{a_l^{(l-1)}}\end{pmatrix}+\dfrac{1}{\sqrt{t}}\begin{pmatrix}0 & -\overline{b_l^{(l-1)}}\\ b_{\mathcal{N}+l}^{(l-1)} & 0\end{pmatrix}+O\left(\dfrac{1}{k_0 t}+\dfrac{\ln t}{t}\right)\right\}\\ \times\begin{pmatrix}1\\ 0\end{pmatrix}=O(e^{-ct}),\end{cases} \tag{7.46}$$

也就是说

$$\begin{cases}(\lambda_l I+B_l)\left\{\begin{pmatrix}0\\ \overline{a_{\mathcal{N}+l}^{(l-1)}}\end{pmatrix}+\dfrac{1}{\sqrt{t}}\begin{pmatrix}-\overline{b_{\mathcal{N}+l}^{(l-1)}}\\ 0\end{pmatrix}+O\left(\dfrac{1}{k_0t}+\dfrac{\ln t}{t}\right)\right\}=O(e^{-ct}),\\ (\bar{\lambda}_l I+B_l)\left\{\begin{pmatrix}a_{\mathcal{N}+l}^{(l-1)}\\ 0\end{pmatrix}+\dfrac{1}{\sqrt{t}}\begin{pmatrix}0\\ b_{\mathcal{N}+l}^{(l-1)}\end{pmatrix}+O\left(\dfrac{1}{k_0t}+\dfrac{\ln t}{t}\right)\right\}=O(e^{-ct}).\end{cases}$$

根据这个系统可得, B_l 满足 (7.39) 中的第一个等式. 从而根据递推关系式 $\tilde{M}_l=(kI+B_l)\tilde{M}_{l-1}$ 可知

$$\begin{aligned}&\tilde{M}_l(x,t,\lambda_m)\\ =&\left\{\begin{pmatrix}\lambda_m-\bar{\lambda}_l & 0\\ 0 & \lambda_m-\lambda_l\end{pmatrix}+\frac{\lambda_l-\bar{\lambda}_l}{\sqrt{t}}\begin{pmatrix}0 & \overline{r_{\mathcal{N}+l}^{(l-1)}}\\ r_{\mathcal{N}+l}^{(l-1)} & 0\end{pmatrix}+O\left(\frac{1}{k_0t}+\frac{\ln t}{t}\right)\right\}\\ &\times\left\{\begin{pmatrix}a_m^{(l-1)} & 0\\ 0 & \overline{a_{\mathcal{N}+m}^{(l-1)}}\end{pmatrix}+\frac{1}{\sqrt{t}}\begin{pmatrix}0 & -\overline{b_{\mathcal{N}+m}^{(l-1)}}\\ b_m^{(l-1)} & 0\end{pmatrix}+O\left(\frac{1}{k_0t}+\frac{\ln t}{t}\right)\right\}\delta(\zeta,\lambda_m)^{\sigma_3},\end{aligned}$$

这就说明 (7.40) 在 $i=l$ 时成立, 并且有

$$\begin{aligned}&a_m^{(l)}=(\lambda_m-\bar{\lambda}_l)a_m^{(l-1)}, && b_m^{(l)}=(\lambda_m-\lambda_l)b_m^{(l-1)}+(\lambda_l-\bar{\lambda}_l)r_{\mathcal{N}+l}^{(l-1)}a_m^{(l-1)},\\ &a_{\mathcal{N}+m}^{(l)}=(\bar{\lambda}_m-\bar{\lambda}_l)a_{\mathcal{N}+m}^{(l-1)}, && b_{\mathcal{N}+m}^{(l)}=(\bar{\lambda}_m-\lambda_l)b_{\mathcal{N}+m}^{(l-1)}+(\lambda_l-\bar{\lambda}_l)r_{\mathcal{N}+l}^{(l-1)}a_{\mathcal{N}+m}^{(l-1)}.\end{aligned}$$

根据归纳法, 可知 (7.40) 和 (7.41) 在 $i=0,\cdots,j-1$ 时成立, (7.39) 在 $l=1,\cdots,j-1$ 时成立. 此外, 递推关系式 (7.32b) 也成立.

现在, 固定 $j\leqslant l\leqslant\mathcal{N}$, 假设 (7.40)—(7.42) (也可以是 (7.43)) 在 $i=l-1$ 成立. 根据递推关系式 (7.6) 可知

$$\begin{cases}(\lambda_l I+B_l)\left\{\begin{pmatrix}a_l^{(l-1)} & 0\\ 0 & \overline{a_{\mathcal{N}+l}^{(l-1)}}\end{pmatrix}+\dfrac{1}{\sqrt{t}}\begin{pmatrix}0 & -\overline{b_{\mathcal{N}+l}^{(l-1)}}\\ b_l^{(l-1)} & 0\end{pmatrix}+O\left(\dfrac{1}{k_0t}+\dfrac{\ln t}{t}\right)\right\}\\ \times\delta(\zeta,\lambda_l)^{\sigma_3}\begin{pmatrix}1\\ -d_l\end{pmatrix}=0,\\ (\bar{\lambda}_l I+B_l)\left\{\begin{pmatrix}a_{\mathcal{N}+l}^{(l-1)} & 0\\ 0 & \overline{a_l^{(l-1)}}\end{pmatrix}+\dfrac{1}{\sqrt{t}}\begin{pmatrix}0 & -\overline{b_l^{(l-1)}}\\ b_{\mathcal{N}+l}^{(l-1)} & 0\end{pmatrix}+O\left(\dfrac{1}{k_0t}+\dfrac{\ln t}{t}\right)\right\}\\ \times\delta(\zeta,\bar{\lambda}_l)^{\sigma_3}\begin{pmatrix}\overline{d_l}\\ 1\end{pmatrix}=0.\end{cases}\tag{7.47}$$

因为 $l \geqslant j$, 当 $t\to\infty$ 时, $d_l(x,t)$ 是指数衰减的, 从而根据 (7.47) 可得

$$\begin{cases}(\lambda_l I+B_l)\left\{\begin{pmatrix}a_l^{(l-1)}\\0\end{pmatrix}+\dfrac{1}{\sqrt{t}}\begin{pmatrix}0\\b_l^{(l-1)}\end{pmatrix}+O\left(\dfrac{1}{k_0t}+\dfrac{\ln t}{t}\right)\right\}=O(e^{-ct}),\\(\bar\lambda_l I+B_l)\left\{\begin{pmatrix}0\\\overline{a_l^{(l-1)}}\end{pmatrix}+\dfrac{1}{\sqrt{t}}\begin{pmatrix}-\overline{b_l^{(l-1)}}\\0\end{pmatrix}+O\left(\dfrac{1}{k_0t}+\dfrac{\ln t}{t}\right)\right\}=O(e^{-ct}).\end{cases} \tag{7.48}$$

根据这个系统可得, B_l 满足 (7.39) 中的第二个等式. 从而根据递推关系式 $\tilde M_l=(kI+B_l)\tilde M_{l-1}$ 可知

$$\begin{aligned}&\tilde M_l(x,t,\lambda_m)\\&=\left\{\begin{pmatrix}\lambda_m-\lambda_l&0\\0&\lambda_m-\bar\lambda_l\end{pmatrix}+\frac{\bar\lambda_l-\lambda_l}{\sqrt{t}}\begin{pmatrix}0&\overline{r_l^{(l-1)}}\\r_l^{(l-1)}&0\end{pmatrix}+O\left(\frac{1}{k_0t}+\frac{\ln t}{t}\right)\right\}\\&\quad\times\left\{\begin{pmatrix}a_m^{(l-1)}&0\\0&\overline{a_{\mathcal N+m}^{(l-1)}}\end{pmatrix}+\frac{1}{\sqrt{t}}\begin{pmatrix}0&-\overline{b_{\mathcal N+m}^{(l-1)}}\\b_m^{(l-1)}&0\end{pmatrix}+O\left(\frac{1}{k_0t}+\frac{\ln t}{t}\right)\right\}\delta(\zeta,\lambda_m)^{\sigma_3},\end{aligned}$$

这就说明 (7.40) 在 $i=l$ 时成立, 并且有

$$\begin{aligned}&a_m^{(l)}=(\lambda_m-\lambda_l)a_m^{(l-1)}, &&b_m^{(l)}=(\lambda_m-\bar\lambda_l)b_m^{(l-1)}+(\bar\lambda_l-\lambda_l)r_l^{(l-1)}a_m^{(l-1)},\\&a_{\mathcal N+m}^{(l)}=(\bar\lambda_m-\lambda_l)a_{\mathcal N+m}^{(l-1)}, &&b_{\mathcal N+m}^{(l)}=(\bar\lambda_m-\bar\lambda_l)b_{\mathcal N+m}^{(l-1)}+(\bar\lambda_l-\lambda_l)r_l^{(l-1)}a_{\mathcal N+m}^{(l-1)}.\end{aligned}$$

通过归纳法可知, (7.40)—(7.42) 在 $i=1,\cdots,\mathcal N$ 时成立, 而 (7.39) 在 $l=1,\cdots,\mathcal N$ 时成立. 此外, 递推关系式 (7.32c) 成立. □

下面将通过对环绕数的累加来确定常数 u_{const}, 所以在下面过程中, 只需求出模 2π 的渐近即可.

引理 7.4.4 (狭窄孤子区域以外的渐近表达式) 对于 $j=1,\cdots,\Lambda$, 当 $t\to\infty$ 时, 可得

$$u(x,t)=\frac{u_{\text{rad}}^{(1)}(x,t)+u_{\text{rad}}^{(2)}(x,t)}{\sqrt{t}}+O\left(\frac{1}{k_0t}+\frac{\ln t}{t}\right)\pmod{2\pi},$$

并且上式在 $\zeta\in[v_j+\varepsilon,v_{j-1}-\varepsilon]$ 内一致成立.

证明 利用定理 6.1.2 可知, 函数 $\tilde u(x,t)$ 在区域 III 趋于 $-2\sqrt{\dfrac{2(1+k_0^2)\tilde\nu}{tk_0}}\sin\tilde\alpha$ (mod 4π), 误差项为 $O\left(\dfrac{1}{k_0t}+\dfrac{\ln t}{t}\right)$. 那么 (7.38) 等式右边的项 $(-1)^{\mathcal N}\tilde u(x,t)$ 渐近趋于 $t^{-1/2}u_{\text{rad}}^{(1)}$. 下面考虑 (7.38) 中的其他项.

对于 $1 \leqslant l \leqslant j-1$ 且 $\lambda_l \in i\mathbb{R}$, 根据 (7.39) 可知

$$
\begin{aligned}
2\arg\left((iB_l)_{11}+i(-1)^{\mathcal{N}-l}(iB_l)_{21}\right) &= 2\arg\left(1+2i(-1)^{\mathcal{N}-l}\frac{r_{\mathcal{N}+l}^{(l-1)}}{\sqrt{t}}+O\left(\frac{1}{k_0t}+\frac{\ln t}{t}\right)\right)\\
&= \frac{4(-1)^{\mathcal{N}-l}r_{\mathcal{N}+l}^{(l-1)}}{\sqrt{t}}+O\left(\frac{1}{k_0t}+\frac{\ln t}{t}\right) \pmod{2\pi}.
\end{aligned}
$$

类似地, 对于 $j \leqslant l \leqslant \mathcal{N}$ 且 $\lambda_l \in i\mathbb{R}$, 根据 (7.39) 可知

$$
\begin{aligned}
&2\arg((iB_l)_{11}+i(-1)^{\mathcal{N}-l}(iB_l)_{21})\\
&= 2\arg\left(1+2i(-1)^{\mathcal{N}-l}\frac{r_{l+1}^{(l-1)}}{\sqrt{t}}+O\left(\frac{\ln t}{t}\right)\right)\\
&= \frac{4(-1)^{\mathcal{N}-l}r_l^{(l-1)}}{\sqrt{t}}+O\left(\frac{1}{k_0t}+\frac{\ln t}{t}\right) \pmod{2\pi}.
\end{aligned}
$$

现在假设 $1 \leqslant l \leqslant j-1$ 且 $\mathrm{Re}\lambda_l > 0$. 根据引理 7.1.4 的证明过程可知

$$
\tilde{M}_{l-1}(x,t,k) = (-1)^{l-1}\sigma_2\tilde{M}_{l-1}(x,t,-k)\sigma_2 = (-1)^{l-1}\overline{\tilde{M}_{l-1}(x,t,-\bar{k})},
$$

对于 $k=\lambda_l=-\bar{\lambda}_{l+1}$ 可得

$$
r_l^{(l-1)} = \overline{r_{l+1}^{(l-1)}}, \quad r_{\mathcal{N}+l}^{(l-1)} = \overline{r_{\mathcal{N}+l+1}^{(l-1)}}. \tag{7.49}
$$

那么, 利用 (7.32b) 可得

$$
r_{\mathcal{N}+l}^{(l-1)} - r_{\mathcal{N}+l+1}^{(l)} = r_{\mathcal{N}+l}^{(l-1)} - \frac{\bar{\lambda}_{l+1}-\lambda_l}{\bar{\lambda}_{l+1}-\bar{\lambda}_l}r_{\mathcal{N}+l+1}^{(l-1)} - \frac{\lambda_l-\bar{\lambda}_l}{\bar{\lambda}_{l+1}-\bar{\lambda}_l}r_{\mathcal{N}+l}^{(l-1)} = \frac{2i\lambda_l\mathrm{Im}r_{\mathcal{N}+l}^{(l-1)}}{\mathrm{Re}\lambda_l}.
$$

从而根据 (7.39) 有如下表达式

$$
\begin{aligned}
&2\arg(-(B_{l+1}B_l)_{11}+i(-1)^{\mathcal{N}-l}(B_{l+1}B_l)_{21})\\
&= 2\arg\left\{1+\frac{i(-1)^{\mathcal{N}-l}}{\sqrt{t}}\left(\frac{\lambda_{l+1}(\lambda_l-\bar{\lambda}_l)}{\bar{\lambda}_l\bar{\lambda}_{l+1}}r_{\mathcal{N}+l}^{(l-1)}+\frac{(\lambda_{l+1}-\bar{\lambda}_{l+1})}{\bar{\lambda}_{l+1}}r_{\mathcal{N}+l+1}^{(l)}\right)\right.\\
&\quad\left.+O\left(\frac{1}{k_0t}+\frac{\ln t}{t}\right)\right\}\\
&= 2\frac{(-1)^{\mathcal{N}-l}(\lambda_l-\bar{\lambda}_l)}{\sqrt{t}\lambda_l}\left(r_{\mathcal{N}+l}^{(l-1)}-r_{\mathcal{N}+l+1}^{(l)}\right)\\
&\quad+O\left(\frac{1}{k_0t}+\frac{\ln t}{t}\right)\\
&= -8\frac{(-1)^{\mathcal{N}-l}\mathrm{Im}\lambda_l}{\sqrt{t}\mathrm{Re}\lambda_l}\mathrm{Im}r_{\mathcal{N}+l}^{(l-1)}+O\left(\frac{1}{k_0t}+\frac{\ln t}{t}\right) \pmod{2\pi}.
\end{aligned}
$$

类似地, 对于 $j \leqslant l \leqslant \mathcal{N}-1$ 且 $\mathrm{Re}\lambda_l > 0$, 根据 (7.39) 可知

$$
\begin{aligned}
&2\arg(-(B_{l+1}B_l)_{11} + i(-1)^{\mathcal{N}-l}(B_{l+1}B_l)_{21}) \\
&= 2\arg\left\{1 + \frac{i(-1)^{\mathcal{N}-l}}{\sqrt{t}}\left(\frac{\bar{\lambda}_{l+2}(\bar{\lambda}_{l+1}-\lambda_{l+1})}{\lambda_{l+1}\lambda_{l+2}} r_{l+1}^{(l-1)} + \frac{(\bar{\lambda}_{l+2}-\lambda_{l+2})}{\lambda_{l+2}} r_{l+2}^{(l)}\right)\right. \\
&\quad \left. + O\left(\frac{1}{k_0 t} + \frac{\ln t}{t}\right)\right\} \\
&= 2\frac{(-1)^{\mathcal{N}-l}(\bar{\lambda}_l - \lambda_l)}{\sqrt{t}\bar{\lambda}_l}\left(r_l^{(l-1)} - r_{l+1}^{(l)}\right) + O\left(\frac{1}{k_0 t} + \frac{\ln t}{t}\right) \pmod{2\pi}
\end{aligned}
$$

这里, 通过 (7.32c) 和 (7.49), 可知

$$
r_l^{(l-1)} - r_{l+1}^{(l)} = r_l^{(l-1)} - \frac{\lambda_{l+1} - \bar{\lambda}_l}{\lambda_{l+1} - \lambda_l} r_{l+1}^{(l-1)} - \frac{\bar{\lambda}_l - \lambda_l}{\lambda_{l+1} - \lambda_l} r_l^{(l-1)} = \frac{2i\bar{\lambda}_l \mathrm{Im} r_l^{(l-1)}}{\mathrm{Re}\lambda_l}.
$$

把上面各项的贡献代入 (7.38) 中可获得引理结论. 这就完成了该引理的证明. □

到现在为止, 我们假设引理 7.1.4 中的递推关系式应用到了以标准顺序 $\lambda_1, \cdots, \lambda_{\mathcal{N}}$ 的极点列 $\{\lambda_j\}_1^{\mathcal{N}}$, 使得 B_j 对应于在 λ_j 处插入一个极点. 如果我们改变极点列的顺序为 $\lambda_{\sigma(1)}, \cdots, \lambda_{\sigma(\mathcal{N})}$, 这里 σ 是 $\{1, \cdots, \mathcal{N}\}$ 的一个排列, 并且使得当 $\mathrm{Re}\lambda_j > 0$ 时, $\sigma(j+1) = \sigma(j) + 1$, 那么 (7.38) 就改为如下形式

$$
\begin{aligned}
u(x,t) = &\sum_{\lambda_{\sigma(j)} \in i\mathbb{R}} 2\arg\Big((iB_j)_{11} + i(-1)^{\mathcal{N}-j}(iB_j)_{21}\Big) \\
&+ \sum_{\mathrm{Re}\lambda_{\sigma(j)} > 0} 2\arg\Big(-(B_{j+1}B_j)_{11} + i(-1)^{\mathcal{N}-j}(B_{j+1}B_j)_{21}\Big) \\
&+ (-1)^{\mathcal{N}}\tilde{u}(x,t) \pmod{4\pi}.
\end{aligned} \tag{7.50}
$$

在这种情况下, 矩阵 B_j 定义在第 j 步递推关系, 并且与极点 $\lambda_{\sigma(j)}$ 相对应.

下面两个引理是处理包括扭结 (或者反扭结) 的区域中的渐近性.

引理 7.4.5 对于某些 $j = 1, \cdots, \Lambda$, 假设 $\lambda_j \in i\mathbb{R}$. 令 $\{B_l\}_1^{\mathcal{N}}$ 是由引理 7.1.4 中递推关系式所确定, 这里 $\tilde{M}_0 = \tilde{M}$ 及 λ_l 在如下顺序

$$
\lambda_1, \cdots, \lambda_{j-1}, \lambda_{j+1}, \cdots, \lambda_{\mathcal{N}}, \lambda_j. \tag{7.51}
$$

那么当 $t \to \infty$, 下面渐近表达式成立, 且在 $\zeta \in [v_{j+1}+\varepsilon, v_{j-1}-\varepsilon]$ 上一致成立.

$$
B_l = \begin{cases}
-\begin{pmatrix} \bar{\lambda}_l & 0 \\ 0 & \lambda_l \end{pmatrix} + \dfrac{\lambda_l - \bar{\lambda}_l}{\sqrt{t}} \begin{pmatrix} 0 & \overline{r_{\mathcal{N}+l}^{(l-1)}} \\ r_{\mathcal{N}+l}^{(l-1)} & 0 \end{pmatrix} + O\left(\dfrac{1}{k_0 t} + \dfrac{\ln t}{t}\right), \\
\qquad l = 1, \cdots, j-1, \\
-\begin{pmatrix} \lambda_{l+1} & 0 \\ 0 & \bar{\lambda}_{l+1} \end{pmatrix} + \dfrac{\bar{\lambda}_{l+1} - \lambda_{l+1}}{\sqrt{t}} \begin{pmatrix} 0 & \overline{r_{l+1}^{(l-1)}} \\ r_{l+1}^{(l-1)} & 0 \end{pmatrix} + O\left(\dfrac{1}{k_0 t} + \dfrac{\ln t}{t}\right), \\
\qquad l = j, \cdots, \mathcal{N}-1, \\
B_{\mathcal{N},0} + \dfrac{1}{\sqrt{t}} B_{\mathcal{N},1} + O\left(\dfrac{1}{k_0 t} + \dfrac{\ln t}{t}\right), \\
\qquad l = \mathcal{N},
\end{cases} \tag{7.52}
$$

这里函数 $\{r_m^{(l)}(x,t), r_{\mathcal{N}+m}^{(l)}(x,t)\}$ 由 (7.32) 给出, 矩阵函数 $B_{\mathcal{N},0}(x,t)$ 和 $B_{\mathcal{N},1}(x,t)$ 满足如下

$$
B_{\mathcal{N},0} = \frac{\lambda_j}{1+(d_j')^2} \begin{pmatrix} (d_j')^2 - 1 & 2d_j' \\ 2d_j' & 1-(d_j')^2 \end{pmatrix} \tag{7.53}
$$

和

$$
\frac{i(B_{\mathcal{N},1})_{11} - (B_{\mathcal{N},1})_{21}}{i(B_{\mathcal{N},0})_{11} - (B_{\mathcal{N},0})_{21}} = 2i \frac{r_j^{(\mathcal{N}-1)} + (d_j')^2 r_{\mathcal{N}+j}^{(\mathcal{N}-1)}}{1+(d_j')^2}. \tag{7.54}
$$

证明 对于 $l = 1, \cdots, \mathcal{N}-1$, 与引理 7.4.3 的证明类似, 除了 (7.42) 用如下代替

$$
\begin{cases}
a_m^{(i)} = \left(\displaystyle\prod_{s=1}^{j-1} (\lambda_m - \bar{\lambda}_s)\right) \left(\displaystyle\prod_{s=j+2}^{i+2} (\lambda_m - \lambda_s)\right), \\
a_{\mathcal{N}+m}^{(i)} = \left(\displaystyle\prod_{s=1}^{j-1} (\bar{\lambda}_m - \bar{\lambda}_s)\right) \left(\displaystyle\prod_{s=j+2}^{i+2} (\bar{\lambda}_m - \lambda_s)\right),
\end{cases} \quad i = j, \cdots, \mathcal{N}-1, \tag{7.55}
$$

以及递推关系式 (7.32c) 用 (7.34) 代替外. 因为 $\sigma(\mathcal{N}) = j$, 那么根据 (7.6) 可以获得关于 $B_{\mathcal{N}}(x,t)$ 的系统:

$$\begin{cases} (\lambda_j I + B_{\mathcal{N}}) \left\{ \begin{pmatrix} a_j^{(\mathcal{N}-1)} & 0 \\ 0 & \overline{a_{\mathcal{N}+j}^{(\mathcal{N}-1)}} \end{pmatrix} \right. \\ \left. \quad + \dfrac{1}{\sqrt{t}} \begin{pmatrix} 0 & -\overline{b_{\mathcal{N}+j}^{(\mathcal{N}-1)}} \\ b_j^{(\mathcal{N}-1)} & 0 \end{pmatrix} + O\left(\dfrac{1}{k_0 t} + \dfrac{\ln t}{t}\right) \right\} \delta(\zeta, \lambda_j)^{\sigma_3} \begin{pmatrix} 1 \\ -d_{\mathcal{N}} \end{pmatrix} = 0, \\ (\bar{\lambda}_j I + B_{\mathcal{N}}) \left\{ \begin{pmatrix} a_{\mathcal{N}+j}^{(\mathcal{N}-1)} & 0 \\ 0 & \overline{a_j^{(\mathcal{N}-1)}} \end{pmatrix} \right. \\ \left. \quad + \dfrac{1}{\sqrt{t}} \begin{pmatrix} 0 & -\overline{b_j^{(\mathcal{N}-1)}} \\ b_{\mathcal{N}+j}^{(\mathcal{N}-1)} & 0 \end{pmatrix} + O\left(\dfrac{1}{k_0 t} + \dfrac{\ln t}{t}\right) \right\} \delta(\zeta, \bar{\lambda}_j)^{\sigma_3} \begin{pmatrix} \overline{d_{\mathcal{N}}} \\ 1 \end{pmatrix} = 0, \end{cases}$$

这里

$$d_{\mathcal{N}}(x,t) = c_j e^{2i\theta(x,t,\lambda_j)} \frac{\prod\limits_{l=1, l\neq j}^{\mathcal{N}} (\lambda_j - \lambda_l)}{\prod\limits_{l=1}^{\mathcal{N}} (\lambda_j - \bar{\lambda}_l)}.$$

由于 $\lambda_j \in i\mathbb{R}$, 根据 δ 的对称性 (参见引理 6.5.1) 可知, $\delta(\zeta, \lambda_j) = \delta(\zeta, \bar{\lambda}_j)^{-1} \in \mathbb{R}$. 记

$$d_j'(x,t) := d_{\mathcal{N}}(x,t) \frac{\overline{a_{\mathcal{N}+j}^{(\mathcal{N}-1)}}}{a_j^{(\mathcal{N}-1)}} \delta(\zeta, \lambda_j)^{-2},$$

通过计算, 利用 (7.55) 可知, d_j' 可以写成 (7.27) 的形式. 特别地, d_j' 是一个实值的. 可以得到 $B_{\mathcal{N}}$ 具有 (7.52) 中的表达式, 这里 $B_{\mathcal{N},0}$ 与决定单孤子解的系统一样, 只是这里需要用 d_j' 来代替 d_j, 即

$$\begin{cases} (\lambda_j I + B_{\mathcal{N},0}) \begin{pmatrix} 1 \\ -d_j' \end{pmatrix} = 0, \\ (\bar{\lambda}_j I + B_{\mathcal{N},0}) \begin{pmatrix} d_j' \\ 1 \end{pmatrix} = 0, \end{cases} \tag{7.56}$$

及 $B_{\mathcal{N},1}$ 由下式确定

$$\begin{cases}\left\{(\lambda_j I+B_{\mathcal{N},0})\begin{pmatrix}0 & -\overline{b_{\mathcal{N}+j}^{(\mathcal{N}-1)}}\\ b_j^{(\mathcal{N}-1)} & 0\end{pmatrix}+B_{\mathcal{N},1}\begin{pmatrix}a_j^{(\mathcal{N}-1)} & 0\\ 0 & \overline{a_{\mathcal{N}+j}^{(\mathcal{N}-1)}}\end{pmatrix}\right\}\\ \times\begin{pmatrix}1\\ -d_{\mathcal{N}}\delta(\zeta,\lambda_j)^{-2}\end{pmatrix}=0,\\ \left\{(\bar{\lambda}_j I+B_{\mathcal{N},0})\begin{pmatrix}0 & -\overline{b_j^{(\mathcal{N}-1)}}\\ b_{\mathcal{N}+j}^{(\mathcal{N}-1)} & 0\end{pmatrix}+B_{\mathcal{N},1}\begin{pmatrix}a_{\mathcal{N}+j}^{(\mathcal{N}-1)} & 0\\ 0 & \overline{a_j^{(\mathcal{N}-1)}}\end{pmatrix}\right\}\\ \times\begin{pmatrix}\overline{d_{\mathcal{N}}}\delta(\zeta,\bar{\lambda}_j)^2\\ 1\end{pmatrix}=0.\end{cases} \tag{7.57}$$

根据系统 (7.56) 就可以得到 $B_{\mathcal{N},0}$ 的表达式 (7.53)(参见 (7.18)). 另一方面, 从引理 7.1.4 的证明过程可知

$$\tilde{M}_{\mathcal{N}-1}(x,t,k)=(-1)^{\mathcal{N}-1}\sigma_2\tilde{M}_{\mathcal{N}-1}(x,t,-k)\sigma_2,$$

这也就是说 $a_i^{(\mathcal{N}-1)}, a_{\mathcal{N}+i}^{(\mathcal{N}-1)}, b_i^{(\mathcal{N}-1)}, b_{\mathcal{N}+i}^{(\mathcal{N}-1)}$ 在 $\mathcal{N}$ 取偶数时, 这些函数取实值, 而当 $\mathcal{N}$ 取奇数时则取纯虚数. 利用 (7.53) 和 (7.57), 经过繁杂而标准的计算可得 (7.54). □

引理 7.4.6 (扭结 (或者反扭结) 解附近的渐近表达式) 对于 $j=1,\cdots,\Lambda$, 假设 $\lambda_j\in i\mathbb{R}$. 那么当 $t\to\infty$ 时,

$$u(x,t)=-4\arctan(d_j')+\frac{u_{\rm rad}^{(1)}(x,t)+u_{\rm rad}^{(2)}(x,t)}{\sqrt{t}}+O\left(\frac{1}{k_0t}+\frac{\ln t}{t}\right)\pmod{2\pi}$$

在 $\zeta\in[v_{j+1}+\varepsilon, v_{j-1}-\varepsilon]$ 上一致成立.

证明 利用 $\{\lambda_j\}_{j=1}^{\Lambda}$ 的顺序 (7.51), 根据 (7.50), 可知

$$\begin{aligned}u(x,t)=&\,2\arg((iB_{\mathcal{N}})_{11}+i(iB_{\mathcal{N}})_{21})\\&+\left(\sum_{\substack{\lambda_l\in i\mathbb{R}\\1\leqslant l\leqslant j-1}}+\sum_{\substack{\lambda_{l+1}\in i\mathbb{R}\\ j\leqslant l\leqslant\mathcal{N}-1}}\right)2\arg\left((iB_l)_{11}+i(-1)^{\mathcal{N}-l}(iB_l)_{21}\right)\\&+\left(\sum_{\substack{\mathrm{Re}\lambda_l>0\\1\leqslant l\leqslant j-1}}+\sum_{\substack{\mathrm{Re}\lambda_{l+1}>0\\ j\leqslant l\leqslant\mathcal{N}-1}}\right)2\arg\Big(-(B_{l+1}B_l)_{11}+i(-1)^{\mathcal{N}-l}(B_{l+1}B_l)_{21}\Big)\\&+(-1)^{\mathcal{N}}\tilde{u}(x,t)\pmod{4\pi}.\end{aligned}\tag{7.58}$$

上面等式右边的最后一项是产生贡献 $u_{\text{rad}}^{(1)}$ 的. 利用引理 7.4.5 可知, 上面等式右边第一项满足如下

$$
\begin{aligned}
&2\arg((iB_{\mathcal{N}})_{11}+i(iB_{\mathcal{N}})_{21})\\
&=2\arg((iB_{\mathcal{N},0})_{11}-(B_{\mathcal{N},0})_{21})\\
&\quad+2\arg\left(1+\frac{i(B_{\mathcal{N},1})_{11}-(B_{\mathcal{N},1})_{21}}{\sqrt{t}(i(B_{\mathcal{N},0})_{11}-(B_{\mathcal{N},0})_{21})}+O\left(\frac{1}{k_0t}+\frac{\ln t}{t}\right)\right)\\
&=4\arg(1-id_j')+2\arg\left(1+\frac{2i}{\sqrt{t}}\frac{r_j^{(\mathcal{N}-1)}+(d_j')^2r_{\mathcal{N}+j}^{(\mathcal{N}-1)}}{1+(d_j')^2}+O\left(\frac{1}{k_0t}+\frac{\ln t}{t}\right)\right)\\
&=-4\arctan(d_j')+\frac{4}{\sqrt{t}}\frac{r_j^{(\mathcal{N}-1)}+(d_j')^2r_{\mathcal{N}+j}^{(\mathcal{N}-1)}}{1+(d_j')^2}+O\left(\frac{1}{k_0t}+\frac{\ln t}{t}\right)\pmod{4\pi}.
\end{aligned}
$$

其他项的处理就跟引理 7.4.4 的证明过程类似. □

下面两个引理是处理包括呼吸子的区域中的渐近性.

引理 7.4.7 对于 $j=1,\cdots,\Lambda$, 假设 $\mathrm{Re}\lambda_j>0$. 令 $\{B_l\}_1^{\mathcal{N}}$ 是由引理 7.1.4 中的递推关系式决定的, 这里 $\tilde{M}_0=\tilde{M}$ 及 λ_l 满足如下顺序

$$
\lambda_1,\cdots,\lambda_{j-1},\lambda_{j+2},\cdots,\lambda_{\mathcal{N}},\lambda_j,\lambda_{j+1}. \tag{7.59}
$$

那么当 $t\to\infty$ 时下面渐近表达式成立, 并且在 $\zeta\in[v_{j+2}+\varepsilon,v_{j-1}-\varepsilon]$ 上一致成立:

$$
B_l=\begin{cases}
-\begin{pmatrix}\bar{\lambda}_l & 0\\ 0 & \lambda_l\end{pmatrix}+\dfrac{\lambda_l-\bar{\lambda}_l}{\sqrt{t}}\begin{pmatrix}0 & \overline{r_{\mathcal{N}+l}^{(l-1)}}\\ r_{\mathcal{N}+l}^{(l-1)} & 0\end{pmatrix}+O\left(\dfrac{1}{k_0t}+\dfrac{\ln t}{t}\right),\\
\qquad l=1,\cdots,j-1,\\
-\begin{pmatrix}\lambda_{l+2} & 0\\ 0 & \bar{\lambda}_{l+2}\end{pmatrix}+\dfrac{\bar{\lambda}_{l+2}-\lambda_{l+2}}{\sqrt{t}}\begin{pmatrix}0 & \overline{r_{l+2}^{(l-1)}}\\ r_{l+2}^{(l-1)} & 0\end{pmatrix}+O\left(\dfrac{1}{k_0t}+\dfrac{\ln t}{t}\right),\\
\qquad l=j,\cdots,\mathcal{N}-2,\\
B_{l,0}+\dfrac{1}{\sqrt{t}}B_{l,1}+O\left(\dfrac{1}{k_0t}+\dfrac{\ln t}{t}\right),\\
\qquad l=\mathcal{N}-1,\mathcal{N},
\end{cases} \tag{7.60}
$$

这里函数 $\{r_m^{(l)}(x,t),r_{\mathcal{N}+m}^{(l)}(x,t)\}$ 由 (7.32a), (7.32b) 和 (7.36) 给出, 以及由矩阵 $B_{\mathcal{N},0}(x,t)$ 和 $B_{\mathcal{N},1}(x,t)$ 的元素表示的函数 β_0 和 β_1,

$$
\beta_0(x,t):=2\arg\big(-(B_{\mathcal{N},0}B_{\mathcal{N}-1,0})_{11}-i(B_{\mathcal{N},0}B_{\mathcal{N}-1,0})_{21}\big),
$$

$$\beta_1(x,t):=\frac{(B_{\mathcal{N},1}B_{\mathcal{N}-1,0})_{11}+i(B_{\mathcal{N},1}B_{\mathcal{N}-1,0})_{21}+(B_{\mathcal{N},0}B_{\mathcal{N}-1,1})_{11}+i(B_{\mathcal{N},0}B_{\mathcal{N}-1,1})_{21}}{(B_{\mathcal{N},0}B_{\mathcal{N}-1,0})_{11}+i(B_{\mathcal{N},0}B_{\mathcal{N}-1,0})_{21}} \tag{7.61}$$

满足

$$\beta_0=4\arctan\left\{\frac{2\mathrm{Im}d_j''\,\mathrm{Im}\lambda_j}{(1+|d_j''|^2)\mathrm{Re}\lambda_j}\right\}\quad(\mathrm{mod}\ 2\pi), \tag{7.62}$$

$$\beta_1=-\frac{4i(\mathrm{Im}\lambda_j)(\mathrm{Re}\lambda_j)\mathrm{Im}\left[(1+(\overline{d_j''})^2)r_j^{(\mathcal{N}-2)}-(1+(d_j'')^2)(\overline{d_j''})^2r_{\mathcal{N}+j}^{(\mathcal{N}-2)}\right]}{4(\mathrm{Im}d_j'')^2(\mathrm{Im}\lambda_j)^2+(1+|d_j''|^2)^2(\mathrm{Re}\lambda_j)^2}. \tag{7.63}$$

证明 对于 $l=1,\cdots,\mathcal{N}-2$, 这里的证明与引理 7.4.3 的证明类似, 只是需要把 (7.42) 用如下表达式代替

$$\begin{cases}a_m^{(i)}=\left(\prod\limits_{s=1}^{j-1}(\lambda_m-\bar\lambda_s)\right)\left(\prod\limits_{s=j+2}^{i+2}(\lambda_m-\lambda_s)\right),\\ a_{\mathcal{N}+m}^{(i)}=\left(\prod\limits_{s=1}^{j-1}(\bar\lambda_m-\bar\lambda_s)\right)\left(\prod\limits_{s=j+2}^{i+2}(\bar\lambda_m-\lambda_s)\right),\end{cases}\quad i=j,\cdots,\mathcal{N}-2, \tag{7.64}$$

以及递推关系式 (7.32c) 用 (7.36) 来代替. 那么, 根据 (7.6) 就可以得到关于 $B_{\mathcal{N}-1}(x,t)$ 和 $B_{\mathcal{N}}(x,t)$ 的系统:

$$\begin{cases}(\lambda_jI+B_{\mathcal{N}-1})\tilde M_{\mathcal{N}-2}(x,t,\lambda_j)\begin{pmatrix}1\\-d_{\mathcal{N}-1}\end{pmatrix}=0,\\ (\bar\lambda_jI+B_{\mathcal{N}-1})\tilde M_{\mathcal{N}-2}(x,t,\bar\lambda_j)\begin{pmatrix}\overline{d_{\mathcal{N}-1}}\\1\end{pmatrix}=0,\\ (\lambda_{j+1}I+B_{\mathcal{N}})(\lambda_{j+1}I+B_{\mathcal{N}-1})\tilde M_{\mathcal{N}-2}(x,t,\lambda_{j+1})\begin{pmatrix}1\\-d_{\mathcal{N}}\end{pmatrix}=0,\\ (\bar\lambda_{j+1}I+B_{\mathcal{N}})(\bar\lambda_{j+1}I+B_{\mathcal{N}-1})\tilde M_{\mathcal{N}-2}(x,t,\bar\lambda_{j+1})\begin{pmatrix}\overline{d_{\mathcal{N}}}\\1\end{pmatrix}=0,\end{cases} \tag{7.65}$$

这里

$$\begin{cases} d_{\mathcal{N}-1}(x,t) = c_j e^{2i\theta(x,t,\lambda_j)} \dfrac{\displaystyle\prod_{l=1,l\neq j}^{\mathcal{N}} (\lambda_j - \lambda_l)}{\displaystyle\prod_{l=1}^{\mathcal{N}} (\lambda_j - \bar{\lambda}_l)}, \\ d_{\mathcal{N}}(x,t) = c_{j+1} e^{2i\theta(x,t,\lambda_{j+1})} \dfrac{\displaystyle\prod_{l=1,l\neq j+1}^{\mathcal{N}} (\lambda_{j+1} - \lambda_l)}{\displaystyle\prod_{l=1}^{\mathcal{N}} (\lambda_{j+1} - \bar{\lambda}_l)}. \end{cases}$$

由于 $c_{j+1} = -\bar{c}_j$ 及 $\theta(x,t,\lambda_{j+1}) = -\overline{\theta(x,t,\lambda_j)}$, 那么可得 $\overline{d_{\mathcal{N}}(x,t)} = d_{\mathcal{N}-1}(x,t)$. 同样, 利用引理 6.5.1,

$$\delta(\zeta,\lambda_j) = \overline{\delta(\zeta,\lambda_{j+1})} = \delta(\zeta,\bar{\lambda}_{j+1})^{-1} = \overline{\delta(\zeta,\bar{\lambda}_j)}^{-1}. \tag{7.66}$$

另一方面, 根据引理 7.1.4 的证明过程可知

$$\tilde{M}_{\mathcal{N}-2}(x,t,k) = (-1)^{\mathcal{N}} \sigma_2 \tilde{M}_{\mathcal{N}-2}(x,t,-k)\sigma_2 = (-1)^{\mathcal{N}} \overline{\tilde{M}_{\mathcal{N}-2}(x,t,-\bar{k})}.$$

特别地,

$$\begin{aligned} a_j^{(\mathcal{N}-2)} &= (-1)^{\mathcal{N}} \overline{a_{j+1}^{(\mathcal{N}-2)}}, \quad a_{\mathcal{N}+j}^{(\mathcal{N}-2)} = (-1)^{\mathcal{N}} \overline{a_{\mathcal{N}+j+1}^{(\mathcal{N}-2)}}, \\ b_j^{(\mathcal{N}-2)} &= (-1)^{\mathcal{N}} \overline{b_{j+1}^{(\mathcal{N}-2)}}, \quad b_{\mathcal{N}+j}^{(\mathcal{N}-2)} = (-1)^{\mathcal{N}} \overline{b_{\mathcal{N}+j+1}^{(\mathcal{N}-2)}}. \end{aligned} \tag{7.67}$$

令

$$d_j''(x,t) := d_{\mathcal{N}-1} \frac{\overline{a_{\mathcal{N}+j}^{(\mathcal{N}-2)}}}{a_j^{(\mathcal{N}-2)}} \delta(\zeta,\lambda_j)^{-2},$$

利用 (7.64), 通过计算可得 d_j'' 可以写成 (7.29) 的形式. 此外, 把 (7.40), (7.66) 及 (7.67) 代入式 (7.65), 可得, $B_{\mathcal{N}}$ 具有 (7.60) 中的形式, 这里 $B_{\mathcal{N},0}$ 是由呼吸子满足的系统所确定的, 只是需要把 d_j 代换成为 d_j'', 即

$$\begin{cases} (\lambda_j I + B_{\mathcal{N}-1,0}) \begin{pmatrix} 1 \\ -d_j'' \end{pmatrix} = 0, \\ (\bar{\lambda}_j I + B_{\mathcal{N}-1,0}) \begin{pmatrix} \overline{d_j''} \\ 1 \end{pmatrix} = 0, \end{cases} \quad \begin{cases} (\lambda_{j+1} I + B_{\mathcal{N},0})(\lambda_{j+1} I + B_{\mathcal{N}-1,0}) \begin{pmatrix} 1 \\ -\overline{d_j''} \end{pmatrix} = 0, \\ (\bar{\lambda}_{j+1} I + B_{\mathcal{N},0})(\bar{\lambda}_{j+1} I + B_{\mathcal{N}-1,0}) \begin{pmatrix} d_j'' \\ 1 \end{pmatrix} = 0. \end{cases} \tag{7.68}$$

通过求解系统 (7.68) 可得关于 β_0 的 (7.62)(参见 (7.21)). 考虑到 (7.65) 中的 $O(t^{-1/2})$ 项, 经过繁杂而标准的计算后可得 (7.63). □

引理 7.4.8 (呼吸子解附近的渐近表达式) 对于 $j=1,\cdots,\Lambda$, 假设 $\mathrm{Re}\lambda_j>0$. 那么当 $t\to\infty$ 时,

$$\begin{aligned}u(x,t)=&4\arctan\left\{\frac{2\mathrm{Im}d_j''\,\mathrm{Im}\lambda_j}{(|d_j''|^2+1)\mathrm{Re}\lambda_j}\right\}+\frac{u_{\mathrm{rad}}^{(1)}(x,t)+u_{\mathrm{rad}}^{(2)}(x,t)}{\sqrt{t}}\\&+O\left(\frac{1}{k_0t}+\frac{\ln t}{t}\right)\quad(\mathrm{mod}\ 2\pi)\end{aligned}$$

在 $\zeta\in[v_{j+2}+\varepsilon,v_{j-1}-\varepsilon]$ 上一致成立.

证明 利用 $\{\lambda_j\}_{j=1}^{\Lambda}$ 的顺序 (7.59), 根据 (7.50) 可得

$$\begin{aligned}u(x,t)=&2\arg\big(-(B_{\mathcal{N}}B_{\mathcal{N}-1})_{11}-i(B_{\mathcal{N}}B_{\mathcal{N}-1})_{21}\big)\\&+\left(\sum_{\substack{\lambda_l\in i\mathbb{R}\\1\leqslant l\leqslant j-1}}+\sum_{\substack{\lambda_{l+2}\in i\mathbb{R}\\j\leqslant l\leqslant \mathcal{N}-2}}\right)2\arg\big((iB_l)_{11}+i(-1)^{\mathcal{N}-l}(iB_l)_{21}\big)\\&+\left(\sum_{\substack{\mathrm{Re}\lambda_l>0\\1\leqslant l\leqslant j-1}}+\sum_{\substack{\mathrm{Re}\lambda_{l+2}>0\\j\leqslant l\leqslant \mathcal{N}-2}}\right)2\arg\big(-(B_{l+1}B_l)_{11}+i(-1)^{\mathcal{N}-l}(B_{l+1}B_l)_{21}\big)\\&+(-1)^{\mathcal{N}}\tilde{u}(x,t)\quad(\mathrm{mod}\ 4\pi).\end{aligned}\tag{7.69}$$

上式右边最后一项产生的贡献是 $u_{\mathrm{rad}}^{(1)}$. 利用引理 7.4.7, 可知, 上式右边的第一项式满足如下

$$\begin{aligned}&2\arg\big(-(B_{\mathcal{N}}B_{\mathcal{N}-1})_{11}-i(B_{\mathcal{N}}B_{\mathcal{N}-1})_{21}\big)\\&=\beta_0+2\arg\left(1+\frac{\beta_1}{\sqrt{t}}+O\left(\frac{1}{k_0t}+\frac{\ln t}{t}\right)\right)\quad(\mathrm{mod}\ 2\pi).\end{aligned}$$

而其他项的处理与引理 7.4.4 的证明过程类似. 利用引理 7.4.7 中 β_0 和 β_1 的表达式可知, 该引理成立. □

如果 $\lambda_j\in i\mathbb{R}$, 那么根据 (7.26) 可知, 当 $\mathrm{Im}c_j>0$ 时, $u_{\mathrm{sol}}(x,t;j)$ 是扭结解, 而当 $\mathrm{Im}c_j<0$ 时, $u_{\mathrm{sol}}(x,t;j)$ 是反扭结解. 呼吸子的总环绕数为 0. 相应地, $j-1$ 个最快的孤子所累积的环绕数为 $\sum_{i=1}^{j-1}\mathrm{sgn}(\mathrm{Im}c_i)$, 这就得到了表达式 (7.25) 中的 $u_{\mathrm{const}}(j)$. 那么现在根据引理 7.4.4, 引理 7.4.6 以及引理 7.4.8 可获得 sine-Gordon 方程解 $u(x,t)$ 在区域 III 上的渐近表达式.

利用 (6.89) 和 $u_{\text{const}}(\Lambda+1)=-2\pi\sum_{i=1}^{\Lambda}\text{sgn}(\text{Im}c_i)$, 类似于区域 I, 区域 II 中的讨论, 就可以得到区域 IV 中的渐近表达式 (7.23).

从而就完成了定理 7.4.2 的证明. ■

注 7.4.9 在只有单个极点且纯虚的情况下, 即 $\mathcal{N}=1$ 及 $\lambda_1\in i\mathbb{R}$, 那么 (7.24a) 中的首项 u_{sol} 在文献 [46] 已经出现过. 当 $x>0$ 时, 利用等式 $\arctan x+\arctan x^{-1}=\pi/2$, 可知, 当 $\mathcal{N}=1$ 时, u_{sol} 的表达式 (7.26) 与文献 [46] 中表达式一致.

命题 7.4.10 定理 7.4.2 中的递推关系式可以精确确定出来. 例如, 在 (7.32b) 中通过如下方式引进新的变量 $\{s_m^{(l)},s_{\mathcal{N}+m}^{(l)}\}$,

$$r_m^{(l)}=s_m^{(l)}\prod_{i=1}^{l}\frac{\lambda_m-\lambda_i}{\lambda_m-\bar{\lambda}_i},\quad r_{\mathcal{N}+m}^{(l)}=s_{\mathcal{N}+m}^{(l)}\prod_{i=1}^{l}\frac{\bar{\lambda}_m-\lambda_i}{\bar{\lambda}_m-\bar{\lambda}_i},\tag{7.70}$$

对于 $l=1,\cdots,j-1$ 及 $m=l+1,\cdots,\mathcal{N}$, 经过计算可以得到如下精确表达式 (可能这个计算过程不是很受启发)

$$\begin{cases}s_m^{(l)}=r_m^{(0)}+\displaystyle\sum_{s=1}^{l}\sum_{1\leqslant i_1\leqslant\cdots\leqslant i_s\leqslant l}C_{m,\mathcal{N}+i_s}\left(\prod_{u=1}^{s-1}C_{\mathcal{N}+i_{u+1},\mathcal{N}+i_u}\right)r_{\mathcal{N}+i_1}^{(0)},\\ s_{\mathcal{N}+m}^{(l)}=r_{\mathcal{N}+m}^{(0)}+\displaystyle\sum_{s=1}^{l}\sum_{1\leqslant i_1\leqslant\cdots\leqslant i_s\leqslant l}C_{\mathcal{N}+m,\mathcal{N}+i_s}\left(\prod_{u=1}^{s-1}C_{\mathcal{N}+i_{u+1},\mathcal{N}+i_u}\right)r_{\mathcal{N}+i_1}^{(0)},\end{cases}$$

这里

$$\begin{cases}C_{m,\mathcal{N}+l}=\dfrac{\lambda_l-\bar{\lambda}_l}{\lambda_m-\lambda_l}\displaystyle\prod_{i=1}^{l-1}\frac{(\bar{\lambda}_l-\lambda_i)(\lambda_m-\bar{\lambda}_i)}{(\bar{\lambda}_l-\bar{\lambda}_i)(\lambda_m-\lambda_i)},\\ C_{\mathcal{N}+m,\mathcal{N}+l}=\dfrac{\lambda_l-\bar{\lambda}_l}{\bar{\lambda}_m-\lambda_l}\displaystyle\prod_{i=1}^{l-1}\frac{(\bar{\lambda}_l-\lambda_i)(\bar{\lambda}_m-\bar{\lambda}_i)}{(\bar{\lambda}_l-\bar{\lambda}_i)(\bar{\lambda}_m-\lambda_i)}\end{cases}$$

证明 根据 (7.70), 可知

$$r_m^{(l-1)}=s_m^{(l-1)}\prod_{i=1}^{l-1}\frac{\lambda_m-\lambda_i}{\lambda_m-\bar{\lambda}_i},\tag{7.71a}$$

$$r_{\mathcal{N}+l}^{(l-1)}=s_{\mathcal{N}+l}^{(l-1)}\prod_{i=1}^{l-1}\frac{\bar{\lambda}_l-\lambda_i}{\bar{\lambda}_l-\bar{\lambda}_i},\tag{7.71b}$$

$$r_{\mathcal{N}+m}^{(l-1)}=s_{\mathcal{N}+m}^{(l-1)}\prod_{i=1}^{l-1}\frac{\bar{\lambda}_m-\lambda_i}{\bar{\lambda}_m-\bar{\lambda}_i},\tag{7.71c}$$

把 (7.71) 代入 (7.32b), 可得

$$s_m^{(l)} = s_m^{(l-1)} + \frac{\lambda_l - \bar{\lambda}_l}{\lambda_m - \lambda_l}\left(\prod_{i=1}^{l-1} \frac{\bar{\lambda}_l - \lambda_i}{\bar{\lambda}_l - \bar{\lambda}_i} \frac{\lambda_m - \bar{\lambda}_i}{\lambda_m - \lambda_i}\right) s_{\mathcal{N}+l}^{(l-1)}, \tag{7.72a}$$

$$s_{\mathcal{N}+m}^{(l)} = s_{\mathcal{N}+m}^{(l-1)} + \frac{\lambda_l - \bar{\lambda}_l}{\bar{\lambda}_m - \lambda_l}\left(\prod_{i=1}^{l-1} \frac{\bar{\lambda}_l - \lambda_i}{\bar{\lambda}_l - \bar{\lambda}_i} \frac{\bar{\lambda}_m - \bar{\lambda}_i}{\bar{\lambda}_m - \lambda_i}\right) s_{\mathcal{N}+m}^{(l-1)}. \tag{7.72b}$$

下面, 引进一个 $2\mathcal{N} \times 1$ 列向量

$$s^{(l)} = \left(s_1^{(l)}, s_2^{(l)}, \cdots, s_m^{(l)}, \cdots, s_{\mathcal{N}+m}^{(l)}, \cdots, s_{2\mathcal{N}}^{(l)}\right)_{1\times 2\mathcal{N}}^{\mathrm{T}} \tag{7.73}$$

根据递推关系式 (7.72), 可以得到如下行列式表示

$$s^{(l)} = (I_{2\mathcal{N}\times 2\mathcal{N}} + A^{(l)}) s^{(l-1)}, \tag{7.74}$$

这里, 矩阵 $A^{(l)}$ 是表示一个除了第 $\mathcal{N} + l$ 列为

$$\left(A_{1,\mathcal{N}+l}^{(l)}, A_{2,\mathcal{N}+l}^{(l)}, \cdots, A_{m,\mathcal{N}+l}^{(l)}, \cdots, A_{2\mathcal{N},\mathcal{N}+l}^{(l)}\right)_{1\times 2\mathcal{N}}^{\mathrm{T}}, \tag{7.75}$$

其余列全为 0 的 $2\mathcal{N} \times 2\mathcal{N}$ 矩阵. 这里

$$A_{m,\mathcal{N}+l}^{(l)} = \frac{\lambda_l - \bar{\lambda}_l}{\lambda_m - \lambda_l}\left(\prod_{i=1}^{l-1} \frac{\bar{\lambda}_l - \lambda_i}{\bar{\lambda}_l - \bar{\lambda}_i} \frac{\lambda_m - \bar{\lambda}_i}{\lambda_m - \lambda_i}\right), \tag{7.76}$$

$$A_{\mathcal{N}+m,\mathcal{N}+l}^{(l)} = \frac{\lambda_l - \bar{\lambda}_l}{\bar{\lambda}_m - \lambda_l}\left(\prod_{i=1}^{l-1} \frac{\bar{\lambda}_l - \lambda_i}{\bar{\lambda}_l - \bar{\lambda}_i} \frac{\bar{\lambda}_m - \bar{\lambda}_i}{\bar{\lambda}_m - \lambda_i}\right), \tag{7.77}$$

那么根据递推关系式(7.74), 可得

$$\begin{aligned} s^{(l)} =& (I_{2\mathcal{N}\times 2\mathcal{N}} + A^{(l)}) s^{(l-1)} \\ =& (I_{2\mathcal{N}\times 2\mathcal{N}} + A^{(l)})(I_{2\mathcal{N}\times 2\mathcal{N}} + A^{(l-1)}) s^{(l-2)} \\ =& (I_{2\mathcal{N}\times 2\mathcal{N}} + A^{(l)}) \cdots (I_{2\mathcal{N}\times 2\mathcal{N}} + A^{(1)}) s^{(0)} \\ =& \left(I_{2\mathcal{N}\times 2\mathcal{N}} + \sum_{s=1}^{l} \sum_{1\leqslant i_1 \leqslant i_2 \leqslant \cdots \leqslant i_s \leqslant l} A^{(i_s)} A^{(i_{s-1})} \cdots A^{(i_1)}\right) s^{(0)}. \end{aligned} \tag{7.78}$$

根据矩阵 $A^{(l)}$ 的定义, 可得到如下结论: $A^{(i_2)}A^{(i_1)}$ 的乘积可为除第 $\mathcal{N} + i_1$ 列为

$$\left(A_{1,\mathcal{N}+i_2}^{(i_2)}, A_{\mathcal{N}+i_2,\mathcal{N}+i_1}^{(i_1)}, \cdots, A_{m,\mathcal{N}+i_2}^{(i_2)} A_{\mathcal{N}+i_2,\mathcal{N}+i_1}^{(i_1)}, \cdots, A_{2\mathcal{N},\mathcal{N}+i_2}^{(i_2)}, A_{\mathcal{N}+i_2,\mathcal{N}+i_1}^{(i_1)}\right)_{1\times 2\mathcal{N}}^{\mathrm{T}}, \tag{7.79}$$

其余元素均为 0 的 $2\mathcal{N}\times 2\mathcal{N}$ 矩阵, 类似地还可以写出 $A^{(i_s)}A^{(i_{s-1})}\cdots A^{(i_1)}$ 的表达式如下

$$A^{(i_s)}A^{(i_{s-1})}\cdots A^{(i_1)}=\left(\delta_{n,\mathcal{N}+i_1}A^{(i_s)}_{j,\mathcal{N}+i_s}\prod_{v=1}^{s-1}A^{(i_v)}_{\mathcal{N}+i_{v+1},\mathcal{N}+i_v}\right)_{j,n}$$

那么根据 (7.78), 可得

$$s_m^{(l)}=r_m^{(0)}+\sum_{s=1}^{l}\sum_{1\leqslant i_1\leqslant i_2\leqslant\cdots\leqslant i_s\leqslant l}A^{(i_s)}_{m,\mathcal{N}+i_s}\prod_{v=1}^{s-1}A^{(i_v)}_{\mathcal{N}+i_{v+1},\mathcal{N}+i_v}r^{(0)}_{\mathcal{N}+i_1},\tag{7.80}$$

类似可获得

$$s_{\mathcal{N}+m}^{(l)}=r_{\mathcal{N}+m}^{(0)}+\sum_{s=1}^{l}\sum_{1\leqslant i_1\leqslant i_2\leqslant\cdots\leqslant i_s\leqslant l}A^{(i_s)}_{\mathcal{N}+m,\mathcal{N}+i_s}\prod_{v=1}^{s-1}A^{(i_v)}_{\mathcal{N}+i_{v+1},\mathcal{N}+i_v}r^{(0)}_{\mathcal{N}+i_1}.\tag{7.81}$$

利用 (7.76), 这就完成了命题的证明. ■

下面给出本章最后一个定理, 也是本书中的最后一个定理.

定理 7.4.11 (给定初值和边值, 四分之一平面解的渐近表达式) 对于整数 $N_x, N_t\in\mathbb{Z}$, 假设函数 u_0, u_1, g_0, g_1 满足 (4.36) 和 (4.135), 并且这些函数在 $x=t=0$ 处关于 sine-Gordon 方程任意阶相容. 利用 (4.12) 定义谱函数 $a(k)$, $b(k)$, $A(k)$, $B(k)$, 假设 7.2.2 成立, 利用 (5.5) 定义矩阵 J. 记 $M(x,t,k)$ 是定理 7.2.3 中由 $\{\Gamma, J(x,t,\cdot), \{\lambda_j\}_1^{\mathcal{N}}, \{c_je^{2i\theta(x,t,\lambda_j)}\}_1^{\mathcal{N}}\}$ 所决定的 Riemann-Hilbert 问题的解.

那么, 选取合适的整数 $j\in\mathbb{Z}$, 由 (5.11) 所定义的函数 $u(x,t)$ 是 sine-Gordon 方程在四分之一区域上的光滑解, 并且该解还满足初始条件和边界条件 (6.11). 在区域 I, 区域 II 和区域 IV, 对于每一个 $N\geqslant 1$, 函数 $u(x,t)$ 满足如下渐近表达式:

$$\begin{aligned}
&\text{区域 I:}\quad u(x,t)=2\pi N_x+O\big(x^{-N}\big),\quad 1\leqslant\zeta<\infty,\ x>1,\\
&\text{区域 II:}\quad u(x,t)=2\pi N_x+O\big((1-\zeta)^N+t^{-N}\big),\quad 0\leqslant\zeta\leqslant 1,\ t>1,\\
&\text{区域 IV:}\quad u(x,t)=2\pi N_t+O\big(\zeta^N+t^{-N}\big),\quad 0\leqslant\zeta\leqslant 1/2,\ t>1,
\end{aligned}$$

在区域 III, $u(x,t)$ 满足渐近表达式 (7.24), 这里 u_{sol}, $u^{(1)}_{\text{rad}}$, $u^{(2)}_{\text{rad}}$ 由定理 7.4.2 给出, $u_{\text{const}}(j)$ 则如下所示

$$u_{\text{const}}(j)=2\pi N_x-2\pi\sum_{i=1}^{j-1}\operatorname{sgn}(\operatorname{Im}c_i),\quad j=1,\cdots,\Lambda+1.$$

解的环绕数为

$$N_x-N_t=\sum_{i=1}^{\Lambda}\operatorname{sgn}(\operatorname{Im}c_i).$$

证明 根据定理 4.5.1 和定理 4.5.2 及假设 7.2.2 可知, 函数 $r_1(k)$ 和 $h(k)$ 满足假设 6.1.1, 除了 $h(k)$ 在 D_2 内可能有有限个简单极点 (这些极点也就是函数 $a(k)$ 和 $d(k)$ 的零点). 利用谱函数 a, b, A, B 的对称性可知, 由 (7.14) 所定义的常数 $\{c_j\}_1^{\mathcal{N}}$, $\mathcal{N} := \Lambda + n_1$, 满足 (7.13). 根据全局关系 (5.41) 可知, 函数 $r(k)$ 及其任意阶导数在 $k = \pm 1$ 处消失. 所以, 根据定理 7.4.2, $u(x, t)$ 是光滑解且满足定理中所述的渐近表达式; 渐近表达式中的项 $2\pi N_x$ 则是由当 $x \to \infty$ 时, $u \to 2\pi N_x$ 来确定的. 通过定理 7.2.3, 则 $u(x, t)$ 满足 (6.11) 中所给的初始值和边界值. ■

参考文献

[1] Ablowitz M J, Clarkson P A. Solitons, Nonlinear Evolution Equations and the Inverse Scattering Transformation. New York: Cambridge University Press, 1991.

[2] Ablowitz M J, Kaup D J, Newell A C, Segur H. Method for solving the sine-Gordon equation. Phys. Rev. Lett., 1973, 30: 1262-1264.

[3] Ablowitz M J, Kaup D J, Newell A C, Segur H. The inverse scattering transform-Fourier analysis for nonlinear problems. Stud. Appl. Math., 1974, 53: 249-315.

[4] Ablowitz M J, Newell A C. The decay of the continuous spectrum for solutions of the KdV equation. J. Math. Phys., 1973, 14: 1277-1284.

[5] Abramowitz M, Stegun I A. Handbook of Mathematical Functions. New York: Dover Publications, 1968.

[6] Anco S C, Ngatat N T, Willoughby M. Interaction properties of complex modified Korteweg-de Vries (mKdV) solitons. Phys. D, 2011, 240: 1378-1394.

[7] Arruda L, Lenells J. Long-time asymptotics for the derivative nonlinear Schrödinger equation on the half-line. Nonlinearity, 2017, 30: 4141-4172.

[8] Belokolos E, Bobenko A, Enolskij V, Its A, Matveev V B. Algebro-Geometrical Approach to Nonlinear Integrable Equations. Berlin: Springer Verlag, 1994.

[9] Beals R, Coifman R. Scattering and inverse scattering for first order systems. Commun. Pur. Appl. Math.,1984, 37: 39-90.

[10] Bertola M, Tovbis A. Universality in the profile of the semiclassical limit solutions to the focusing nonlinear Schrödinger equation at the first breaking curve. Int. Math. Res. Notices, 2010, 2010: 2119-2167.

[11] Biondini G, Mantzavinos D. Long-time asymptotics for the focusing nonlinear Schrodinger equation with nonzero boundary conditions at infinity and asymptotic stage of modulational instability. Commun. Pur. Appl. Math., 2017, 70: 2300-2365.

[12] Bona J, Sun S M, Zhang B Y. A non-homogeneous boundary-value problem for the Korteweg-de Vries equation in a quarter plane. Trans. Amer. Math. Soc., 2002, 354: 427-490.

[13] Boutet de Monvel A, Its A, Kotlyarov V. Long-time asymptotics for the focusing NLS equation with time-periodic boundary condition on the half-line. Commun. Math. Phys., 2009, 290: 479-522.

[14] Boutet de Monvel A, Shepelsky D. A Riemann-Hilbert approach for the Degasperis-Procesi equation. Nonlinearity, 2013, 26: 2081-2107.

[15] Boutet de Monvel A, Kostenko A, Shepelsky D, Teschl G. Long-time asymptotics for the Camassa-Holm equation. SIAM J. Math. Anal., 2009, 41: 1559-1588.

[16] Boutet de Monvel A, Shepelsky D. Riemann-Hilbert problem in the inverse scattering for the Camassa-Holm equation on the line//Probability, Geometry and Integrable Systems. New York: Cambridge University Press, 2010: 53-75.

[17] Boutet de Monvel A, Its A, Shepelsky D. Painlevé-type asymptotics for the Camassa-Holm equation. SIAM J. Math. Anal., 2010, 42: 1854-1873.

[18] Boutet de Monvel A, Lenells J, Shepelsky D. Long-time asymptotics for the Degasperis-Procesi equation on the half-line. Ann. Inst. Fourier (Grenoble), 2019, 69: 171-230.

[19] Buckingham R J, Miller P D. Exact solutions of semiclassical non-characteristic Cauchy problems for the sine-Gordon equation. Phys. D, 2008, 237: 2296-2341.

[20] Buckingham R J, Miller P D. The sine-Gordon equation in the semiclassical limit: dynamics of fluxon condensates. Mem. Amer. Math. Soc., 2013, 225(1059): vi+136 pp.

[21] Cao C. Nonlinearization of the Lax system for AKNS hierarchy. Sci. China Ser. A, 1990, 33: 528-536.

[22] Charlier C, Lenells J. Airy and Painlevé asymptotics for the mKdV equation. J. Lond. Math. Soc., 2020, 101: 194-225.

[23] Cheng P, Venakides S, Zhou X. Long-time asymptotics for the pure radiation solution of the sine-Gordon equation. Commun. Part. Diff. Eq., 1999, 24: 1195-1262.

[24] Colliander J E, Kenig C E. The generalized Korteweg-de Vries equation on the half line. Commun. Part. Diff. Eq., 2002, 27: 2187-2266.

[25] Cuevas-Maraver J, Kevrekidis P, Williams F. The sine-Gordon model and its applications//Nonlinear Systems and Complexity. Switzerland: Springer, 2014.

[26] Debye P. Näherungsformeln für die Zylinderfunktionen für große Werte des Arguments und unbeschränkt veränderliche Werte des Index. Math. Ann., 1909, 67: 535-558.

[27] Deift P. Orthogonal Polynomials and Random Matrices: A Riemann-Hilbert approach. Courant Lecture Notes in Mathematics, Vol. 3. Providence RI: Amer. Math. Soc., 1999.

[28] Deift P. Universality for mathematical and physical systems//International Congress of Mathematicians, Vol.I. Eur. Math. Soc., Zürich, 2007: 125-152.

[29] Deift P, Its A, Zhou X. Long-time asymptotics for integrable nonlinear wave equations//Important Developments in Soliton Theory. Springer Ser. Nonlinear Dynam.. Berlin: Springer, 1993.

[30] Deift P, Kamvissis S, Kriecherbauer T, Zhou X. The Toda rarefaction problem. Commun. Pur. Appl. Math., 1996, 49: 35-83.

[31] Deift P, Kriecherbauer T, McLaughlin K D T R, Venakides S, Zhou X. Uniform asymptotics for polynomials orthogonal with respect to varying exponential weights

and applications to universality questions in random matrix theory. Commun. Pur. Appl. Math., 1999, 52: 1335-1425.

[32] Deift P, Kriecherbauer T, McLaughlin K D T R, Venakides S, Zhou X. Strong asymptotics of orthogonal polynomials with respect to exponential weights. Commun. Pur. Appl. Math., 1999, 52: 1491-1552.

[33] Deift P, Park J. Long-time asymptotics for solutions of the NLS equation with a delta potential and even initial data. Lett. Math. Phys., 2011, 96: 143-156.

[34] Deift P, Trubowitz E. Inverse scattering on the line. Commun. Pur. Appl. Math., 1979, 32: 121-251.

[35] Deift P, Venakides S, Zhou X. New results in small dispersion KdV by an extension of the steepest descent method for Riemann-Hilbert problems. Int. Math. Res. Notices, 1997, 1997: 285-299.

[36] Deift P, Venakides S, Zhou X. The collisionless shock region for the long-time behavior of solutions of the KdV equation. Commun. Pur. Appl. Math., 1994, 47: 199-206.

[37] Deift P, Zhou X. A steepest descent method for oscillatory Riemann-Hilbert problems. Asymptotics for the MKdV equation. Ann. of Math. 1993, 137: 295-368.

[38] Deift P, Zhou X. Long-time asymptotics for integrable systems. Higher order theory. Commun. Math. Phys., 1994, 165: 175-191.

[39] Deift P, Zhou X. Long-time asymptotics for solutions of the NLS equation with initial data in a weighted Sobolev space. Commun. Pur. Appl. Math., 2003, 56: 1029-1077.

[40] Dickey L. Soliton equations and Hamiltonian systems. Singapore. World Sci., 2003.

[41] Faddeev L D, Takhtajan L A. Hamiltonian Methods in the Theory of Solitons. Classics in Mathematics. Berlin: Springer, 2007.

[42] Fokas A S. A unified transform method for solving linear and certain nonlinear PDEs. Proc. Roy. Soc. Lond. A, 1997, 453: 1411-1443.

[43] Fokas A S. Integrable nonlinear evolution equations on the half-line. Commun. Math. Phys., 2002, 230: 1-39.

[44] Fokas A S. A unified approach to boundary value Problems//CBMS-NSF Regional Conference Series in Applied Mathematics, Philadelphia: Society for Industrial and Applied Mathematics, 2008.

[45] Fokas A S, Its A, Kitaev A. The isomonodromy approach to matric models in 2D quantum gravity. Commun. Math. Phys., 1992, 147: 395-430.

[46] Fokas A S, Its A R. An initial-boundary value problem for the sine-Gordon equation in laboratory coordinates. Theor. Math. Phys. 1992, 92: 387-403.

[47] Fokas A S, Its A R. The linearization of the initial-boundary value problem of the nonlinear Schrödinger equation. SIAM J. Math. Anal., 1996, 27: 738-764.

[48] Fokas A S, Its A R, Kapaev A A, Novokshenov V Y. Painlevé transcendents. The Riemann-Hilbert Approach. Mathematical Surveys and Monographs, 128. Providence, RI: American Mathematical Society, 2006.

[49] Fokas A S, Its A R, Sung L Y. The nonlinear Schrödinger equation on the half-line. Nonlinearity, 2005, 18: 1771-1822.

[50] Fokas A S, Lenells J. The unified method: I. Nonlinearizable problems on the half-line. J. Phys. A, 2012, 45: 195201.

[51] Gardner C S, Green J M, Kruskal M D, Miura R M. Method for solving the KdV equation. Phys. Rev. Lett., 1967, 19: 1095-1097.

[52] Geng X, Liu H. The nonlinear steepest descent method to long-time asymptotics of the coupled nonlinear Schrödinger equation. J. Nonlinear Sci., 2018, 28: 739-763.

[53] Gesztesy F, Holden H. Soliton Equations and Their Algebro-Geometric Solutions: (1+1)-Dimensional Continuous Models. New York: Cambridge University Press, 2003.

[54] 谷超豪, 胡和生, 周子翔. 孤立子理论中的 Darboux 变换及其几何应用. 杭州: 浙江科技出版社, 1999.

[55] Guo B, Liu N, Wang Y. Long-time asymptotics for the Hirota equation on the half-line. Nonlinear Anal-Theor., 2018, 174: 118-140.

[56] Hasegwwa A, Tappert F. Transmission of stationary nonlinear optical pulses in dipsersive dielectric fibers I. Anomalous dispersion. Appl. Phys. Lett., 1973, 23: 142-144.

[57] Hasegwwa A, Tappert F. Transmission of stationary nonlinear optical pulses in dipsersive dielectric fibers II. Normal dispersion. Appl. Phys. Lett., 1973, 23: 171-172.

[58] Himonas A A, Mantzavinos D. The "good" Boussinesq equation on the half-line. J. Differ. Equations , 2015, 258, 3107-3160.

[59] Hirota R. The Direct Method in Soliton Theory. New York: Cambridge University Press, 2004.

[60] Holmer J. The initial-boundary-value problem for the 1D nonlinear Schrödinger equation on the half-line. Differential Integral Equations, 2005, 18: 647-668.

[61] Holmer J. The initial-boundary value problem for the Korteweg-de Vries equation. Commun. Part. Diff. Eq., 2006, 31: 1151-1190.

[62] Huang L, Lenells J. Asymptotics for the Sasa-Satsuma equation in terms of a modified Painlevé II transcendent. J. Differ. Equations, 2020, 286: 7480-7504.

[63] Huang L, Lenells J. Nonlinear Fourier transforms for the sine-Gordon equation in the quarter plane. J. Differ. Equations, 2018, 264: 3445-3499.

[64] Huang L, Lenells J. Construction of solutions and asymptotics for the sine-Gordon equation in the quarter plane. J. Integrable Syst., 2018, 3: xyy013, 92pp.

[65] Huang L, Xu J, Fan E. Higher order asymptotics for the Hirota equation via Deift-Zhou higher order theory. Phys. Lett. A, 2015, 379: 16-22.

[66] Huang L, Xu J, Fan E. Long-time asymptotic for the Hirota equation via nonlinear steepest descent method. Nonlinear Anal-Real., 2015, 26: 229-262.

[67] Its A R. Asymptotic behavior of the solutions to the nonlinear Schrödinger equation, and isomonodromic deformations of systems of linear differential equations. Dokl.

Akad. Nauk SSSR, 1981, 261: 14-18 (in Russian); Soviet Math. Dokl., 1982, 24: 452-456 (in English).

[68] Kamvissis S, McLaughlin K D T R, Miller P. Semiclassical Soliton ensembles for the Focusing Nonlinear Schrödinger Equation. Ann. Math. Stud., Vol 154, New Jersey: Princeton Univ. Press, 2003.

[69] Kaup D J. Method for solving the sine-Gordon equation in laboratory coordinates. Stud. Appl. Math., 1975, 54: 165-179.

[70] Kirsch W, Kotlyarov V P. Soliton asymptotics of solutions of the sine-Gordon equation. Math. Phys. Anal. Geom., 1999, 2: 25-51.

[71] Kitaev A, Vartanian A. Leading-order temporal asymptotics of the modified nonlinear Schrödinger equation: solitonless sector. Inverse Probl., 1997, 13: 1311-1339.

[72] Kotlyarov V P. Asymptotic solitons of the sine-Gordon equation. Teoret. Mat. Fiz., 1989, 80: 15-28.

[73] Lax P D. Integrals of nonlinear equations of evolution and solitary waves. Commun. Pur. Appl. Math.. 1968, 21: 467-490.

[74] Lenells J. Nonlinear Fourier transforms and the mKdV equation in the quarter plane. Stud. Appl. Math., 2016, 136: 3-63.

[75] Lenells J. The derivative nonlinear Schrödinger equation on the half-line. Phys. D, 2008, 237: 3008-3019.

[76] Lenells J. Matrix Riemann-Hilbert problems with jumps across Carleson contours. Monatsh. Math., 2018, 186: 111-152.

[77] Lenells J. The nonlinear steepest descent method: asymptotics for initial-boundary value problems. SIAM Math. Anal., 2016, 48: 2076-2118.

[78] Liu H, Geng X, Xue B. The Deift-Zhou steepest descent method to long-time asymptotics for the Sasa-Satsuma equation. J. Differ. Equations, 2018, 265: 5984-6008.

[79] Liu N, Guo B. Long-time asymptotics for the Sasa-Satsuma equation via nonlinear steepest descent method. J. Math. Phys., 2019, 60: 011504.

[80] Manakov S V. Nonlinear Fraunhofer diffraction. Zh. Eksp. Teor. Fiz., 1973, 65: 1392-1398 (in Russian); Sov. Phys. JETP 1974, 38: 693-696 (in English).

[81] Mehta M L. Random Matrices, Amsterdam: Elsevier/Academic Press, 2004.

[82] Novikov S, Manakov S, Pitaevskii L P, Zakharov V. Theory of solitons: the inverse scattering method. New York: Springer US, 1984.

[83] Prinari B, Ablowitz M J, Biondini G. Inverse scattering transform for the vector nonlinear Schrödinger equation with nonvanishing boundary conditions. J. Math. Phys., 2006, 47(6): 063508.

[84] Sasa N, Satsuma J. New-type of soliton solutions for a higher-order nonlinear Schrödinger equation. J. Phys. Soc. Jpn., 1991, 60: 409-417.

[85] Shabat A. One-dimensional perturbations of a differential operator, and the inverse scattering problem//Problems in Mechanics and Mathematical Physics. Nauka: Moscow, 1976.

[86] Tao Y, He J. Multisolitons, breathers, and rogue waves for the Hirota equation generated by the Darboux transformation. Phys. Rev. E, 2012, 85: 026601.

[87] Tovbis A, Zhou X. On the long-time limit of semiclassical solutions of focusing NLS equation: pure radiation. Commun. Pur. Appl. Math., 2006, 59: 1379-1432.

[88] Vartanian A. Higher order asymptotics of the modified non-linear schrodinger equation. Commun. Part. Diff. Eq., 2000, 25: 1043-1098.

[89] Vartanian A. Long-time asymptotics of solutions to the Cauchy problem for the defocusing nonlinear Schrodinger equation with finite-density initial data. Math. Phys. Anal. Geom., 2002, 5: 319-413.

[90] Xu J. Long-time asymptotics for the short pulse equation. J. Differ. Equations, 2018, 265: 3494-3532.

[91] Xu J, Fan E. Long-time asymptotic behavior for the complex short pulse equation. J. Differ. Equations, 2020, 269: 10322-10349.

[92] Xu J, Fan E. The unified transform method for the Sasa-Satsuma equation on the half-line. Proc. R. Soc. A, 2013, 469: 20130068.

[93] Xu J, Fan E. Long-time asymptotics for the Fokas-Lenells equation with decaying initial value problem: without solitons. J. Differ. Equations, 2015, 259: 1098-1148.

[94] Yang J. Nonlinear Waves in Integrable and Nonintegrable Systems. Philadelphia: Society for Industrial and Applied Mathematics, 2010.

[95] Zakharov V E, Tahtadžjan L A, Faddeev L D. A complete description of the solutions of the "sine-Gordon" equation. Dokl. Akad. Nauk SSSR, 1974, 219: 1334-1337 (in Russian); Soviet Phys. Dokl., 1975, 19: 824-826 (in English).

[96] Zakharov V, Manakov S. Asymptotic behavior of nonlinear wave systems integrated by the inverse scattering method. Sov Phys-JETP, 1976, 44: 106-122.

[97] Zakharov V, Shabat A. A scheme for integrating the nonlinear equations of numerical physics by the method of the inverse scattering problem I. Funct. Anal. Appl., 1974, 8: 226-235.

[98] Zakharov V, Shabat A. A scheme for integrating the nonlinear equations of numerical physics by the method of the inverse scattering problem II. Funct. Anal. Appl., 1979, 13: 166-174.

[99] Zhou X. The Riemann-Hilbert problem and inverse scattering. SIAM J. Math Anal., 1989, 20: 966-986.

[100] Zhu Q, Xu J, Fan E. The Riemann-Hilbert problem and long-time asymptotics for the Kundu-Eckhaus equation with decaying initial value. Appl. Math. Lett., 2018, 76: 81-89.

索　引

其他

编 后 记

《博士后文库》（以下简称《文库》）是汇集自然科学领域博士后研究人员优秀学术成果的系列丛书。《文库》致力于打造专属于博士后学术创新的旗舰品牌，营造博士后百花齐放的学术氛围，提升博士后优秀成果的学术和社会影响力。

《文库》出版资助工作开展以来，得到了全国博士后管委会办公室、中国博士后科学基金会、中国科学院、科学出版社等有关单位领导的大力支持，众多热心博士后事业的专家学者给予积极的建议，工作人员做了大量艰苦细致的工作。在此，我们一并表示感谢！

《博士后文库》编委会